21世纪高等教育网络工程规划教材

21st Century University Planned Textbooks of Network Engineering

网络编程实用教程

（第3版）

Network Application Programming (3rd Edition)

段利国◎主编

刘金江 倪天伟 叶树华◎副主编

人民邮电出版社

北京

图书在版编目（CIP）数据

网络编程实用教程 / 段利国主编. -- 3版. -- 北京：
人民邮电出版社，2016.6(2023.8重印)
21世纪高等教育网络工程规划教材
ISBN 978-7-115-42341-2

Ⅰ. ①网… Ⅱ. ①段… Ⅲ. ①计算机网络－程序设计
－高等学校－教材 Ⅳ. ①TP393

中国版本图书馆CIP数据核字(2016)第085718号

内容提要

本书主要介绍基于 TCP/IP 协议栈的套接字网络编程技术。全书分为 10 章，第 1 章介绍网络编程的基本概念及模式，第 2 章介绍套接字网络编程基础，第 3 章介绍 Windows 环境的 WinSock 编程基础，第 4 章介绍 MFC 编程，第 5 章介绍 MFC WinSock 类的编程，第 6 章介绍 WinInet 编程，第 7 章介绍 WinSock 的多线程编程，第 8 章介绍 WinSock 的 I/O 模型，第 9 章介绍 HTTP 及高级编程，第 10 章介绍电子邮件协议与编程。各章后都配有习题，便于读者理解掌握所学内容。

本书配有教学资源包，包括课件和各章实例的源程序，可以从人邮教育社区（www.ryjiaoyu.com）免费下载。

本书可作为高等学校相关专业高年级本科生和研究生的教材，也可供其他技术人员参考。

◆ 主　　编　段利国
　副 主 编　刘金江　倪天伟　叶树华
　责任编辑　邹文波
　责任印制　沈　蓉　彭志环

◆ 人民邮电出版社出版发行　　北京市丰台区成寿寺路 11 号
　邮编 100164　　电子邮件 315@ptpress.com.cn
　网址 http://www.ptpress.com.cn
　固安县铭成印刷有限公司印刷

◆ 开本：787×1092　1/16
　印张：19.75　　　　2016 年 6 月第 3 版
　字数：519 千字　　　2023 年 8 月河北第 11 次印刷

定价：52.00 元

读者服务热线：(010) 81055256　印装质量热线：(010) 81055316
反盗版热线：(010) 81055315
广告经营许可证：京东市监广登字20170147号

第 3 版前言

基于 TCP/IP 协议栈的套接字网络编程技术，是网络编程的核心技术。读者在学习了计算机网络体系结构原理之后，只有掌握套接字编程，才能更深入地了解和运用计算机网络。作者结合自己多年讲授这门课程的体会，在讲义的基础上，又搜集了大量的资料，编写了本书。

第 3 版在充分考虑读者反馈意见的基础上，对第 2 版进行了一些修订。删除了对网络编程帮助不大的内容，如 Linux 系统的网络编程接口、Windows Sockets 的不同版本等内容，使内容更加简洁；删除了一些前后重复的内容，如套接字编程接口的系统调用等，使内容更加紧凑；修订了一些词法、语法错误，使内容更加准确；将编程环境从 VC++ 6.0 迁移到了 Visual Studio 2015，进一步完善了第 5 章、第 6 章、第 7 章、第 9 章、第 10 章的例程，并在 Windows 10 操作系统、Visual Studio 2015 环境下调试通过。

全书分为 10 章，具体内容如下。

第 1 章介绍网络编程相关的基本概念，目前网络编程的现状，以及网络应用程序的编程模式。

第 2 章介绍套接字网络编程接口的产生和发展，套接字编程的基本概念，以及面向连接与无连接的套接字编程。

第 3 章详细说明 Windows Sockets 规范。

第 4 章介绍 MFC 编程框架，MFC 对象和 Windows 对象的关系，主要的 MFC 类和基类，以及 MFC 的消息驱动机制。

第 5 章介绍 MFC 中的 CAsyncSocket 类和 CSocket 类的使用。

第 6 章介绍 MFC WinInet 类的使用。

第 7 章说明 Win32 操作系统下的多进程多线程机制，VC++ 对多线程网络编程的支持，以及 MFC 多线程编程的步骤。

第 8 章介绍非阻塞套接字工作模式下的 5 种套接字 I/O 模型。

第 9 章介绍 HTTP 和 MFC 中的 CHtmlView 类的使用。

第 10 章介绍电子邮件系统的构成和工作原理、SMTP、纯文本电子邮件信件的格式、多媒体邮件格式扩展（MIME）、邮局协议（POP3），并通过编程实例说明了在网络编程中实现应用层协议的方法。

本书的特点如下。

（1）强调知识点的内在逻辑结构。内容安排由浅入深，循序渐进，以适合教学的顺序全面地介绍了套接字网络编程的理论和应用知识。

（2）特别强调知识与能力的结合，理论与实用并重，各章有大量的编程实例，力图培养学生运用网络编程技术的实践能力，使学生能深入地运用套接字编写各种类型的网络应用程序。

（3）强调掌握网络应用层协议在网络编程中的重要性。网络编程就是网络应用协议的实现，本书力图培养学生迅速掌握网络协议，甚至自己开发网络协议的能力。

（4）强调编程技术与计算机网络体系结构原理的结合。

阅读本书的读者应学习过计算机网络体系结构的原理，以及VC++面向对象编程的知识。

本书建议学时为40学时，各章学时分配如下：

章	学时数	章	学时数
第1章	3	第6章	4
第2章	4	第7章	4
第3章	4	第8章	3
第4章	4	第9章	4
第5章	6	第10章	4

由于编者水平所限，书中难免存在一些缺点和错误，殷切希望广大读者批评指正。编者的邮箱是TYUTDLG@163.com。

编　者

2016年5月

目 录

第 7 章 WinSock 的多线程编程……188

第 8 章 WinSock 的 I/O 模型……209

第 9 章 HTTP 及高级编程……239

第 10 章 电子邮件协议与编程……267

第 1 章 概述

本章首先介绍网络编程相关的基本概念，重点分析进程通信、Internet 中网间进程的标识方法以及网络协议的特征。接着从网络编程的角度，分析 TCP/IP 协议簇中高效的用户数据报协议（UDP）和可靠的传输控制协议（TCP）的特点。最后详细说明网络应用程序的客户机/服务器交互模式。

透彻地理解这些网络编程相关的基本概念十分重要，能使我们的思路从过去所学的网络的构造原理转移到对网络的应用的层面上来，为理解后续章节的内容打下基础。

1.1 网络编程相关的基本概念

1.1.1 网络编程与进程通信

1. 进程与线程的基本概念

进程是操作系统理论中最重要的概念之一，简单地说，进程是处于运行过程中的程序实例，是操作系统调度和分配资源的基本单位。

一个进程实体由程序代码、数据和进程控制块 3 部分构成。程序代码规定了进程所做的计算；数据是计算的对象；进程控制块是操作系统内核为了控制进程所建立的数据结构，是操作系统用来管理进程的内核对象，也是系统用来存放关于进程的统计信息的地方。系统给进程分配一个地址空间，用来装入进程的所有可执行模块或动态链接库（Dynamic Linking Library，DLL）模块的代码和数据。进程还包含动态分配的内存空间，如线程堆栈和堆分配空间。多个进程可以在操作系统的协调下，在内存中并发地运行。

各种计算机应用程序在运行时，都以进程的形式存在。网络应用程序也不例外。我们在 Windows 操作系统中，有时打开多个 IE 浏览器的窗口访问多个网站，有时运行 Foxmail 电子邮件程序查看自己的邮箱，有时运行网际快车软件下载文件。它们都会在 Windows 的桌面上打开一个窗口；每一个窗口中运行的网络应用程序，都是一个网络应用进程。网络编程就是要开发网络应用程序，所以了解进程的概念是非常重要的。

Windows 系统不但支持多进程，还支持多线程。在 Windows 系统中，进程是分配资源的单位，但不是执行和调度的单位。若要使进程完成某项操作，它必须拥有一个在它的环境中运行的线程，该线程负责执行包含在进程的地址空间中的代码。实际上，单个进程可能包含若干个线程，所有这些线程都“同时”执行进程地址空间中的代码。为此，每个线程都有它自己的一组 CPU 寄存器和它自己的堆栈。每个进程至少拥有一个线程，来执行进程的地址空间中的代码。如果没有线程来执行进程的地址空间中的代码，那么进程就没有存在的理由了，系统就会自动撤销该进程和它的地址空间。若要使所有这些线程都能运行，操作系统就要为每个线程安排一定的 CPU 时间。它通过一种循环方式为线程提供时间片（称为量程），造成一种假象，仿佛所有线程都是同时运行的一样。

当创建一个进程时，系统会自动创建它的第一个线程，称为主线程。然后，该线程可以创建其他的线程，而这些线程又能创建更多的线程。

图 1.1 所示为在单 CPU 的计算机上，CPU 分时地运行各个线程。如果计算机拥有多个 CPU，那么操作系统就要使用更复杂的算法来实现 CPU 上线程负载的平衡。

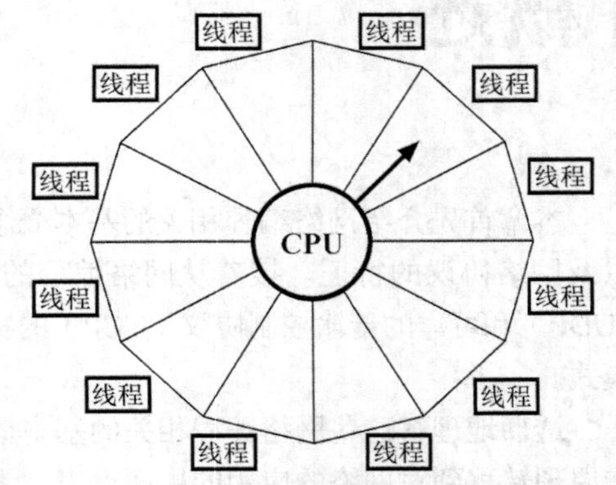

图 1.1 单 CPU 分时地运行进程中的各个线程

Windows 操作系统（2000 以上的版本）能够在拥有多个 CPU 的计算机上运行，可以在每个 CPU 上运行不同的线程，这样，多个线程就真的在同时运行了。Windows 2000 操作系统的内核能够在这种类型的系统上进行所有线程的管理和调度，不必在代码中进行任何特定的设置，就能利用多处理器提供的各种优点。Windows 98 操作系统只能在单处理器计算机上运行；即使计算机配有多个处理器，Windows 98 操作系统每次也只能安排一个线程运行，而其他处理器则处于空闲状态。

2. 网络应用进程在网络体系结构中的位置

从计算机网络体系结构的角度来看，网络应用进程处于网络层次结构的最上层。图 1.2 所示为网络应用程序在网络体系结构中的位置示意图。

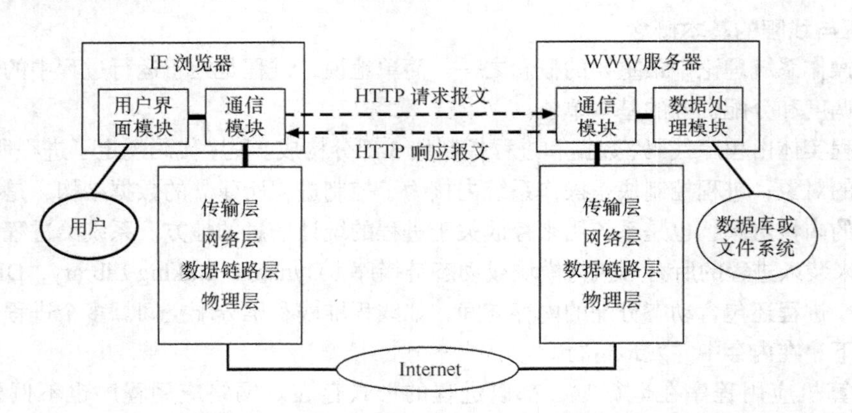

图 1.2 网络应用程序在网络体系结构中的位置示意图

从功能上可以将网络应用程序分为两部分。一部分是专门负责网络通信的模块；它们与网络协议栈相连接，借助网络协议栈提供的服务完成网络上数据信息的交换；另一部分是面向用户或者进行其他处理的模块，它们接收用户的命令，或者对借助网络传输过来的数据进行加工。这两部分模块相互配合，来实现网络应用程序的功能。例如，在图 1.2 中，IE 浏览器就分为两部分：用户界面部分接收用户输入的网址，把它转交给通信模块；通信模块按照网址与对方连接，按照 HTTP 和对方通信，接收服务器发回的网页，然后把它交给浏览器的用户界面部分。用户界面模块解释网页中的超文本标记，把页面显示给用户。服务器端的Internet信息服务（Internet Information Server，IIS）软件，其实也分为两部分，通信模块负责与客户端进行通信，另一部分负责操作服务器端的文件系统或数据库。

要注意网络应用程序这两部分的关系。通信模块是网络分布式应用的基础，其他模块则对网络交换的数据进行加工处理，从而满足用户的种种需求。网络应用程序最终要实现网络资源的共享，共享的基础就是必须能够通过网络轻松地传递各种信息。

由此可见，网络编程首先要解决网间进程通信的问题，然后才能在通信的基础上开发各种应用功能。

3. 实现网间进程通信必须解决的问题

进程通信的概念最初来源于单机系统。由于每个进程都在自己的地址范围内运行，为了保证两个相互通信的进程之间既不互相干扰，又能协调一致地工作，操作系统为进程通信提供了相应的设施。例如，UNIX 系统中的管道（Pipe）、命名管道（Named Pipe）和软中断信号（Signal），UNIX System V 中的消息（Message）、共享存储区（Shared Memory）和信号量（Semaphore）等，但它们都仅限于用在本机进程之间的通信上。

网间进程通信是指网络中不同主机中的应用进程之间的相互通信，当然，可以把同机进程间的通信看作网间进程通信的特例。网间进程通信必须解决以下问题。

（1）网间进程的标识问题。在同一主机中，不同的进程可以用进程号（Process ID）唯一标识。但在网络环境下，各主机独立分配的进程号已经不能唯一地标识一个进程。例如，主机 A 中某进程的进程号是 5，在 B 机中也可以存在 5 号进程，进程号不再唯一了，因此，在网络环境下，仅仅说“5 号进程”就没有意义了。

（2）与网络协议栈连接的问题。网间进程的通信实际是借助网络协议栈实现的。应用进程把数据交给下层的传输层协议实体，调用传输层提供的传输服务，传输层及其下层协议将数据层层向下递交，最后由物理层将数据变为信号，发送到网上，经过各种网络设备的寻径和存储转发，才能到达目的端主机，目的端的网络协议栈再将数据层层上传，最终将数据送交接收端的应用进程，这个过程是非常复杂的。但是对于网络编程来说，必须要有一种非常简单的方法，来与网络协议栈连接。这个问题是通过定义套接字网络编程接口来解决的。

（3）多重协议的识别问题。现行的网络体系结构有很多，如 TCP/IP、IPX/SPX 等，操作系统往往支持众多的网络协议。不同协议的工作方式不同，地址格式也不同，因此网间进程通信还要解决多重协议的识别问题。

（4）不同的通信服务的问题。随着网络应用的不同，网间进程通信所要求的通信服务就会有不同的要求。例如，文件传输服务，传输的文件可能很大，要求传输非常可靠，无差错，无乱序，无丢失，无重复；下载了一个程序，如果丢了几个字节，这个程序可能就不能用了。但对于网上聊天这样的应用，要求就不高。因此，要求网络应用程序能够有选择地使用网络协议栈提供的网络通信服务功能。在 TCP/IP 协议簇中，在传输层有 TCP 和 UDP 这两个协议，TCP 提供可靠的数据流传输服务，UDP 提供不可靠的数据报传输服务。深入了解它们的工作机制，对于网络编程是非常必要的。

以上问题的解决方案将在后续章节中详细讲述。

1.1.2 Internet 中网间进程的标识

1. 传输层在网络通信中的地位

图 1.3 所示为基于 TCP/IP 协议栈的进程之间的通信情况。

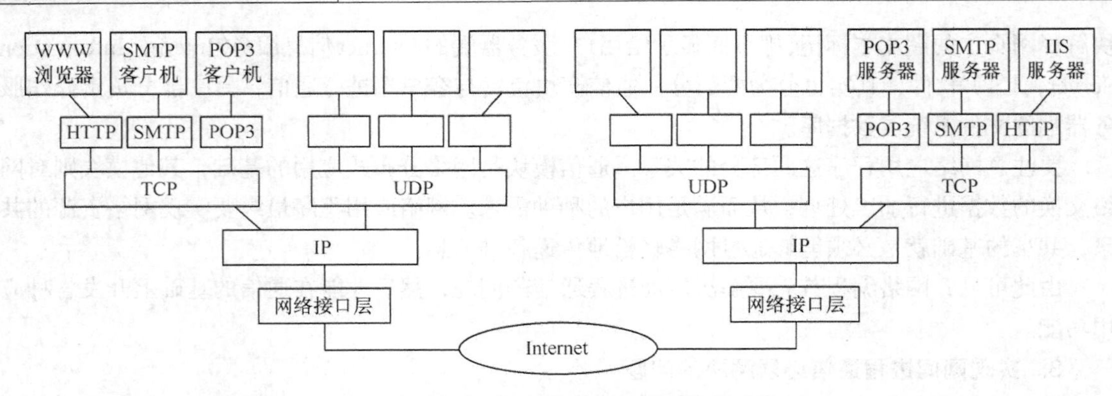

图 1.3　基于 TCP/IP 协议栈的进程间的通信

Internet 是基于 TCP/IP 协议栈的，TCP/IP 协议栈的特点是两头大、中间小。在应用层，有众多的应用进程，分别使用不同的应用层协议；在网络接口层，有多种数据链路层协议，可以和各种物理网相接；在网络层，只有一个 IP 实体。在发送端，所有上层的应用进程的信息都要汇聚到 IP 层；在接收端，下层的信息又从 IP 层分流到不同的应用进程。

网络层的 IP，在 Internet 中起着非常重要的作用。它用 IP 地址统一了 Internet 中各种主机的物理地址，用 IP 数据报统一了各种物理网的帧，实现了异构网的互连。粗略地说，在 Internet 中，每一台主机都有一个唯一的 IP 地址，利用 IP 地址可以唯一地定位 Internet 中的一台计算机，实现计算机之间的通信。但是最终进行网络通信的不是整个计算机，而是计算机中的某个应用进程。每个主机中有许多应用进程，仅有 IP 地址是无法区别一台主机中的多个应用进程的。从这个意义上讲，网络通信的最终地址就不仅仅是主机的 IP 地址了，还必须包括可以描述应用进程的某种标识符。

按照 OSI 七层协议的描述，传输层与网络层在功能上的最大区别是传输层提供进程通信的能力。TCP/IP 提出了传输层协议端口（Protocol Port）的概念，成功地解决了通信进程的标识问题。

传输层，也称传送层，是对计算机网络中通信主机内部进行独立操作的第一层，是支持端到端的进程通信的关键的一层。如图 1.3 所示，应用层的多个进程通过各自的端口复用 TCP 或 UDP，TCP 或 UDP 再复用网络层的 IP，经过通信子网的存储转发，将数据传送到目的端的主机。而在目的端主机中，IP 将数据分发给 TCP 或 UDP，再由 TCP 或 UDP 通过特定的端口传送给相应的进程。对于网络协议栈来说，在发送端是自上而下地复用，在接收端是自下而上地分用，从而实现了网络中应用进程之间的通信。

2. 端口的概念

端口是 TCP/IP 协议簇中，应用层进程与传输层协议实体间的通信接口，在 OSI 七层协议的描述中，将它称为应用层进程与传输层协议实体间的服务访问点（SAP）。应用层进程通过系统调用与某个端口进行绑定，然后就可以通过该端口接收或发送数据，因为应用进程在通信时，必须用到一个端口，它们之间有着一一对应的关系，所以可以用端口来标识通信的网络应用进程。

类似于文件描述符，每个端口都拥有一个叫作端口号（Port Number）的整数型标识符，用于区别不同的端口。由于 TCP/IP 协议簇传输层的两个协议，即 TCP 和 UDP，是完全独立的两个软件模块，因此各自的端口号也相互独立。如 TCP 有一个 255 号端口，UDP 也可以有一个 255 号端口，二者并不冲突。图 1.4 所示为 UDP 数据报和 TCP 报文段的首部格式。

源端口	目标端口
UDP 长度	UDP 校验和

<table>
<tr><td colspan="8">源端口</td><td colspan="2">目标端口</td></tr>
<tr><td colspan="10">序号</td></tr>
<tr><td colspan="10">确认号</td></tr>
<tr><td>数据偏移</td><td>保留</td><td>URG</td><td>ACK</td><td>PSH</td><td>RST</td><td>SYN</td><td>FIN</td><td colspan="2">窗口</td></tr>
<tr><td colspan="8">校验和</td><td colspan="2">紧急指针</td></tr>
<tr><td colspan="9">选项</td><td>填充</td></tr>
</table>

图 1.4 UDP 与 TCP 的报文格式

图 1.4 所示的上半部分是 UDP 的报头格式，下半部分是 TCP 的报头格式。从 TCP 或 UDP 的报头格式来看，端口标识符是一个 16 位的整数，所以，TCP 和 UDP 都可以提供 65535 个端口，供应用层的进程使用，这个数量是不小的。端口与传输层的协议是密不可分的，必须区别是 TCP 的端口，还是 UDP 的端口，两种协议的端口之间没有任何联系。端口是操作系统可分配的一种资源。

从实现的角度讲，端口是一种抽象的软件机制，包括一些数据结构和 I/O 缓冲区。应用程序（即进程）通过系统调用与某端口建立绑定（Binding）关系后，传输层传给该端口的数据都被相应进程接收，相应进程发给传输层的数据都通过该端口输出。在 TCP/IP 的实现中，端口操作类似于一般的 I/O 操作，进程获取一个端口，相当于获取本地唯一的 I/O 文件，可以用一般的读写原语访问它。

3. 端口号的分配机制

端口号的分配是一个重要问题。

假如网络中两主机的两个进程甲、乙要通信，并且甲首先向乙发送信息，那么，甲进程必须知道乙进程的地址，包括网络层地址和传输层的端口号。IP 地址是全局分配的，能保证全网的唯一性，并且在通信之前，甲就能知道乙的 IP 地址；但端口号是由每台主机自己分配的，只有本地意义，无法保证全网唯一，所以甲在通信之前是无法知道乙的端口号的。这个问题如何解决呢？

由于在 Internet 应用程序的开发中，大多都采用客户机/服务器（C/S）的模式，在这种模式下，客户机与服务器的通信总是由客户机首先发起，因此只需要让客户机进程事先知道服务器进程的端口号就行了。另一方面，在 Internet 中，众所周知的为大家所接受的服务是有限的。基于这两方面的考虑，TCP/IP 采用了全局分配（静态分配）和本地分配（动态分配）相结合的方法。对 TCP 或者 UDP，将它们的全部 65535 个端口号分为保留端口号和自由端口号两部分。

保留端口的范围是 0～1023，又称为众所周知的端口或熟知端口（Well-known Port），只占少数，采用全局分配或集中控制的方式，由一个公认的中央机构根据需要进行统一分配，静态地分配给 Internet 上众所周知的服务器进程，并将结果公布于众。由于一种服务使用一种应用层协议，也可以说把保留端口分配给了一些应用层协议。表 1.1 列举了一些应用层协议分配到的保留端口号。

表 1.1　　一些典型的应用层协议分配到的保留端口

TCP 的保留端口		UDP 的保留端口	
FTP	21	DNS	53
HTTP	80	TFTP	69
SMTP	25	SNMP	161
POP3	110	……	

这样，每一个标准的服务器都拥有了一个全网公认的端口号，在不同的服务器类主机上，使用相同应用层协议的服务器的端口号也相同。例如，所有的 WWW 服务器默认的端口号都是 80，FTP 服务器默认的端口号都是 21。

其余的端口号，1024～65535，称为自由端口号，采用本地分配，又称为动态分配的方法，由每台计算机在网络进程通信时，动态地、自由地分配给要进行网络通信的应用层进程。具体地说，应用进程当需要访问传输层服务时，向本地操作系统提出申请，操作系统返回一个本地唯一的端口号，进程再通过合适的系统调用将自己与该端口号联系起来（绑定），然后通过它进行网络通信。

具体来说，TCP 或 UDP 端口的分配规则如下。

端口 0：不使用或者作为特殊的用途。

端口 1～255：保留给特定的服务。TCP 和 UDP 均规定，小于 256 的端口号才能分配给网上众所周知的服务。

端口 256～1023：保留给其他的服务，如路由。

端口 1024～4999：可以用作任意客户的端口。

端口 5000～65535：可以用作用户的服务器端口。

我们可以描述一下在这样的端口分配机制下，客户机进程 C 与服务器进程 S 第一次通信的情景。图 1.5 所示为客户机与服务器第一次通信的情况。

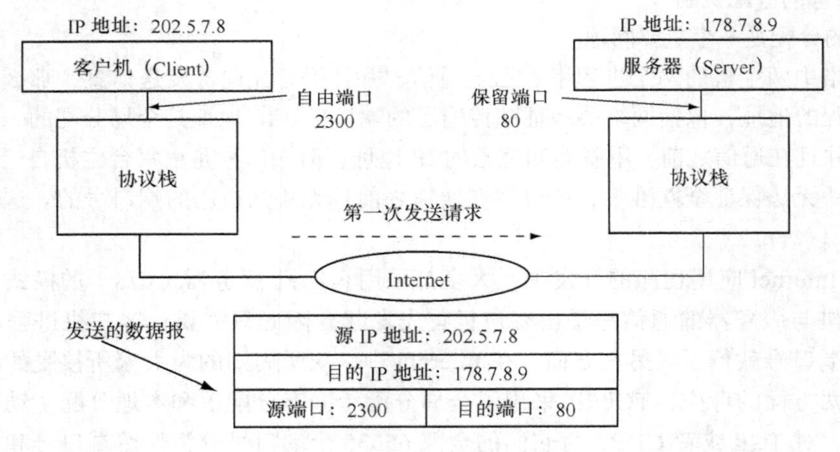

图 1.5　客户机与服务器的第一次通信

Client 进程（简称 C）要与远地 Server 进程（简称 S）通信。C 首先向操作系统申请一个自由端口号，因为每台主机都要进行 TCP/IP 的配置，其中主要的一项就是配置 IP 地址，所以自己的 IP 地址是已知的。C 使用的传输层协议是已经确定的，这样，通信的一端就完全确定了。S 的端口号是保留端口，是众所周知的，C 当然也知道，S 的 IP 地址也是已知的（在客户端输入网址请求访问一个网站的时候，网址当中都包含对方的主机域名），S 采用的传输层协议必须与 C 一致，这样，通信的另一端也就完全确定了下来，C 就可以向 S 发起通信了。

如此看来，这种端口的分配机制能够保证客户机第一次成功地将信息发送到服务器，但是接着又有另一个问题：服务器进程是要为多个客户机进程服务的，如果当某个客户机第一次成功地连接到服务器后，服务器就接着用这个保留端口继续与该客户机通信，那么其他申请连接的客户机就只能等待了，这就无法实现服务器进程同时为多个客户机服务的要求。但实际的情况是，一个网站的 WWW 服务器，可以同时为千百个人服务，这是怎么回事呢？

原来，在 TCP/IP 的端口号分配机制中，服务器的保留端口是专门用来监听客户端的连接请求的，当服务器从保留端口收到一个客户机的连接请求后，立即创建另外一个线程，并为这个线程分配一个服务器端的自由端口号，然后用这个线程继续与那个客户机进行通信；而服务器的保留端口就又可以接收另一个客户机的连接请求了，这就是所谓“偷梁换柱”的办法。

4. 进程的网络地址的概念

网络通信中通信的两个进程分别是在不同的计算机上。在 Internet 中，两台主机可能位于不同的网络中，这些网络通过网络互连设备（网关、网桥和路由器等）连接。因此要在 Internet 中定位一个应用进程，需要以下三级寻址。

（1）某一主机总是与某个网络相连，必须指定主机所在的特定网络地址，称为网络 ID。

（2）网络上每一台主机应有其唯一的地址，称为主机 ID。

（3）每一主机上的每一应用进程应有在该主机上的唯一标识符。

在 TCP/IP 中，主机 IP 地址就是由网络 ID 和主机 ID 组成的，IPv4 中用 32 位二进制数值表示；应用进程是用 TCP 或 UDP 的 16 位端口号来标识的。

综上所述，在 Internet 中，用一个三元组可以在全局中唯一地标识一个应用层进程：

应用层进程 =（传输层协议，主机的 IP 地址，传输层的端口号）

这样一个三元组，叫作一个半相关（Half-association），它标识了 Internet 中进程间通信的一个端点，也把它称为进程的网络地址。

5. 网络中进程通信的标识

在 Internet 中，一个完整的网间进程通信需要由两个进程组成，两个进程是通信的两个端点，并且只能使用同一种传输层协议。也就是说，不可能通信的一端用 TCP，而另一端用 UDP。因此一个完整的网间通信需要一个五元组在全局中唯一地标识：

（传输层协议，本地机 IP 地址，本地机传输层端口，远地机 IP 地址，远地机传输层端口）

这个五元组称为一个全相关（Association），即两个协议相同的半相关才能组合成一个合适的全相关，或完全指定一对网间通信的进程。

1.1.3　网络协议的特征

在网络分层体系结构中，各层之间是严格单向依赖的，各层次的分工和协作集中体现在相邻层之间的接口上。“服务”是描述相邻层之间关系的抽象概念，是网络中各层向紧邻上层提供的一组服务。下层是服务的提供者，上层是服务的请求者和使用者。服务的表现形式是原语（Primitive）操作，一般以系统调用或库函数的形式提供。系统调用是操作系统内核向网络应用程序或高层协议提供的服务原语。网络中的 n 层总要向 $n+1$ 层提供比 $n-1$ 层更完备的服务，否则 n 层就没有存在的价值。

在 OSI 的术语中，网络层及其以下各层又称为通信子网，只提供点到点通信，没有程序或进程的概念。而传输层实现的是“端到端”通信，引进了网间进程通信的概念，同时也要解决差错控制、流量控制、报文排序和连接管理等问题，为此，传输层以不同的方式向应用层提供不同的服务。

编程者应了解常用网络传送协议的基本特征，掌握与协议行为类型有关的背景知识，知道特定协议在程序中的行为方式。

1. 面向消息的协议与基于流的协议

（1）面向消息的协议。面向消息的协议以消息为单位在网上传送数据，消息在发送端一条一条地发送，在接收端也只能一条一条地接收，每一条消息是独立的，消息之间存在着边界。例如，在图 1.6 中，甲工作站向乙工作站发送了 3 条消息，分别是 128、64 和 32 字节；乙作为接收端，尽管缓冲区是 256 个字节，足以接收甲的 3 条消息，而且这 3 条消息已经全部到达了乙的缓冲区，乙仍然必须发出 3 条读取命令，分别返回 128、64 和 32 个字节这 3 条消息，而不能用一次读取调用来返回这 3 个数据包。这称为“保护消息边界”（Preserving Message Boundaries）。保护消息边界是指传输协议把数据当作一条独立的消息在网上传输，接收端只能接收独立的消息。也就是说，存在保护消息边界，接收端一次只能接收发送端发出的一个数据包。UDP 就是面向消息的。面向消息的协议适于交换结构化数据，网络游戏就是一个好例子。玩家们交换的是一个个带有地图信息的数据包。

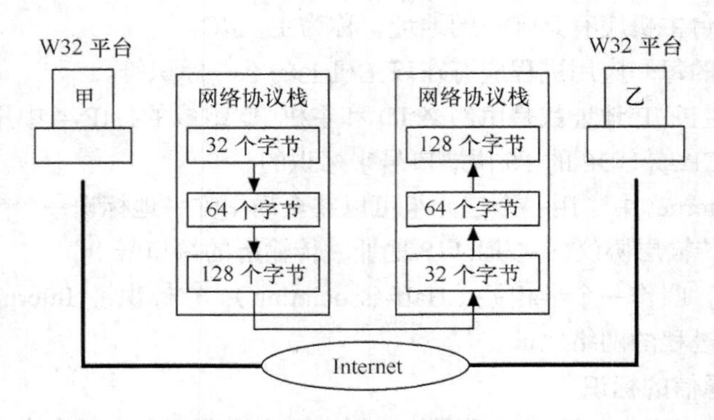

图 1.6 保护消息边界的数据报传输服务

（2）基于流的协议。基于流的协议不保护消息边界，将数据当作字节流连续地传输，不管实际消息边界是否存在。如果发送端连续发送数据，接收端有可能在一次接收动作中接收两个或者更多的数据包。在发送端，允许系统将原始消息分解成几条小消息分别发送，或把几条消息积累在一起，形成一个较大的数据包，一次送出。多次发送的数据统一编号，从而把它们联系在一起。接收端会尽量地读取有效数据。只要数据一到达，网络堆栈就开始读取它，并将它缓存下来等候进程处理。在进程读取数据时，系统尽量返回更多的数据。在图 1.7 中，甲发送了 3 个数据包：分别是 128、64 和 32 个字节，甲的网络堆栈可以把这些数据聚合在一起，分两次发送出去。是否将各个独立的数据包累积在一起，受许多因素的影响，如网络允许的最大传输单元和发送的算法。在接收端，乙的网络堆栈把所有进来的数据包聚集在一起，放入堆栈的缓冲区，等待应用进程读取。进程发出读的命令，并指定了进程的接收缓冲区，如果进程的缓冲区有 256 个字节，系统马上就会返回全部 224（128 + 64 + 32）个字节。如果接收端只要求读取 20 个字节，系统就会只返回 20 个字节。TCP 是基于流的协议。

流传输，把数据当作一串数据流，不认为数据是一个一个的消息。但是有很多人在使用 TCP 通信时，并不清楚 TCP 是基于流的传输，当连续发送数据的时候，他们认为 TCP 会丢包。其实不然，因为当他们使用的缓冲区足够大时，就有可能会一次接收到两个甚至更多的数据包，而很多人往往会忽视这一点，只解析检查了第一个数据包，而已经接收的其他数据包却被忽略了。在做这类的网络编程时，必须注意这一点。

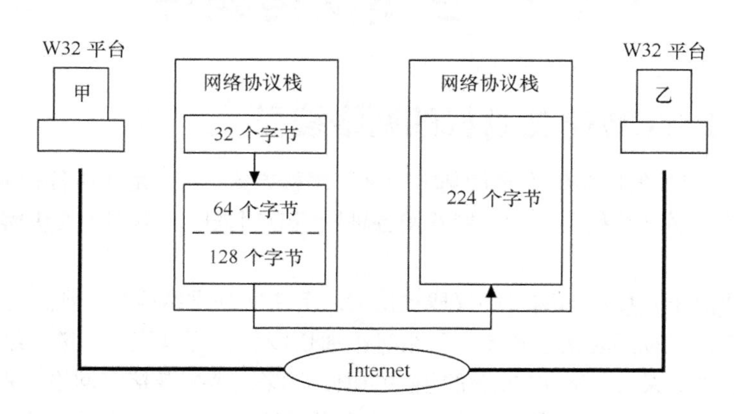

图 1.7　无消息边界的流传输服务

2. 面向连接的服务和无连接的服务

传输层向应用层可以提供面向连接的服务，或者提供无连接的服务。

面向连接服务是电话系统服务模式的抽象，即每一次完整的数据传输都要经过建立连接、使用连接和终止连接的过程。在数据传输过程中，各数据分组不携带目的地址，而使用连接号（Connect ID）。本质上，连接是一个管道，收发数据不但顺序一致，而且内容相同。TCP 提供面向连接的虚电路传输服务，使用面向连接的协议，在进行数据交换之前，通信的对等实体必须进行握手，相互传送连接信息，一方面确定了通信的路径，另一方面还可以相互协商，做好通信的准备，例如准备收发的缓冲区，从而保证通信双方都是活动的，可彼此响应。建立连接需要很多开销，另外，大部分面向连接的协议为保证投递无误，还要执行额外的计算来验证正确性，这又进一步增加了开销。

无连接服务是邮政系统服务的抽象，每个分组都携带完整的目的地址，各分组在系统中独立传送。无连接服务不能保证分组到达的先后顺序，不进行分组出错的恢复与重传，不保证传输的可靠性。无连接协议在通信前，不需要建立连接，也不管接收端是否正在准备接收。无连接服务类似于邮政服务：发信人把信装入邮箱即可；至于收信人是否想收到这封信，或邮局是否会因为暴风雨未能按时将信件投递到收信人处等，发信人都不知道。UDP 就是无连接的协议，提供无连接的数据报传输服务。

3. 可靠性和次序性

在设计网络应用程序时，必须了解协议是否能提供可靠性和次序性。可靠性保证了发送端发出的每个字节都能到达既定的接收端，不出错，不丢失，不重复，保证数据的完整性，称为保证投递。次序性是指对数据到达接收端的顺序进行处理。保护次序性的协议保证接收端收到数据的顺序就是数据的发送顺序，称为按序递交。

可靠性和次序性与协议是否面向连接密切相关。多数情况下，面向连接的协议做了许多工作，能确保数据的可靠性和次序性。而无连接的协议不必去验证数据完整性，不必确认收到的数据，也不必考虑数据的次序，因而简单快速得多。

网络编程时，要根据应用的要求，选择适当的协议，对于要求大量的可靠的数据传输，应当选择面向连接的协议，如 TCP，否则选择 UDP。

1.2 三类网络编程

1.2.1 基于 TCP/IP 协议栈的网络编程

基于 TCP/IP 协议栈的网络编程是最基本的网络编程方式，主要是使用各种编程语言，利用操作系统提供的套接字网络编程接口，直接开发各种网络应用程序。本书主要讲解这种网络编程的相关技术。

这种编程方式由于直接利用网络协议栈提供的服务来实现网络应用，所以层次比较低，编程者有较大的自由度，在利用套接字实现了网络进程通信以后，可以随心所欲地编写各种网络应用程序。这种编程首先要深入了解 TCP/IP 的相关知识，要深入掌握套接字网络编程接口，更重要的是要深入了解网络应用层协议，例如，要想编写出电子邮件程序，就必须深入了解 SMTP 和邮局协议第 3 版（Post Office Protocol 3，POP3）。有时甚至需要自己开发合适的应用层协议。

1.2.2 基于 WWW 应用的网络编程

WWW 又称为万维网或 Web，WWW 应用是 Internet 上最广泛的应用。它用 HTML 来表达信息，用超链接将全世界的网站连成一个整体，用浏览器这种统一的形式来浏览，为人们提供了一个图文并茂的多媒体信息世界。WWW 已经深入应用到各行各业。无论是电子商务、电子政务、数字企业、数字校园，还是各种基于 WWW 的信息处理系统、信息发布系统和远程教育系统，都统统采用了网站的形式。这种巨大的需求催生了各种基于 WWW 应用的网络编程技术，首先出现了一大批所见即所得的网页制作工具，如 Frontpage、Dreamweaver、Flash 和 Firework 等，然后是一批动态服务器页面的制作技术，如 ASP、JSP 和 PHP 等。这方面的学习资料非常多，本书不再赘述。

1.2.3 基于.NET 框架的 Web Services 网络编程

21 世纪是网络的世纪，电子商务、电子政务、数字校园和数字企业等 Internet 上的应用层出不穷。巨大的网络编程需求，急需建立一个更高效、更可靠、更安全的软件平台。微软公司的可扩展标记语言（eXtensible Markup Language，XML）、Web 服务架构，以及.NET 平台就是在这种背景下推出的。IT 业界领先的公司都已认识到它的重要性，表现出极大的兴趣，正在共同努力开发行业标准。

2000 年～2010 年这 10 年，被比尔·盖茨称为全新的“数字时代”。数字的智能设备将无处不在，并被网络连接起来，新的应用会不断推出，将深刻改变人类的工作和生活方式。微软公司的.NET 技术是“数字时代”的全新技术，它把整个 Internet 当作计算的舞台，为人们提供统一、有序、有结构的 XML Web 服务。

1. 关于.NET 平台

微软公司在 2000 年 7 月公布的.NET 平台是一个全新的开发框架，集成了微软公司 20 世纪 90 年代后期的许多技术，包括 COM+组件服务、ASP Web 开发框架、XML 和 OOP 面向对象设计等。.NET 支持新的 Web 服务协议，如简单对象访问协议（Simple Object Access Protocol，SOAP），

Web 服务说明语言（Web Services Description Language，WSDL），统一说明、发现和集成规范（Universal Description Discovery and Integration，UDDI）以及以 Internet 为中心的理念。

（1）.NET 平台有 4 组产品。

① 开发工具：包括一组语言（C#和 VB.NET）；一组开发工具（Visual Studio.NET）；一个综合类库，用于创建 Web 服务、Web 应用程序和 Windows 应用程序；一个内置于框架中用于执行对象的公用语言运行期环境（Common Language Runtime，CLR）。

② 专用服务器：提供一组.NET 企业级服务器，原来称为 SQL Server、Exchange Server 等，提供关系型数据存储、E-mail 和 B TO B 的商务功能。

③ Web 服务。

④ 设备：是全新的.NET 驱动的数字化智能设备，包括从 Tablet-PC、蜂窝电话到游戏机等设备。

（2）.NET 的策略是使软件成为一种服务。除了以 Web 为中心外，微软的.NET 顺应了软件工业的趋势，包括以下几个方面。

① 分布式计算：更好的与厂商无关的开放性，提供了采用开放的 Internet 协议的远程体系结构，例如，HTTP、XML 和简单对象访问协议（SOAP）等。

② 组件化：COM 模型使软件的即插即用成为现实，但是开发部署非常复杂，微软的.NET 真正实现了软件的即插即用。

③ 企业级别的服务：开发伸缩自如的企业级别的程序，无须编写代码即可管理事务与安全。

④ Web 范型转移：近年来，Web 程序开发的中心从连接（TCP/IP）向呈现（HTML）和可编程性（XML 和 SOAP）转移，.NET 则使软件以服务的形式销售和发行。

这些都有助于互操作性、可伸缩性、易得性和可管理性等指标的实现。

（3）.NET 平台由 3 层软件构成。

① 顶层是全新的开发工具 VS.NET，用于 Web 服务和其他程序的开发。它是 VS 6.0 的换代产品，支持 4 种语言和跨语言调试的集成开发环境。

② 中间层包括 3 部分：.NET 服务器、.NET 服务构件和.NET 框架。.NET 框架是中心，是一个全新的开发和运行期基础环境，极大地改变了 Windows 平台上的商务程序的开发模式，包括 CLR 和一个所有.NET 语言都可以使用的类框架。

③ 底层是 Windows 操作系统。

（4）.NET 框架的设计支持如下目标。

① 简化组件的使用：COM 技术使编程者可以将任何语言开发的二进制组件，一个 DLL 或 EXE，集成到程序中，实现软件的即插即用，但必须遵守 COM 身份、标识（Identify）、生命期和二进制布局的规则，还需编写创建 COM 组件必需的底层代码。.NET 则不需要，只要编写一个.NET 的类，就成为配件的一部分，支持即插即用，不需要使用注册表进行组件的注册，以及编写相关的底层代码。

② 实现语言的集成：支持语言无关性和语言集成，通过公共类型系统（Common Type System，CTS）规范实现。.NET 中的一切都是从根类 System Object 继承的某个类的一个对象。每个语言编译器都满足公共语言规范（Common Language Specification，CLSC）所规定的最小规则集，并且产生服从 CTS 的代码，使不同的.NET 语言可以混合使用。

③ 支持 Internet 的互操作：.NET 使用 SOAP，这是一个分布计算的、开放的、简单的、轻量级的协议，其基础是 XML 和 HTTP 标准。

④ 简化软件的开发：以前的软件开发需要不停地换语言，从 Windows API、MFC、ATL 系

统、COM 接口和各种开发环境起，各种 API 和类库没有一致的、共同的地方。.NET 提供了一套框架类，允许任何语言使用，无须在每次更换语言时学习新的 API。

⑤ 简化组件的部署：安装软件时容易删除、覆盖和移动其他程序使用的共享的 DLL，使程序无法运行。.NET 采用了全局配件缓冲（Global Assembly Cache，GAC）的机制注册，消除了 DLL 噩梦，除去了与组件相关的注册表设置，引入了安装卸载的零影响的概念，在.NET 中安装程序时，只要把文件从光盘的一个目录中，复制到计算机的另一个目录中，程序就会自动运行。

⑥ 提高可靠性：.NET 的类支持运行期的类型的识别，内容转储的功能，CLR 在类型装载和执行之前，对其验证，减少低级编程错误和缓冲区溢出的机会，支持 CLR 中异常，提供一致的错误处理机制，所有.NET 兼容语言中的异常处理是一样的，.NET 运行期环境会跟踪不再使用的对象，释放其内存。

⑦ 提高安全性：Windows NT/2000 操作系统使用访问控制表和安全身份来保护资源，但不提供对访问可执行代码的某一部分进行验证的安全基础设施。.NET 可以进一步保护对于可以执行的代码的某一部分的访问，而不是传统地保护整个可执行文件，如可以在方法实现之前，加入安全属性的信息，在方法中编写代码，显式地引发安全检查。

2. 关于 Web 服务

Web 服务是松散耦合的可复用的软件模块，在 Internet 上发布后，能通过标准的 Internet 协议在程序中访问，具有以下特点。

（1）可复用：它是对于面向对象设计的发展和升华；基于组件的模型允许开发者复用其他人创建的代码模块，组合或扩展他们，形成新的软件。

（2）松散耦合：只需要简单协调，允许自由配置。

（3）封装：一个 Web 服务是一个自包含的小程序，完成单个的任务，Web 服务的模块用其他软件可以理解的方式来描述输入和输出，其他软件知道它能做什么，如何调用它的功能，以及返回什么结果。

（4）Web 服务可以在程序中访问：Web 服务不是为了直接与人交互而设计的，不需要有图像化的用户界面；Web 服务在代码级工作，可被其他的软件调用，并与其他的软件交换数据。

（5）Web 服务在 Internet 上发布：使用现有的广泛使用的传输协议，如 HTTP，不需要调整现有的 Internet 结构。

Web 服务是 Internet 相关技术发展的产物。Internet 要满足商业机构将其企业运营集成到分布应用软件环境中的要求，就必须：

（1）使分布式计算模式独立于提供商、平台和编程语言；

（2）提供足够的交互能力，适合各种场合应用；

（3）编程者易于实现和发布应用程序。

要实现 Web 服务就涉及 Web 服务的基本结构和运行机理。

Web 服务用发现机制来定位服务，即实现松散耦合，基本结构包括如下 3 部分。

（1）Web 服务目录：可接受来自程序的查询，并且返回结果，是有效的定位 Web 服务的手段。Web 服务提供者使用 Web 服务目录发布自己能提供的 Web 服务，供客户查找。

（2）Web 服务发现：统一说明、发现和集成规范（UDDI）定义了一种发布和发现 Web 服务相关信息的标准方法。Web 服务发现是定位或发现特定的 Web 服务文档的过程，文档用 Web 服务说明语言（WSDL）来表示。Web 服务发现通过.disco 文件实现，当一个 Web 服务出现后，为之发布一个.disco 文件，它是一个 XML 文档，其中包括指向描述 Web 服务的其他资源的链接，程序可以动态地使用这些链接获取说明文档，最终得知 Web 服务的详细信息。

（3）Web 服务说明：Web 服务的基本结构建立在通过基于 XML 的消息进行通信的基础上，而消息必须遵守 Web 服务说明的约定，它是一个用 WSDL 表示的 XML 文档，定义 Web 服务可以理解的消息格式。服务说明很像 Web 服务与客户之间的协议，定义了服务的行为，并指示使用它的客户如何与之交互；服务的行为取决于服务定义和支持的消息样式，这些样式指示了在服务使用者给 Web 服务发送了一个格式正确的消息后，可能得到的预期结果。

Web 服务建立在服务的提供者、注册处和请求者 3 个角色的交互上，交互的内容包括发布、查找和绑定 3 个操作，这些角色和操作都围绕 Web 服务本身和服务说明两个产品展开。Web 服务的运行机理是，服务提供者有一个可以通过网络访问的软件模块，即 Web 服务的实现，它为此 Web 服务定义了服务说明，并把它发布给服务的请求者，或服务的注册处；服务请求者用查找操作从本地或注册处得到服务说明，并使用说明中的信息与服务提供者实现绑定，然后与 Web 服务交互，调用其中的操作。服务的提供者和服务的请求者是 Web 服务的逻辑基础。一个 Web 服务既可以是提供者，也可以是请求者。

提供者从商业的角度来说是服务的拥有者，从 Web 服务的架构来说是拥有服务的平台。请求者是需要某种功能的商业机构，从商业的角度来说，是查找调用服务的应用程序，包括使用的浏览器，或无用户界面的应用程序。从 Web 服务的架构来说，服务的注册处是供提供者发布服务说明的地方，供请求者找到服务以及与服务绑定的信息，包括开发时的静态绑定和运行时的动态绑定。

Web 服务的开发的生命周期，包括 4 个阶段。

（1）创建：开发测试 Web 服务的实现，包括服务接口说明的定义，和服务实现说明的定义。

（2）安装：把服务接口和服务实现的定义发到服务请求者或服务注册处，把服务的可执行程序放到 Web 服务器的可执行环境中。

（3）运行：Web 服务等待调用请求，被不同的请求者通过网络访问或调用，服务请求者此时可以查找或绑定操作。

（4）管理：对 Web 服务应用程序进行监督、检查和控制，包括安全性、性能和服务质量管理等。

.NET 平台和 Web 服务是全新的网络编程理念，将极大地推动网络应用的发展。

1.3　客户机/服务器交互模式

1.3.1　网络应用软件的地位和功能

网络硬件与协议软件的结合，形成了一个能使网络中任意一对计算机上的应用程序相互通信的基本通信结构。Internet 通信是由底层物理网络和各层通信协议实现的，但最有趣和最有用的功能都是由高层应用软件提供的。应用软件为用户提供的高层服务就是用户眼中看到的 Internet。例如，一般用户都知道，利用 Internet 能收发电子邮件、浏览网站信息，以及在计算机之间传输文件。

网络应用软件为用户提供了使用 Internet 的界面，为人们提供了种种方便。例如，要想浏览一个网页，只需要在 IE 浏览器的地址栏中输入一个网址或单击一个超链接。又如，应用软件使用符号名字来标识 Internet 上可用的物理资源和抽象资源，能为计算机和输入输出设备定义名字，也能为抽象的对象（如文件、电子邮件信箱、数据库等）定义名字。符号名字帮助用户在最高层次上区分和定位信息与服务，使用户不必理解或记忆底层软件协议所使用的低级地址。离开了网络应用软件，人们就很难使用 Internet。

其实 Internet 仅仅提供一个通用的通信构架，它只负责传送信息，而信息传过去有什么作用，利用 Internet 究竟提供什么服务，由哪些计算机来运行这些服务，如何确定服务的存在，如何使用这些服务等问题，都要由应用软件和用户解决。就是说，Internet 虽然提供了通信能力，却并不指定进行交互的计算机，也没有指定计算机利用通信所提供的服务。另外，底层协议软件并不能启动与一台远程计算机的通信，也不知道何时接收从一台远程计算机来的通信。这些都取决于高层应用软件和用户。Internet 的这些特点与电话系统是很相像的。

就像电话系统一样，Internet 上的通信也需要一对应用程序协同工作。一台计算机上的应用程序启动与另一台计算机上应用程序的通信，然后另一台计算机上的应用程序对到达的请求做出应答。通信中必须有两个应用程序参加。那么，网络中两个应用程序的通信应该使用什么模式呢？

1.3.2 客户机/服务器模式

在计算机网络环境中，运行于协议栈之上并借助协议栈实现通信的网络应用程序称为网络应用进程。进程就是运行中的程序，往往通过位于不同主机中的多个应用进程之间的通信和协同工作，来解决具体的网络应用问题。网络应用进程通信时，普遍采用客户机/服务器交互模式（Client-Server paradigm of interaction），简称 C/S 模式。这是 Internet 上应用程序最常用的通信模式，即客户向服务器发出服务请求，服务器接收到请求后，提供相应的服务。C/S 模式的建立基于以下两点：首先，建立网络的起因是网络中软硬件资源、运算能力和信息不均等，需要共享，从而造就拥有众多资源的主机提供服务，资源较少的客户请求服务这一非对等关系；其次，网间进程通信完全是异步的，相互通信的进程间既不存在父子关系，又不共享内存缓冲区，因此需要一种机制为希望通信的进程间建立联系，为二者的数据交换提供同步。

C/S 模式过程中服务器处于被动服务的地位。服务器方要先启动，并根据客户请求提供相应服务，服务器的工作过程如下。

（1）打开一通信通道，并告知服务器所在的主机，它愿意在某一公认的地址上（熟知端口，如 FTP 为 21）接收客户请求。

（2）等待客户的请求到达该端口。

（3）服务器接收到服务请求，处理该请求并发送应答信号。为了能并发地接收多个客户的服务请求，要激活一个新进程或新线程来处理这个客户请求（如 UNIX 系统中用 fork、exec）。服务完成后，关闭此新进程与客户的通信通路，并终止。

（4）返回第（2）步，等待并处理另一客户请求。

（5）在特定的情况下，关闭服务器。

客户机采取的是主动请求方式，其工作过程如下。

（1）打开一通信通道，并连接到服务器所在主机的特定监听端口。

（2）向服务器发送请求报文，等待并接收应答，然后继续提出请求。与服务器的会话按照应用协议进行。

（3）请求结束后，关闭通信通道并终止。

从上面描述的过程可知，客户机和服务器都是运行于计算机中网络协议栈之上的应用进程，借助网络协议栈进行通信。服务器运行于高档的服务器类计算机上，借助网络，可以为成千上万的客户机服务；客户机软件运行于用户的 PC 上，有良好的人机界面，通过网络请求并得到服务器的服务，共享网络的信息和资源。例如，在著名的 WWW 应用中，IE 浏览器是客户机，IIS 则是服务器。表 1.2 列出了一些著名的网络应用。

表 1.2　　一些著名的网络应用

网络应用	客户机软件	服务器软件	应用层协议
电子邮件	Foxmail	电子邮件服务器	SMTP、POP3
文件传输	CutFTP	文件传输服务器	FTP
WWW 浏览	IE 浏览器	IIS 服务器	HTTP

C/S 模式所描述的是进程之间服务与被服务的关系。客户机是服务的请求方，服务器是服务的提供方。有时客户机和服务器的角色可能不是固定的，一个应用进程可能既是客户机，又是服务器。当 A 进程需要 B 进程的服务时就主动联系 B 进程，在这种情况下，A 是客户机而 B 是服务器。可能在下一次通信中，B 需要 A 的服务，这时 B 是客户机而 A 是服务器。

1.3.3　客户机与服务器的特性

客户端软件和服务器软件通常还具有以下一些主要特点。

1. 客户端软件

（1）在进行网络通信时临时成为客户机，但它也可在本地进行其他计算。

（2）被用户调用，只为一个会话运行。在打算通信时主动向远地服务器发起通信。

（3）能访问所需的多种服务，但在某一时刻只能与一个远程服务器进行主动通信。

（4）主动地启动与服务器的通信。

（5）在用户的计算机上运行，不需要特殊的硬件和很复杂的操作系统。

2. 服务器软件

（1）是一种专门用来提供某种服务的程序，可同时处理多个远地客户机的请求。

（2）当系统启动时即自动调用，并且连续运行着，不断地为多个会话服务。

（3）接收来自任何客户机的通信请求，但只提供一种服务。

（4）被动地等待并接收来自多个远端客户机的通信请求。

（5）在共享计算机上运行，一般需要强大的硬件和高级的操作系统支持。

3. 基于 Internet 的 C/S 模式的应用程序的特点

（1）客户机和服务器都是软件进程，C/S 模式是网络上通过进程通信建立分布式应用的常用模型。

（2）非对称性：服务器通过网络提供服务，客户机通过网络使用服务，这种不对称性体现在软件结构和工作过程上。

（3）对等性：客户机和服务器必有一套共识的约定，必与某种应用层协议相联，并且协议必须在通信的两端实现。例如，浏览器和 WWW 服务器就都基于超文本传输协议（HTTP）。

（4）服务器的被动性：服务器必须先行启动，时刻监听，日夜值守，及时服务，只要有客户机请求，就立即处理并响应、回传信息，但决不主动提供服务。

（5）客户机的主动性：客户机可以随时提出请求，通过网络得到服务，也可以关机离开，一次请求与服务的过程是由客户机首先激发的。

（6）一对多：一个服务器可以为多个客户机服务；客户机也可以打开多个窗口，连接多个服务器。

（7）分布性与共享性：资源在服务器端组织与存储，通过网络为分散的多个客户机使用。

1.3.4 容易混淆的术语

1. 服务器程序与服务器类计算机

对服务器这个术语有时会产生一些混淆。通常这个术语指一个被动地等待通信的进程，而不是运行它的计算机。然而，由于对运行服务器进程的机器往往有许多特殊的要求，不同于普通的 PC，因此经常将主要运行服务器进程的机器（硬件）不严格地称为服务器。硬件供应商加深了这种混淆，因为他们将那类具有快速 CPU、大容量存储器和强大操作系统的计算机称为服务器。

本书中用服务器（Server）这个术语来指那些运行着的服务程序。用服务器类计算机（Server-Class Computer）这一术语来称呼那些运行服务器软件的强大的计算机。例如，“这台机器是服务器”这句话应理解为：“这台机器（硬件）主要是用来运行服务器进程（软件）的”，或者“这台机器性能好，正在运行或者适合运行服务器软件”。其他图书中，服务器（Server）一词有时指的是硬件，即“运行服务器软件”的机器。

2. 客户机与用户

“客户机”（Client）和服务器都指的是应用进程，即计算机软件。

“用户”（User）指的是使用计算机的人。

图 1.8 说明了这些概念的区别。

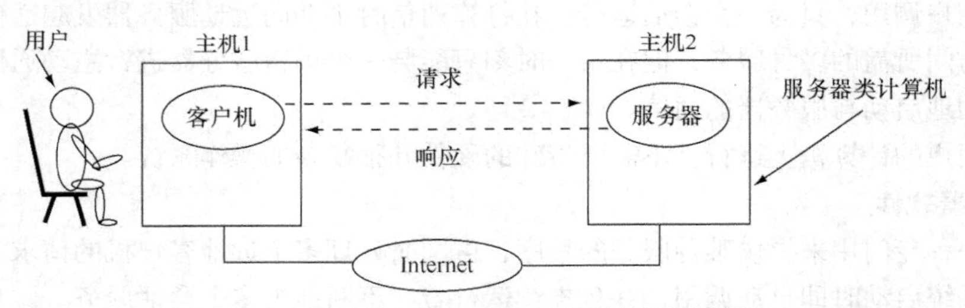

图 1.8　用户和客户机、服务器和服务器类计算机

1.3.5 客户机与服务器的通信过程

客户机与服务器的通信过程一般如下所述。

（1）在通信可以进行之前，服务器应先行启动，并通知它的下层协议栈做好接收客户机请求的准备，然后被动地等待客户机的通信请求。我们称服务器处于监听状态。

（2）一般是先由客户机向服务器发送请求，服务器向客户机返回应答。客户机随时可以主动启动通信，向服务器发出连接请求，服务器接收这个请求，建立了它们之间的通信关系。

（3）客户机与服务器的通信关系一旦建立，客户机和服务器都可发送和接收信息。信息在客户机与服务器之间可以沿任一方向或两个方向传递。在某些情况下，客户机向服务器发送一系列请求，服务器相应地返回一系列应答。例如，一个数据库客户机程序可能允许用户同时查询一个以上的记录。在另一些情况下，只要客户机向服务器发送一个请求，建立了客户机与服务器的通信关系，服务器就不断地向客户机发送数据。例如，一个地区气象服务器可能不间断地发送包含最新气温和气压的天气报告。要注意到服务器既能接收信息，又能发送信息。例如，大多数文件服务器都被设置成向客户机发送一组文件。就是说，客户机发出一个包含文件名的请求，而服务器通过发送这个文件来应答。然而，文件服务器也可被设置成向它输入文件，即允许客户机发送一个文件，服务器接收并储存于磁盘。所以，在 C/S 模式中，虽然通常安排成客户机发送一个或多个请求而服务器返回应答的方式，但其他的交互也是可能的。

1.3.6　网络协议与 C/S 模式的关系

客户机与服务器作为两个软件实体，它们之间的通信是虚拟的，是概念上的；实际的通信要借助下层的网络协议栈来进行。在发送端，信息自上向下传递，每层协议实体都加上自己的协议报头，传到物理层，将数据变为信号传输出去；在接收端，信息自下向上传递，每层协议实体按照本层的协议报头进行处理，然后将本层报头剥去。例如，在 Internet 中，客户机与服务器借助传输层协议（TCP 或 UDP）来收发信息。传输层协议接着使用更低层的协议来收发自己的信息。因此，一台计算机，不论是运行客户机程序还是服务器程序，都需要一个完整的协议栈。大多数的应用进程都是使用 TCP/IP 进行通信。一对客户机与服务器使用 TCP/IP 协议栈，分别通过传输协议在 Internet 上进行交互通信。

必须正确理解网络应用进程和应用层协议的关系。为了解决具体的应用问题而彼此通信的进程称为“应用进程”。应用层协议并不解决用户的各种具体应用问题，而是规定了应用进程在通信时所必须遵循的约定。从网络体系结构的角度来说，应用层协议虽然居于网络协议栈的最高层，但却在应用进程之下；应用层协议是为应用进程提供服务的，它往往帮助应用进程组织数据。例如，HTTP 将客户机发往服务器的数据组织成 HTTP 请求报文，把服务器回传的网页组织成 HTTP 响应报文。

由于应用层协议往往在应用进程中实现，所以有的书籍并不严格区分应用层协议和它对应的应用进程。在图 1.2 中，没有单独画出应用层协议，而是把客户机和服务器直接放在应用层，就表示应用层协议的实现包含在客户机和服务器软件之中。从这个意义上来说，TCP/IP 的应用层协议实体相互通信使用的也是 C/S 模式。

1.3.7　错综复杂的 C/S 交互

客户机与服务器之间的交互是任意的，在实际的网络应用中，往往形成错综复杂的 C/S 交互局面，这是 C/S 模式最有趣也是最有用的功能。

客户机应用访问某一类服务时并不限于一个服务器。在 Internet 的各种服务中，在不同计算机上运行的服务器会提供不同的信息。例如，一个日期服务器可能给出它所运行的计算机的当前日期和时间，处于不同时区的计算机上的服务器会给出不同的回答。同一个客户机应用能够先是某个服务器的客户机，以后又与另一台计算机上的服务器通信，成为另一个服务器的客户机。例如，用户使用 IE 浏览器，先浏览雅虎网站，再浏览搜狐网站，就是这种情况。

C/S 交互模式的任意性还体现在应用的角色可以转变，提供某种服务的服务器能成为另一个服务的客户机。例如，一个文件服务器在需要记录文件访问的时间时可能成为一个时间服务器的客户机。这就是说，当文件服务器在处理一个文件请求时，向一个时间服务器发出请求，询问时间，并等待应答，然后再继续处理文件请求。

进一步分析，在 C/S 模式中，存在着 3 种一个与多个的关系。

（1）一个服务器同时为多个客户机服务：在 Internet 上的各种服务器，如 WWW 服务器、电子邮件服务器和文件传输服务器等，都能同时为多个客户机服务。例如，在一个网吧中，几十个人都在浏览网易网站的页面，但每个人都感觉不到别人对自己的影响。其实，今天 Internet 上的服务器，往往同时接待着成千上万的客户机。但服务器所在的计算机可能只有一个通往 Internet 的物理连接。

（2）一个用户的计算机上同时运行多个连接不同服务器的客户机：有经验的网友都知道，在 Windows 的桌面上，可以同时打开多个 IE 浏览器的窗口，每个窗口连接一个网站，这样可以加快下载的速度。当在一个窗口中浏览的时候，可能另一个窗口正在下载页面文件或图像。在这里，一个 IE 浏览器的窗口，就是一个 IE 浏览器软件的运行实例，就是一个作为客户机的应用进程，它与一个服务器建立一个连接关系，支持与该服务器的会话。这样，用户的 PC 中就同时运行着多个客户机，分别连接着不同的服务器。同样，用户的 PC 也只有一个通往 Internet 的物理连接。

（3）一个服务器类的计算机同时运行多个服务器：一套足够强大的计算机系统能够同时运行多个服务器进程。在这样的系统上，对应每种提供的服务都有一个服务器程序在运行。例如，一台计算机可能同时运行文件服务器和 WWW 服务器。图 1.9 说明了两台计算机上的客户机程序访问第 3 台计算机上的两个服务器。虽然一台计算机上能运行多种服务，但它与 Internet 只需有一个物理连接。

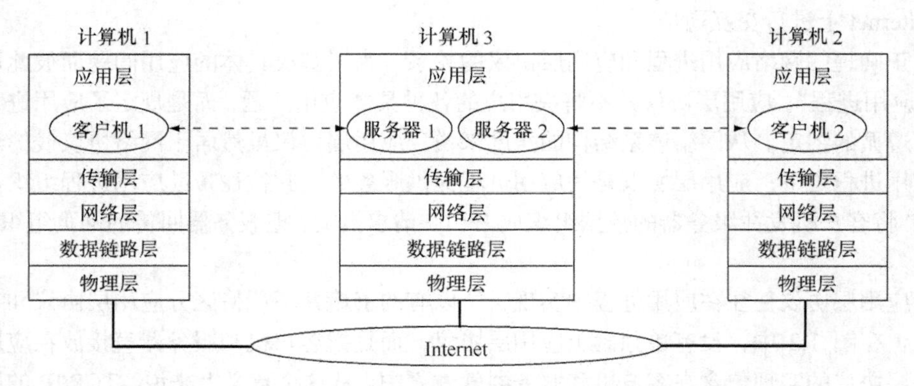

图 1.9　一台计算机中的多个服务器被多个计算机的客户机访问

一台服务器类计算机能够同时提供多种服务，每种服务需要一个独立的服务器程序。在一台计算机上运行多种服务是实际可行的，经验告诉我们，对服务器的需求往往很分散，一个服务器可能在很长一段时间里一直处于空闲状态。空闲的服务器在等待请求到来时不占用计算机的计算资源。这样，如果对服务的要求量比较小，将多个服务器合并到一台计算机上，会在不明显降低性能的情况下大幅度地降低开销。

让一台计算机运行多种服务是很有用的，因为这样硬件可以被多个服务所共享。将多个服务器合并到一台大型的服务器类的计算机上也有助于减轻系统管理员的负担，因为对系统管理员来说计算机系统减少了。当然，要获得最佳性能，应该将每个服务器和客户机程序分别运行在不同的计算机上。

要实现 C/S 模式中这 3 种一对多的关系，需要两方面的支持。首先，这台计算机必须拥有足够的硬件资源，尤其是服务器类计算机，必须具有足够的能力，要拥有快速的处理器和足够的内存与外存。其次，这台计算机必须运行支持多个应用程序并发执行的操作系统平台，例如 UNIX 或 Windows 操作系统。下一小节就详细分析多任务多线程的运行机制。

1.3.8　服务器如何同时为多个客户机服务

一套计算机系统如果允许同时运行多个应用程序，则称系统支持多个应用进程的并发执行，这样的操作系统称为多任务的操作系统。多任务的操作系统能把多个应用程序装入内存，为它们创建进程、分配资源，让多个进程宏观上同时处于运行过程中，这种状态称为并发（Concurrency）。如果一个应用进程又具有一个以上的控制线程，则称系统支持多个线程的并发执行。如前所述，一个线程是进程中的一个相对独立的执行和调度单位，它执行进程的一部分代码，多个线程共享进程的资源。Windows 就是一个支持多进程多线程的操作系统。并发性是 C/S 交互模式的基础，正是由于这种支持，才能形成上面所述的错综复杂的 C/S 交互局面，因为并发允许多个客户机获得同一种服务，而不必等待服务器完成对上一个请求的处理。

考察一个需要很长时间才能满足请求的服务，可以更好地理解并发服务的重要性。例如，一个客户机请求获得文件传输服务器的远程文件，客户机在请求中发送文件名，服务器则返回这个文件。如果客户机请求的是个小文件，服务器能在几毫秒内送出整个文件；如果客户机请求的是一个包含许多高分辨率数字图像的大文件，服务器可能需要好几分钟才能完成传送。如果文件服务器在一段时间内只能处理一个请求，在服务器向一个客户机传送文件的时候，其他客户机就必须等待；反之，如果文件服务器可以并发地同时处理多个客户机的请求，当请求到达时，服务器将它交给一个控制线程，它能与已有的线程并发执行。本质上，每个请求由一个独立的服务器副本执行。这样，短的请求能很快得到服务，而不必等待其他请求的完成。

大多数并发服务器是动态操作的，在设计并发服务器时，可以让主服务器线程为每个到来的客户机请求创建一个新的子服务线程。一般服务器程序代码由两部分组成，第一部分代码负责监听并接收客户机请求，还负责为客户机请求创建新的服务线程；第二部分代码负责处理单个客户机请求，如与客户机交换数据，提供具体的服务。

当一个并发服务器开始执行时，首先运行服务器程序的主线程，主线程运行服务器程序的第一部分代码，监听并等待客户机请求到达。当一个客户机请求到达时，主线程接收了这个请求，就立即创建一个新的子服务线程，并把处理这个请求的任务交给这个子线程。子服务线程运行服务器程序的第二部分代码，为该请求提供服务。当完成服务时，子服务线程自动终止，并释放所占的资源。与此同时，主线程仍然保持运行，使服务器处于活动状态。也就是说，主线程在创建了处理请求的子服务线程后，继续保持监听状态，等待下一个请求到来。因此，如果有 N 个客户机正在使用一台计算机上的服务，则共存在 N+1 个提供该服务的线程：一个主线程在监听等待更多的客户机请求，同时，其他 N 个子服务线程分别与不同的客户机进行交互。

由于 N 个子服务线程针对不同的数据集合，都在运行服务器程序的第二部分代码，所以可以把它们看成一个服务器的 N 个副本。图 1.10 所示为服务器创建多个线程来为多个客户机服务。

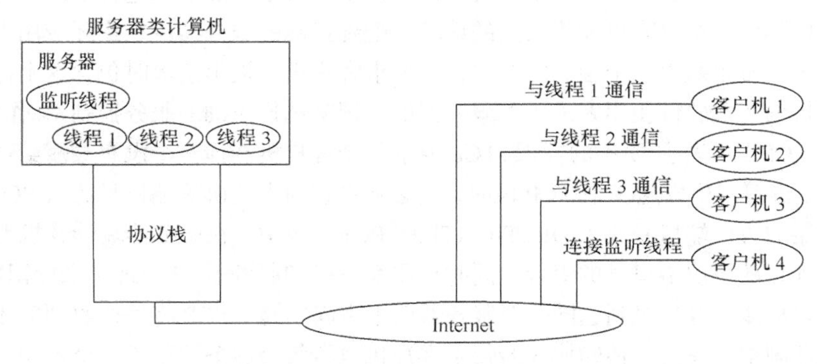

图 1.10　服务器创建多个线程来为多个客户机服务

1.3.9 标识一个特定服务

如上所述，在一台服务器类计算机中可以并发地运行多个服务器进程。考察它们与下层协议栈的关系，它们都运行在协议栈之上，都要借助协议栈来交换信息，协议栈就是多个服务器进程传输数据的公用通道，或者说，下层协议被多个服务器进程复用，如图 1.11 所示。在 Internet 中的实际情况就是这样。

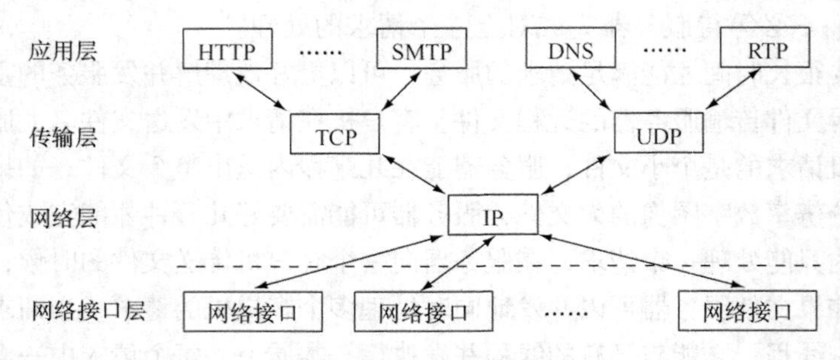

图 1.11　沙漏计时器形状的 TCP/IP 协议栈

这就自然有了一个问题，既然在一个服务器类计算机中运行着多个服务器，如何能让客户机无二义性地指明所希望的服务?

这个问题是由传输协议栈提供的一套机制来解决的，这种机制必须赋给每个服务一个唯一的标识，并要求服务器和客户机都使用这个标识。当服务器开始执行时，它在本地的协议栈软件中登记，指明它所提供的服务的标识。当客户机与远程服务器通信时，客户机在提出请求时，通过这个标识来指定所希望的服务。客户机端机器的传输协议栈软件将该标识传给服务器端机器。服务器端机器的传输协议栈则根据该标识来决定由哪个服务器程序来处理这个请求。

作为服务标识的一个实例，下面来看一下 Internet 中的 TCP/IP 协议栈是如何解决这个问题的。

如前所述，TCP 使用一个 16 位整型数值来标识服务，称为协议端口号（Protocol Port Number），每个服务都被赋予一个唯一的协议端口号。服务器通过协议端口号来指明它所提供的服务，然后被动地等待通信。客户机在发送请求时通过协议端口号来指定它所希望的服务，服务器端计算机的 TCP 软件通过收到信息的协议端口号来决定由哪个服务器来接收这个请求。

如果一个服务器存在多个副本，客户机是怎样与正确的副本进行交互的呢？进一步说，收到的请求是怎样被传给正确的服务器副本的呢？这个问题的答案在于传输协议用来标识服务器的方法。前面说过，每个服务被赋予一个唯一的标识，每个来自客户的请求包含了服务标识，这使得服务器端计算机的传输协议有可能将收到的请求匹配到正确的服务器。在实际应用中，大多数传输协议给每个客户机也赋以一个唯一的标识，并要求客户机在提出请求时包含这个标识。服务器端计算机上的传输协议软件使用客户机和服务器的标识来选择正确的服务器副本。作为一个实例，下面来看一下 TCP 连接中所使用的标识。TCP 要求每个客户机选择一个没有被赋给任何服务的本地协议端口号。当客户机发送一个 TCP 段时，它必须将它的本地协议端口号放入 SOURCE PORT 域中，将服务器的协议端口号放入 DESTINATION PORT 域中。在服务器端计算机上，TCP 使用源协议端口号和目的协议端口号的组合（同时也用客户机和服务器 IP 地址）来标识特定的通信。这样，信息可以从多个客户机到达同一个服务器而不引起问题。TCP 将每个收到的段传给处理该客户机的服务器副本。总之，传输协议给每个客户机也给每个服务器赋予一个标识。服务器端的计算机上的协议软件使用客户机标识和服务器标识的结合来选择正确的并发服务器的副本。

1.4　P2P 模式

1.4.1　P2P 技术的兴起

C/S 模式开始流行于 20 世纪 90 年代，该模式将网络应用程序分为两部分，服务器负责数据管理，客户机完成与用户的交互。该模式具有强壮的数据操纵和事务处理能力、数据的安全性和完整性约束。

随着应用规模的不断扩大，软件复杂度不断提高，面对巨大的用户群，单服务器成了性能的瓶颈。尤其是出现了拒绝服务（Denial of Service，DOS）攻击后，更突显了 C/S 模式的问题。服务器是网络中最容易受到攻击的节点，只要海量地向服务器提出服务要求，就能导致服务器瘫痪，以致所有的客户机都不能正常工作。

计算机网络上的信息不停地增长，搜索引擎在网上搜索并索引到的 Web 页面，不足其百分之一，服务器上的搜索引擎，不能提供最新的动态信息，人们得到的可能是数月前的信息。C/S 模式无法满足及时准确地查询网络信息的需求。

对网络的访问集中在有限的服务器上，流量非常不平衡。C/S 模式也无法满足平衡网络流量的需求。

此外，客户机的硬件性能不断提高，但在 C/S 模式中，客户端只做一些简单的工作，造成资源的巨大浪费。C/S 模式不能满足有效利用客户系统资源的需求。

为了解决这些问题，就出现了 P2P 技术。

1.4.2　P2P 的定义和特征

P2P 是 Peer-to-Peer 的简写，Peer 的意思是“同等的人”，P2P 网络称为“对等网”，也称为“点对点”。在 P2P 网络中，每一个 Peer 都是一个对等点。目前，还没有一个统一的 P2P 网络的定义，下面是几种比较流行的定义。

Clay Shirky 的定义：P2P 计算是指能够利用广泛分布在 Internet 边缘的大量计算、存储、网络带宽、信息、人力等资源的技术。

P2P 工作组的定义：通过系统间直接交换来共享计算机资源和服务。

SUN 的定义：P2P 是指那些有利于促进 Internet 上信息、带宽和计算等资源有效利用的广泛技术。

可以看出，P2P 技术就是一种在计算机之间直接进行资源和服务的共享，不需要服务器介入的网络技术。在 P2P 网络中，每台计算机同时充当着 Server 和 Client 的角色，当需要其他计算机的文件和服务时，两台计算机直接建立连接，本机是 Client；而当响应其他计算机的资源要求时，本机又成为提供资源与服务的 Server。

P2P 系统具有以下特征。

（1）分散性。该系统是全分布式的系统，不存在瓶颈。

（2）规模性。该系统可以容纳数百万乃至数千万台计算机。

（3）扩展性。用户可以随时加入该网络。服务的需求增加，系统的资源和服务能力也同步扩充，理论上其可扩展性几乎可以认为是无限的。

（4）Servent 性。每个节点同时具有 Server 和 Client 的特点，称之为 Servent。

（5）自治性。节点来自不同的所有者，不存在全局的控制者，节点可以随时加入或退出 P2P 系统。

（6）互助性。

（7）自组织性。大量节点通过 P2P 协议自行组织在一起，不存在任何管理角色。

1.4.3 P2P 的发展

P2P 的发展分为三代，第一代以 Napster 系统为代表，它是一个 MP3 共享的系统，MP3 文件交换者的计算机既是文件的提供者，也是文件的请求者。有一个中央索引服务器统一管理，对等点必须连接到该服务器。2001 年 2 月，Napster 的用户基数达到 160 万，MP3 文件的交换量达到 27 亿。但由于 RIAA（美国唱片业协会）关于版权的诉讼，该系统被关闭。

随后出现的 Gnutella 系统是第一个真正的 P2P 系统，它使用纯分布式的结构，没有索引服务器，基于泛洪（Flooding）机制进行资源查找。

第二代 P2P 使用基于分布式哈希表（Distributed Hash Table，DHT）的协议，如 Chord、CAN、Pastry、Kademlia 等，这些协议不使用中央索引服务器，将索引路由表通过分布式哈希表分别存放在参与本 P2P 网络的计算机中，每个节点既请求服务，又提供服务。

第三代 P2P 采用混合型的覆盖网络结构，不需要专门的服务器，网络中所有的对等点都是服务器，并且承担很小的服务器功能，如维护和分发可用文件列表，通过计算快速获得资源所在的位置，将任务分布化等。目前流行的 BitTorrent 和 eMule 等均属此类。

1.4.4 P2P 的关键技术

（1）资源定位。P2P 网络中的节点会频繁地加入和离开，如何从大量分散的节点中高效地定位资源和服务是一个重要的问题，在复杂的硬件环境下进行点对点的通信，需要在物理网络上建立一个高效的逻辑网络，以实现端对端的定位、握手和建立稳定的连接。这个逻辑网络称为覆盖网络（overlay network）。

（2）安全性与信任问题。这是影响 P2P 大规模商用的关键问题。在分布式系统中，必须将安全性内嵌到分散化系统中。

（3）联网服务质量问题（Quality of Service，QoS）。用户需要的信息在多个节点同时存放，必须选择处理能力强、负载轻、带宽高的节点，来保证信息获得的质量。还应排斥无用的共享信息，提高用户获得有用信息的效率。

（4）标准化。只有标准化，才能使 P2P 网络互连互通和大规模发展。

1.4.5 P2P 系统的应用与前景

目前，P2P 系统主要应用在大范围的共享、存储、搜索、计算等方面。

（1）分布式计算及网格计算。如加州大学伯克利分校主持的 SETI@HOME 项目，称为在家搜索地外文明，通过各种形式的客户端程序，参与检测地外文明的微弱呼叫信号，然后将世界各地的计算结果汇集到服务器上。该系统的运算速度已经远远超过当今最快的计算机了。IBM 最强的计算机造价在 11 亿美元，而本系统的造价只有 50 万美元，它将大部分的计算功能分散到世界各地的使用者。有很多基于 P2P 方式的协同处理与服务共享平台，例如 JXTA、Magi、Groove、.NETMy Service 等。

（2）文件共享与存储共享。文件共享包括音频、视频、图像等多种形式，这是 P2P 网络最普通的应用。

存储共享是利用整个网络中闲散的内存和磁盘空间，将大型的计算工作分散到多台计算机上共同完成，有效地增加数据的可靠性和传输速度。目前提供文件和其他内容共享的 P2P 网络很多，如 Napster、Gnutella、Freenet、CAN、eDonkey、eMule、BitTorrent 等。

（3）即时通信交流，如 ICQ、OICQ、Yahoo Messenger 等。

（4）安全的 P2P 通信与信息共享，利用 P2P 无中心的特性可以为隐私保护和匿名通信提供新的技术手段。如 CliqueNet、Crowds、Onion Routing 等。

（5）语音与流媒体：由于 P2P 技术的使用，大量的用户同时访问流媒体服务器，也不会造成服务器因负载过重而瘫痪。Skype 与 Coolstream 是其中的典型代表。

许多著名的计算机公司都在努力发展 P2P 技术。

（1）IBM、微软、Ariba 在合作开展一个名为 UDDI 的项目，已将 B2B 电子商务标准化。

（2）Eazel 正在建立下一代的 Linux 桌面。

（3）Jabber 已经开发了一种基于 XML、开放的即时信息标准，被认为是建立了未来使用 P2P 数据交换的标准。

（4）Lotus Notes 的开发者创建了 Groove，试图“帮助人们以全新的方式沟通”。

（5）英特尔公司也在推广它的 P2P 技术，从而更有效地使用芯片的计算能力。

总之，P2P 作为一种新的网络应用技术，克服了 C/S 模式中服务器的瓶颈，展现出巨大的优势和价值，使网络资源能够充分利用，实现了用户之间的直接交流和资源共享，是 21 世纪最有前途的网络应用技术之一。

习　题

1. 什么是进程？什么是线程？
2. 描述网络应用程序的一般组成。为什么说应用层协议是在应用程序中实现的？
3. 实现网间进程通信必须解决哪些问题？
4. 说明在 TCP/IP 中，端口的概念和端口的分配机制。
5. 什么是网络应用进程的网络地址？说明三元组和五元组的概念。
6. 举例说明面向消息的协议与基于流的协议有什么不同。
7. TCP 提供的服务有哪些主要特征？
8. 简要说明 3 类网络编程。
9. 说明 C/S 模式的概念、工作过程和特点。
10. 说明用户与客户机、服务器与服务器类计算机的区别。
11. 说明 P2P 模式的定义和特征。

第2章 套接字网络编程基础

本章首先介绍套接字网络编程接口的产生与发展过程，以及套接字与UNIX操作系统的关系；然后介绍套接字编程的基本概念，从多个层面来讲述套接字这个概念的内涵，深入说明套接字的特点、套接字的应用场合、套接字使用的数据类型和相关的问题。

对于面向连接的套接字编程，说明套接字的工作过程，UNIX 套接字接口的系统调用，并给出面向连接的套接字编程实例，借助实例分析进程的阻塞问题和对策。

对于无连接的套接字编程，说明无连接的套接字编程的两种模式，即C/S模式和对等模式，并给出数据报套接字的对等模式编程实例。

本章所叙述的基本概念，对于各种操作系统环境都适用，讲的是网络编程底层接口的共性问题，理解了编程接口底层的内容，才能更好地理解高级的网络编程接口。

2.1 套接字网络编程接口的产生与发展

2.1.1 问题的提出

第1章已经说明，处于应用层的客户机与服务器的交互，必须使用网络协议栈进行通信才能实现。应用程序与协议软件进行交互时，必须说明许多细节，诸如它是服务器还是客户机，是被动等待还是主动启动通信。进行通信时，应用程序还必须说明更多的细节。例如，发送方必须说明要传送的数据，接收方必须说明接收的数据应放在何处。

从应用程序实现的角度来看，应用程序如何方便地使用协议栈软件进行通信呢？能不能在应用程序与协议栈软件之间提供一个方便的接口，来解决这个问题，从而方便客户机与服务器软件的编程呢？UNIX 操作系统最早将 TCP/IP 协议栈集成到自己的内核中，是最早实现了 TCP/IP 协议簇的操作系统，也最早遇到了上述的问题。UNIX 操作系统的开发者们提出并实现了套接字应用程序编程接口（Socket Application Program Interface，Socket API），最先解决了这个问题。

套接字应用程序编程接口是网络应用程序通过网络协议栈进行通信时所使用的接口，即应用程序与协议栈软件之间的接口，简称套接字编程接口。它定义了应用程序与协议栈软件进行交互时可以使用的一组操作，也就决定了应用程序使用协议栈的方式，应用程序所能实现的功能，以及开发具有这些功能的程序的难度。

具体地说，套接字编程接口给出了应用程序能够调用的一组函数，以及这些函数所需的参数。每个独立的函数完成一个与协议栈软件交互的基本操作。例如，有一个函数用来建立通信连接，而另一个函数用来接收数据。应用程序能通过使用这组函数而成为客户机或服务器，实现与远程目标的通信，或进行网络数据传输。

2.1.2　套接字编程接口起源于 UNIX 操作系统

在美国政府的支持下，加州大学伯克利（Berkeley）分校开发并推广了一个包括 TCP/IP 的 UNIX，称为 BSD UNIX（Berkeley Software Distribution UNIX）操作系统，套接字编程接口是这个操作系统的一个部分。许多计算机供应商将 BSD 系统移植到他们的硬件上，并将其作为商业操作系统产品的基础，广泛地应用于各种计算机上。

当然，TCP/IP 并没有定义应用程序来与该协议进行交互的应用程序编程接口（API），它只规定了应该提供的一般操作，并允许各个操作系统去定义用来实现这些操作的具体 API。换句话说，一个协议标准可能只是建议某个操作在应用程序发送数据时是需要的，而由应用程序编程接口来定义具体的函数名和每个参数的类型。

虽然协议标准允许操作系统设计者开发自己的应用程序编程接口，但由于 BSD UNIX 操作系统的广泛使用，使大多数人仍然接受了套接字编程接口。后来的许多操作系统并没有另外开发一套其他的编程接口，而是选择了对于套接字编程接口的支持。例如，个人计算机上所使用的 Windows 操作系统，各种 UNIX 系统（如 Sun 公司的 Solaris），以及各种 Linux 系统都实现了 BSD UNIX 套接字编程接口，并结合自己的特点有所发展。各种编程语言也纷纷支持套接字编程接口，使它广泛用在各种网络编程中。这样，就使套接字编程接口成为工业界事实上的标准，成为开发网络应用软件的强有力工具。

套接字广泛用于网络编程，非常需要一个公众可以接受的套接字规范。最早的套接字规范是由美国的 Berkeley 大学开发的，当时的环境是 UNIX 操作系统，使用 TCP/IP。这个规范规定了一系列与套接字使用有关的库函数，为在 UNIX 操作系统下不同计算机中的应用程序进程之间，使用 TCP/IP 协议簇进行网络通信提供了一套应用程序编程接口，这个规范得以实现并广泛流传，在开发各种网络应用中广泛使用。由于这个套接字规范最早是由 Berkeley 大学开发的，一般将它称为 Berkeley Sockets 规范。

2.1.3　套接字编程接口在 Windows 和 Linux 操作系统中得到继承和发展

微软公司以 UNIX 操作系统的 Berkeley Sockets 规范为范例，定义了 Windows Socktes 规范，全面继承了套接字网络编程接口。详细内容将在第 3 章介绍。

Linux 操作系统中的套接字网络编程接口几乎与 UNIX 操作系统的套接字网络编程接口一样。本章着重介绍三大操作系统的套接字网络编程接口的共性问题。

2.1.4　套接字编程接口的两种实现方式

要想实现套接字编程接口，可以采用两种实现方式：一种是在操作系统的内核中增加相应的软件来实现，另一种是通过开发操作系统之外的函数库来实现。

在 BSD UNIX 及起源于它的操作系统中，套接字函数是操作系统本身的功能调用，是操作系统内核的一部分。由于套接字的使用越来越广泛，其他操作系统的供应商也纷纷决定将套接字编程接口加入到他们的系统中。在许多情况下，为了不修改他们的基本操作系统，供应商们开发了套接字库（Socket Library）来提供套接字编程接口。也就是说，供应商们开发了一套过程库，其中每个过程具有与 UNIX 套接字函数相同的名字与参数。套接字库能够向没有本机套接字的计算机上的应用程序提供套接字编程接口。

从开发应用的程序员角度看，套接字库与操作系统内核中实现的套接字在语义上是相同的。程序调用套接字过程，而不管它是由操作系统内核过程提供的，还是由库程序提供的。这就带来了程序的可移植性，将程序从一台计算机移植到另一台时，程序的源代码不必改动。因为只要用新计算机上的套接字库重新编译后，一个使用套接字的程序就可以在新的计算机上执行。

虽然有这种使用上的相似性，但套接字库在实现上与由操作系统直接提供的本机套接字编程接口是完全不同的。本机套接字编程接口是操作系统的一部分，而套接字库的过程是需要链接到应用程序中，并驻留于应用程序地址空间的。当应用程序从套接字库调用过程时，控制转向库程序，它接着调用一个或多个底层操作系统的功能调用，来完成套接字编程接口的功能。因此，套接字库的库程序对应用程序隐蔽了本机操作系统，而只给出了一个套接字编程接口。

2.1.5　套接字通信与 UNIX 操作系统的输入/输出的关系

由于套接字编程接口最初是作为 UNIX 操作系统的一个部分发展而来的，套接字编程接口也被纳入 UNIX 操作系统的传统的输入/输出（I/O）概念的范畴。因此，要理解套接字，就需要首先了解 UNIX 操作系统的 I/O 模式。

UNIX 操作系统对文件和所有其他的 I/O 设备采用一种统一的操作模式，就是“打开—读—写—关闭”（open - read - write - close）的 I/O 模式。在一个用户进程要进行 I/O 操作时，它首先调用 open 命令，获得对指定文件或设备的使用权，并返回一个描述符（Descriptor）。描述符是用来标识该文件或设备的无符号短整型数，作为用户在打开的文件或设备上进行 I/O 操作的句柄。然后这个用户进程可以多次调用“读”或“写”命令来传输数据。在读/写命令中，要将描述符作为命令的参数，来指明所操作的对象。当所有的传输操作完成后，用户进程调用 close 命令，通知操作系统已经完成了对某对象的使用，释放所占用的资源。例如，对于文件，程序必须首先调用 open 命令将它打开，返回一个文件描述符；然后程序可以多次调用 read 命令从文件获取数据，或者调用 write 命令向文件存储数据；最后，程序必须调用 close 命令，以表明它结束了对该文件的使用。

当 TCP/IP 被集成到 UNIX 内核中的时候，相当于在 UNIX 操作系统中引入了一种新型的 I/O 操作，就是应用程序通过网络协议栈来交换数据。在 UNIX 操作系统的实现中，套接字是完全与其他 I/O 集成在一起的。操作系统和应用程序都将套接字编程接口也看作一种 I/O 机制。这体现在如下 3 个方面。

（1）操作的过程是类似的。套接字沿用了大多数 I/O 所使用的打开—读—写—关闭模式：先创建套接字，然后使用它，最后将它删除。

（2）操作的方法是类似的。操作系统为文件、设备、进程通信（UNIX 操作系统提供管道机制实现进程间通信）和网络通信提供单独的一组描述符。套接字通信同样使用描述符的方法。应用程序在使用网络协议栈进行通信之前，必须向操作系统申请生成一个套接字（Socket），系统返回一个短整型数作为描述符来标识这个套接字。应用程序在调用有关套接字的过程进行网络数据传输时，就将这个描述符作为参数，而不必在每次传输数据时都指明远程目的地的细节。

（3）甚至使用的过程的名字都可以是相同的，像 read 和 write 之类的过程相当通用，应用程序可以用同一个 write 过程将数据发给另一个程序、另一个文件或网络中的另一个进程。在现在面向对象的术语中，描述符表示一个对象，write 过程表示该对象上的一个方法，而对象决定了方法如何被应用。

UNIX 操作系统对各种 I/O 的集成提供了灵活性，这是它的主要优点。一个应用程序可以编写成向任何地方传输数据，实际取决于描述符究竟代表什么。例如，应用程序调用了一个 write 过程，如果描述符对应一个设备，应用程序则向该设备传输数据；如果描述符对应一个文件，应用程序则将数据存在这个文件里；如果描述符对应一个套接字，应用程序则通过 Internet 将数据发向远程计算机。由于系统对套接字和其他 I/O 使用相同的描述符空间，单个应用程序就既可以用于网络通信，又可以用于本地数据传输。

但是，用户进程与网络协议的交互作用实际要比用户进程与传统的 I/O 设备相互作用复杂得多。首先，进行网络操作的两个进程是在不同的计算机上，如何建立它们之间的联系？其次，存在着多种网络协议栈，如何建立一种通用机制以支持多种协议？这些都是设计套接字网络应用编程接口所要解决的问题。

套接字编程与传统 I/O 编程的不同，还表现在一个要使用套接字的应用程序必须说明许多细节。例如，应用程序必须说明使用的协议簇，说明远程计算机的地址，该应用程序是客户机还是服务器，还必须说明所希望的服务类型是面向连接的还是无连接的。为了提供所有这些细节，每个套接字有许多参数与选项，应用程序可以为每个参数和选项提供所需的值。这样，仅仅提供 open、read、write 和 close 这 4 个过程就显得远远不够了。如果只有少数函数，每个函数就需要一大堆参数。为避免单个套接字函数参数过多，套接字编程接口的设计者定义了多个函数。例如，与文件的打开相比，对于套接字的创建，应用程序先调用一个函数创建一个套接字，然后再调用其他函数说明使用套接字的细节。这种设计的优点在于大多数函数只有 3 个或更少的参数，缺点在于编程者在使用套接字时要调用多个函数。

2.2　套接字编程的基本概念

2.2.1　什么是套接字

为什么把网络编程接口叫作套接字（Socket）编程接口呢？Socket 这个词，字面上的意思，是凹槽、插座和插孔的意思。这让我们联想到电插座和电话插座，这些简单的设备，给我们带来了很大的方便。

我们先来看看电气插座。供电网是很复杂的，电能有多种来源，有火电站、水电站和核电站；电能要经过复杂的传输过程，包括升压、高压远程传输、降压和分配，才到了人们身边。但人们使用电时并不需要了解电网的内部构造和工作原理，也不需要了解电网中电能的传输过程，只要把需要用电的器具与电气插座连接即可；同样，电话插座是电话网面向用户的端点；把电话插在电话插座上，有了电话号码，就能打电话，并不需要了解电话网的构成和复杂的原理，如图 2.1 所示。

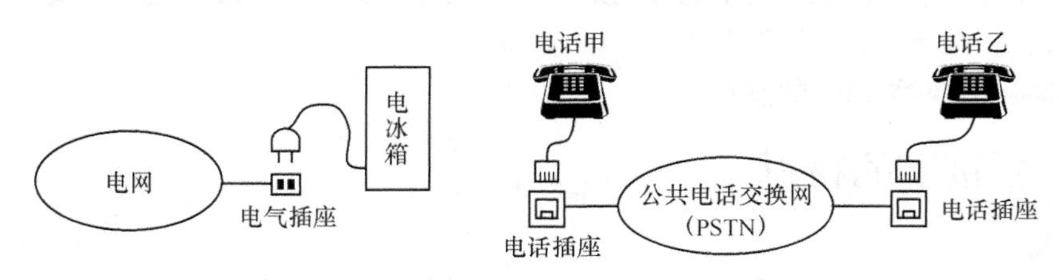

图 2.1　电气插座与电话插座的作用

网络的层次型体系结构是很复杂的，通过在发送端自上而下的层层加码，传输介质的传输，在接收端自下而上的层层处理，才在传输层提供了端到端的进程之间的通信通路。但是，如果抛掉这些复杂的过程，把这个通路看成一条管道，在它的端点安装一个连接设备，用它来与应用进程相连，应用进程就能方便地通过网络来交换数据了。套接字就是为了这个目的，按照这个思路而引入的。

Socket，人们习惯把它叫作套接字（因为最终用一个整数来代表它），其实把它称为套接口可能更好理解。套接口是对网络中不同主机上应用进程之间进行双向通信的端点的抽象，从效果上来说，一个套接口就是网络上进程通信的一端。套接字提供了应用层进程利用网络协议栈交换数据的机制；两个应用进程只要分别连接到自己的套接字，就能方便地通过计算机网络进行通信了，既不用去管网络的复杂结构，也不用去管数据传输的复杂过程。图 2.2 说明了套接字的位置和作用。

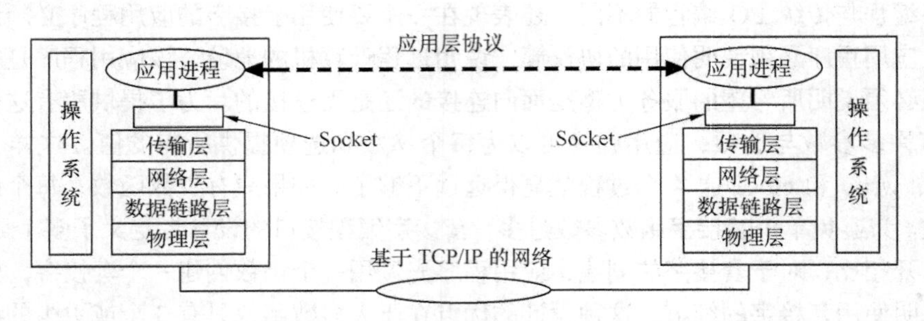

图 2.2　应用进程、套接口、网络协议栈及操作系统的关系

我们应当从多个层面来理解套接字这个概念的内涵。

从套接字所处的地位来讲，套接字上连应用进程，下连网络协议栈，是应用程序通过网络协议栈进行通信的接口，是应用程序与网络协议栈进行交互的接口。

套接字的实现既复杂又简单。套接字是一个复杂的软件机构，包含了一定的数据结构，包含许多选项，由操作系统内核管理，这是它复杂的一面，但使用起来非常简单，在应用程序调用相应过程生成套接字以后，套接字就用一个整数来代表，称为套接字描述符，也有人把它称为套接字的名字。在操作套接字的时候，只要引用套接字描述符就行了，非常方便。如前所述，这来自 UNIX 操作系统文件句柄的思想。UNIX 程序在执行任何形式的 I/O 时，都读/写一个文件描述符，称为文件句柄。文件句柄是一个整数，可以代表一个真正的磁盘文件，也可以代表键盘，代表终端、打印机等 I/O 设备。

从使用的角度来讲，对于套接字的操作形成了一种网络应用程序的编程接口（API），包括一组操作套接字的系统调用，或者是库函数。应用程序使用这些系统调用，可以构造套接字，安装绑定套接字，连接套接字，通过套接字交换数据，关闭套接字，实现网络中的各种分布式应用。为了与套接字作为一个软件机构的本意相区别，本书把这一套操作套接字的编程接口函数称做套接字编程接口，套接字是它的操作对象。

总之，套接字是网络通信的基石。

2.2.2　套接字的特点

1．通信域

套接字存在于通信域中。通信域是为了处理一般的进程通过套接字通信而引入的一种抽象概念，套接字通常只和同一域中的套接字交换数据。如果数据交换要穿越域的边界，就一定要执行某种解释程序。现在，仅仅针对 Internet 域，并且使用 Internet 协议簇（即 TCP/IP 协议簇）来通信。

可以这样理解：套接字实际是通过网络协议栈来进行通信，是对网络协议栈通信服务功能的封装和抽象，通信的双方应当使用相同的通信协议。通信域是一个计算机网络的范围，在这个范围中，所有的计算机使用同一种网络体系结构，使用同一种协议栈。例如，在 Internet 通信域中，所有的计算机都使用 TCP/IP 协议簇。

2. 套接字具有 3 种类型

每一个正被使用的套接字都有它确定的类型，只有相同类型的套接字才能相互通信。

（1）数据报套接字。数据报套接字（Datagram Socket）提供无连接的、不保证可靠的、独立的数据报传输服务。这里的不可靠，是指通过数据报套接字发送的数据报，不能保证一定能被接收方接收，也不能保证多个数据报按照发送的顺序到达接收方。在 Internet 通信域中，数据报套接字使用 UDP 形成的进程间通路，具有 UDP 为上层所提供的服务的所有特点。数据报套接字一般用于网络上轻荷载的计算机之间的通信。虽然存在着不可靠性，但是它在发送记录型数据时是很有用的，它还提供了向多个目标地址发送广播数据报的能力，如图 2.3 所示。

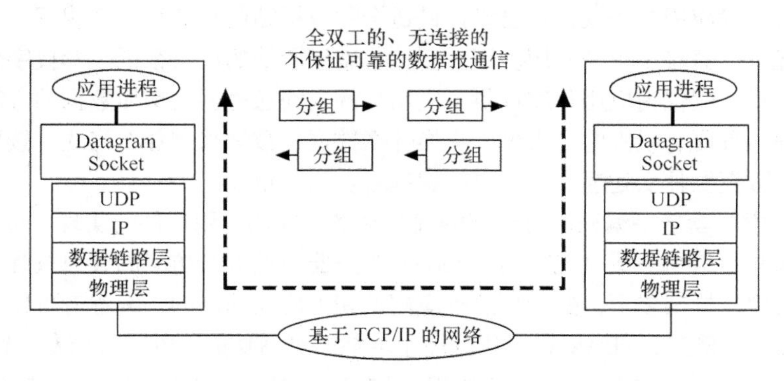

图 2.3　在 Internet 通信域中，数据报套接字基于 UDP

（2）流式套接字。流式套接字（Stream Socket）提供双向的、有序的、无重复的、无记录边界的、可靠的数据流传输服务。当应用程序需要交换大批量的数据时，或者要求数据按照发送的顺序无重复地到达目的地的时候，使用流式套接字是最方便的。在 Internet 通信域中，流式套接字使用 TCP 形成的进程间通路，具有 TCP 为上层所提供的服务的所有特点，在使用流式套接字传输数据之前，必须在数据的发送端和接收端之间建立连接，如图 2.4 所示。

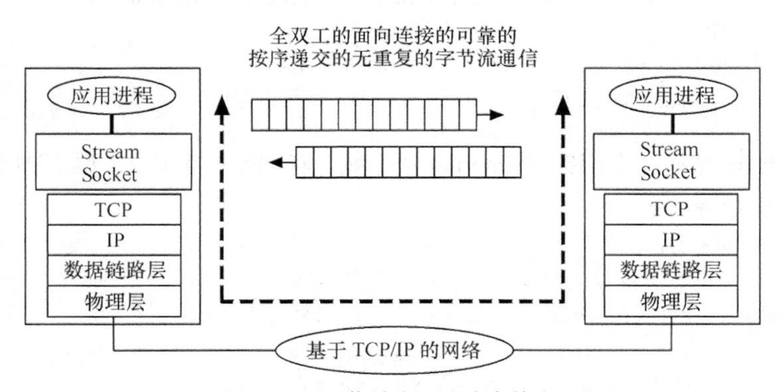

图 2.4　在 Internet 通信域中，流式套接字基于 TCP

（3）原始式套接字。原始式套接字（Raw Socket）允许直接访问较低层次的协议（如IP、ICMP），用于检验新的协议的实现。

3. 套接字由应用层的通信进程创建，并为其服务

每一个套接字都有一个相关的应用进程，操作该套接字的代码是该进程的组成部分。

4. 使用确定的IP地址和传输层端口号

在生成套接字的描述符后，往往要将套接字与计算机上的特定的IP地址和传输层端口号相关联，这个过程称为绑定。一个套接口要使用一个确定的三元组网络地址信息，才能使它在网络中唯一地被标识。

2.2.3 套接字的应用场合

什么时候使用套接字来进行网络编程呢？并不是所有的网络应用程序都需要使用套接字来编程。套接字编程适合于开发一些新的网络应用，这类应用具有如下特点。

（1）不管是采用对等模式或者C/S模式，通信双方的应用程序都需要开发。

（2）双方所交换数据的结构和交换数据的顺序有特定的要求，不符合现在成熟的应用层协议，甚至需要自己去开发应用层协议，自己设计最适合的数据结构和信息交换规程。

在这种情况下，套接字十分有用。因为套接字编程所处的层次很低，套接字直接与网络体系结构的传输层相接，仅仅为应用程序提供了应用进程之间通过网络交换数据的方法，因此，对于编程者来说，编写程序有很大的自由度，交换什么数据，数据采用什么格式，按照什么方式交换数据，对交换的数据做什么处理，都可以由编程者自己决定。

另一方面，学习套接字编程，对于理解现在网络上成熟应用软件的实现，也是很有帮助的。

但是，如果只是编写一些对现有的Internet服务器节点进行访问的客户机程序，那就要被限制在一些现有的应用框架之下，要受到这种应用的相关协议的制约。编程者可以考虑采用更高一级的网络编程接口。例如，如果要在应用程序中增加浏览器功能，可以采用专门针对Web客户机端编程的CHtmlView类；在编写这种应用程序的时候，编程者甚至可以不知道套接字。

2.2.4 套接字使用的数据类型和相关的问题

1. 3种表示套接字地址的结构

套接字编程接口专门定义了3种结构型的数据类型，用来存储协议相关的网络地址，在套接字编程接口的函数调用中要用到它们。

（1）sockaddr结构：针对各种通信域的套接字，存储它们的地址信息。

```
struct sockaddr {
    unsigned short sa_family;          //地址家族
    char        sa_data[14];           //14字节协议地址
}
```

（2）sockaddr_in结构：专门针对Internet通信域，存储套接字相关的网络地址信息，例如IP地址，传输层端口号等信息。

```
struct sockaddr_in {
    short int          sin_family;      //协议簇
    unsigned short int  sin_port;       //端口号
    struct in_addr     sin_addr;        //IP地址
    unsigned char      sin_zero[8];     //全为0
}
```

（3）in_addr 结构：专门用来存储 IP 地址。

```
struct in_addr {
   unsigned long s_addrl;
}
```

（4）这些数据结构的一般用法如下。

首先，定义一个 sockaddr_in 的结构实例，并将它清零。

例如：struct sockaddr_in myad;

```
    memset(&myad,0,sizeof(struct sockaddr_in));
```

其次，为这个结构赋值。

例如：myad.sin_family = AF_INET;

```
    myad.sin_port = htons(8080);
    myad.sin_addr.s_addr=htonl(INADDR_ANY);
```

最后，在函数调用中使用时，将这个结构强制转换为 sockaddr 类型。

例如：accept(listenfd,(sockaddr*)(&myad),&addrlen);

2. 本机字节顺序和网络字节顺序

在不同的计算机中，存放多字节值的顺序是不同的，有的先低后高，有的先高后低。在具体计算机中的多字节数据的存储顺序，称为本机字节顺序。

在网络的协议中，对多字节数据的存储，有它自己的规定。多字节数据在网络协议报头中的存储顺序，称为网络字节顺序，例如，IP 地址 4 个字节，端口号 2 个字节，它们在 TCP/IP 报头中有特定的存储顺序。在套接字中必须使用网络字节顺序。

网络应用程序要在不同的计算机中运行，本机字节顺序是不同的，但是，网络字节顺序是一定的。所以，应用程序在编程的时候，在把 IP 地址和端口号装入套接字时，应当把它们从本机字节顺序转换为网络字节顺序；相反，在本机输出时，应将它们从网络字节顺序转换为本机字节顺序。

套接字编程接口专门为解决这个问题设置了 4 个函数。

htons( )：短整数本机顺序转换为网络顺序，用于端口号。

htonl( )：长整数本机顺序转换为网络顺序，用于 IP 地址。

ntohs( )：短整数网络顺序转换为本机顺序，用于端口号。

ntohl( )：长整数网络顺序转化为本机顺序，用于 IP 地址。

这 4 个函数将被转换的数值作为函数的参数，函数返回值是转换后的结果。

3. 点分十进制的 IP 地址的转换

在 Internet 中，IP 地址常常用点分十进制的表示方法。但在套接字中，IP 地址是无符号的长整型数，套接字编程接口设置了两个函数，专门用于两种形式的 IP 地址的转换。

（1）inet_addr 函数：

```
unsigned long inet_addr( const  char* cp)
```

入口参数 cp：点分十进制形式的 IP 地址。

返回值：网络字节顺序的 IP 地址，是无符号的长整数。

（2）inet_ntoa 函数：

```
char* inet_ntoa(struct in_addr in)
```

入口参数 in：包含长整型 IP 地址的 in_addr 结构变量。

返回值：指向点分十进制 IP 地址的字符串的指针。

4. 域名服务

通常使用域名来标识站点，可以将文字型的主机域名直接转换成 IP 地址。

```
struct hostent* gethostbyname(const char* name);
```

入口参数：是站点的主机域名字符串。

返回值：是指向 hostent 结构的指针。

hostent 结构包含主机名、主机别名数组、返回地址的类型（一般是 AF_INET）、地址长度的字节数和已符合网络字节顺序的主机网络地址等。

2.3 面向连接的套接字编程

2.3.1 可靠的传输控制协议

可靠性是很多应用的基础，如编程者可能要编写一个应用程序，来向某个 I/O 设备（如打印机）发送数据，应用程序会直接写数据到设备上，而不需要验证数据是否正确到达设备，这是因为应用程序依赖底层计算机系统来确保可靠传输。Internet 软件必须保证迅速而又可靠的通信。数据必须按发送的顺序传递，不能出错，不能出现丢失或重复现象。

传输控制协议（Transmission Control Protocol，TCP）是 TCP/IP 协议簇中主要的传输层协议，负责为应用层提供可靠的传输服务。TCP 的出名是因为它很好地解决了一个困难的问题：它使用网络层 IP 提供的不可靠的无连接的数据报传输服务，却为应用层进程提供了一个可靠的数据传输服务。

TCP 建立在网络层的 IP 之上，为应用层进程提供了一个面向连接的、端到端的、完全可靠的（无差错、无丢失、无重复或失序）全双工的流传输服务，允许网络中的两个应用程序建立一个虚拟连接，并在任何一个方向上发送数据，把数据当作一个双向字节流进行交换，然后终止连接。每一个 TCP 连接可靠地建立、从容地终止，在终止发生之前的所有数据都会被可靠地传递。

IP 为 TCP 提供的是无连接的、尽力传送的、不可靠的传输服务，TCP 为了实现为应用层进程提供可靠的传输服务，采取了一系列的保障机制。

由 TCP 形成的进程之间的通信通路，就好像一根无缝的连接两个进程的管道，一个进程将数据从管道的一端注入，数据流经管道，会原封不动地出现在管道的另一端。TCP 提供的是流的传输服务，TCP 对所传输的数据的内部结构一无所知，把应用层进程向下递交的数据看成一个字节流，不做任何处理，只是原封不动地将它们传送到对方的应用层进程，就尽到了它的责任。

TCP 被称作一种端对端（End To End）协议，这是因为它提供一个直接从一台计算机上的应用进程到另一远程计算机上的应用进程的连接。应用进程能请求 TCP 构造一个连接，通过这个连接发送和接收数据，以及关闭连接。由 TCP 提供的连接叫作虚连接（Virtual Connection），虚连接是由软件实现的。事实上，底层的 Internet 系统并不对连接提供硬件或软件支持，只是两台计算机上的 TCP 软件模块通过交换消息来实现连接的幻象。

TCP 使用 IP 数据报来携带消息，每一个 TCP 消息封装在一个 IP 数据报后，通过 Internet 传输。当数据报到达目的主机时，IP 将数据报的内容传给 TCP。尽管 TCP 使用 IP 数据报来携带消息，但 IP 并不阅读或干预这些消息。因而，TCP 只把 IP 看作一个包通信系统，这一通信系统负责连接作为一个连接的两个端点的主机，而 IP 只把每个 TCP 消息看作数据来传输。

2.3.2　套接字的工作过程

网络进程间面向连接的通信方式基于 TCP，因而必须借助流式套接字来编程，应用程序分为服务器端和客户机端，双方是不对称的，需要分别编制。图 2.5 所示为服务器端和客户机端操作流式套接字的基本步骤。

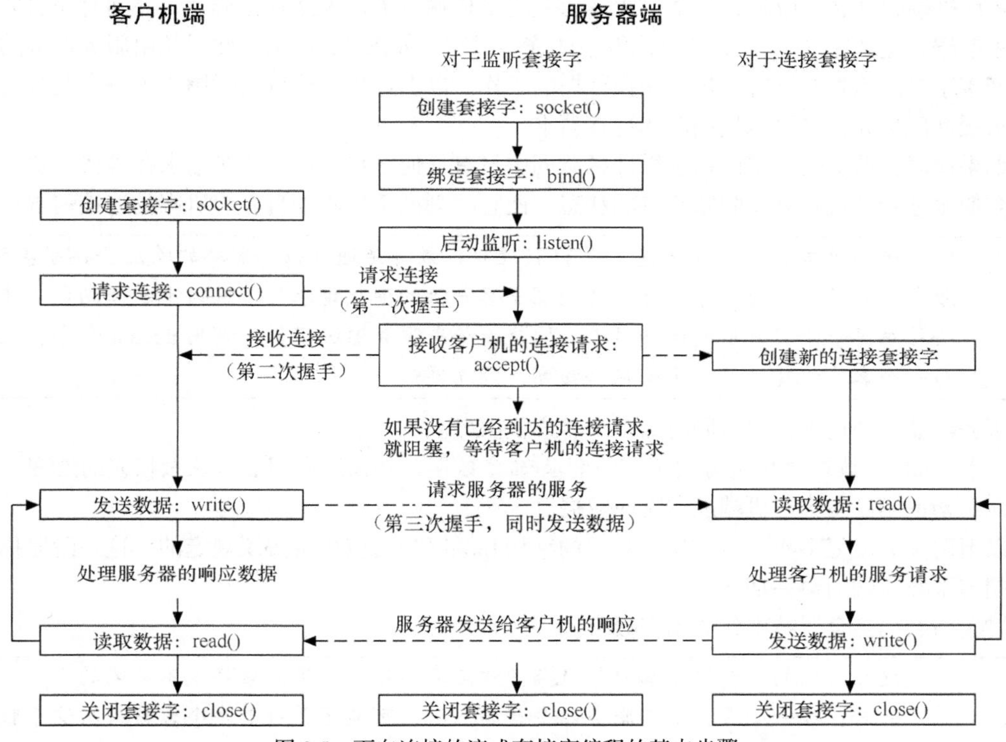

图 2.5　面向连接的流式套接字编程的基本步骤

双方都首先要创建并安装套接字，做好准备后，才能进行客户端与服务器端的通信。一个完整的通信过程历经建立连接、发送/接收数据和释放连接 3 个阶段：建立连接的过程按照 TCP 三次握手的规范进行；发送/接收数据阶段称为客户机与服务器的会话期，会话的内容是有一定格式的，一来一往的数据交换还必须遵守一定的顺序，这些都由应用层协议来规定；最后要释放连接。

下面分别介绍面向连接的服务器端和客户机端的编程步骤，要着重从概念上理解每一步的意义，并了解每一步所用的套接字编程接口函数的名字。至于每个函数的调用细节，在下一章再做介绍。

1．服务器端

（1）socket( )：服务器首先创建一个流式套接字，相当于准备了一个插座。

（2）bind( )：将这个套接字与特定的网络地址联系在一起，这一步又称为套接字的绑定，相当于安装插座。对于 Internet，网络地址 = IP 地址 + 传输层端口号。由于这个套接字是专门用来监听来自客户机端的连接请求的，所以称它为监听套接字。监听套接字一般使用特定的保留的传输层端口号，必须经过绑定这一步。

（3）listen( )：启动监听套接字做好准备，进入监听状态。规定监听套接字所能接受的最多的客户机端的连接请求数，这实际上也就规定了监听套接字请求缓冲区队列的长度，一旦客户机端的连接请求到来，就将该请求先接纳到请求缓冲区队列中等待。如果一段时间内到达的连接请求数大于这个请求缓冲区队列的长度，当队列已满时，则拒绝后来的请求。

（4）accept( )：接受客户机端的连接请求。分为两种情况。

如果此时，监听套接字的请求缓冲区队列中已经有客户机端的连接请求在等待，就从中取出一个连接请求，并接受它。具体过程是：服务器端立即创建一个新的套接字，称为响应套接字。系统赋给这个响应套接字一个服务器端的自由端口号，并通过响应套接字向客户机端发送连接应答，客户机端收到这个应答，按照 TCP 连接规范，向服务器端发送连接确认，并同时向服务器端发送来数据，这就完成了 TCP 的三次握手的连接过程，如图 2.5 所示。此后就由服务器端的这个响应套接字专门负责与该客户机端交换数据的工作。以上过程当然就同时腾空了一个监听套接字的请求缓冲区单元，又可以接纳新的连接请求。

如果此时，监听套接字的请求缓冲区队列中没有任何客户机端的连接请求在等待，执行此命令就会使服务器端进程处于阻塞等待的状态，使它时刻准备接收来自客户机端的连接请求。

注意

服务器端和客户机端建立的 TCP 连接，最终是通过服务器端的响应套接字实现的，服务器端的监听套接字在接收并处理了客户机的连接请求后，就又重新回到监听状态，去接纳另一个客户机的连接请求。同样，如果服务器进程再次调用 accept 命令，又会为另一个客户机建立另一个响应套接字，周而复始。

服务器端采用这种方法能同时为多个客户机服务。

（5）read( )：读取客户机端发送来的请求/命令数据，并按照应用层协议做相应的处理。

（6）write( )：向客户机端发送响应数据。

以上两步会反复多次，所交换的数据的结构和顺序是由应用层协议规定的，这一阶段称为客户机端与服务器端的会话期。

（7）close( )：会话结束，关闭套接字。

注意

这里关闭的是为这个客户机服务的响应套接字，监听套接字是不关闭的。

另外，在一个客户机与服务器会话的同时，可能还并存着多个客户机与这个服务器的会话。

2. 客户机端

（1）socket( )：创建套接字，这时，客户机端的操作系统已将计算机默认的 IP 地址和一个客户机端的自由端口号赋给了这个套接字，这对于客户机端来说已经足够了，因此，客户机端不必再经过绑定的步骤。

（2）connect( )：客户机端向服务器端发出连接请求，它使用的目的端口号是服务器端用作监听的套接字使用的保留端口号，执行此命令后，客户机端进入阻塞的状态，等待服务器端的连接应答。一旦收到来自服务器端响应套接字的应答，客户机端就向服务器的响应套接字发送连接确认，这样，客户机端与服务器端的 TCP 连接就建立起来了。

（3）write( )：客户机端按照应用层协议向服务器端发送请求或命令数据。

（4）read( )：客户机端接收来自服务器端响应套接字发送来的数据。

以上两步会反复进行，直到会话结束。

（5）close( )：会话结束，关闭套接字。

2.3.3 面向连接的套接字编程实例

本小节介绍一个简单的使用 UNIX 套接字 API 进行网络通信的实例。客户机与服务器采用面向连接的传输协议。实例将有助于阐明面向连接的交互中的细节问题，展示套接字调用的次序，以及客户机调用与服务器调用之间的区别，并说明面向连接的服务软件是如何使用套接字的。

1. 实例的功能

实例的功能很简单：服务器对来访的客户机计数，并向客户机报告这个计数值。客户机建立与服务器的一个连接并等待它的输出。每当连接请求到达时，服务器生成一个可打印的 ASCII 串信息，将它在连接上发回，然后关闭连接。客户机显示收到的信息，然后退出。例如，对于服务器接收的第 10 次客户机连接请求，该客户机将收到并打印如下信息：

```
This server has been contacted 10 times.
```

2. 实例程序的命令行参数

实例是 UNIX 环境下的 C 程序，客户机和服务器程序在编译后，均以命令行的方式执行。

服务器程序执行时可以带一个命令行参数，是用来接受请求的监听套接字的协议端口号。这个参数是可选的。如果不指定端口号，代码将使用程序内定的默认端口号 5188。

客户机程序执行时可以带两个命令行参数：一个是服务器所在计算机的主机名，另一个是服务器监听的协议端口号。这两个参数都是可选的。如果没有指定协议端口号，客户机使用程序内定的默认值 5188。如果一个参数也没有，客户机使用默认端口和主机名 localhost，localhost 是映射到客户机所运行的计算机的一个别名。允许客户机与本地机上的服务器通信，对调试是很有用的。

3. 客户机程序代码

```
/*----------------------------------------------------
* 程序： client.c
* 目的： 创建一个套接字，通过网络连接一个服务器，并打印来自服务器的信息
* 语法： client [ host [ port ] ]
*            host - 运行服务器的计算机的名字
*            port - 服务器监听套接字所用协议端口号
* 注意：两个参数都是可选的。如果未指定主机名，客户机使用 localhost；如果未指定端口号，
* 客户机将使用 PROTOPORT 中给定的默认协议端口号
*----------------------------------------------------
*/
#include <sys/types.h>
#include <sys/socket.h>             /* UNIX下，套接字的相关包含文件*/
#include <netinet/in.h>
#include <arpa/inet.h>
#include <netdb.h>
#include <stdio.h>
#include <string.h>

#define PROTOPORT  5188             /*默认协议端口号*/
extern int errno;                   /*声明 errorno(linux 内核维护的记录错误信息的变量)*/
char localhost[] ="localhost";      /*默认主机名*/

main(int argc,char *argv[])         //argc:命令行参数个数,argv:命令行参数数组
{
  struct  hostent  *ptrh;           /* 指向主机列表中一个条目的指针 */
  struct  sockaddr_in  servaddr;    /* 存放服务器端网络地址的结构 */
  int   sockfd;                     /* 客户机端的套接字描述符 */
  int   port;                       /* 服务器端套接字协议端口号*/
```

```
    char*  host;                            /* 服务器主机名指针 */
    int  n;                                 /* 读取的字符数 */
    char  buf [1000] ;                      /* 缓冲区，接收服务器发来的数据 */

    memset((char*)& servaddr,0,sizeof(servaddr));        /* 清空 sockaddr 结构 */
    servaddr.sin_family = AF_INET;                       /* 设置为 Internet 协议簇 */

    /* 检查命令行参数，如果有，就抽取端口号；否则使用内定的默认值*/
    if (argc>2){
      port = atoi(argv[2]);          /* 如果指定了协议端口，就转换成整数 */
    }else {
      port = PROTOPORT;              /* 否则，使用默认端口号 */
    }
    if (port>0)                      /* 如果端口号是合法的数值，就将它装入网络地址结构 */
      servaddr.sin_ port = htons((u_short)port);
    else{                            /* 否则，打印错误信息并退出*/
      fprintf(stderr," bad port number %s\n",argv[2]);
      exit(1);
    }

    /* 检查主机参数并指定主机名 */
    if(argc>1){
      host = argv[1];                /* 如果指定了主机名参数，就使用它 */
    }else{
      host = localhost;              /* 否则，使用默认值 */
    }

    /* 将主机名转换成相应的 IP 地址并复制到 servaddr 结构中 */
    ptrh = gethostbyname( host );        /* 从服务器主机名得到相应的 IP 地址 */
    if ( (char *)ptrh = = null ) {       /* 检查主机名的有效性，无效则退出 */
      fprintf( stderr," invalid host: %s\n",host );
      exit(1);
    }
    memcpy(&servaddr.sin_addr, ptrh->h_addr, ptrh->h_length );

    /* 创建一个套接字*/
    sockfd = socket(AF_INET, SOCK_STREAM, 0);
    if (sockfd < 0) {
      fprintf(stderr," socket creation failed\n");
      exit(1);
    }

    /* 请求连接到服务器 */
    if (connect( sockfd, (struct sockaddr *)& servaddr, sizeof(servaddr)) < 0) {
      fprintf( stderr,"connect failed\n");      /* 连接请求被拒绝，报错并退出 */
      exit(1);
    }

    /* 从套接字反复读数据，并输出到用户屏幕上 */
    n = recv(sockfd, buf, sizeof( buf ), 0 );  //n 表示读取到的字节数
```

```
    while ( n > 0) {
        write(1,buf, n);                //1 表示标准输出的文件描述符,这句话的作用是把 buf
的内容打印到屏幕
        n = recv( sockfd , buf, sizeof( buf ), 0 );
    }
    /* 关闭套接字*/
    close( sockfd );

    /* 终止客户程序*/
    exit(0);
}
```

4. 服务器实例代码

```
/*--------------------------------------------
* 程序：server.c
* 目的：分配一个套接字，然后反复执行如下几步。
* （1）等待客户的下一个连接
* （2）发送一个短消息给客户
* （3）关闭与客户的连接
* （4）转向（1）步
* 命令行语法：server [ port ]
*                  port - 服务器端监听套接字使用的协议端口号
* 注意：端口号可选。如果未指定端口号，服务器使用 PROTOPORT 中指定的默认
* 端口号
*------------------------------------------------
*/

#include  <sys/types.h>
#include  <sys/socket.h>
#include  <netinet/in.h>
#include  <netdb.h>
#include  <stdio.h>
#include  <string.h>
#define  PROTOPORT  5188                /* 监听套接字的默认协议端口号 */
#define   QLEN  6                       /* 监听套接字的请求队列大小 */
int  visits = 0;                        /* 对于客户机连接的计数*/
main(int  argc,char* argv[])            /*argc:命令行参数个数,argv:命令行参数数组*/
{
    struct  hostent  *ptrh;             /* 指向主机列表中一个条目的指针 */
    struct  sockaddr_in  servaddr;      /* 存放服务器网络地址的结构 */
    struct  sockaddr_in  clientaddr;    /* 存放客户机网络地址的结构 */
    int  listenfd;                      /* 监听套接字描述符 */
    int  clientfd;                      /* 响应套接字描述符 */
    int  port;                          /* 协议端口号 */
    int  alen;                          /* 地址长度 */
    char  buf[1000];                    /* 供服务器发送字符串所用的缓冲区 */

    memset( (char*)& servaddr, 0, sizeof(servaddr) );  /* 清空 sockaddr 结构 */
    servaddr.sin_family = AF_INET;                     /* 设置为 Internet 协议簇 */
```

```
    servaddr.sin_addr.s_addr = INADDR_ANY;                /* 设置本地 IP 地址 */

    /* 检查命令行参数，如果指定了，就使用该端口号，否则使用默认端口号 */
    if (argc > 1){
      port = atoi(argv[1]);                    /* 如果指定了端口号，就将它转换成整数 */
  } else {
    port = PROTOPORT;                          /* 否则，使用默认端口号 */
  }
  if  (port > 0)                               /* 测试端口号是否合法 */
    servaddr.sin_port=htons( (u_short)port );
  else{                                        /* 打印错误信息并退出 */
    fprintf( stderr," bad portnumber %s\n", argv[1] );
    exit(1);
  }

  /* 创建一个用于监听的流式套接字 */
  listenfd = socket(AF_INET,SOCK_STREAM,0);
  if  (listenfd <0) {
    fprintf( stderr,"socket creation failed\n");
    exit(1);
  }

  /* 将本地地址绑定到监听套接字*/
  if  ( bind( listenfd, (struct sockaddr *)& servaddr, sizeof(servaddr)) < 0)
{fprintf(stderr," bind failed\n");
    exit(1);
  }

  /* 开始监听，并指定监听套接字请求队列的长度 */
  if  (listen(listenfd, QLEN) < 0) {
    fprintf(stderr,"listen filed\n");
  exit(1);
  }

  /* 服务器主循环—接受和处理来自客户机端的连接请求 */
  while(1) {
    alen = sizeof(clientaddr);             /* 接受客户机端连接请求，并生成响应套接字 */
    if((clientfd = accept( listenfd, (struct sockaddr *)& clientaddr, &alen)) < 0 ) {
      fprintf( stderr, "accept failed\n");
      exit(1);
    }
    visits++;                              /* 累加访问的客户机数 */
    sprintf( buf,"this server has been contacted  %d  time \n", visits );
    send(clientfd, buf, strlen(buf), 0 );  /* 向客户机端发送信息 */
    close( clientfd );                     /* 关闭响应套接字 */
  }
}
```

对实例程序的几点说明如下。

（1）流服务与多重 recv( )调用。在实例中，虽然服务器只调用了一次 send( )传输数据，而客户机代码却反复地调用 recv( )来获取数据，这种重复在客户机获得一个文件结束条件（即计数为0）后才停止，这是为什么？

这是因为 TCP 是一个面向流的传输协议。在大多数情况下，服务器端计算机上的 TCP 实体将上层传下来的整个消息放在一个 TCP 分组中，然后再由网络层实体将该分组封装在一个 IP 数据报中，通过 Internet 发送出去。然而，TCP 并不能保证数据一定在一个分组中发出，也不保证每个 recv( )调用返回的数据恰好是服务器在 send( )调用中所发送的数据量。TCP 提供的是一个可靠的字节流传输服务，仅仅保证数据依次传送，每个 recv( )调用可能返回一个或多个字节。所以，一个调用 recv( )的程序必须进行反复的调用，直至所有数据都被取出。

（2）套接字过程与进程阻塞。当应用进程调用套接字过程时，控制权转移到套接字过程中，直至过程结束而返回，进程才能继续运行下去。如果套接字过程不能及时完成而返回，进程就因此而处于等待状态，等待的时间没有限制，可以延续任意长的时间，这取决于套接字过程。当进程处于这种等待状态时，就说明该进程被阻塞了。

例如，服务器进程在创建一个套接字，绑定协议端口，将该套接字置为监听的被动模式后，服务器调用 accept( )。如果有客户机在服务器调用 accept( )前就已经请求连接，这个调用将立即返回。如果服务器调用 accept( )时，监听套接字的接收缓冲区队列中没有任何客户机的连接请求，服务器将阻塞等待直至请求到达。事实上，在大部分时间里服务器进程都是在 accept( )调用处阻塞的。

客户机代码中的套接字过程调用也会引起客户机进程的阻塞。例如，在类似 gethostbyname( )的库函数的实现中，客户机通过网络向服务器发出一个消息并等待回答。在这种情况下，客户机在收到服务器的回答之前，一直保持阻塞状态。相似地，调用 connect( )也会引起客户机端进程的阻塞，直至 TCP 能够完成三次握手建立连接。

可能最重要的阻塞发生在数据传输期间。在连接建立后，客户机调用 recv( )。如果没有从连接上收到数据，该调用就引起阻塞。这样，如果服务器有一个连接请求队列，客户机就将保持阻塞状态直至服务器发送数据。图 2.6 示意了这种情况。

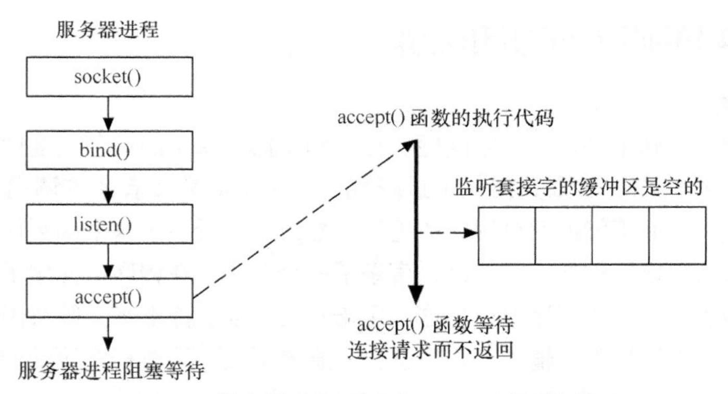

图 2.6　服务器进程因调用 accept( )而被阻塞

（3）代码长度与差错报告。以上两个实例程序看上去较大，但许多内容都是注释。如果去掉空行和注释，代码长度将缩减 40%以上。另外，许多代码行是用作查错的。除了检查命令行参数的值以外，代码中还检查每个调用的返回值以确认操作是否成功。出错是我们所不希望的，所以当错误出现时，应安排程序打印一小段出错消息并终止。程序中 15%的代码用来进行错误检测。

（4）在另一种服务上使用实例客户机。虽然实例服务很简单，但客户机与服务器都能用作其他服务。在服务器程序还未编制出来的情况下，让实例中的客户机程序使用其他服务，可为调试客户机程序提供一种简单的方法。例如，TCP/IP 定义了一个 DAYTIME 服务，它打印出日期和当天的时间。这个 DAYTIME 服务使用了与上面的实例相同的交互模式：客户机与 DAYTIME 服务器建立连接，然后打印服务器发送的信息。

为了让实例中的客户机使用 DAYTIME 服务，客户机程序必须用两个参数调用，以指明一个运行 DAYTIME 服务器的主机和 DAYTIME 服务的协议端口号 13。例如，如果客户机代码已被编译，并且编译的结果创建了一个名为 client 的可执行文件，它可用来与世界上任一台运行 DAYTIME 服务的计算机通信，方法是在 UNIX 操作系统的提示符下，输入如下的命令：

```
$ client localhost 13                    // 输入的命令行，$是 UNIX 的系统提示符
  Mon Aug 17 20:58:08 1998               // 服务器返回的响应
$ client sbforums.co.jp 13               // 命令
  Tue Aug 18 10:57:46 1998               // 响应
$ client xx.lcs.mit.edu 13               // 命令
  Mon Aug 17 21:58:08 1998               // 响应
```

这个实例的输出显示了 3 台计算机的时间，这些输出是通过 3 次运行客户机程序分别产生的。

（5）使用另一个客户机来测试服务器。实例中的服务器可以与客户机分开测试。可以使用 Telnet 客户机程序与服务器通信。Telnet 程序是操作系统提供的，用于远程登录网络服务器。Telnet 程序需要两个参数：服务器所运行的计算机名字和该服务器的协议端口号。例如，下列输出显示了用 Telnet 与实例中的服务器通信的结果。

```
$ telnet xx.yy.nonexist.com 5193
 Trying...
 Connected to xx.yy.nonexist.com 5193
 Escape character is '^]'.
 This server has been contacted 4 times.     // 服务器发回的信息
 Connection closed by foreign host.
```

虽然输出有 5 行，但只有第 4 行是这个服务器发出的；其他的都来自 Telnet 客户机程序。

2.3.4 进程的阻塞问题和对策

1．什么是阻塞

在上面的实例中提到了进程的阻塞问题。在 UNIX 操作系统的进程调度中，阻塞、就绪和执行是进程的三个基本状态。阻塞是指一个进程执行了一个函数或者系统调用，该函数由于某种原因不能立即完成，因而不能返回调用它的进程，导致进程受控于这个函数而处于等待的状态。进程的这种状态称为阻塞。例如，用高级语言编了一个程序，在程序中使用了一条让用户从键盘上输入一个字符串的语句，当程序执行到这一条语句的时候就停下来，等待用户输入一个字符串并按回车键，这时如果用户没有输入，程序就会一直等下去。这时程序所处的状态就是阻塞。图 2.7 所示为 recv( )函数的两种执行方式。

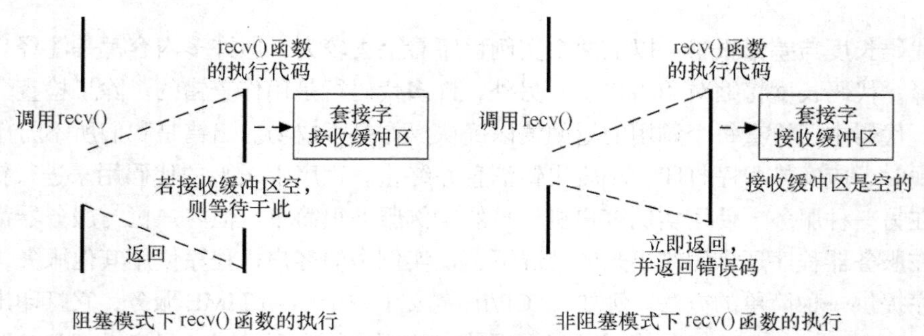

图 2.7 recv( )函数的两种执行方式

2. 能引起阻塞的套接字调用

在 Berkeley 套接字网络编程接口的模型中，套接字的默认行为是阻塞的，即在默认的情况下，当套接字被创建后，就按照阻塞的工作模式来处理 I/O 操作。换句话说，如果 I/O 操作不能及时完成，调用 I/O 操作的进程就阻塞等待。

具体地说，在一定情况下，有多个操作套接字的系统调用会引起进程阻塞。

（1）accept( )。当服务器进程执行此调用时，如果监听套接字的缓冲区队列中，没有到达的连接请求，则服务器进程阻塞；当连接请求到达时，恢复执行。

（2）read( )、recv( )和 readfrom( )。这三个系统调用都是用来从套接字接收数据的，执行时，如果套接字的接收缓冲区是空的，无数据可读，这可能是由于对方尚未发送数据，或者对方发送的数据尚未到达，这种情况就会引起调用它们的进程进入阻塞状态。

（3）write( )、send( )和 sendto( )。这三个系统调用都是用来向套接字发送数据的，执行时，如果套接字的发送缓冲区还是满的，数据送不进去，这可能是由于传输层实体尚未将前面的数据发送出去，这种情况就会引起调用它们的进程进入阻塞状态。

（4）connect( )。客户机端进程执行此调用，将连接请求发送出去。服务器端的监听套接字接纳了这个请求，将它放在接纳队列中，但尚未接收它，因而 TCP/IP 的三次握手过程还没有完成，此时客户机端进程阻塞等待。

（5）select( )。应用进程执行此调用，来检查可读、可写或符合其他条件的套接字，但没有一个符合条件的，于是应用进程阻塞等待。对于这个函数的详细介绍，可参看第 7 章。

（6）close( )。应用进程执行此调用来关闭套接字，但套接字的数据缓冲区中还有数据没处理完，应用进程也阻塞等待。

3. 阻塞工作模式带来的问题

采用阻塞工作模式的单进程服务器是不能很好地同时为多个客户机服务的。图 2.8 所示为一个例子。

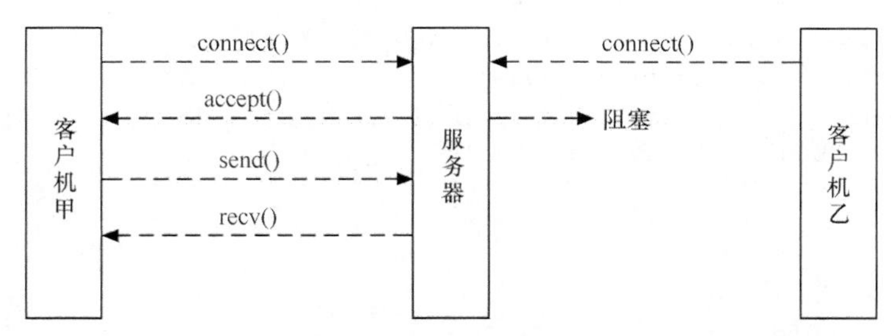

图 2.8　采用阻塞工作模式的服务器不能很好地为多个客户机服务

服务器正忙于为客户机甲服务，这时，客户机乙发出了连接请求，请求被监听，并进入服务器端监听套接字的缓冲队列等待，但服务器正忙，无暇接收客户机乙的连接请求，客户机乙进程被阻塞而等待，直到服务器接受了连接请求，客户机乙进程的阻塞才被解除。

4. 一种解决方案

解决上述问题的一种方案是利用 UNIX 操作系统的 fork( )系统调用，编制多进程并发执行的服务器程序，可以创建子进程。对于每一个客户机端，用一个专门的进程为它服务，通过进程的并发执行，来实现对多个客户机的并发服务。基本的编程框架如下。

```
父进程代码
if ((pid = fork()) = = 0) {
```

```
    …
    子进程代码
    …
} else if (pid<0) {
    报错信息
}
父进程代码
```

举例：

```
#include <sys/types.h>
#include <sys/socket.h>
#include <stdio.h>
#include <arpa/inet.h>

void main(int argc, char** argv)
{
    int listenfd,clientfd,pid;
    struct sockaddr_in ssockaddr, csockaddr;
    char buffer[1024];
    int addrlen,n;

    /* 创建监听套接字 */
    listenfd = socket(AF_INET,SOCK_STREAM,0);
    if  (listenfd < 0) {
        fprintf(stderr, "socket error!\n");
        exit(1);
    }

    /* 为监听套接字绑定网络地址 */
    memset(&ssockaddr,0,sizeof(struct sockaddr_in));
    ssockaddr.sin_family = AF_INET;
    ssockaddr.sin_addr.s_addr = htonl(INADDR_ANY);
    ssockaddr.sin_ port = htons(8080);
    if  (bind(listenfd,&ssockaddr,sizeof(struct sockaddr_in)) < 0) {
        fprintf(stderr, "bind error!\n");
        exit(2);
    }

    /* 启动套接字的监听 */
    listen(listenfd,5);
    addrlen = sizeof(sockaddr);

    /* 服务器进入循环，接受并处理来自不同客户机端的连接请求 */
    while (1) {
        clientfd = accept(listenfd,(sockaddr*)(&csockaddr),&addrlen);
        /* accept 调用返回时，表明有客户机端请求连接，创建子进程处理连接*/
        if ((pid = fork()) = = 0) {
            /* 显示客户机端的网络地址 */
            printf("Client Addr: %s%d\n",inet_ntoa(csockaddr.sin_addr),
                    ntohs(csockaddr.sin_ port));
            /* 读取客户机端发送来的数据，再将它们返回到客户机端 */
            while ((n = read(clientfd,buffer,1024)) > 0) {
```

```
            buffer[n] = 0;
            printf("Client Send: %s",buffer);
            write( clientfd,buffer,n);
        }
        if (n < 0) {
          fprintf( stderr, "read error!\n");
          exit(3);
        }
        /* 通信完毕，关闭与这个客户机连接的套接字 */
        printf("clent %s closed!\n", inet_ntoa(csockaddr.sin_addr));
        close(clientfd);
        exit(1);
      } else if (pid < 0) printf("fork failed!\n");
      close(clientfd);
    }
    close(listenfd);        /* 关闭监听套接字 */
  }
```

2.4　无连接的套接字编程

无连接的套接字编程，使用数据报套接字，在 Internet 通信域中，基于传输层的 UDP，不需要建立和释放连接，数据报独立传输，每个数据报都必须包含发送方和接收方完整的网络地址。

2.4.1　高效的用户数据报协议

传输层的用户数据报协议（User Datagram Protocol，UDP）建立在网络层的 IP 之上，为应用层进程提供无连接的数据报传输服务，这是一种尽力传送的无连接的不保障可靠性的传输服务，是一种保护消息边界的数据传输。

传输前没有建立连接的过程：如果一个客户机向服务器发送数据，这一数据会立即发出，不管服务器是否已准备好接收数据；如果服务器收到了客户机的数据，它不会确认收到与否。

UDP 特别简单，从图 1.4 中的 UDP 简单的协议报头就可以看出这一点。由于没有什么差错控制、流量控制，也就不能保证传输的可靠性；由于在传输之前不需要连接，数据报之间就没有任何联系，是相互独立的，因而也就省去了建立连接和撤销连接的开销，传输是高效的。

基于 UDP 的应用程序在高可靠性、低延迟的网络中运行得很好，随着网络基础设施的进步，网络底层的传输越来越可靠，UDP 也能很好地工作，但是，要在低可靠性的网络中运行，应用程序必须自己采取措施，解决可靠性的问题。

在网络层协议的基础上，UDP 唯一增加的功能是提供了 65535 个端口，以支持应用层进程通过它进行进程间的通信。

UDP 的传输效率高，适用于交易型的应用程序，交易过程只有一来一往两次数据报的交换，如果使用 TCP，面向连接，开销就过大。例如，TFTP、SNMP、DNS 等应用进程都使用 UDP 提供的进程之间的通信服务。

2.4.2　无连接的套接字编程的两种模式

使用无连接的数据报套接字开发网络应用程序，既可以采用对等模式，也可以采用 C/S 模式。

1. 对等模式

对等模式的无连接套接字编程具有以下特点。

（1）应用程序双方是对等的。双方在使用数据报套接字实现网络通信时，都要经过 4 个阶段，即创建套接字；绑定安装套接字；发送/接收数据，进行网络信息交换；关闭套接字。从图 2-10 可以看到，双方使用的系统调用都是对称的。

（2）双方都必须确切地知道对方的网络地址，并在各自的进程中，将约定好的自己的网络地址绑定到自己的套接字上。

（3）在每一次发送或者接收数据报时，所用的 sendto 和 recvfrom 系统调用中，都必须包括双方的网络地址信息。

这里使用的系统调用与面向连接的套接字不同。

（4）进程也会因为发送或接收数据而发生阻塞，图 2.9 所示为对等模式的无连接套接字编程模型。

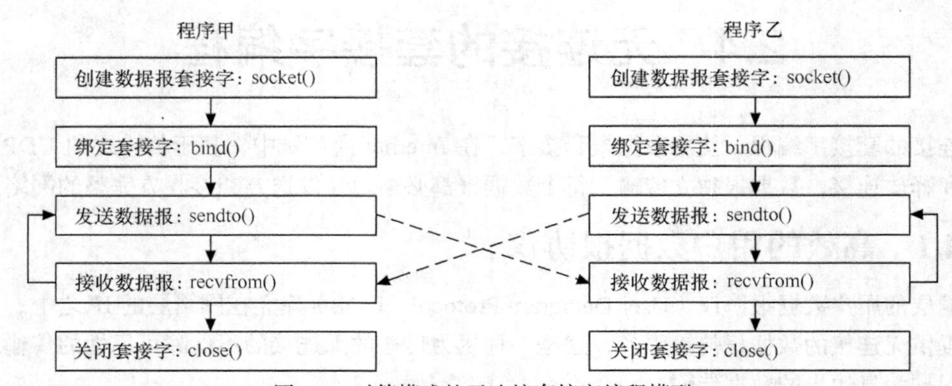

图 2.9　对等模式的无连接套接字编程模型

2. C/S 模式

图 2.10 所示为 C/S 模式的无连接套接字编程模型。

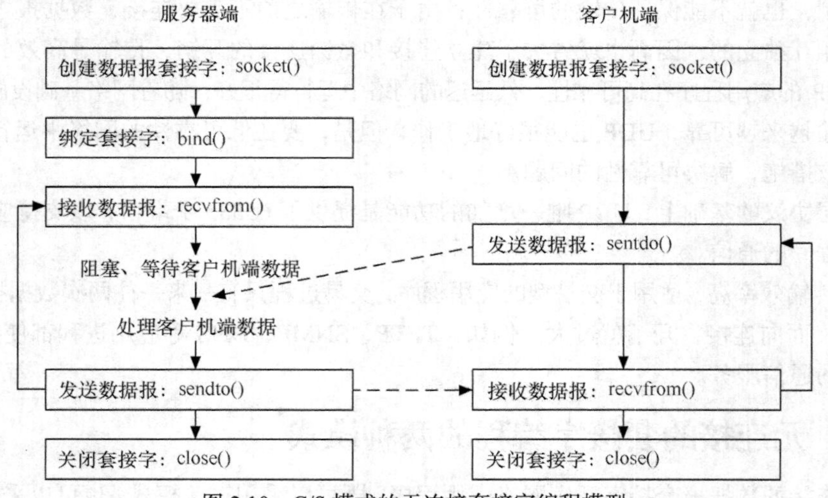

图 2.10　C/S 模式的无连接套接字编程模型

C/S 模式的无连接套接字编程模型具有以下特点。

（1）应用程序双方是不对等的，服务器要先行启动，处于被动的等待访问的状态，而客户机则可以随时主动地请求访问服务器。两者在进行网络通信时，服务器要经过创建套接字、绑定套接字、交换数据和关闭套接字 4 个阶段，而客户机不需要进行套接字的绑定。

（2）服务器进程将套接字绑定到众所周知的端口，或事先指定的端口，并且，客户机端必须确切地知道服务器端套接字使用的网络地址。

（3）客户机端套接字使用动态分配的自由端口，不需要进行绑定，服务器端事先也不必知道客户机端套接字使用的网络地址。

（4）客户机端必须首先发送数据报，并在数据报中携带双方的地址；服务器端收到后，才能知道客户机端的地址，才能给客户机端回送数据报。

（5）服务器可以接收多个客户机端的数据。

（6）此处有两个适用于无连接套接字编程专用的系统调用 sendto()和 recvfrom()，分别用于发送数据和接收数据，其详细介绍参见第 3 章。

2.4.3　数据报套接字的对等模式编程实例

实例是一个简单的聊天程序，只要在两台通过网络互联的计算机上分别运行此程序，就可以实现一对一的通信功能。

```
#include <sys/types.h>
#include <unistd.h>
#include <error.h>
#include <sys/socket.h>
#include <arpa/inet.h>
#include <stdio.h>

/* 中断处理过程 */
void int_ proc( int signo) { }

void main(int argc, char** argv)
{
    struct sockaddr_in  daddr, saddr,  cmpaddr;
    int sockfd;
    int timer = 3;
    char buffer[1024];
    int addrlen, n;

    /* 判断用户输入的命令行是否正确，如果有错，提示用法 */
    if (argc != 5) {
       printf("用法：%s 目的 IP  目的端口  源 IP  源端口\n", argv[0]);
       exit(0);
    }

    /* 设定中断处理函数，并设置时间限制 */
    signal( SIGALRM, int_ proc);
    alarm(timer);

    /* 建立数据报套接字 */
    sockfd = socket(AF_INET, SOCK_DGRAM, 0);
```

```
    if (sockfd < 0) {
        fprintf(stderr, "socket error!\n");
        exit(1);
    }

    /* 为结构变量 daddr 的各个字段赋值 */
    addrlen = sizeof(struct sockaddr_in);
    memset(&daddr, 0, addrlen);
    daddr.sin_family = AF_INET;
    daddr.sin_ port = htons(atoi(argv[2]));
    if (inet_ pton(AF_INET, argv[1], &daddr.sin_addr ) <= 0) {
        fprintf(stderr, "Invaild dest IP!\n");
        exit(0);
    }

    /* 为结构变量 saddr 的各个字段赋值 */
    addrlen = sizeof(struct sockaddr_in);
    memset(&saddr, 0, addrlen);
    saddr.sin_family = AF_INET;
    saddr.sin_ port = htons(atoi(argv[4]));
    if (inet_ pton(AF_INET, argv[3], &saddr.sin_addr ) <= 0) {
        fprintf(stderr, "Invaild source IP!\n");
        exit(0);
    }

    /* 绑定地址 */
    if (bind(sockfd, &saddr, addrlen) < 0 ) {
        fprintf(stderr, "bind local addr error!\n");
        exit(1);
    }

    /* 从标准输入获得字符串，并发送给目标地址 */
    if (fgets(buffer, 1024, stdin) = = NULL ) exit(0);
    if ( sendto( sockfd, buffer, strlen(buffer), 0, &daddr, addrlen)) {
        fprintf(stderr, "sendto error!\n");
        exit(2);
    }

    while (1) {
        /* 接收信息并显示 */
        n = recvfrom( sockfd, buffer, 1024, 0, &cmpaddr, &daddrlen );
        if (n < 0) {
            /* 根据 errno 中的数值是否为常量 EWOULDBLOCK，来区别超时错和一般性错 */
            if ( errno = = EWOULDBLOCK)
                fprintf(stderr, "recvfrom timeout error!\n");
            else {
                fprintf(stderr, "recvfrom error!\n");
                exit(3);
            }
        } else {
            /* 比较数据报来源地址与保存的目标地址是否一致 */
            /* 不同则返回非 0，结束此循环 */
            if (memcmp(cmpaddr, daddr,addrlen)) continue;
```

```
            buffer[n] = 0;
            printf( "Received: %s", buffer);
        }

        /* 从标准输入获得字符串，并发送给目标地址 */
        if (fgets(buffer, 1024, stdin) = = NULL ) exit(0);
        if ( sendto( sockfd, buffer, strlen(buffer), 0, &daddr, addrlen)) {
           fprintf(stderr, "sendto error!\n");
           exit(3);
        }
    }
    /* 关闭套接字 */
    close(sockfd);
}
```

说明：

（1）在程序中，执行本程序的命令行的格式是：

```
命令名  目的 IP 地址  目的端口  源 IP 地址  源端口
```

其中，IP 地址用点分十进制的格式，端口用十进制数。

（2）谈话对象在中间可能改变，第三者可以插话，为此加以比较、判断，屏蔽其他地址，实现只和一个地址谈话。

2.5　原始套接字

利用“原始套接字”（Raw Socket）可以访问基层的网络协议，如 IP（网际协议）、ICMP（Internet 控制消息协议）、IGMP（Internet 组管理协议）等。很多网络实用工具，如 Tracerout、Ping、网络嗅探器（sniffer）程序等，就是利用原始套接字实现的。

目前，只有 Winsock 2 提供了对原始套接字的支持。并将原始套接字称为 SOCK_RAW 类型。因此，无论 Microsoft Windows CE，还是老版本的 Windows 95（无 Winsock 2 升级）均不能利用原始套接字的能力。操作系统应使用 Windows 2000 及更高的版本。

2.5.1　原始套接字的创建

使用 socket 命令或 WSASocket 调用来创建原始套接字。

格式一：

```
int  sockRaw = socket(AF_INET,SOCK_RAW, protocol)
```

格式二：

```
SOCKET  sockRaw = WSASocket  (AF_INET, SOCK_RAW, protocol, NULL, 0, 0);
```

其中，

参数 AF_INET：代表通信域是 TCP/IP 协议簇。

参数 SOCK_RAW：表示要创建的套接字类型是原始套接字。

参数 protocol：指定协议类型，可取如下值。

IPPROTO_ICMP：ICMP（Internet 控制消息协议）。

IPPROTO_IGMP：IGMP（Internet 组管理协议）。

IPPROTO_TCP：TCP 协议。

IPPROTO_UDP：UDP 协议。

IPPROTO_IP：IP 协议。

IPPROTO_RAW：原始 IP。

举例一：用 socket 函数创建原始套接字。

```
SOCKET   s;
s = socket(AF_INET, SOCK_RAW, IPPROTO_ICMP);
if ( s == INVALID_SOCKET)
{
        // 输出套接字创建失败的信息
}
```

举例二：用 WSASocket 函数创建原始套接字。

```
SOCKET sockRaw = WSASocket (AF_INET, SOCK_RAW, IPPROTO_ICMP, NULL,  0, 0);
if (sockRaw == INVALID_SOCKET) {
    fprintf(stderr, "WSASocket() failed: %d ", WSAGetLastError());
}
```

由于原始套接字使人们能对基层传输机制加以控制，所以有些人将其用于不法用途，从而造成了 Windows 的一个潜在的安全漏洞。因此，只有属于“管理员”（Administrators）组的成员，才有权创建类型为 SOCK_RAW 的套接字。

2.5.2　原始套接字的使用

采用恰当的协议标志，创建了原始套接字句柄后，就可以使用它来发送或接收数据了，一般要有以下几个步骤。

1. 根据需要设置套接字的选项

在默认情况下，IP 自动填充 IP 数据包的首部。如果需要自己填写 IP 数据包首部时，可以在原始套接字上设置套接字选项 IP_HDRINCL。例如：

```
int on = 1;
if(setsockopt(sockfd, IPPROTO_IP, IP_HDRINCL, &on, sizeof(on)) < 0)
    { fprintf(stderr,  "setsockopt IP_HDRINCL ERROR!  "); exit(1); }
```

2. 调用 connect 和 bind 函数来绑定对方和本地地址

原始套接字是直接使用 IP 的套接字，是非面向连接的。在这个套接字上可以调用 connect 和 bind 函数，分别执行绑定对方和本地地址。

如果不调用 bind，则内核将以发送端的主 IP 地址填充发送数据包的源 IP 地址。调用 bind 函数后，发送数据包的源 IP 地址将是 bind 函数指定的地址。

调用 connect 函数后，可以用 write 和 send 发送数据包。内核将用这个绑定的地址填充 IP 数据包的目的 IP 地址。

3. 发送数据包

如果没有用 connect 函数绑定对方地址时，则应使用 sendto 或 sendmsg 函数发送数据包，在函数参数中指定对方地址。如果调用了 connect 函数，则可以直接使用 send、write 来发送数据包。

如果没有设置 IP_HDRINCL 选项，包内可写的内容为数据部分，内核将自动创建 IP 首部。如果设置了 IP_HDRINCL 选项，则包内要填充的内容为数据部分和 IP 首部，内核只负责填充 IP 数据包的标识域和 IP 数据包首部的校验和。

要注意，IP 数据包首部各个域的内容都是网络字节顺序。

4. 接收数据包

UDP 和 TCP 数据包从不传送给一个原始套接字。如果要查看这两类数据包，只能通过直接访问数据链路层来实现。

大多数 ICMP 数据包的一个拷贝传送给匹配的原始套接字。

内核处理的所有其他类型的数据包的一个拷贝都传给匹配的原始套接字。

所有内核不能识别的协议类型的 IP 数据包都传送给匹配的原始套接字。对于这些 IP 数据包，内核只做必要的检验工作。

在将一个 IP 数据包传送给原始套接字之前，内核需要选择匹配的原始套接字。

所谓匹配是指：

（1）数据包的协议域必须与接收原始套接字的协议类型匹配；

（2）如果原始套接字调用了 bind 函数绑定了本地 IP 地址，那么到达的 IP 数据包的源 IP 地址必须和对方的 IP 相匹配；

（3）如果原始套接字调用 connect 函数指定了对方的 IP 地址，则到达的 IP 数据包的源 IP 地址必须与它相同。

2.5.3 原始套接字应用实例

我们经常用 Ping 程序来判断一个特定的主机是否可以通过网络访问到。

程序的原理并不复杂，通过生成一个 ICMP“回应请求”（Echo Request），并将其发送至打算查询的目标主机，便可知道自己是否能成功地访问到那台机器。若 Ping 成功，就说明远程主机的网络层可对网络事件作出响应。

Internet 控制报文协议（Internet Control Message Protocal，ICMP）是一种差错报告机制，可以用来向目的主机请求或报告各种网络信息。这些信息包括回送应答，目的地不可达，源站抑制，回送请求，ICMP 已不再使用，故删除之等。

Ping 程序用的是回送请求与应答报文。程序把 ICMP 的数据包类型设置为回送请求（ECHO REQUEST），将它发送给网络上的一个 IP 地址，使用这个 IP 地址的主机上的 TCP/IP 软件就能够接收到这个 ICMP 回送请求报文，立即返回一个 ICMP 回送应答（ECHO REPLY）报文。如果这个 IP 地址没有人使用，那么发出去的 ICMP 回送请求在我们设定的延时内就不会得到响应。

Ping 程序采取下列步骤。

（1）创建类型为 SOCK_RAW 的一个套接字，同时设定协议类型为 IPPROTO_ICMP。

（2）创建并初始化 ICMP 头。

（3）调用 sendto 或 WSASendto，将 ICMP 请求发给远程主机。

（4）调用 recvfrom 或 WSARecvfrom，以接收任何 ICMP 响应。

程序的主要代码段落如下：

```
// 程序名：ping.c

// ICMP 的数据报是封装在 IP 报头里的。而它本身也是由报头加上数据部分构成的，
// 其报头的格式可以用一个结构体来表示：
typedef struct _ihdr {
BYTE i_type;          // ICMP 类型码，回送请求的类型码为 8
BYTE i_code;          // 子类型码,保存与特定 ICMP 报文类型相关的细节信息
```

```
USHORT i_cksum;         // 校验和
USHORT i_id;            // ICMP 数据报的 ID 号
USHORT i_seq;           // ICMP 数据报的序列号
ULONG timestamp;        // 可选数据部分，可以忽略
}IcmpHeader

// 首先创建原始套接字
SOCKET sockRaw = WSASocket (AF_INET, SOCK_RAW,IPPROTO_ICMP, NULL, 0,0);
if (sockRaw == INVALID_SOCKET) {
    fprintf(stderr,"WSASocket() failed: %d ",WSAGetLastError());
            }

// 设置延时为 1000 毫秒
// 由于 ICMP 数据报在网络上的传输需要一定的时间，发出请求后所以必需等待一段时
// 间。如果在这段时间内没有得到响应，我们才可以认为目标机器不存在
Int timeout=1000;
Int  bread =
setsockopt(sockRaw,SOL_SOCKET,SO_RCVTIMEO,(char*)&timeout,
  sizeof(timeout));
if(bread == SOCKET_ERROR) {
   fprintf(stderr,"failed to set recv timeout:%d ,WSAGetLastError());
   return 0;
}

// 生成 ICMP 回送请求报文
char icmp_data[MAX_PACKET];                    //MAX_PACKET 是数据报最大可能的长度
memset(icmp_data,0,MAX_PACKET);                //将数据报清空初始化
int datasize=DEF_PACKET_SIZE;                  //数据报报文体的默认长度
datasize+=sizeof(IcmpHeader);                  //加上报头的长度
fill_icmp_data(icmp_data,datasize);            //填入正确的 ICMP 数据值
((IcmpHeader*)icmp_data)->i_cksum = 0;         //先将校验和置 0
((IcmpHeader*)icmp_data)->timestamp = GetTickCount();        //设置时间戳
((IcmpHeader*)icmp_data)->i_seq = 0;
((IcmpHeader*)icmp_data)->i_cksum = checksum((USHORT*)icmp_data, datasize);
//计算校验和后填入

// fill_icmp_data 函数，
void fill_icmp_data(char * icmp_data, int datasize)
{
IcmpHeader *icmp_hdr;
char *datapart;
icmp_hdr = (IcmpHeader*)icmp_data;
icmp_hdr->i_type = ICMP_ECHO;                            //设置类型信息
icmp_hdr->i_id = (USHORT)GetCurrentThreadId();
//设置其 ID 号为当前线程的 ID 号，以便以后辨认
datapart = icmp_data + sizeof(IcmpHeader);           //计算出 ICMP 数据报的数据部分
// 在 ICMP 的数据部分填进一些废话。一些种类的 TCP/IP 协议簇软件在收到这个 ICMP
//请求后会把它原封不动地返回
```

```
        memset(datapart,'E', datasize - sizeof(IcmpHeader))
    }

    //发送数据报文
    sockaddr_in dest;
    dest.sin_family=AF_INET;
    dest.sin_addr=inet_addr("127.0.0.1");            //填入目标机器的 IP 地址
    Int bwrote = sendto(sockRaw,icmp_data,datasize,0,(struct sockaddr*)&dest,sizeof
(dest));
    if (bwrote == SOCKET_ERROR){ return 0; }
    //没有把所有的数据发送出去，也出错了
    if (bwrote<datasize ) { return 0; }

    // 接收回应报文
    sockaddr_in from;                                //数据报的源地址
    int  bread  =  recvfrom(sockRaw,recvbuf,MAX_PACKET,0,(struct  sockaddr*)&from,
&fromlen);
    if (bread<=0){ return 0;}
    decode_resp(recvbuf,bread,&from);

    //我们接收到的是原始的 IP 报报文，需要先剥去外面的 IP 报报头才是 ICMP 的报文部分
    // decode_resp 函数:
    void decode_resp(char *buf, int bytes,struct sockaddr_in *from)
    {
     IpHeader *iphdr;
     IcmpHeader *icmphdr;
        unsigned short iphdrlen;
        iphdr = (IpHeader *)buf;
     iphdrlen = iphdr->h_len * 4 ;              // IP 报头的长度（以 32bit 为单位，所以需要*4）
     icmphdr=(IcmpHeader *)(buf+iphdrlen);     //跳过 IP 报头
        if(icmphdr->i_id!=(USHORT)GetCurrentThreadId()) return;    //ID 号不相符，丢弃
     printf("IP  %s 正在使用中 ",inet_ntoa(from->sin_addr));          //向用户报告这个正
在使用的 IP 地址
    }
```

接收到的数据也许是对于另一个线程发送的 ICMP 回送请求的响应，而这个线程也收到了这个响应数据报。如何区分一个 ICMP 应答是不是自己的呢？ICMP 报头中的 ID 号能够帮助我们做到这一点。在生成 ICMP 回送请求的时候，我们在 ICMP 的 ID 数据域填入了当前线程的 ID 号，目标机在返回应答信息的时候不会修改这个域，所以我们可以将接收到的数据报的 ID 与当前线程的 ID 号相比较，如果不同就丢弃它。这个比较的过程由函数 decode_resp 完成。

习　　题

1. 试述套接字编程接口的起源与应用情况。
2. 实现套接字编程接口的两种方式是什么？

3. 套接字通信与 UNIX 操作系统的输入/输出的关系是什么？
4. 什么是套接字？
5. 说明套接字的特点。
6. 套接字编程应用在什么场合？
7. 说明本机字节顺序和网络字节顺序的概念。
8. 画框图说明服务器端和客户机端操作流式套接字的基本步骤。
9. 什么是进程的阻塞问题？如何应对？
10. 能引起阻塞的套接字调用有哪些？

第 3 章 WinSock 编程

Windows 操作系统是目前个人计算机上使用最广泛的操作平台，许多最流行的网络应用都建立在 Windows 环境下，还需要在 Windows 环境下开发更多的网络软件，这就要求网络编程人员深入地掌握 Windows 的套接字网络编程接口。

3.1 WinSock 概述

WinSock 是 Windows Sockets 规范的简称，是 Microsoft 公司以 U.C. Berkeley 大学（美国加利福尼亚大学伯克利分校）开发的 BSD UNIX 中流行的 Socket 接口为范例，定义了一套适用于 Microsoft Windows 下的以库函数的方式实现的网络编程接口，是一套开放的、支持多种协议的网络编程接口，并在 Intel、Microsoft、Sun、SGI、Informix 和 Novell 等公司的支持下，已成为 Windows 网络编程事实上的标准。

我们可以使用 WinSock 在 Internet 上传输数据和交换信息，而不必关心网络连接的细节，因而很受网络编程人员的欢迎。网络应用程序调用 WinSock API，实现相互之间的通信，WinSock 又利用下层的网络通信协议和操作系统功能实现实际的通信。图 3.1 说明了它们的关系。

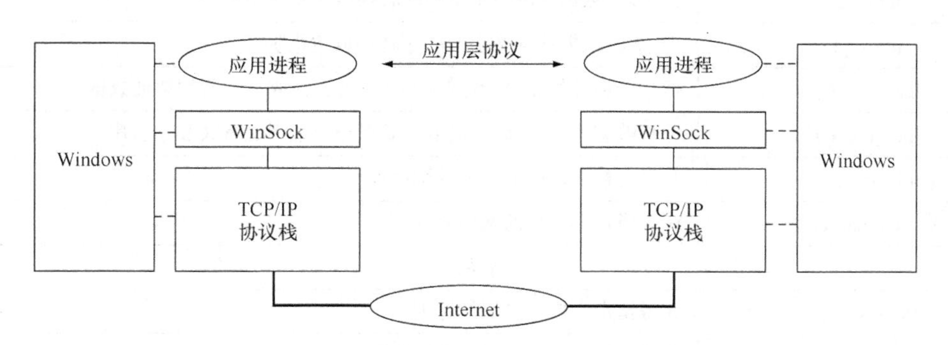

图 3.1　网络应用进程利用 WinSock 进行通信

WinSock 1.1 和 WinSock 2.0 是 WinSock 的两个主要版本，WinSock 2.0 完全保留了 WinSock 1.1 的库函数，只是在引用头文件和库函数时有一些细微的区别。

在使用 WinSock 1.1 时，需要引用头文件 winsock.h 和库文件 wsock32.lib，代码如下。

```
#include <winsock.h>
#pragma comment(lib,"wsock32.lib")
```

在使用 WinSock 2.0 时，需要引用头文件 winsock2.h 和库文件 ws2_32.lib，代码如下。

```
#include <winsock2.h>
#pragma comment(lib,"ws2_32.lib")
```

WinSock 不仅包含了人们所熟悉的 Berkeley Socket 风格的库函数，也包含了一组针对 Windows 操作系统的扩展库函数，使编程者能充分地利用 Windows 操作系统的消息驱动机制进行编程。为使读者有初步的认识，表 3.1 分类列出了 WinSock 的主要库函数及其简要说明。

表 3.1　　WinSock 的主要库函数及其简要说明

函数名	说明
主要函数	
socket( )	创建一个套接字，并返回套接字的标识符
bind( )	把套接字绑定到特定的网络地址上
listen( )	启动指定的套接字，监听到来的连接请求
accept( )	接收一个连接请求，并新建一个套接字，原来的套接字返回监听状态
connect( )	请求将本地套接字连接到一个指定的远方套接字上
send( )	向一个已经与对方建立连接的套接字发送数据
sendto( )	向一个未与对方建立连接的套接字发送数据，并指定对方网络地址
recv( )	从一个已经与对方建立连接的套接字接收数据
recvfrom( )	从一个未与对方建立连接的套接字接收数据，并返回对方网络地址
shutdown( )	有选择地关闭套接字的全双工连接
closesocket( )	关闭套接字，释放相应的资源
辅助函数	
htonl( )	把 32 位的无符号长整型数据从主机字节顺序转换到网络字节顺序
htons( )	把 16 位的无符号短整型数据从主机字节顺序转换到网络字节顺序
ntohl( )	把 32 位数据从网络字节顺序转换成主机字节顺序
ntohs( )	把 16 位数据从网络字节顺序转换成主机字节顺序
inet_addr( )	把一个标准的点分十进制的 IP 地址转换成长整型的地址数据
inet_ntoa( )	把长整型的 IP 地址数据转换成点分十进制的 ASCII 字符串
getpeername( )	获得套接字连接上对方的网络地址
getsockname( )	获得指定套接字的网络地址
控制函数	
getsockopt( )	获得指定套接字的属性选项
setsockopt( )	设置与指定套接字相关的属性选项
ioctlsocket( )	为套接字提供控制
select( )	执行同步 I/O 多路复用
数据库查询函数	
gethostname( )	返回本地计算机的标准主机名
gethostbyname( )	返回对应于给定主机名的主机信息

续表

函数名	说明
gethostbyaddr( )	根据一个 IP 地址取回相应的主机信息
getservbyname( )	返回对应于给定服务名和协议名的相关服务信息
getservbyport( )	返回对应于给定端口号和协议名的相关服务信息
getprotbyname( )	返回对应于给定协议名的相关协议信息
getprotobynumber( )	返回对应于给定协议号的相关协议信息
WinSock 的注册与注销函数	
WSAStartup( )	初始化底层的 Windows Sockets DLL
WSACleanup( )	从底层的 Windows Sockets DLL 中撤销注册
异步执行的数据库查询函数	
WSAAsyncGetHostByName( )	GetHostByName( )的异步版本
WSAAsyncGetHostByAddr( )	GetHostByAddr( )的异步版本
WSAAsyncGetServByName( )	GetServByName( )的异步版本
WSAAsyncGetServByPort( )	GetServByPort( )的异步版本
WSAAsyncGetProtoByName( )	GetProtoByName( )的异步版本
WSAAsyncGetProtoByNumber( )	GetProtoByNumber( )的异步版本
异步选择机制的相关函数	
WSAAsyncSelect( )	select( )的异步版本
WSACancelAsyncRequest( )	取消一个未完成的 WSAAsyncGetXByY( )函数的实例
WSACancelBlockingCall( )	取消未完成的阻塞的 API 调用
WSAIsBlocking( )	确定线程是否被一个调用阻塞
错误处理的相关函数	
WSAGetLastError( )	得到最近一个 WinSock 调用出错的详细信息
WSASetLastError( )	设置下一次 WSAGetLastError( )返回的错误信息

3.2　WinSock 库函数

3.2.1　WinSock 的注册与注销

1. 初始化函数 WSAStartup( )

WinSock 应用程序要做的第一件事，就是必须首先调用 WSAStartup( )函数对 WinSock 进行初始化。初始化也称为注册。注册成功后，才能调用其他的 WinSock API 函数。

（1）WSAStartup( )函数的调用格式。

```
int WSAStartup( WORD wVersionRequested, LPWSADATA lpWSAData );
```

其中，

参数 wVersionRequested：指定应用程序所要使用的 WinSock 规范的最高版本。主版本号在低字节，辅版本号在高字节。

参数 lpWSAData：是一个指向 WSADATA 结构变量的指针，用来返回 WinSock API 实现的细节信息。

（2）WSAStartup( )函数的初始化过程。图 3.2 说明了 WSAStartup( )函数初始化的过程。

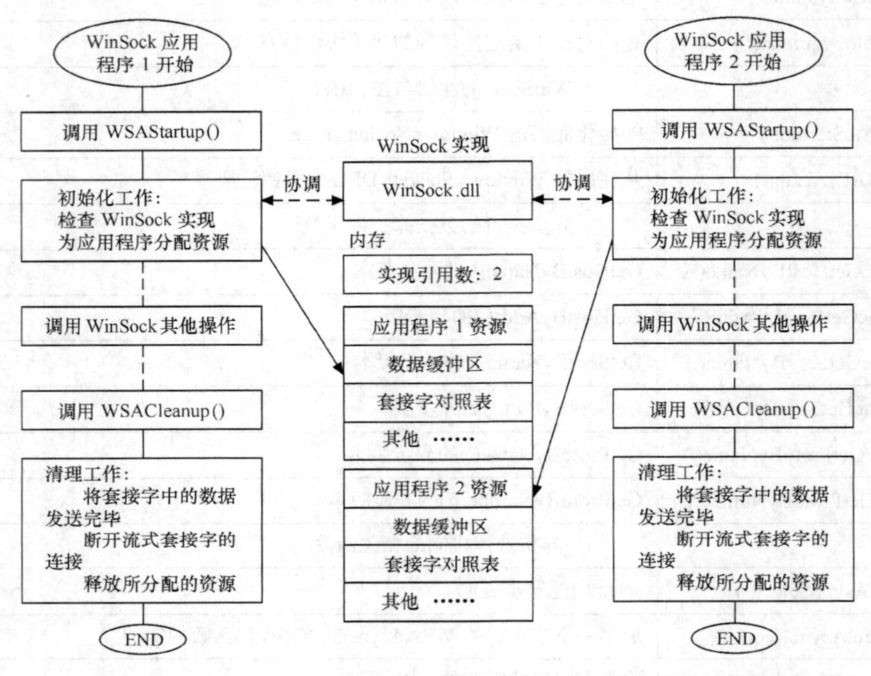

图 3.2　在一台计算机中，使用同一 WinSock 实现的多个网络应用程序

首先，检查系统中是否有一个或多个 WinSock 实现的实例。WinSock 实例保存在 WinSock.dll 文件中，所以初始化首先要查找该文件。执行 WSAStartup( )函数时，首先到磁盘的系统目录中，按照 PATH 环境变量的设置，去查找 WinSock.dll 文件。如果有，就发出一个 LoadLibrary( )调用，装入该库的相关信息，建立用于管理该库的内核数据结构，并得到这个实例的具体数据。这样做的理由是明显的，应用程序要调用 WinSock 实例中的库函数，如果系统没有这个文件，到哪里调用？如果找不到合适的 WinSock.dll 文件，初始化失败，根据情况，返回相应的错误代码。

其次，就要检查找到 WinSock 实例是否可用，主要是确认 WinSock 实例的版本号。Windows 操作系统有多个版本，相应地 WinSock 实例也有差别。为保证程序的可移植性，必须先判断系统所提供的 WinSock.dll 的版本能否满足应用程序的要求。在找到 WinSock.dll 文件后，函数与 WinSock.dll 相互通知对方它们可以支持的最高版本，并相互确认对方可以接受的最低版本，如果应用程序所需的版本介于 WinSock.dll 支持的最低版本和最高版本之间，则调用成功，返回 0。

再者，要建立 WinSock 实现与应用程序的联系。系统将找到的 WinSock.dll 库绑定到该应用程序，把对于该 WinSock.dll 的内置引用计数加 1，并为此应用程序分配资源。以后应用程序就可以调用 Socket 库中的其他函数了。由于 Windows 是多任务多线程的操作系统，因此一个

WinSock.dll 库可以同时为多个并发的网络应用程序服务。

最后，函数成功返回时，会在 lpWSAData 所指向的 WSADATA 结构中返回许多信息。在 wHighVersion 成员变量中，返回 WinSock.dll 支持的最高版本，在 wVersion 成员变量中返回它的高版本和应用程序所需版本中的较小者。此后 WinSock 实现就认为程序所使用的版本号是 wVersion。如果程序无法接受 wVersion 中的版本号，就应该进一步查找其他的 WinSock.dll，若找不到，则通知用户“初始化失败”。

（3）WSADATA 结构的定义。

```
#define WSADESCRIPTION_LEN      256
#define WSASYS_STATUS_LEN       128
typedef struct WSAData {
WORD                        wVersion;
WORD                        wHighVersion;
char                        szDescription[WSADESCRIPTION_LEN+1];
char                        szSystemStatus[WSASYS_STATUS_LEN+1];
unsigned short              iMaxSockets;
unsigned short              iMaxUdpDg;
char *                      lpVendorInfo;
} WSADATA;
```

其中，各成员变量的意义如下。

wVersion：返回用户的应用程序应该使用的 WinSock 版本号。

wHighVersion：返回 WinSock.dll 动态链接库所支持的最高版本，一般情况下，wHighVersion 等于 wVersion。

szDescription：返回描述 WinSock 实现和开发商标识信息的字符串，以“\0”结尾，最长 256 个字符。

szSystemStatus：返回系统状态和配置信息的字符串，以“\0”结尾。

iMaxSockets：返回一个进程最多可以使用的套接字个数。编程者可以据此估计一下，该 WinSock 实现是否适用于开发的程序。

iMaxUdpDg：返回可以发送的最大数据报的字节数，最小值通常是 512 字节。

lpszVendorInfo：是一个字符串指针，指向一个开发商专用的数据结构，该变量与程序设计关系不大。

（4）初始化函数可能返回的错误代码。

WSASYSNOTREADY：网络通信依赖的网络子系统没有准备好。

WSAVERNOTSUPPORTED：找不到所需的 WinSock API 相应的动态链接库。

WSAEINVAL：DLL 不支持应用程序所需的 WinSock 版本。

WSAEINPROGRESS：正在执行一个阻塞的 WinSock 1.1 操作。

WSAEPROCLIM：已经达到 WinSock 支持的任务数上限。

WSAEFAULT：参数 lpWSAData 不是合法指针。

（5）初始化 WinSock 的示例。

```
#include <winsock.h>                // 对于 WinSock 2.0，应包括 WinSock2.h 文件
aa() {
    WORD wVersionRequested;         // 应用程序所需的 WinSock 版本号
    WSADATA wsaData;                // 用来返回 WinSock 实现的细节信息
    int err;                        // 出错代码
```

```
    wVersionRequested =MAKEWORD(1,1);                    // 生成版本号 1.1
    err = WSAStartup(wVersionRequested, &wsaData );  // 调用初始化函数
    if (err!=0 ) { return;}              // 通知用户找不到合适的 DLL 文件
    // 确认返回的版本号是客户要求的 1.1
    if ( LOBYTE(wsaData.wVersion )!=1 || HIBYTE(wsaData.wVersion )!=1) {
    WSACleanup(); return;
    }
    /* 至此，可以确认初始化成功，WinSock.dll 可用*/
    }
```

2. 注销函数 WSACleanup( )

当程序使用完 WinSock.dll 提供的服务后，应用程序必须调用 WSACleanup( )函数，来解除与 WinSock.dll 库的绑定，释放 WinSock 实现分配给应用程序的系统资源，中止对 Windows Sockets DLL 的使用。

（1）WSACleanup( )函数的调用格式。

```
int WSACleanup ( void );
```

返回值：如果操作成功，返回 0，否则返回 SOCKET_ERROR。可以调用 WSAGetLastError( ) 获得错误代码。

（2）WSACleanup( )函数的功能。

应用程序或 DLL 在使用 Windows Sockets 服务之前必须要进行一次成功的 WSAStartup( )调用，当它完成了 Windows Sockets 的使用后，应用程序或 DLL 必须调用 WSACleanup( )，将其从 Windows Sockets 的实现中注销，并且该实现释放为应用程序或 DLL 分配的任何资源。任何打开的并已建立连接的 SOCK_STREAM 类型套接口在调用 WSACleanup( )时会重置，而已经由 closesocket( ) 关闭，但仍有要发送的悬而未决数据的套接口则不会受影响，该数据仍继续发送。

对应于一个任务进行的每一次 WSAStartup( )调用，必须有一个 WSACleanup( )调用，就像括号一样，成对出现。但只有最后的 WSACleanup( )做实际的清除工作；前面的调用仅仅将 Windows Sockets DLL 中的内置引用计数减一。在一个多线程的环境下，WSACleanup( )中止 Windows Sockets 在所有线程上的操作。一个简单的应用程序为确保 WSACleanup( )调用了足够的次数，可以在一个循环中不断调用 WSACleanup( )，直至返回 WSANOTINI-TIALISED 为止。

（3）WSACleanup( )函数可能返回的错误代码。

WSANOTINITIALISED：使用本函数前必须要进行一次成功的 WSAStartup( )调用。

WSAENETDOWN：Windows Sockets 的实现已经检测到网络子系统故障。

WSAEINPROGRESS：一个阻塞的 Windows Sockets 操作正在进行。

3.2.2 WinSock 的错误处理函数

WinSock 函数在执行时，都有一个返回值，但它只能简单地说明函数的执行是否成功，如果出了错，并不能从返回值了解出错的原因，而这样的信息在程序调试的时候是非常需要的。Winsonck 专门提供了两个函数，用来解决这个问题。

1. WSAGetLastError( )函数

WSAGetLastError( )函数返回上次操作失败的错误状态，对于程序的调试非常有用。当我们调用 Sockets 函数时，一定要检测函数的返回值，一般情况下，返回值为 0 表示函数调用成功；否则，就要调用 WSAGetLastError( )函数取得错误代码，给用户以明确的错误提示信息。这么做既

有助于程序的调试，也方便用户使用，这也是当今软件用户界面友好的标志之一；尤其是在 Windows 这样的多线程开发环境，使用 WSAGetLastError( )函数是获取详细错误信息的可靠方法。函数的调用格式为

```
int WSAGetLastError ( void );
```

本函数返回本线程进行的上一次 WinSock 函数调用时的错误代码。

需要说明的是：WinSock 使用 WSAGetLastError( )函数来获得上一次的错误代码，而不是像 UNIX 套接字那样依靠全局错误变量，是为了与将来的多线程环境相兼容。

在一个非抢先的 Windows 环境下，WSAGetLastError( )只用来获得 WinSock 错误，在抢先环境下，WSAGetLastError( )将调用 GetLastError( )，来获得所有在每线程基础上的 Win32 API 函数的错误状态。为提高可移植性，应用程序应在调用失败后立即使用 WSAGetLastError( )。

2. WinSock 规范预定义的错误代码

在 winsock.h 文件中，定义了所有的 WinSock 规范错误代码，它们的基数是 10 000，所有错误常量都以 WSAE 作为前缀，大概分成几类，下面列出了一些。

```
#define WSABASEERR                    10 000
/* 常规 Microsoft C 常量的 WinSock 定义 */
#define WSAEINTR                      (WSABASEERR+4)
#define WSAEBADF                      (WSABASEERR+9)
#define WSAEACCES                     (WSABASEERR+13)
#define WSAEFAULT                     (WSABASEERR+14)
#define WSAEINVAL                     (WSABASEERR+22)
#define WSAEMFILE                     (WSABASEERR+24)

/* 常规 Berkeley 错误的 WinSock 定义 */
#define WSAEWOULDBLOCK                (WSABASEERR+35)
#define WSAEINPROGRESS                (WSABASEERR+36)
#define WSAEALREADY                   (WSABASEERR+37)
#define WSAENOTSOCK                   (WSABASEERR+38)
#define WSAEDESTADDRREQ               (WSABASEERR+39)
#define WSAEMSGSIZE                   (WSABASEERR+40)
#define WSAEPROTOTYPE                 (WSABASEERR+41)
#define WSAENOPROTOOPT                (WSABASEERR+42)
#define WSAEPROTONOSUPPORT            (WSABASEERR+43)
#define WSAESOCKTNOSUPPORT            (WSABASEERR+44)
#define WSAEOPNOTSUPP                 (WSABASEERR+45)
#define WSAEPFNOSUPPORT               (WSABASEERR+46)
#define WSAEAFNOSUPPORT               (WSABASEERR+47)
#define WSAEADDRINUSE                 (WSABASEERR+48)
#define WSAEADDRNOTAVAIL              (WSABASEERR+49)
#define WSAENETDOWN                   (WSABASEERR+50)
#define WSAENETUNREACH                (WSABASEERR+51)
#define WSAENETRESET                  (WSABASEERR+52)
#define WSAECONNABORTED               (WSABASEERR+53)
#define WSAECONNRESET                 (WSABASEERR+54)
#define WSAENOBUFS                    (WSABASEERR+55)
#define WSAEISCONN                    (WSABASEERR+56)
#define WSAENOTCONN                   (WSABASEERR+57)
#define WSAESHUTDOWN                  (WSABASEERR+58)
#define WSAETOOMANYREFS               (WSABASEERR+59)
```

```
#define WSAETIMEDOUT              (WSABASEERR+60)
#define WSAECONNREFUSED           (WSABASEERR+61)
#define WSAELOOP                  (WSABASEERR+62)
#define WSAENAMETOOLONG           (WSABASEERR+63)
#define WSAEHOSTDOWN              (WSABASEERR+64)
#define WSAEHOSTUNREACH           (WSABASEERR+65)
#define WSAENOTEMPTY              (WSABASEERR+66)
#define WSAEPROCLIM               (WSABASEERR+67)
#define WSAEUSERS                 (WSABASEERR+68)
#define WSAEDQUOT                 (WSABASEERR+69)
#define WSAESTALE                 (WSABASEERR+70)
#define WSAEREMOTE                (WSABASEERR+71)
#define WSAEDISCON                (WSABASEERR+101)

/* 扩展的 WinSock 错误常量定义 */
#define WSASYSNOTREADY            (WSABASEERR+91)
#define WSAVERNOTSUPPORTED        (WSABASEERR+92)
#define WSANOTINITIALISED         (WSABASEERR+93)

/*  以下定义用于数据库查询类函数 */
#define h_errno                   WSAGetLastError()

/* 授权的回答：主机找不到 */
#define WSAHOST_NOT_FOUND         (WSABASEERR+1001)
#define HOST_NOT_FOUND            WSAHOST_NOT_FOUND

/*非授权的回答：主机找不到或 SERVERFAIL */
#define WSATRY_AGAIN              (WSABASEERR+1002)
#define TRY_AGAIN                 WSATRY_AGAIN

/* 不可恢复错，FORMERR，REFUSED，NOTIMP */
#define WSANO_RECOVERY            (WSABASEERR+1003)
#define NO_RECOVERY               WSANO_RECOVERY

/* 名字是有效的，但没有所要求类型的数据记录 */
#define WSANO_DATA                (WSABASEERR+1004)
#define NO_DATA                   WSANO_DATA
```

以下 3 个错误码对于大多数函数都是适用的，在后面各个函数的描述中，会给出每个函数可能收到的错误码，这里不再赘述这 3 条。

WSANOTINITIAISED：在使用此函数前，没有成功地调用 WSAStartup( )进行初始化。

WSAENTDOWN：WinSock 实现检测到网络子系统已经失效。

WSAEINPROGRESS：正在运行一个 WinSock 调用，而该调用正被阻塞，系统没时间对本函数进行处理。

3. WSASetLastError( )函数

本函数用于设置可以被 WSAGetLastError( )接收的错误代码：

```
void WSASetLastError ( int iError );
```

参数 iError 指明将被后续的 WSAGetLastError( )调用返回的错误代码，没有返回值。

本函数允许应用程序为当前线程设置错误代码，并可由后来的 WSAGetLastError( )调用返回。注意：任何由应用程序调用的后续 Windows Sockets 函数都将覆盖本函数设置的错误代码。

在 Win32 环境中，本函数将调用 SetLastError( )。

3.2.3　主要的 WinSock 函数

1. 创建套接口 socket( )

（1）socket( )函数的调用格式。

```
SOCKET  socket (int af, int type, int protocol);
```

其中，

参数 af：指定所创建的套接字的通信域，即指定应用程序使用的通信协议的协议簇。因为 WinSock1.1 只支持在 Internet 域通信，此参数只能取值为 AF_INET，这也就指定了此套接字必须使用 Internet 的地址格式。

参数 type：指定所创建的套接字的类型，如果取值 SOCK_STREAM，表示要创建流式套接字；如果取值 SOCK_DGRAM，表示要创建数据报套接口。在 Internet 域，这个参数实际指定了套接字使用的传输层协议。

参数 protocol：指定套接字使用的协议，一般采用默认值 0，表示让系统根据地址格式和套接字类型，自动选择一个合适的协议。

返回值：如果调用成功，就创建了一个新的套接字，并返回它的描述符。在以后对该套接字的操作中，都要借助这个描述符；否则返回 SOCKET_ERROR，表示创建套接字出错。应用程序可调用 WSAGetLastError( )获取相应的错误代码。

（2）socket( )函数的功能。

本函数根据指定的通信域、套接字类型和协议创建一个新的套接字，为它分配所需的资源，并返回该套接字的描述符。在创建套接字时，已经将它默认定位在本机的 IP 地址和一个自动分配的唯一的 TCP 或 UDP 的自由端口上，操作系统内核为套接字分配了内存，建立了相应的数据结构，并将套接字的各个选项设为默认值。

套接字描述符是一个整数类型的值。每个进程的进程空间里都有一个套接字描述符表，表中存放着套接字描述符和套接字数据结构的对应关系。该表的一个字段存放新创建的套接字的描述符，另一个字段存放套接字数据结构的地址，因此根据套接字描述符就可以找到其对应的套接字数据结构。套接字描述符表在每个进程自己的空间中，套接字数据结构都是在操作系统内核管理的内存区中。

SOCK_STREAM 类型的套接字提供有序的、可靠的、全双向的和基于连接的字节流，使用 Internet 地址簇的 TCP，保证数据不会丢失也不会重复，具有带外数据传送机制。对于流式套接字，在接收或发送数据前必须首先建立通信双方的连接，连接成功后，即可用 send( )和 recv( )传送数据。当会话结束后，调用 closesocket( )关闭套接字。

SOCK_STREAM 类型套接口支持无连接的、不可靠的和使用固定大小（通常很小）缓冲区的数据报服务，使用 Internet 地址簇的 UDP，允许使用 sendto( )和 recvfrom( )从任意端口发送或接收数据报。如果这样一个套接口用 connect( )与一个指定端口连接，则可用 send( )和 recv( )与该端口进行数据报的发送与接收。

（3）socket( )函数可能返回的其他错误代码。

WSAEAFNOSUPPORT：不支持所指定的通信域或地址簇。

WSAEMFILE：没有可用的套接字描述符，说明创建的套接字数目已超过限额。

WSAENOBUFS：没有可用的缓冲区，无法创建套接字。

WSAEPROTONOSUPPORT：不支持指定的协议。

WSAEPROTOTYPE：指定的协议类型不适用于本套接口。

WSAESOCKTNOSUPPORT：本地址簇中不支持该类型的套接字。

（4）举例。

```
SOCKET sockfd=socket( AF_INET, SOCK_STREAM, 0); /* 创建一个流式套接字 */
SOCKET sockfd=socket( AF_INET, SOCK_DGRAM, 0);  /* 创建一个数据报套接字 */
```

2. 将套接口绑定到指定的网络地址 bind( )

（1）关于套接字网络地址的概念。前面提到过，一个三元组可以在 Internet 中唯一地定位一个网络进程的通信端点，而套接字就是网络进程的通信端点，因此可以说，一个三元组可以在 Internet 中唯一地定位一个套接字及其相关的应用进程。在 Internet 通信域中，这个三元组包括主机的 IP 地址、传输层协议（TCP 或 UDP）和用来区分应用进程的传输层端口号。本书将这个用来定位一个套接字的三元组称为这个套接字的网络地址。在 WinSock API 中，也可以把它称为 WinSock 地址。也有的书将这个三元组称为套接字的名字，把三元组的地址空间称为套接字的名字空间，把获取套接字的三元组地址信息称为获取套接字的名字。

（2）bind( )函数的调用格式。

```
int bind( SOCKET s,const struct sockaddr * name,int namelen);
```

其中，

参数 s：是未经绑定的套接字描述符，是由 socket( )函数返回的，要将它绑定到指定的网络地址上。

参数 name：是一个指向 sockaddr 结构变量的指针，所指结构中保存着特定的网络地址，就是要把套接字 s 绑定到这个地址上。

参数 namelen：是 sockaddr 结构的长度，等于 sizeof(struct sockaddr)。

返回值：如果返回 0，表示已经正确地实现了绑定；如果返回 SOCKET_ERROR，表示有错。应用程序可调用 WSAGetLastError( )获取相应的错误代码。

（3）bind( )函数的功能。本函数适用于流式套接字和数据报套接字，用来将套接字绑定到指定的网络地址上，一般在 connect( )或 listen( )调用前使用。其实当用 socket( )创建套接字后，系统已经自动为它分配了网络地址，已经将它默认定位在本机的 IP 地址和一个自动分配的 TCP 或 UDP 的自由端口上，但是，因为大多数服务器进程使用众所周知的特定分配的传输层端口，自动分配的端口往往与它不同；另一方面，有时服务器会安装多块网卡，这就会有多个 IP 地址，也需要指定。所以在服务器端，用作监听客户机端连接请求的套接字一定要经过绑定。在客户机端使用的套接字一般不必绑定，除非要指定它使用特定的网络地址。也有人把为套接口建立本地绑定称作为它赋名。

（4）bind( )函数可能返回的错误代码。

WSAEAFNOSUPPORT：不支持所指定的通信域或地址簇。

WSAEADDRINUSE：指定了已经在使用中的端口，造成冲突。

WSAEFAULT：入口参数错误，namelen 参数太小，小于 sockaddr 结构的大小。

WSAEINVAL：该套接字已经与一个网络地址绑定。

WSAENOBUFS：没有可用的缓冲区，连接过多。

WSAENOTSOCK：描述字不是一个套接字。

（5）相关的 3 种 WinSock 地址结构。有许多函数都需要套接字的地址信息，像 UNIX 套接字一样，WinSock 也定义了 3 种关于地址的结构，经常使用。

① 通用的 WinSock 地址结构，针对各种通信域的套接字，存储它们的地址信息。

```
struct sockaddr {
u_short sa_family;                /* 地址家族 */
char sa_data[14];                 /* 协议地址 */
}
```

② 专门针对 Internet 通信域的 WinSock 地址结构。

```
struct sockaddr_in {
short          sin_family;        /* 指定地址家族，一定是 AF_INET */
u_short        sin_port;          /* 指定将要分配给套接字的传输层端口号 */
struct in_addr  sin_addr;         /* 指定套接字的主机的 IP 地址 */
char           sin_zero[8];       /* 全置为 0，是一个填充数 */
}
```

这个结构的长度与 sockaddr 结构一样，专门针对 Internet 通信域的套接字，用来指定套接字的地址家族、传输层端口号和 IP 地址等信息，称为 TCP/IP 的 WinSock 地址结构。其中，如果端口号置为 0，则 WinSock 实现将自动为之分配一个值，这个值是 1 024～5 000 中尚未使用的唯一端口号。

③ 专用于存储 IP 地址的结构。

```
struct in_addr {
union {
struct {u_char s_b1,s_b2,s_b3,s_b4;} s_un_b;
struct {u_short s_w1,s_w2;} s_un_w;
u_long  s_addr;
}
}
```

这个结构专门用来存储 IP 地址。它是一个 4 字节的结构体，每个字节代表点分十进制 IP 地址中的一个数字。s_addr 字段是一个整数，表示 IP 地址，一般用函数 inet_addr( )把字符串形式的 IP 地址转换成 unsigned long 型的整数值后，再赋给 s_addr。也可以将 s_addr 成员变量赋值为 htonl(INADDR_ANY)。这样做，如果计算机只有一个 IP 地址，就相当于指定了这个地址；如果计算机有几个网卡，有几个 IP 地址，这样赋值就表示允许套接字使用任何分配给这台计算机的 IP 地址来发送或接收数据。如果应用程序要在不同的计算机上运行，或者存在多种主机环境，这样赋值可以简化编程。

对于具有多个 IP 地址的计算机，如果只想让套接字使用其中一个 IP 地址，就必须将这个地址赋给 S_addr 成员变量，进行绑定。

在使用 Internet 域的套接字时，这 3 个数据结构的一般用法如下。

首先，定义一个 Sockaddr_in 的结构实例变量，并将它清零。

然后，为这个结构的各成员变量赋值。

第三步，在调用 bind( )绑定函数时，将指向这个结构的指针强制转换为 sockaddr*类型。

（6）举例。

```
SOCKET serSock;                     // 定义了一个 SOCKET 类型的变量
sockaddr_in my_addr;                // 定义一个 Sockaddr_in 型的结构实例变量
int err;                            // 出错码
int slen=sizeof( sockaddr);         // sockaddr 结构的长度
```

```
serSock = socket(AF_INET, SOCK_DGRAM,0 );    // 创建数据报套接字
memset(my_addr,0);                           // 将 Sockaddr_in 的结构实例变量清零
my_addr.sin_family = AF_INET;                // 指定通信域是 Internet
my_addr.sin_ port = htons(21);               // 指定端口，将端口号转换为网络字节顺序
/* 指定 IP 地址，将 IP 地址转换为网络字节顺序 */
my_addr.sin_addr.s_addr = htonl(INADDR_ANY);
/* 将套接字绑定到指定的网络地址，对&my_addr 进行了强制类型转换 */
if  (bind(serSock, (LPSOCKADDR )&my_addr, slen) == SOCKET_ERROR )
{
    /* 调用 WSAGetLastError()函数，获取最近一个操作的错误代码 */
    err = WSAGetLastError();
    /* 以下可以报错，进行错误处理 */
}
```

3. 启动服务器监听客户机端的连接请求 listen( )

（1）listen( )函数的调用格式。

```
int  listen( SOCKET s, int backlog);
```

其中，

参数 s：服务器端的套接字描述符，一般已先行绑定到熟知的服务器端口，要通过它监听来自客户机端的连接请求，一般将这个套接字称为监听套接字。

参数 backlog：指定监听套接字的等待连接缓冲区队列的最大长度，一般设为 5。

返回值：正确执行则返回 0；出错则返回 SOCKET_ERROR。

（2）listen( )函数的功能。本函数仅适用于支持连接的套接字，在 Internet 通信域，仅用于流式套接字，并仅用于服务器端。监听套接字必须绑定到特定的网络地址上。此函数启动监听套接字开始监听来自客户机端的连接请求，并且规定了等待连接队列的最大长度。等待连接队列是一个先进先出的缓冲区队列，用来存放多个客户机端的连接请求。

执行本函数时，WinSock 实现首先按照 backlog 为监听套接字建立等待连接缓冲区（也称为后备日志），并启动监听。如果缓冲区队列有空，就接收一个来自客户机端的连接请求，把它放入这个队列排队并等待被接收，然后向客户机端发送正确的确认；如果缓冲区队列已经满了，就拒绝客户机端的连接请求，并向客户机端发送出错信息。

对于在等待连接队列中排队的连接请求，是由 accept( )函数来处理或接收的。accept( )按照先进先出的原则，从队列首部取出一个连接请求，接收并处理。处理完毕，就将它从队列中移出，腾出空间，新的连接请求又可以进来，所以，监听套接字的等待连接队列是动态变化的。例如，设 Backlog = 2，同时有 3 个连接请求，前两个进入队列排队，得到正确的确认，第三个会收到连接请求被拒绝的出错信息。

（3）listen( )函数可能返回的错误代码。

WSAEADDRINUSE：试图用 listen( )去监听一个正在使用中的地址。

WSAEINVAL：该套接口未用 bind( )进行捆绑，或已被连接。

WSAEISCONN：套接口已被连接。

WSAEMFILE：无可用文件描述字。

WSAENOBUFS：无可用缓冲区空间。

WSAENOTSOCK：描述字不是一个套接口。

WSAEOPNOTSUPP：该套接口不正常 listen( )调用。

4. 接收连接请求 accept( )

（1）accept( )函数的调用格式。

```
SOCKET  accept( SOCKET s, struct sockaddr* addr, int* addrlen);
```

其中，

参数 s：服务器端监听套接口描述符，调用 listen( )后，该套接口一直在监听连接。

参数 addr：可选参数，指向 sockaddr 结构的指针，该结构用来接收下面通信层所知的请求连接一方的套接字的网络地址。

参数 addrlen：可选参数，指向整型数的指针。用来返回 addr 地址的长度。

返回值：如果正确执行，则返回一个 SOCKET 类型的描述符；否则，返回 INVALID_SOCKET 错误，应用程序可通过调用 WSAGetLastError( )来获得特定的错误代码。

（2）accept( )函数的功能。本函数从监听套接字 s 的等待连接队列中抽取第一个连接请求，创建一个与 s 同类的新的套接口，来与请求连接的客户机套接字创建连接通道，如果连接成功，就返回新创建的套接字的描述符，以后就通过这个新创建的套接字来与客户机套接字交换数据。如果队列中没有等待的连接请求，并且监听套接口采用阻塞工作方式，则 accept( )阻塞调用它的进程，直至新的连接请求出现。如果套接口采用非阻塞工作方式，且队列中没有等待的连接，则 accept( )返回一错误代码。原监听套接口仍保持开放，继续监听随后的连接请求。该函数仅适用于 SOCK_STREAM 类型的面向连接的套接口。

addr 参数是一个出口参数，用来返回下面通信层所知的对方连接实体的网络地址。addr 参数的实际格式由套接口创建时所产生的地址家族确定。addrlen 参数也是一个出口参数，在调用时初始化为 addr 所指的地址长度，在调用结束时它包含了实际返回的地址的字节长度。如果 addr 与 addrlen 中有一个为 NULL，将不返回所接收的远程套接口的任何地址信息。

（3）accetp( )函数可能返回的错误代码。

WSAEFAULT：addrlen 参数太小（小于 socket 结构的大小）。

WSAEINTR：通过一个 WSACancelBlockingCall( )来取消一个（阻塞的）调用。

WSAEINVAL：在 accept( )前未激活 listen( )。

WSAEMFILE：调用 accept( )时队列为空，无可用的描述字。

WSAENOBUFS：无可用缓冲区空间。

WSAENOTSOCK：描述字不是一个套接口。

WSAEOPNOTSUPP：该套接口类型不支持面向连接服务。

WSAEWOULDBLOCK：该套接口为非阻塞方式且无连接请求可供接受。

5. 请求连接 connect( )

（1）connect( )函数的调用格式。

```
int  connect( SOCKET s, struct sockaddr * name, int namelen);
```

其中，

参数 s：SOCKET 类型的描述符，标识一个客户机端的未连接的套接口。

参数 name：指向 sockaddr 结构的指针，该结构指定服务器方监听套接字的网络地址，就是要向该套接字请求连接。

参数 namelen：网络地址结构的长度。

返回值：若正确执行，则返回 0；否则，返回 SOCKET_ERROR 错误。

（2）connect( )函数的功能。本函数用于客户机端请求与服务器端建立连接。s 参数指定一个客户机端的未连接的数据报或流式套接口。如果套接口未被绑定到指定的网络地址，则系统赋给它唯一的值,且设置套接口为已绑定。name 指定要与之建立连接的服务器方的监听套接口的地址。如果该结构中的地址域为全零，则 connect( )将返回 WSAEADDRNOTAVAIL 错误。

对于 SOCK_STREAM 类型的流式套接口，真正建立了与一个远程主机的连接，一旦此调用成功返回，就能利用连接收发数据了。对于 SOCK_DGRAM 类型的数据报套接口，仅仅设置了一个默认的目的地址，并用它来进行后续的 send( )与 recv( )调用。

（3）connect( )函数可能返回的错误代码。

WSAEADDRINUSE：所指的地址已在使用中。

WSAEINTR：通过一个 WSACancelBlockingCall( )来取消一个（阻塞的）调用。

WSAEADDRNOTAVAIL：找不到所指的网络地址。

WSAENOTSUPPORT：所指族中地址无法与本套接口一起使用。

WSAECONNREFUSED：连接尝试被强制拒绝。

WSAEDESTADDREQ：需要目的地址。

WSAEFAULT：namelen 参数不正确。

WSAEINVAL：套接口没有准备好与一地址捆绑。

WSAEISCONN：套接口早已连接。

WSAEMFILE：无多余文件描述字。

WSAENETUNREACH：当前无法从本主机访问网络。

WSAENOBUFS：无可用缓冲区。套接口未被连接。

WSAENOTSOCK：描述字不是一个套接口。

WSAETIMEOUT：超时时间到。

WSAEWOULDBLOCK：套接口设置为非阻塞方式且连接不能立即建立。可用 select( )调用对套接口写，因为调用 select( )时会进行连接。

（4）举例。

```
struct sockaddr_in daddr;
memset((void *)&daddr,0,sizeof(daddr));
daddr.sin_family=AF_INET;
daddr.sin_port=htons(8888);
daddr.sin_addr.s_addr =inet_addr("133.197.22.4");
connect(ClientSocket,(struct sockaddr *)&daddr,sizeof(daddr));
```

6. 向一个已连接的套接口发送数据 send( )

（1）send( )函数的调用格式。

```
int  send( SOCKET s, char * buf, int len, int flags);
```

其中，

参数 s：SOCKET 描述符，标识发送方已与对方建立连接的套接口，就是要借助连接从这个套接口向外发送数据。

参数 buf：指向用户进程的字符缓冲区的指针，该缓冲区包含要发送的数据。

参数 len：用户缓冲区中数据的长度，以字节计算。

参数 flags：执行此调用的方式。此参数一般置 0。

也可以使用下列的值，具体语义取决于套接口的选项。

MSG_DONTROUTE：指明数据不路由。

MSG_OOB：发送带外数据。

返回值：如果执行正确，返回实际发送出去的数据的字节总数，要注意这个数字可能小于 len 中所规定的大小；否则，返回 SOCKET_ERROR 错误。

（2）send( )函数的调用的功能。send( )函数用于向本地已建立连接的数据报或流式套接口发送数据。不论是客户机还是服务器应用程序都用 send 函数来向 TCP 连接的另一端发送数据。客户机程序一般用 send()函数向服务器发送请求，服务器则用 send()函数向客户机程序发送应答。

具体地说，s 是发送端，即调用此函数的一方创建的套接字，可以是数据报套接字或流式套接字，它已经与接收端的套接字建立了连接，send( )函数就是要将用户进程缓冲区中的数据发送到这个本地套接字的数据发送缓冲区中。注意：真正向对方发送数据的过程，是由下层协议栈自动完成的。对于数据报类型的套接口，必须注意发送数据的长度不应超过通信子网的 IP 包最大长度。IP 包最大长度在 WSAStartup( )调用返回的 WSAData 结构的 iMaxUdpDg 成员变量中。如果数据太长，就无法自动通过下层协议栈，会返回 WSAEMSGSIZE 错误，数据也不会被发送。

还要注意，成功地完成 send( )调用并不意味着数据传送到达对方。

如果下层传送系统的缓冲区空间不够保存需要发送的数据，send( )将阻塞等待，除非套接口处于非阻塞 I/O 方式。对于非阻塞的流式套接口，实际发送的数据数目可能在 1 到所需大小之间，其值取决于本地和远端主机的缓冲区大小。可用 select( )调用来确定何时能够进一步发送数据。

这里进一步描述同步套接字的 send( )函数的执行流程。图 3.3 给出了流程图。

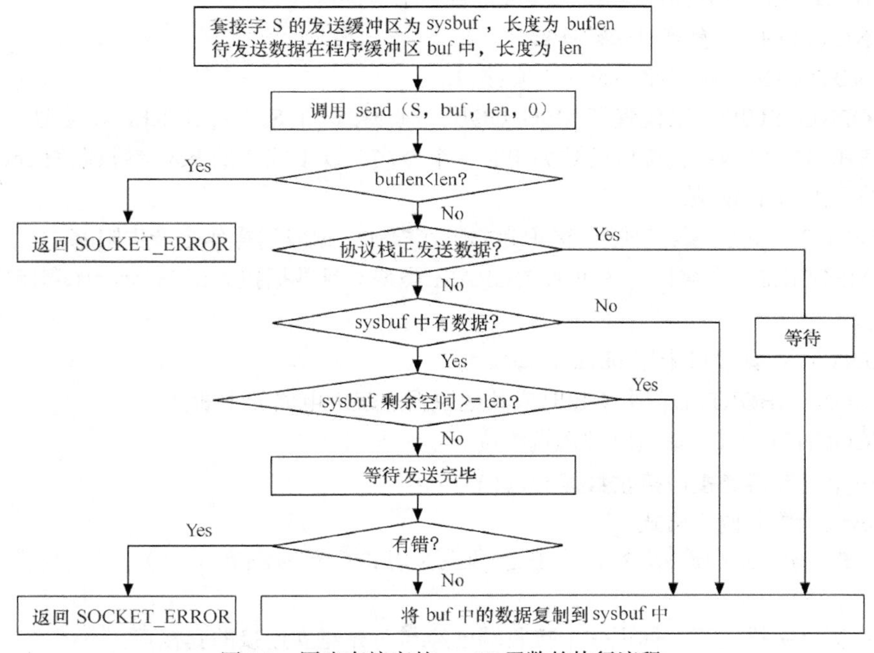

图 3.3　同步套接字的 send( )函数的执行流程

设套接字 s 的发送缓冲区为 sysbuf，长度为 buflen，待发送数据在缓冲区 buf 中，长度为 len，当调用 send( )函数时，先比较二者，如果 buflen<len，函数返回 SOCKET_ERROR；如果 buflen>=len，就检查协议是否正在发送 sysbuf 中的数据，如果是，就等待协议把数据发送完，如果协议还没有开始发送 sysbuf 中的数据，或者 sysbuf 中没有数据，那就比较 sysbuf 的剩余空间和 len，如果 len 大于剩余空间大小，send()就一直等待协议把 sysbuf 中的数据发送完，如果 len 小于剩余空间大小，

send()就仅仅把 buf 中的数据复制到剩余空间里（注意：并不是 send()把 s 的发送缓冲中的数据传到连接的另一端的，而是协议传的，send()仅仅是把 buf 中的数据复制到 s 的发送缓冲区的剩余空间里）。如果 send()函数复制数据成功，就返回实际复制的字节数，如果 send()在复制数据时出现错误，那么 send()就返回 SOCKET_ERROR；如果 send()在等待协议传送数据时网络断开的话，那么 send()函数也返回 SOCKET_ERROR。要注意 send()函数把 buf 中的数据成功复制到 s 的发送缓冲的剩余空间里后它就返回了，但是此时这些数据并不一定马上被传到连接的另一端。如果协议在后续的传送过程中出现网络错误的话，那么下一个 socket( )函数就会返回 SOCKET_ERROR（每一个除 send()外的 socket()函数在执行的最开始总要先等待套接字的发送缓冲中的数据被协议传送完毕才能继续，如果在等待时出现网络错误，那么该 socket()函数就返回 SOCKET_ERROR）。

在 UNIX 操作系统下，如果 send()在等待协议传送数据时网络断开的话，调用 send( )的进程会接收到一个 SIGPIPE 信号，进程对该信号的默认处理是进程终止。

（3）send( )函数可能返回的错误代码。

WSAEACESS：要求地址为广播地址，但相关标志未能正确设置。

WSAEINTR：通过一个 WSACancelBlockingCall( )来取消一个（阻塞的）调用。

WSAEFAULT：buf 参数不在用户地址空间中的有效位置。

WSAENETRESET：由于 Windows 套接口实现放弃了连接，故该连接必须被复位。

WSAENOBUFS：Windows 套接口实现报告一个缓冲区死锁。

WSAENOTCONN：套接口未被连接。

WSAENOTSOCK：描述字不是一个套接口。

WSAEOPNOTSUPP：已设置了 MSG_OOB，但套接口非 SOCK_STREAM 类型。

WSAESHUTDOWN：套接口已被关闭。一个套接口以 1 或 2 的 how 参数调用 shutdown( )关闭后，无法再用 send( )函数。

WSAEWOULDBLOCK：套接口标识为非阻塞模式，但发送操作会产生阻塞。

WSAEMSGSIZE：套接口为 SOCK_DGRAM 类型，且数据报大于 Windows 套接口实现所支持的最大值。

WSAEINVAL：套接口未用 bind( )捆绑。

WSAECONNABORTED：由于超时或其他原因引起虚电路的中断。

WSAECONNRESET：虚电路被远端复位。

7. 从一个已连接套接口接收数据 recv( )

（1）recv( )函数的调用格式。

```
int  recv( SOCKET s, char * buf, int len, int flags);
```

其中，

参数 s：套接字描述符，标识一个接收端已经与对方建立连接的套接口。

参数 buf：用于接收数据的字符缓冲区指针，这个缓冲区是用户进程的接收缓冲区。

参数 len：用户缓冲区长度，以字节大小计算。

参数 flags：指定函数的调用方式，一般设置为 0。

返回值：如果正确执行，返回从套接字 s 实际读入到 buf 中的字节数。如果连接已中止，返回 0；否则的话，返回 SOCKET_ERROR 错误，应用程序可通过 WSAGetLastError( )获取相应错误代码。

（2）recv( )函数的功能。s 是接收端，即调用本函数一方所创建的本地套接字，可以是数据报套接字或者流式套接字，它已经与对方建立了 TCP 连接，该套接字的数据接收缓冲区中存有对方发送来的数据，调用 recv( )函数就是要将本地套接字数据接收缓冲区中的数据接收到用户进程的缓冲区中。

对 SOCK_STREAM 类型的套接口来说，本函数将接收回所有可用的信息，最大可达缓冲区的大小。如果套接口被设置为线内接收带外数据（选项为 SO_OOBINLINE），且有带外数据未读入，则返回带外数据。应用程序可通过调用 ioctlsocket( )的 SOCATMARK 命令来确定是否有带外数据等待读入。

对于数据报类套接口，将等候在套接口接收缓冲区队列中的第一个数据报搬入用户缓冲区 buf 中，但最多不超过 buf 的大小。如果数据报长度大于 len，那么用户缓冲区中只有数据报的前面部分，后面的数据就都丢失了，并且 recv( )函数返回 WSAEMSGSIZE 错误。如果套接字 s 的接收缓冲区中没有数据可读，recv( )函数的执行取决于套接字的工作方式。如果套接字采用阻塞的同步模式，recv( )函数将一直等待数据的到来，如果套接字采用非阻塞的异步模式，并阻塞调用此函数的进程；那么除非是非阻塞模式，recv( )函数会立即返回，并返回 SOCKET_ ERROR 错误，再调用 WSAGetLastError( )获得的错误代码是 WSAEWOULDBLOCK。用 select( )或 WSAAsynSelect( )可以获知何时数据到达。

如果套接口是 SOCK_STREAM 类型，并且远端“优雅”地中止了连接，那么 recv( )一个数据也不读取，立即返回；如果立即被强制中止，那么 recv( )将以 WSAECONNRESET 错误失败返回。

本函数的标志位 flag 影响函数的执行方式。但它的具体语义还要取决于套接口选项，标志位可取下列值。

MSG_PEEK：查看当前数据。数据将被复制到缓冲区中，但并不从输入队列中删除。

MSG_OOB：处理带外数据。

图 3.4 说明了 send()和 recv()的作用、套接字缓冲区与应用进程缓冲区的关系，以及协议栈所做的传送。

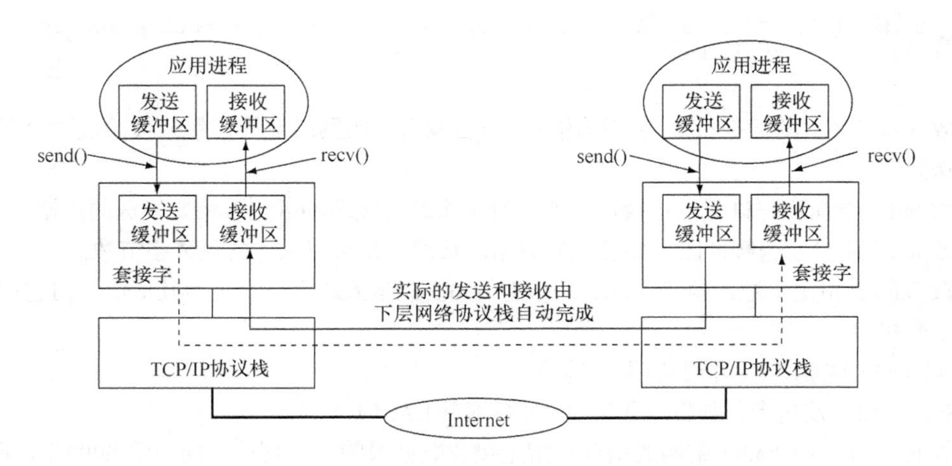

图 3.4　send( )和 recv( )都是对本地套接字的操作

不论是客户机还是服务器应用程序都用 recv()函数从 TCP 连接接收另一端的数据。这里只描述同步 Socket 的 recv()函数的执行流程。当应用程序调用 recv()函数时，recv()先等待 s 的发送缓冲中的数据被协议传送完毕，如果协议在传送 s 的发送缓冲中的数据时出现网络错误，那么 recv()函数返回 SOCKET_ERROR，如果 s 的发送缓冲中没有数据或者数据被协议成功发送完毕后，recv()先检查套接字 s 的接收缓冲区，如果 s 接收缓冲区中没有数据或者协议正在接收数据，那么 recv()就一直等待，直到协议把数据接收完毕。当协议把数据接收完毕，recv()函数就把 s 的接收缓冲中的数据复制到 buf 中（注意：协议接收到的数据可能大于 buf 的长度，所以在这种情况下要调用几次 recv()函数才能把 s 的接收缓冲中的数据复制完。recv()函数仅仅是复制数据，真正的接收数据是协议来完成的），recv()函数返回其实际复制的字节数。如果 recv()在复制时出错，那么它返回 SOCKET_ERROR；如果 recv()函数在等待协议接收数据时网络中断了，那么它返回 0。

在 UNIX 操作系统下，如果 recv 函数在等待协议接收数据时网络断开了，那么调用 recv 的进程会接收到一个 SIGPIPE 信号，进程对该信号的默认处理是进程终止。

（3）recv( )函数可能返回的错误代码。

WSAENOTCONN：套接口未连接。

WSAEINTR：阻塞进程被 WSACancelBlockingCall( )取消。

WSAENOTSOCK：描述字不是一个套接口。

WSAEOPNOTSUPP：指定了 MSG_OOB，但套接口不是 SOCK_STREAM 类型的。

WSAESHUTDOWN：套接口已被关闭。当一个套接口以 0 或 2 的 how 参数调用 shutdown( )关闭后，无法再用 recv( )接收数据。

WSAEWOULDBLOCK：套接口标识为非阻塞模式，但接收操作会产生阻塞。

WSAEMSGSIZE：数据报太大无法全部装入缓冲区，故被剪切。

WSAEINVAL：套接口未用 bind( )进行捆绑。

WSAECONNABORTED：由于超时或其他原因，虚电路失效。

WSAECONNRESET：远端强制中止了虚电路。

8. 按照指定目的地向数据报套接字发送数据 sendto( )

（1）sendto( )函数的调用格式。

```
    int  sendto( SOCKET s, char * buf, int len, int flags, struct sockaddr * to, int
tolen);
```

其中，

参数 s：发送方的数据报套接字描述符，包含发送方的网络地址，数据报通过这个套接字向对方发送。

参数 buf：指向用户进程发送缓冲区的字符串指针，该缓冲区包含将要发送的数据。

参数 len：用户发送缓冲区中要发送的数据的长度，是可以发送的最大字节数。

参数 flags：指定函数的执行方式，一般置为 0。此参数还可以设置为其他值，但它们的语义还取决于套接口的选项。

MSG_DONTROUTE：指明数据不选径。

MSG_OOB：发送带外数据（仅适用于 SO_STREAM）。

参数 to：指向 sockaddr 结构的指针，指定接收数据报的目的套接字的完整的网络地址。

参数 tolen：to 地址的长度，等于 sizeof(struct sockaddr)。

返回值：如果发送成功，则返回实际发送的字节数，注意这个数字可能小于 len 中所规定的大小；如果出错，则返回 SOCKET_ERROR，应用程序可通过 WSAGetLastError( )获取相应错误代码。

（2）sendto( )函数的功能。本函数专用于数据报套接字，用来向发送端的本地套接字发送一个数据报。套接字会将数据下交给传输层的 UDP，由它向对方发送。容易看出，这个调用需要决定通信的两个端点。需要一个全相关的五元组信息，即协议（UDP）、源 IP 地址、源端口号、目的 IP 地址和目的端口号。通信一端由发送方套接字 s 指定，通信的另一端由 to 结构决定。

实际发送出去的字节数可能与 len 中的数值不同，所发送数据报的大小还要受到 WinSock 实现所支持的最大数据报的限制。必须注意发送数据长度不应超过通信子网的 IP 包最大长度。IP 包最大长度在 WSAStartup( )调用返回的 WSAData 的 iMaxUdpDg 元素中。如果数据太长就无法自动通过下层协议，会返回 WSAEMSGSIZE 错误，数据也不会被发送。

成功地完成 sendto( )调用，仅说明用户缓冲区中的数据已经发送到本地套接字的发送缓冲区中，并不意味着数据传送到达对方。真正将数据发送到对方的过程是由下层协议栈完成的，下层协议栈根据 sendto( )函数中提供的目的端地址来完成发送。

如果套接字 s 的缓冲区空间不够保存需传送的数据，sendto( )函数的执行则取决于套接字 s 的工作模式，如果套接字处于阻塞的同步模式，sendto( )将等待，并阻塞调用它的进程。

（3）sendto( )函数可能返回的错误代码。

WSAEACESS：要求地址为广播地址，但相关标志未能正确设置。

WSAEINTR：通过一个 WSACancelBlockingCall( )来取消一个（阻塞的）调用。

WSAEFAULT：buf 或 to 参数不是用户地址空间的一部分，或 to 参数太小（小于 sockaddr 结构大小）。

WSAENETRESET：由于 Windows 套接口实现放弃了连接，故该连接必须被复位。

WSAENOBUFS：Windows 套接口实现报告一个缓冲区死锁。

WSAENOTCONN：套接口未被连接。

WSAENOTSOCK：描述字不是一个套接口。

WSAEOPNOTSUPP：已设置了 MSG_OOB，但套接口非 SOCK_STREAM 类型。

WSAESHUTDOWN：套接口已被关闭。一个套接口以 1 或 2 的 how 参数调用 shutdown( )关闭后，无法再用 send( )函数。

WSAEWOULDBLOCK：套接口被标志为非阻塞，但该调用会产生阻塞。

WSAEMSGSIZE：套接口为 SOCK_DGRAM 类型，且数据报大于 Windows 套接口实现所支持的最大值。

WSAECONNABORTED：由于超时或其他原因引起虚电路的中断。

WSAECONNRESET：虚电路被远端复位。

WSAEADDRNOTAVAIL：所指地址无法从本地主机获得。

WSAEAFNOSUPPORT：所指定地址家族中的地址无法与本套接口一起使用。

WSAEDESADDRREQ：需要目的地址。

WSAENETUNREACH：当前无法从本主机连上网络。

9. 接收一个数据报并保存源地址，从数据报套接字接收数据 recvfrom( )

（1）recvfrom( )函数的调用格式。

```
    int recvfrom( SOCKET s, char * buf, int len, int flags, struct sockaddr* from,
int* fromlen);
```

其中，

参数 s：接收端的数据报套接字描述符，包含接收方的网络地址，从这个套接字接收数据报。

参数 buf：字符串指针，指向用户进程的接收缓冲区，用来接收从套接字接收到的数据报。

参数 len：用户接收缓冲区的长度，指定了所能接收的最大字节数。

参数 flags：接收的方式，一般置为 0。也可以取以下数值，但它们的语义还要取决于套接口选项。

MSG_PEEK：查看当前数据。数据将被复制到缓冲区中，但并不从输入队列中删除。

MSG_OOB：处理带外数据。

参数 from：指向 sockaddr 结构的指针，实际是一个出口参数，当本调成功执行后，在这个结构中返回了发送方的网络地址，包括对方的 IP 地址和端口号。

参数 fromlen：整数型指针，也是一个出口参数，本调用结束时，返回存在 from 中的网络地址长度。

返回值：如果正确地接收，则返回实际收到的字节数；如果出错，返回 SOCKET_ERROR，应用程序可通过 WSAGetLastError( )获取相应错误代码。

（2）recvfrom( )函数的功能。本函数从 s 套接口的接收缓冲区队列中，取出第一个数据报，把它放到用户进程的缓冲区 buf 中，但最多不超过用户缓冲区的大小。如果数据报大于用户缓冲区长度，那么用户缓冲区中只有数据报的前面部分，后面的数据都会丢失，并且 recvfrom( )函数返回 WSAEMSGSIZE 错误。

如果 from 不是空指针，函数将下层协议栈所知道的该数据报的发送方网络地址放到相应的 sockaddr 结构中，把这个结构的大小放到 fromlen 中。这两个参数对于接收不起作用，仅用来返回数据报源端的地址。

如果套接字中没有数据待读，并且套接字工作在阻塞模式，函数将一直等待数据的到来；如果套接字工作在非阻塞模式，函数将立即返回 SOCKET_ERROR 错误，调用 WSAGetLast Error( )将获取 WSAEWOULDBLOCK 错误代码。用 select( )或 WSAAsynSelect( )可以获知何时数据到达。

（3）recvfrom( )函数的错误代码。

WSAEFAULT：fromlen 参数非法；from 缓冲区大小无法装入端地址。

WSAEINTR：阻塞进程被 WSACancelBlockingCall( )取消。

WSAEINVAL：套接口未用 bind( )进行捆绑。

WSAENOTCONN：套接口未连接（仅适用于 SOCK_STREAM 类型）。

WSAENOTSOCK：描述字不是一个套接口。

WSAEOPNOTSUPP：指定了 MSG_OOB，但套接口不是 SOCK_STREAM 类型的。

WSAESHUTDOWN：套接口已被关闭。当一个套接口以 0 或 2 的 how 参数调用 shutdown( )关闭后，无法再用 recv( )接收数据。

WSAEWOULDBLOCK：套接口标识为非阻塞模式，但接收操作会产生阻塞。

WSAEMSGSIZE：数据报太大无法全部装入缓冲区，故被剪切。

WSAECONNABORTED：由于超时或其他原因，虚电路失效。

WSAECONNRESET：远端强制中止了虚电路。

10. 关闭套接字 closesocket( )

（1）closesocket( )函数的调用格式。

```
int closesocket( SOCKET s);
```

其中，

参数 s：一个套接口的描述符。

返回值：如果成功地关闭了套接字，则返回 0；否则，返回 SOCKET_ERROR 错误，应用程序可通过 WSAGetLastError( )获取相应错误代码。

（2）closesocket( )函数的功能。本函数关闭一个套接口。更确切地说，它释放套接口描述符 s，以后对 s 的访问均以 WSAENOTSOCK 错误返回。若本次为对套接口的最后一次访问，则相应的名字信息及数据队列都将被释放。具体地说，closesocket( )函数用来关闭一个描述符为 s 的套接字。由于每个进程中都有一个套接字描述符表，表中的每个套接字描述符都对应了一个位于操作系统缓冲区中的套接字数据结构，因此有可能有几个套接字描述符指向同一个套接字数据结构。套接字数据结构中专门有一个字段存放该结构的被引用次数，即有多少个套接字描述符指向该结构。当调用 closesocket 函数时，操作系统先检查套接字数据结构中的该字段的值，如果为 1，就表明只有一个套接字描述符指向它，因此操作系统就先把 s 在套接字描述符表中对应的那条表项清除，并且释放 s 对应的套接字数据结构；如果该字段大于 1，那么操作系统仅仅清除 s 在套接字描述符表中的对应表项，并且把 s 对应的套接字数据结构的引用次数减 1。

closesocket( )的语义受 SO_LINGER 与 SO_DONTLINGER 选项影响，对比如表 3.2 所示。

表 3.2　closesocket( )函数的不同语义

选项	间隔	关闭方式	等待关闭与否
SO_DONTLINGER	不关心	优雅	否
SO_LINGER	零	强制	否
SO_LINGER	非零	优雅	是

若设置了 SO_LINGER 并设置了零超时间隔，不论套接字中是否有排队数据未发送或未被确认，closesocket( )都毫不延迟地立即执行。这种关闭方式称为“强制”或“失效”关闭，因为套接口的虚电路立即被复位，且丢失了未发送的数据。在远端的 recv( )调用将以 WSAECONNRESET 出错返回。

若设置了 SO_LINGER 并确定了非零的超时间隔，则 closesocket( )函数等待，并阻塞调用它的进程，直到所剩数据发送完毕或超过所设定的时间，这种关闭称为“优雅”关闭。

如果套接口置为非阻塞模式且 SO_LINGER 设为非零超时值，则 closesocket( )调用将以 WSAEWOULDBLOCK 错误返回。

若在一个流类套接口上设置了 SO_DONTLINGER，则 closesocket( )函数立即返回。在套接口中排队的数据将继续发送，数据发完时才关闭。

在这种情况下 Windows 套接口实现将在一段不确定的时间内保留套接口以及其他资源。

（3）closesocket( )可能返回的错误代码。

WSAENOTSOCK：描述字不是一个套接口。

WSAEINTR：通过一个 WSACancelBlockingCall( )来取消一个（阻塞的）调用。

WSAEWOULDBLOCK：该套接口设置为非阻塞方式且 SO_LINGER 设置为非零超时间隔。

11. 禁止在一个套接口上进行数据的接收与发送 shutdown( )

（1）shutdown( )函数的调用格式。

```
int shutdown( SOCKET s, int how);
```

其中，

参数 s：用于标识一个套接口的描述符。

参数 how：标志，用于描述禁止哪些操作。

返回值：如果没有错误发生，shutdown( )返回 0；否则，返回 SOCKET_ERROR 错误，应用程序可通过 WSAGetLastError( )获取相应错误代码。

（2）shutdown( )函数的功能。shutdown( )函数用于任何类型的套接口，可以有选择地禁止该套接字接收、发送或收发。

如果 how 参数为 0，则该套接口上的后续接收操作将被禁止。这对于低层协议无影响。对于 TCP，TCP 窗口不改变并接收前来的数据（但不确认）直至窗口满；对于 UDP，接收并排队前来的数据。任何情况下都不会产生 ICMP 错误包。

若 how 为 1，则禁止后续发送操作。对于 TCP，将发送 FIN。

若 how 为 2，则同时禁止收和发。

shutdown( )函数并不关闭套接口，且套接口所占有的资源将被一直保持到 closesocket( )调用。但是，一个应用程序不应依赖于重用一个已被 shutdown( )禁止的套接口。

（3）shutdown( )函数可能返回的错误代码。

WSAEINVAL：how 参数非法。

WSAENOTCONN：套接口未连接（仅适用于 SOCK_STREAM 类型套接口）。

WSAENOTSOCK：描述字不是一个套接口。

3.2.4 WinSock 的辅助函数

1. WinSock 中的字节顺序转换函数

在第 2 章介绍过本机字节顺序和网络字节顺序的问题。在 WinSock 网络编程中，也有同样的问题。前面的例子中，已看到了类似的 htonl( )和 htons( )函数。

在不同的计算机中，存放多字节数据的顺序是不同的，通常有两种。内存的地址由小到大排列，当存储一个多字节数据的时候，系统先决定一个起始地址。有的机器将数据的低位字节首先存放在起始地址，把数据的高位字节排在后面，即先低后高（big-endian）；有的机器则相反，即先高后低（little-endian）。这种针对具体计算机的多字节数据的存储顺序，称为本机字节顺序或主机字节顺序。

图 3.5 所示为两种本机字节顺序。

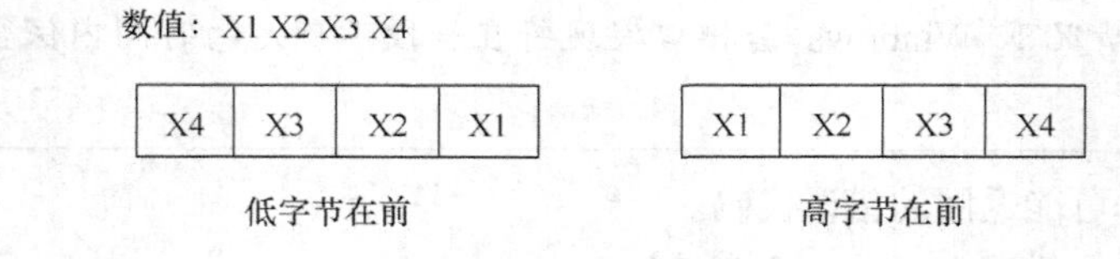

图 3.5　两种本机字节顺序

在网络的协议中，对多字节数据的存储，有它自己的规定，多字节数据在网络协议报头中的存储顺序，称为网络字节顺序，例如，IP 地址有 4 个字节，端口号有 2 个字节，它们在 TCP/IP 报头中，都有特定的存储顺序。

在套接字中，凡是将来要封装在网络协议报头中的数据必须使用网络字节顺序。在 sockaddr_in 结构中，sin_addr 是 IP 地址，要发送到下层协议，封装在 IP 报头中；sin_ port 是端口号，要封装在 UDP 或 TCP 报头中。这两项必须转换成网络字节顺序。而 sin_family 域只是被本机内核使用，来决定地址结构中包含的地址家族类型，没有发送到网上，应该是本机字节顺序。

网络应用程序要在不同的计算机中运行，不同计算机的本机字节顺序是不同的，但网络字节顺序是一定的。为了保证应用程序的可移植性，在编程中，在指定套接字的网络地址时，应把 IP 地址和端口号从本机字节顺序转换为网络字节顺序；相反，如果从网络上接收到对方的网络地址，在本机处理或输出时，应将 IP 地址和端口号从网络字节顺序转换为本机字节顺序，WinSock API 特为此设置了如下 4 个函数。

（1）htonl( )：将主机的无符号长整型数从本机字节顺序转换为网络字节顺序（Host to Network Long），用于 IP 地址。

```
u_long PASCAL FAR htonl( u_long hostlong);
```

hostlong 是主机字节顺序表达的 32 位数。htonl( )返回一个网络字节顺序的值。

（2）htons( )：将主机的无符号短整型数从本机字节顺序转换成网络字节顺序（Host to Network Short），用于端口号。

```
u_short PASCAL FAR htons( u_short hostshort);
```

hostshort：主机字节顺序表达的 16 位数。htons( )返回一个网络字节顺序的值。

（3）ntohl( )：将一个无符号长整型数从网络字节顺序转换为主机字节顺序（Network to Host Long），用于 IP 地址。

```
u_long PASCAL FAR ntohl( u_long netlong);
```

netlong 是一个以网络字节顺序表达的 32 位数，ntohl( )返回一个以主机字节顺序表达的数。

（4）ntohs( )：将一个无符号短整型数从网络字节顺序转换为主机字节顺序（Network to Host Sort），用于端口号。

```
u_short PASCAL FAR ntohs( u_short netshort);
```

netshort 是一个以网络字节顺序表达的 16 位数。ntohs( )返回一个以主机字节顺序表达的数。

2. 获取与套接口相连的端地址 getpeername( )

（1）getpeername( )函数的调用格式。

```
int getpeername( SOCKET s, struct sockaddr * name,int * namelen);
```

其中，

参数 s：标识一个已连接套接口的描述字。

参数 name：接收端地址的名字结构。

参数 namelen：一个指向名字结构的指针。

返回值：若无错误发生，getpeername( )返回 0；否则，返回 SOCKET_ERROR，应用程序可通过 WSAGetLastError( )来获取相应的错误代码。

（2）getpeername( )函数的功能。getpeername( )函数用于从端口 s 中获取与它捆绑的端口名，并把它存放在 sockaddr 类型的 name 结构中。它适用于数据报或流类套接口。

（3）getpeername( )函数可能返回的出错代码。

WSAEFAULT：namelen 参数不够大。

WSAENOTCONN：套接口未连接。

WSAENOTSOCK：描述字不是一个套接口。

3. 获取一个套接口的本地名字 getsockname( )

（1）getsockname( )函数的调用格式。

```
int getsockname( SOCKET s, struct sockaddr * name, int * namelen);
```

其中，

参数 s：标识一个已捆绑套接口的描述字。

参数 name：接收套接口的地址（名字）。

参数 namelen：名字缓冲区长度。

返回值：若无错误发生，getsockname( )返回 0；否则，返回 SOCKET_ERROR 错误，应用程序可通过 WSAGetLastError( )获取相应错误代码。

（2）getsockname( )函数的功能。getsockname( )函数用于获取一个套接口的名字。它用于一个已捆绑或已连接套接口 s，本地地址将被返回。本函数特别适用于如下情况：未调用 bind( )就调用了 connect( )，这时唯有 getsockname( )函数可以获知系统内定的本地地址。在返回时，namelen 参数包含了名字的实际字节数。

若一个套接口与 INADDR_ANY 捆绑，也就是说该套接口可以用任意主机的地址，此时除非调用 connect( )或 accept( )来连接，否则 getsockname( )将不会返回主机 IP 地址的任何信息。除非套接口被连接，Windows 套接口应用程序不应假设 IP 地址会从 INADDR_ANY 变成其他地址。这是因为对于多个主机环境下，除非套接口被连接，否则该套接口所用的 IP 地址是不可知的。

（3）getsockname( )函数可能返回的错误代码。

WSAEFAULT：namelen 参数不够大。

WSAENOTSOCK：描述字不是一个套接口。

WSAEINVAL：套接口未用 bind( )捆绑。

4. 将一个点分十进制形式的 IP 地址转换成一个长整型数 inet_addr( )

（1）inet_addr( )函数的调用格式。

```
unsigned long inet_addr (const char * cp);
```

其中，

参数 cp：字符串，是一个点分十进制形式的 IP 地址。

返回值：如果正确执行，inet_addr( )返回一个无符号长整型数。如果传入的字符串不是一个合法的 IP 地址，如“a.b.c.d”地址中任一项超过 255，那么函数返回 INADDR_NONE。

（2）inet_addr( )函数的功能。本函数将点分十进制形式的 IP 地址转换为无符号长整型数。返回值符合网络字节顺序。

5. 将网络地址转换成点分十进制的字符串格式 inet_ntoa( )

（1）inet_ntoa( )函数的调用格式。

```
char * inet_ntoa( struct  in_addr in);
```

其中，

参数 in：一个 in_addr 结构变量，包含长整数型的 IP 地址。

返回值：如果正确执行，inet_ntoa( )返回一个字符指针。其中的数据应在下一个套接口调用前复制出来。如果发生错误，返回 NULL。

（2）inet_ntoa( )函数的功能。本函数将一个包含在 in_addr 结构变量中的长整型 IP 地址，转换成点分十进制的字符串形式，如“a.b.c.d”。注意：inet_ntoa( )返回的字符串存放在套接口实现所分配的内存中，由系统管理。在同一个线程的下一个 WinSock 调用前，数据将保证为有效。

3.2.5 WinSock 的信息查询函数

WinSock API 提供了一组信息查询函数，使用户能方便地获取套接口所需要的网络地址信息以及其他信息。

（1）gethostname( )：返回本地计算机的标准主机名。

```
int gethostname(char* name,int namelen);
```

参数 name 是一个指向将要存放主机名的缓冲区指针，namelen 是缓冲区的长度。

该函数把本地主机名存放到由 name 参数指定的缓冲区中。返回的主机名是一个以 NULL 结束的字符串。主机名的形式取决于 Windows Sockets 实现，可能是一个简单的主机名，如 user，也可能是一个完整的主机域名，如 user.163.com，然而，返回的名字必定可以在 gethostbyname( )和 WSAAsyncGetHostByName( )中使用。

如果函数成功执行，函数返回 0；否则返回 SOCKET_ERROR。应用程序可以调用 WSAGetLastError( )来得到一个特定的错误代码。

（2）gethostbyname( )：返回对应于给定主机名的主机信息。

```
struct hostent* gethostbyname(const char* name);
```

参数 name 是指向主机名字符串的指针。函数返回的指针指向一个 hostent 结构，该结构包含对应于给定主机名的地址信息，以及有关主机名的类型和主机别名的信息。

hostent 结构的声明如下：

```
struct hostent {
char *  h_name;                    // 正规的主机名字
char * * h_aliases;                // 一个以空指针结尾的可选主机名队列
short   h_addrtype;                // 返回地址的类型，对于 WinSock，总是 AF_INET
short   h_length;                  // 每个地址的字节长度，对应于 AF_INET，应该为 4
char * * h_addr_list;              // 以空指针结尾的主机地址的列表
};
```

（3）gethostbyaddr( )：根据一个 IP 地址取回相应的主机信息。

```
struct hostent* gethostbyaddr(const char* addr, int len, int type);
```

参数 addr 是指向网络字节顺序的 IP 地址的指针；len 是地址的长度，在 AF_INET 类型地址中为 4；type 是地址类型，应为 AF_INET。返回的指针指向一个 hostent 结构。其中包含主机名字和地址信息。

（4）getservbyname( )：返回对应于给定服务名和协议名的相关服务信息。

```
struct servent* getservbyname(const char* name, const char* proto);
```

参数 name 是一个指向服务名的指针；proto 是指向协议名的指针，此参数可选，可设置为空。如果这个指针为空，函数只根据 name 的信息进行匹配查找。函数返回的指针指向一个 servent 结构，该结构包含所需的信息。

servent 结构的声明如下：

```
struct servent {
char *   s_name;             // 正规的服务名
char * * s_aliases;          // 一个以空指针结尾的可选服务名队列
short    s_port;             // 连接该服务时需要用到的端口号，以网络字节顺序排列
```

```
    char *    s_proto;        // 连接该服务时用到的协议名
};
```

（5）getservbyport( )：返回对应于给定端口号和协议名的相关服务信息。

```
struct servent * getservbyport(int port,const char *proto);
```

参数 port 是给定的端口号，以网络字节顺序排列；proto 是指向协议名的指针，是可选的，如果此指针为空，函数只按照 port 进行匹配。返回的指针指向一个 servent 结构，该结构包含所需的信息。

（6）getprotobyname( )：返回对应于给定协议名的相关协议信息。

```
struct protoent *  getprotobyname(const char * name);
```

参数 name 是一个指向协议名的指针。函数返回的指针指向一个 protoent 结构。该结构包含相关协议信息。

protoent 结构的声明如下：

```
struct protoent {
char *   p_name;                // 正规的协议名
char * *  p_aliases;            // 一个以空指针结尾的可选协议名队列
short    p_proto;               // 以主机字节顺序排列的协议号
};
```

（7）getprotobynumber ( )：返回对应于给定协议号的相关协议信息。

```
struct protoent * getprotobynumber(int number);
```

参数 number 是一个以主机顺序排列的协议号。函数返回的指针指向一个 protoent 结构，包含相关协议信息。

除了 gethostname( )函数以外，其他 6 个函数有以下共同的特点。

① 函数名都采用 GetXbyY 的形式。

② 如果函数成功地执行，就返回一个指向某种结构的指针，该结构包含所需要的信息。

hostent、protoent 和 servent 结构都是由 WinSock 实现分配的，是由系统管理的，应用程序不应该试图修改这个结构，也不必释放它的任何部分。此外，对于这 3 种结构，每个线程仅有该结构的一份拷贝实例，如果在使用了 GetXbyY 函数后，又调用了其他的 WinSock 函数，这些结构的内容就可能发生变化。所以应用程序应该及时地把自己所需的信息复制下来。

③ 如果函数执行发生错误，就返回一个空指针。应用程序可以立即调用 WSAGetLastError( )来得到一个特定的错误代码。

④ 函数执行时，可能在本地计算机上查询，也可能通过网络向域名服务器发送请求，来获得所需要的信息，这取决于用户网络的配置方式。由于这些函数往往要借助网络服务，通过查找数据库而获得信息，所以又将它们称为 WinSock 的数据库函数。如果网络很忙，或有其他原因，所要的数据就不能及时返回，这些函数在得到响应之前，就要等待一段时间，在这段时间内，会使得调用它们的进程处于阻塞的状态。或者说，GetXbyY 函数是以同步的方式工作的。

⑤ 为了让程序在等待响应时能做其他的事情，WinSock API 扩充了一组作用相同的异步查询函数，不会引起进程的阻塞。并且可以使用 Windows 的消息驱动机制，也是 6 个函数，与 GetXbyY 各函数对应，在每个函数名前面加上了 WSAAsync 前缀，名字采用 WSAAsyncGetXByY( )的形式。它们的工作机制将在后面详述。

3.2.6 WSAAsyncGetXByY 类型的扩展函数

WSAAsyncGetXByY 类型的扩展函数是 GetXByY 函数的异步版本，这些函数可以很好地利用 Windows 的消息驱动机制。这些函数在调用格式、参数、功能、返回值和错误码方面非常相似，在第一个函数中将详细叙述，其他函数与之相同的内容将不再重述。

1. WSAAsyncGetHostByName( )函数

（1）函数的调用格式。

```
HANDLE WSAAsyncGetHostByName ( HWND hWnd,unsigned int wMsg,
const char * name,char * buf,int buflen );
```

其中，

参数 hWnd：当异步请求完成时，应该接收消息的窗口句柄，其他函数与之相同。

参数 wMsg：当异步请求完成时，将要接收的消息，其他函数与之相同。

参数 name：指向主机名的指针。

参数 buf：接收 hostent 数据的数据区指针，注意该数据区必须大于 hostent 结构的大小。这是因为不仅 Windows Sockets 实现要用该数据区域容纳 hostent 结构，hostent 结构的成员引用的所有数据也要在该区域内，建议用户提供一个 MAXGETHOSTSTRUCT 字节大小的缓冲区。该常量定义为：#define MAXGETHOSTSTRUCT 1024。

参数 buflen：上述数据区的大小。

（2）函数的功能。本函数是 gethostbyname( )的异步版本，用来获取对应于一个主机名的主机名称和地址信息。

Windows Sockets 的实现启动 WSAAsyncGetXByY( )操作后立刻返回调用方，并传回一个异步任务句柄，应用程序可以用它来标识该操作。当操作完成时，如果有结果的话，将会把结果复制到调用方提供的缓冲区 buf 中，同时向应用程序的窗口发一条消息。

当异步操作完成时，应用程序的窗口 hWnd 接收到消息 wMsg，该消息结构的 wParam 参数包含了初次函数调用时返回的异步任务句柄，lParam 参数的高 16 位包含着错误代码，该代码可以是 winsock.h 中定义的任何错误，错误代码为 0 说明异步操作成功，在成功完成的情况下，提供给初始函数调用的缓冲区中包含了一个结构，与相应的函数对应，可能是 hostent、servent 或 protoent 结构，为存取该结构中的元素，应将初始的缓冲区指针转换为相应结构的指针，并一如平常地存取。

如果错误代码是 WSAENOBUFS，它说明在函数初始调用时由 buflen 指出的缓冲区太小了，不足以容纳所有的结果信息。在这种情况下，lParam 参数的低 16 位含有提供所有信息所需的缓冲区大小数值。如果应用程序认为获取的数据不够，它就可以在设置了足够容纳所需信息的缓冲区后，重新调用 WSAAsyncGetXByY( )函数（也就是大于 lParam 低 16 位提供的大小）。

错误代码和缓冲区大小应使用 WSAGETASYNCERROR 和 WSAGETASYNCBUFLEN 宏从 lParam 中取出，两个宏定义如下：

```
#define WSAGETASYNCERROR(lParam)     HIWORD(lParam)
#define WSAGETASYNCBUFLEN(lParam)    LOWORD(lParam)
```

使用这些宏可以最大地提高应用程序源代码的可移植性。

（3）返回值。返回值指出异步操作是否成功地初次启动。

它并不说明操作本身的成功或失败。

若操作成功地初启，WSAAsyncGetXByY()返回一个 HANDLE 类型的非 0 值，作为请求需要的异步任务句柄。该值可在两种方式下使用，可以用在 WSACancelAsyncRequest( )函数中，来取消相应 WSAAsyncGetXByY( )函数所启动的异步操作；也可通过检查 wParam 消息参数，以匹配异步操作和完成消息。

如果异步操作不能成功地初启，WSAAsyncGetXByY( )返回一个 0 值，并且可使用 WSAGetLastError( )来获取错误号。

WinSock 实现使用提供给该函数的缓冲区来构造相应的结构（hostent 结构、servent 或 protoent 结构），以及该结构成员引用的数据区内容。为避免上述的 WSAENOBUFS 错误，应用程序应提供一个足够大小的缓冲区。

（4）错误代码。在应用程序的窗口收到消息时，可能会设置下列的错误代码。如上所述，可以使用 WSAGETASYNCERROR 宏，从应答消息的 lParam 参数中取出错误代码。

WSAENETDOWN：WinSock 实现已检测到网络子系统故障。

WSAENOBUFS：没有可用的缓冲区空间或空间不足。

WSAHOST_NOT_FOUND：未找到授权的应答主机。

WSATRY_AGAIN：未找到非授权应答主机，或服务器故障。

WSANO_RECOVERY：不可恢复性错误。

WSANO_DATA：无请求类型的数据记录。

下列的错误可能在函数调用时发生，指出异步操作不能初启。

WSANOTINITIALISED：在使用本 API 前必须进行一次成功的 WSAStartup( )调用。

WSAENETDOWN：WinSock 实现已检测到网络子系统故障。

WSAEINPROGRESS：一个阻塞的 WinSock 操作正在进行，系统无法执行本函数。

WSAEWOULDBLOCK：由于 WinSock 实现的资源或其他限制的制约，此时无法调度本异步操作。

以上对于函数功能、返回值和错误代码的叙述，对于 6 个 WSAAsyncGetXByY( )型的函数都是一样的，仅仅是使用的数据结构有所区别，所以在以下对其他函数的描述中，相同的部分就不再赘述了。

2. WSAAsyncGetHostByAddr( )函数

（1）函数的调用格式。

```
HANDLE WSAAsyncGetHostByAddr ( HWND hWnd,  unsigned int wMsg,
const char * addr,  int len,  int type,  char * buf,  int buflen );
```

其中，

参数 addr：主机网络地址的指针，主机地址以网络字节次序存储。

参数 len：地址长度，对于 AF_INET 来说必须为 4。

参数 type：地址类型，必须是 AF_INET。

参数 buf：接收 hostent 数据的数据区指针。

该数据区必须大于 hostent 结构的大小，这是因为不仅 Windows Sockets 实现要用该数据区域容纳 hostent 结构，hostent 结构的成员引用的所有数据也要在该区域内。建议用户提供一个 MAXGETHOSTSTRUCT 字节大小的缓冲区。

参数 buflen：上述数据区的大小。

（2）函数的功能。本函数是 gethostbyaddr( )的异步版本，用来获取对应于一个网络地址的主机名和地址信息。

3. WSAAsyncGetServByName( )函数

（1）函数的调用格式。

```
HANDLE WSAAsyncGetServByName ( HWND hWnd, unsigned int wMsg,
const char * name,const char * proto,char * buf,int buflen );
```

其中，

参数 name：指向服务名的指针。

参数 proto：指向协议名称的指针。它可能是 NULL，在这种情况下，WSAAsyncGet-ServByName( )将搜索第一个服务入口，即满足 s_name 或 s_aliases 和所给的名字匹配；否则，WSAAsyncGetServByName( )将和名称及协议同时匹配。

参数 buf：接收 protoent 数据的数据区指针。

该数据区必须大于 protoent 结构的大小。这是因为不仅 Windows Sockets 实现要用该数据区域容纳 servent 结构，servent 结构的成员引用的所有数据也要在该区域内。建议用户提供一个 MAXGETHOSTSTRUCT 字节大小的缓冲区。

参数 buflen：上述数据区的大小。

（2）函数的功能。本函数是 getservbyname( )的异步版本，用来获取对应于一个服务名的服务信息。

4. WSAAsyncGetServByPort( )函数

（1）函数的调用格式。

```
HANDLE WSAAsyncGetServByPort ( HWND hWnd, unsigned int wMsg,
int port,  const char * proto,  char * buf,  int buflen );
```

其中，

参数 port：服务的接口，以网络字节序。

参数 proto：指向协议名称的指针。它可能是 NULL，在这种情况下，WSAAsyncGetServ-ByName( )将搜索第一个服务入口，即满足 s_name 或 s_aliases 之一和所给的名字匹配；否则，WSAAsyncGetServByName( )将和名称及协议同时匹配。

参数 buf：接收 servent 数据的数据区指针。

该数据区必须大于 servent 结构的大小。这是因为不仅 Windows Sockets 实现要用该数据区域容纳 servent 结构，servent 结构的成员引用的所有数据也要在该区域内。建议用户提供一个 MAXGETHOSTSTRUCT 字节大小的缓冲区。

参数 buflen：上述数据区的大小。

（2）函数的功能。本函数是 getservbyport( )的异步版本，用来获取对应于一个接口号的服务信息。

5. WSAAsyncGetProtoByName( )函数

（1）函数的调用格式。

```
HANDLE WSAAsyncGetProtoByName ( HWND hWnd,unsigned int wMsg,
const char * name,char * buf,int buflen);
```

其中，

参数 name：指向要获得的协议名的指针。

参数 buf：接收 protoent 数据的数据区指针。

该数据区必须大于 protoent 结构的大小。这是因为不仅 Windows Sockets 实现要用该数据区域容纳 protoent 结构，protoent 结构的成员引用的所有数据也要在该区域内。建议用户提供一个 MAXGETHOSTSTRUCT 字节大小的缓冲区。

参数 buflen：上述数据区的大小。

（2）函数的功能。本函数是 getprotobyname( )的异步版本，用来获取对应于一个协议名的协议名称和代号。

6. WSAAsyncGetProtoByNumber( )函数

（1）函数的调用格式。

```
HANDLE WSAAsyncGetProtoByNumber ( HWND hWnd,unsigned int wMsg,
int number,char * buf,int buflen);
```

其中，

参数 number：要获得的协议号，使用主机字节顺序。

参数 buf：接收 protoent 数据的数据区指针。

该数据区必须大于 protoent 结构的大小，这是因为不仅 Windows Sockets 实现要用该数据区域容纳 protoent 结构，protoent 结构的成员引用的所有数据也要在该区域内。建议用户提供一个 MAXGETHOSTSTRUCT 字节大小的缓冲区。

参数 buflen：上述数据区的大小。

（2）函数的功能。本函数是 getprotobynumber( )的异步版本，用来获取对应于一个协议号的协议名称和代号。

3.3 网络应用程序的运行环境

本书主要介绍在 Win32 平台上的 WinSock 编程。WinSock 是访问众多的基层网络协议的首选接口。在每个 Win32 平台上，WinSock 都以不同的形式存在着。WinSock 是网络编程接口，而不是协议。它从 UNIX 平台的 Berkeley（BSD）套接字方案借鉴了许多东西，后者能访问多种网络协议。在 Win32 环境中，尤其是在 WinSock2 发布之后，WinSock 接口最终成为一个真正的“与协议无关”接口。

1. 开发 Windows Sockets 网络应用程序的软、硬件环境

本书例程采用支持 Windows Sockets API 的 Windows 98/SE 以上的操作系统。

采用可视化和面向对象技术的编程语言，如 Microsoft Visual C++ 。Visual C++ 可在 Windows 环境下运行，增加了全面集成的基于 Windows 操作系统的开发工具，以及一个基于传统 C/C++开发过程的“可视化”用户界面驱动模型。Visual C++中的 Microsoft 基类库（Microsoft Foundation Class，MFC）是一系列 C++类，其中封装着为 Microsoft Windows 操作系统系列编写应用程序的各种功能。在有关套接字方面，Visual C++ 对原来的 Windows Sockets 库函数进行了一系列封装，继而产生了 CSocket、CSocketFile 等类，它们封装着有关 Socket 的各种功能。

所采用的网络通信协议一般是 TCP/IP。Windows 操作系统都带有该协议。但是，所开发的网络通信应用程序并不能直接与 TCP/IP 核心打交道，而是与网络应用编程界面 Windows Sockets API 打交道。Windows Sockets API 则可直接与 TCP/IP 核心进行沟通。TCP/IP 核心协议连同网络物理介质（如网卡）一起，都是提供网络应用程序间相互通信的设施。

网络中所采用的计算机应满足 Windows 操作系统运行的配置要求。

网络中各节点上的计算机需安装网卡，并安装网卡的驱动程序。可以采用以太网交换机将若干台计算机组建成局域网。

在配置网络时，首先应通过 Windows 控制面板中的网络配置，以及 Windows 资源管理器中文件属性共享性的设置，使各计算机节点能在“网上邻居”中找到自己和其他各计算机，并能实现文件资源相互共享。

要实现 Windows Sockets 应用程序在网上的数据通信，仅仅达到文件资源相互共享还不够，还必须在 Windows 控制面板中的网络配置中，添加上 TCP/IP，同时给定相应的 IP 地址，这些 IP 地址在所建的局域网中，不能有重复。

2. 进行 Windows Sockets 通信程序开发的基本步骤

Windows Sockets 支持两种类型的套接字，即流式套接字（SOCK_STREAM）和数据报套接字（SOCK_DGRAM）。对于要求精确传输数据的 Windows Sockets 通信程序，一般采用流式套接字。流式套接字提供了一个面向连接的、可靠的、数据无错的、无重复发送的及按发送顺序接收数据的服务，数据被看作是字节流，同时具有流量控制控制功能，避免数据流超限。如前所述，采用不同套接字的应用程序的开发都有相应的基本步骤。

3. 使用 Visual C++ 进行 Windows Sockets 程序开发的其他技术要点

（1）同常规编程一样，无论服务器方还是客户机方应用程序都要进行所谓的初始化处理，如 addr、port 缺省值的设定等，这部分工作仍可采用消息驱动机制来先期完成。

（2）一般情况下，网络通信程序是某应用程序中的一模块。在单独调试网络通信程序时，要尽量与采用该通信模块的其他应用程序开发者约定好，统一采用一种界面形式，即单文档界面（SDI）、多文档界面（MDI）或基于对话框界面中的一种，可使通信模块在移植到所需的应用程序时省时省力，因为 Visual C++ 这种可视化语言在给用户提供方便的同时，也带来了某些不便，如所形成的项目文件中的许多相关文件与所采用的界面形式密切联系，许多消息驱动功能，随所采用的界面形式不同而各异。当然，也可将通信模块函数化，并形成一个动态链接库文件（DLL 文件），供主程序调用。

（3）以通信程序作为其中一个模块的应用程序往往不是在等待数据发送或接收完之后再做其他工作，因而在主程序中要采用多线程（Multithreaded）技术，即将数据的发或收，放在一个具有一定优先级（一般宜取较高优先级）的辅助线程中，在数据发或收期间，主程序仍可进行其他工作，如利用上一个周期收到的数据绘制曲线。Visual C++ 中的 MFC 提供了许多有关启动线程、管理线程、同步化线程和终止线程等功能函数。

（4）在许多情况下，要求通信模块应实时地收、发数据。例如，调用通信模块的主程序以 0.5 秒为一周期，在这段时间内，要进行如下工作：接收数据，利用收到的数据进行运算，将运算结果发送到其他计算机节点，周而复始。我们在充分利用 Windows Sockets 的基于消息的网络事件异步选择机制，用消息来驱动数据的发送和接收的基础上，结合使用其他措施，如将数据的收和发放在高优先级线程，在软件设计上，安排好时序，尽量避免在同一时间内，双方都在向对方发送大量数据的情况发生，保证网络要有足够的带宽等，成功地实现数据传输的实时性。

本书第 5 章、第 6 章、第 7 章、第 9 章、第 10 章的例程在 Windows 10 操作系统、Visual Studio 2015 环境下调试通过，可从人民邮电出版社教学服务与资源网（www.ptpedu.com.cn）上下载。

习　题

1. 简述 WinSock 1.1 的特点。
2. WinSock 包含哪些常用库函数？它们分别完成什么功能？
3. 简述 WinSock 的注册与注销的过程。
4. 说明 WSAStartup( )函数的初始化过程。
5. WinSock 的错误处理函数有什么特点？
6. 画框图说明同步套接字的 send( )函数的执行流程。

第 4 章 MFC 编程

本书后续章节要应用 MFC 类库中的网络编程类来编制各种网络应用程序，考虑到有些读者并不熟悉 MFC 类库，因此特别增加了这一章，介绍一些 MFC 类库的基础知识，以便能够更顺利地学习后续章节。

MFC 类库是 C++类库，构成了 MFC 编程框架。这些类分别封装了 Win32 应用程序编程接口、应用程序的概念、OLE 特性，以及 ODBC 和 DAO 数据访问的功能。MFC 类具有继承关系，有虚拟函数和动态约束，并提供了 MFC 的开发模板。

MFC 对象和 Windows 对象有着不可分割的关系，Windows 对象是 Win32 下用句柄表示的 Windows 操作系统对象；MFC 对象是 C++对象，是一个 C++类的实例。两者有很大的区别，但联系紧密。应从多个方面对 MFC 对象和 Windows 对象进行比较，并了解 MFC 的几个主要的类。

CObject 是大多数 MFC 类的根类或基类，有很多有用的特性。绝大多数 MFC 类是从它派生的，继承了其中的一个或者多个特性。编程者也可以从 CObject 类派生出自己的类，利用 CObject 类的这些特性。

Windows 操作系统将 Windows 应用程序的输入事件转换为消息，并将消息发送给应用程序的窗口。这些窗口通过窗口过程来接收和处理消息，然后把控制返还给 Windows。了解消息映射的机理，才能很好地运用 MFC 的消息驱动机制。

本章还要介绍诸多 MFC 对象的关系、MFC 对象的创建和销毁的过程。

4.1 MFC 概述

4.1.1 MFC 是一个编程框架

MFC 应用程序框架，简称 MFC 框架，是由 MFC（Microsoft Foundation Class Library）中的各种类结合起来构成的。MFC 框架从总体上定义了应用程序的轮廓，并提供了用户接口的标准实现方法，编程者只需通过预定义的接口把具体应用程序特有的东西填入这个轮廓，就能建立 Windows 操作系统下的应用程序。这是一种比 SDK 更为简单的方法。

Microsoft Visual C++提供了相应的工具来完成这个工作：用应用程序向导（AppWizard）可以生成应用程序的骨架文件（代码和资源等）；用资源编辑器可以直观地设计用户接口；用类向导（ClassWizard）可以将代码添加到骨架文件；用编译器可以通过类库实现应用程序特定的逻

辑。MFC 实现了对应用程序概念的封装，把类、类的继承、动态约束、类的关系和相互作用等封装起来。

1. MFC 类库封装的内容

MFC 类库是 C++类库，构成了 MFC 框架。这些类分别封装了 Win32 应用程序编程接口、应用程序的概念、OLE 特性，以及 ODBC 和 DAO 数据访问的功能。

（1）对 Win32 应用程序编程接口的封装。Win32 应用程序编程接口是由许多 Windows 对象组成的。MFC 将每一个 Windows 对象封装成一个相应的 C++对象。例如，类 CWnd 是一个 C++对象，它把 Windows 窗口对象的句柄（HWND）封装成 CWnd 类对象的成员变量 m_hWnd，把操作该句柄的相关 API 函数封装成 CWnd 类对象的成员函数。

（2）对应用程序概念的封装。使用 SDK 编写 Windows 应用程序时，总要定义窗口过程，注册 Windows Class，创建窗口等，要做许多处理工作。MFC 封装了这些处理，替编程者完成这些工作。另外，MFC 提出了以文档—视图为中心的编程模式，MFC 类库封装了对它的支持。文档是用户操作的数据对象，视图是数据操作的窗口，用户通过视图处理、查看文档数据。

（3）对 COM/OLE 特性的封装。OLE（对象的链接与嵌入）建立在 COM（组件对象模型）之上，由于支持 OLE 的应用程序必须实现一系列的接口（Interface），因而相当烦琐。MFC 的 OLE 类封装了 OLE API 大量的复杂工作，提供了实现 OLE 的更高级接口。

（4）对 ODBC 功能的封装。MFC 封装了 ODBC API 大量的复杂的工作，形成了与 ODBC 之间接口的高级 C++类，提供了一种方便的访问数据库的编程模式。

2. MFC 类的继承关系

MFC 将众多类的共同特性抽象出来，设计出一些基类，作为实现其他类的基础。有两个类十分重要。一个是 CObject 类，它是 MFC 的根类，绝大多数 MFC 类是从它派生的。CObject 实现了一些重要的特性，包括动态类信息、动态创建、对象序列化和对程序调试的支持等。所有从 CObject 派生的类都将具备或者可以具备 CObject 所拥有的特性。另一个是 CCmdTarget 类，它是从 CObject 派生的。CCmdTarget 类通过进一步封装一些属性和方法，提供了消息处理的架构。在 MFC 中，任何可以处理消息的类都是从 CCmdTarget 类派生的。

针对每种不同的对象，MFC 都设计了一组类对这些对象进行封装，每一组类都有一个基类，从基类派生出众多更具体的类。这些对象包括以下种类：窗口对象，基类是 CWnd；应用程序对象，基类是 CWinThread；文档对象，基类是 CDocument 等。编程者可以结合自己的实际，从适当的 MFC 类中派生出自己的类，实现特定的功能，达到自己的编程目的。

3. 虚拟函数和动态约束

MFC 以 C++为基础，支持虚拟函数和动态约束。但是作为一个编程框架，有一个问题必须解决：如果仅仅通过虚拟函数来支持动态约束，必然导致虚拟函数表过于臃肿，消耗内存，效率低下。例如，CWnd 类在封装 Windows 窗口对象时，每一条 Windows 消息对应一个成员函数，这些成员函数又会被派生类所继承。如果这些函数都设计成虚拟函数，由于数量太多，实现起来不现实。于是，MFC 建立了消息映射机制，以一种富有效率、便于使用的手段解决消息处理函数的动态约束问题。

这样，通过虚拟函数和消息映射，MFC 类提供了丰富的编程接口。编程者在继承基类的同时，可以把自己实现的虚拟函数和消息处理函数嵌入 MFC 的编程框架。MFC 编程框架将在适当的时候、适当的地方来调用程序的代码。本书将充分地展示 MFC 调用虚拟函数和消息处理函数的内涵，让读者对 MFC 的编程接口有清晰的理解。

4. MFC 的开发模板

MFC 实现了对应用程序概念的封装，实现了类、类的继承、动态约束、类的关系和相互作用的封装。这样封装的结果是为编程者提供了一套开发模板，罗列在应用程序向导 AppWizard 中。针对不同的应用和目的，编程者可以采用不同的模板。例如，SDI 单文档应用程序模板、MDI 多文档应用程序模板、规则 DLL 应用程序模板、扩展 DLL 应用程序模板和 OLE/ActiveX 应用程序模板等。这些模板都采用以文档—视图为中心的思想，每个模板都包含一组特定的类。

总之，MFC 封装了 Win32 API、OLE API 和 ODBC API 等底层函数的功能，并提供更高一层的接口，简化了 Windows 编程。同时，MFC 支持对底层 API 的直接调用。这种简化体现在 MFC 提供了一个 Windows 应用程序开发模式：MFC 框架完成对程序的控制，通过预定义或实现了许多事件和消息处理，来完成大部分编程任务。MFC 框架处理大部分事件，不依赖编程者的代码；编程者的代码集中用来处理应用程序特定的事件。

MFC 是 C++类库，编程者要充分利用 C++的特点，通过使用、继承和扩展适当的类来实现特定的目的。例如，继承时，应用程序特定的事件由编程者的派生类来处理，不感兴趣的由基类处理。实现这种功能的基础是 C++对继承的支持，对虚拟函数的支持，以及 MFC 实现的消息映射机制。

4.1.2　典型的 MDI 应用程序的构成

用 AppWizard 产生一个没有 OLE 等支持的 MDI 工程，工程名叫 T。AppWizard 会自动创建一系列文件，构成一个应用程序骨架。这些文件分为 4 类：头文件（.h）、实现文件（.cpp）、资源文件（.rc）和模块定义文件（.def）等。

1. 构成应用程序的对象

图 4.1 解释了典型的 MDI 应用程序的结构，箭头表示信息流向。

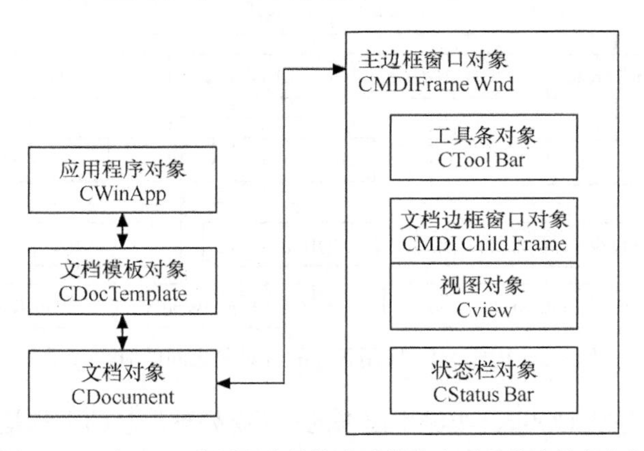

图 4.1　一个 MDI 应用程序的构成（箭头表示通信流的方向）

从 CWinApp、CDocument、CView、CMDIFrameWnd 和 CMDIChildWnd 类对应地派生出 CTApp、CTDoc、CTView、CMainFrame 和 CChildFrame 5 个类，这 5 个类的实例分别是应用程序对象、文档对象、视图对象、主边框窗口对象和文档边框窗口对象。主框架窗口包含了视图窗口、工具条和状态栏。对这些类或者对象解释如下。

（1）应用程序类 CTApp。应用程序类 CTApp 派生于 CWinApp 类。基于框架的应用程序必须有且只有一个应用程序对象，它负责应用程序的初始化、运行和结束。

（2）主边框窗口类 CMainFrame。对于 MDI 应用程序，从 CMDIFrameWnd 类派生主边框窗口类，主边框窗口的客户子窗口（MDIClient）直接包含文档边框窗口。如果是 SDI 应用程序，从 CFrameWnd 类派生边框窗口类，边框窗口的客户子窗口（MDIClient）直接包含视窗口。

如果要支持工具条、状态栏，则派生的主边框窗口类还要添加 CToolBar 和 CStatusBar 类型的成员变量，并且要在一个 OnCreate 消息处理函数中初始化这两个控制窗口。

主边框窗口用来管理文档边框窗口、视图窗口、工具条、菜单和加速键等，协调半模式状态[如上下文的帮助（Shift+F1 模式）和打印预览]。

（3）文档边框窗口 CChildFrame。文档边框窗口类从 CMDIChildWnd 类派生，MDI 应用程序使用文档边框窗口来包含视窗口。

（4）文档 CTDoc。文档类从 CDocument 类派生，用来管理数据，数据的变化、存取都是通过文档实现的。视图窗口通过文档对象来访问和更新数据。

（5）视图 CTView。视图类从 CView 或它的派生类派生。视图和文档联系在一起，在文档和用户之间起中介作用，即在屏幕上显示文档的内容，并把用户输入转换成对文档的操作。

（6）文档模板。文档模板类一般不需要派生。MDI 应用程序使用多文档模板类 CMultiDocTemplate；SDI 应用程序使用单文档模板类 CSingleDocTemplate。

应用程序通过文档模板类对象来管理上述对象（应用程序对象、文档对象、主边框窗口对象、文档边框窗口对象和视图对象）的创建。

2. 构成应用程序的对象之间的关系

这里，用图的形式可直观地表示所涉及的 MFC 类的继承或者派生关系，如图 4.2 所示。

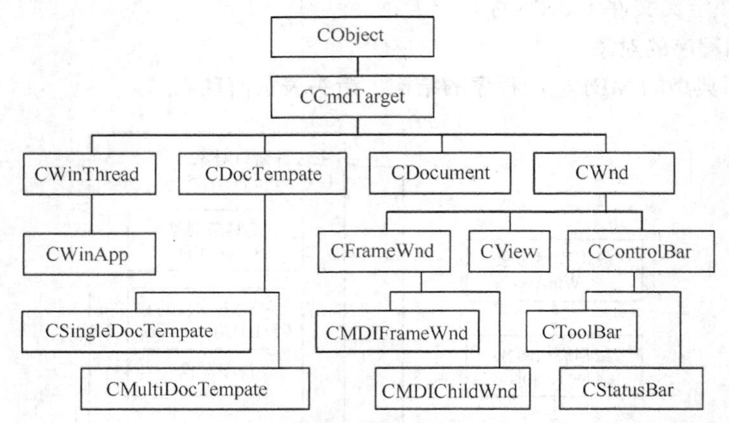

图 4.2 构成 MDI 应用程序的各对象之间的派生关系

图 4.2 所示的类都是从 CObject 类派生出来的；所有处理消息的类都是从 CCmdTarget 类派生的。如果是多文档应用程序，文档模板使用 CMultiDocTemplae，主框架窗口从 CMdiFarmeWnd 派生，它包含工具条、状态栏和文档框架窗口。文档框架窗口从 CMdiChildWnd 派生，文档框架窗口包含视图，视图从 CView 或其派生类派生。

3. 构成应用程序的文件

通过上述分析，可知 AppWizard 产生的 MDI 框架程序的内容，所定义和实现的类。下面，从文件的角度来考察 AppWizard 生成了哪些源码文件，这些文件的作用是什么。表 4.1 列出了 AppWizard 所生成的头文件，表 4.2 列出了 AppWizard 所生成的实现文件及其对头文件的包含关系。

表 4.1　　AppWizard 所生成的头文件

头文件	用途
stdafx.h	标准 AFX 头文件
resource.h	定义了各种资源 ID
t.h	#include "resource.h" 定义了从 CWinApp 派生的应用程序对象 CTApp
childfrm.h	定义了从 CMDIChildWnd 派生的文档框架窗口对象 CTChildFrame
mainfrm.h	定义了从 CMDIFrameWnd 派生的框架窗口对象 CMainFrame
tdoc.h	定义了从 CDocument 派生的文档对象 CTDoc
tview.h	定义了从 CView 派生的视图对象 CTView

表 4.2　　AppWizard 所生成的实现文件

实现文件	所包含的头文件	实现的内容和功能
stdafx.cpp	#include "stdafx.h"	用来产生预编译的类型信息
t.cpp	# include "stdafx.h" # include "t.h" # include "mainfrm.h" # include "childfrm.h" #include "tdoc.h" #include "tview.h"	定义 CTApp 的实现，并定义 CTApp 类型的全局变量 theApp
childfrm.cpp	#inlcude "stdafx.h" #include "t.h" #include "childfrm.h"	实现了类 CChildFrame
childfrm.cpp	#inlcude "stdafx.h" #include "t.h" #include"childfrm.h"	实现了类 CMainFrame
tdoc.cpp	# include "stdafx.h" # include "t.h" # include "tdoc.h"	实现了类 CTDoc
tview.cpp	# include "stdafx.h" # include "t.h" # include "tdoc.h" # include "tview.h"	实现了类 CTView

从表 4.2 中的包含关系可以看出：CTApp 的实现用到所有的用户定义对象，包含了它们的定义；CView 的实现用到 CTdoc；其他对象的实现只涉及自己的定义；当然，如果增加其他操作，引用其他对象，则要包含相应的类的定义文件。

4.2　MFC 和 Win32

4.2.1　MFC 对象和 Windows 对象的关系

MFC 中最重要的封装是对 Win32 API 的封装，因此，理解 Windows 对象和 MFC 对象之间的关系是理解 MFC 的一个关键。所谓 Windows 对象是 Win32 下用句柄表示的 Windows 操作系统对象；所谓 MFC 对象是 C++对象，是一个 C++类的实例。两者有很大的区别，但联系紧密。

以窗口对象为例：一个 MFC 窗口对象是一个 C++ CWnd 类或其派生类的实例，是程序直接创建的。在程序执行中它随着窗口类构造函数的调用而生成，随着析构函数的调用而消失。而 Windows 的窗口对象则是 Windows 操作系统内部的一个数据结构的实例，由一个“窗口句柄”标识，Windows 操作系统创建它并给它分配系统资源。在创建 MFC 窗口对象之后，必须调用 CWnd 类的 Create 成员函数来创建底层的 Windows 窗口句柄，并将“窗口句柄”保存在 MFC 窗口对象的 m_hWnd 成员变量中。Windows 窗口可以被一个程序销毁，也可以被用户的动作销毁。MFC 窗口对象和 Windows 窗口对象的关系如图 4.3 所示。其他的 Windows 对象和对应的 MFC 对象也有类似的关系。

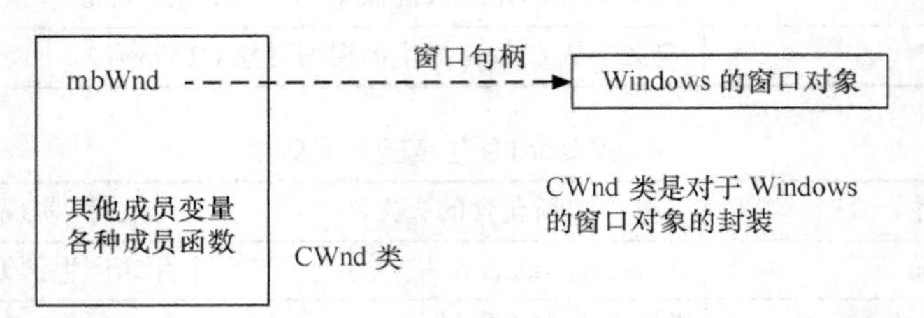

图 4.3　MFC 的 CWnd 类窗口对象和 Windows 的窗口对象的关系

可以从多个方面对 MFC 对象和 Windows 对象进行比较。

（1）对应的数据结构不同。MFC 对象是相应 C++类的实例，这些类是由 MFC 或者编程者定义的；Windows 对象是 Windows 操作系统内部结构的实例，通过一个句柄来引用；MFC 给这些类定义了一个成员变量来保存 MFC 对象对应的 Windows 对象的句柄。

（2）所处的层次不同。MFC 对象是高层的，Windows 对象是低层的。MFC 对象不仅把指向相应 Windows 对象的句柄封装成自己的成员变量（句柄实例变量），还把借助该句柄（HANDLE）来操作 Windows 对象的 Win32 API 函数封装为 MFC 对象的成员函数。站在高层，通过 MFC 对象去操作低层的 Windows 对象，只要直接引用成员函数即可。

（3）创建的机制不同。MFC 对象是由程序通过调用类的构造函数直接创建的；Windows 对象是由相应的 SDK 函数创建的，创建的过程也不同。

创建 MFC 对象，一般分两步：首先，创建一个 MFC 对象，可以在栈（STACK）中创建，也可以在堆（HEAP）中创建，这时，MFC 对象的句柄实例变量为空，不是一个有效的句柄。然后，调用 MFC 对象的成员函数创建相应的底层 Windows 对象，并将其句柄存到 MFC 对象的句柄实例变量中，这时，句柄变量才存储了一个有效句柄。

当然，可以在 MFC 对象的构造函数中创建相应的 Windows 对象，MFC 的 GDI 类就是如此实现的，但从实质上讲，MFC 对象的创建和 Windows 对象的创建是两回事。

（4）二者转换的方式不同。使用 MFC 对象的成员函数 GetSafeHandle，可以从一个 MFC 对象得到对应的 Windows 对象的句柄。使用 MFC 对象的成员函数 Attach 或者 FromHandle，可以从一个已存在的 Windows 对象创建一个对应的 MFC 对象，前者得到一个永久性对象，后者得到的可能是一个临时对象。

（5）使用的范围不同。MFC 对象只服务于创建它的进程，对系统的其他进程来说是不可见、不可用的；而一旦创建了 Windows 对象，其句柄在整个 Windows 操作系统中，是全局可见的。一些句柄可以被其他进程使用。典型的例子是，一个进程可以获得另一进程的窗口句柄，并给该窗口发送消息。

对同一个进程的线程来说，只可以使用本线程创建的 MFC 对象，不能使用其他线程的 MFC 对象。

（6）销毁的方法不同。MFC 对象随着析构函数的调用而消失；但 Windows 对象必须由相应的 Windows 操作系统函数销毁。在 MFC 对象的析构函数中可以完成 Windows 对象的销毁，MFC 对象的 GDI 类等就是如此实现的，但是，应该看到：两者的销毁是不同的。

每一种 Windows 对象都有对应的 MFC 对象，表 4.3 列出了它们之间的对应关系。

表 4.3　　MFC 对象和 Windows 对象的对应关系

描述	Windows 句柄	MFC 对象
窗口	HWND	CWnd 及其派生类
设备上下文	HDC	CDC 及其派生类
菜单	HMENU	CMenu
笔	HPEN	CGdiObject 类，CPen 及其派生类
刷子	HBRUSH	CGdiObject 类，CBush 及其派生类
字体	HFONT	CGdiObject 类，CFont 及其派生类
位图	HBITMAP	CGdiObject 类，CBitmap 及其派生类
调色板	HPALETTE	CGdiObject 类，CPalette 及其派生类
区域	HRGN	CGdiObject 类，CRgn 及其派生类
图像列表	HIMAGELIST	CImageList 及其派生类
套接字	SOCKET	CSocket、CAsynSocket 及其派生类

从广义上来看，文档对象和文件可以看作一对 MFC 对象和 Windows 对象，分别用 CDocument 类和文件句柄描述。

4.2.2　几个主要的类

1. Win32 API 的窗口对象（Windows Object）

MFC 的 CWnd 类是对 Win32 API 的窗口对象的封装，首先简单介绍 Win32 API 的窗口对象。

用 SDK 的 Win32 API 编写各种 Windows 应用程序，有其共同的规律：首先是编写 WinMain 函数，编写处理消息和事件的窗口过程 WndProc，在 WinMain 中注册窗口（Register Window），创建窗口，然后开始应用程序的消息循环。

一个应用程序在创建某个类型的窗口前，必须首先注册该“窗口类型”（Register Window Class），把窗口过程、窗口风格以及其他信息和要登记的窗口类型关联起来。

“窗口类型”是 Windows 操作系统的数据结构，可以把它理解为 Windows 操作系统的类型定义，而窗口对象则是相应“窗口类型”的实例。Windows 操作系统使用一个结构来描述“窗口类型”，其定义如下：

```
typedef struct _WNDCLASS {
    UINT cbSize;                        //该结构的字节数
    UINT style;                         //窗口类型的风格
    WNDPROC lpfnWndProc;                //窗口过程
    int cbClsExtra;
```

```
        int cbWndExtra;
        HANDLE hInstance;                  //该窗口类型的窗口过程所属的应用实例
        HICON hIcon;                       //该窗口类型所用的像标
        HCURSOR hCursor;                   //该窗口类型所用的光标
        HBRUSH hbrBackground;              //该窗口类型所用的背景刷
        LPCTSTR lpszMenuName;              //该窗口类型所用的菜单资源
        LPCTSTR lpszClassName;             //该窗口类型的名称
        HICON hIconSm;                     //该窗口类型所用的小像标
    } WNDCLASS;
```

从“窗口类型”的定义可以看出，它包含了一个窗口的各种重要信息，如窗口风格、窗口过程、显示和绘制窗口所需要的信息等。关于窗口过程，将在后面的消息映射等有关章节做详细论述。

Windows 操作系统在初始化时，会注册一些全局的“窗口类型”，如通用控制窗口类型。应用程序在创建自己的窗口时，首先必须注册自己的窗口类型。在 MFC 环境下，可以调用 AfxRegisterClass 函数或 AfxRegisterWndClass 函数来注册“窗口类型”，也可以不注册，那就使用 MFC 预定义的窗口类型。

MFC 应用程序也不例外，因为 MFC 是一个建立在 SDK API 基础上的编程框架。对编程者来说所不同的是：一般情况下，MFC 框架自动完成了 Windows 登记、创建等工作。

2. MFC 的窗口类 CWnd

在 Windows 操作系统中，一个窗口的属性分两个地方存放：一部分放在“窗口类型”中，如上所述的在注册窗口时指定；另一部分放在窗口对象本身，如窗口的尺寸、窗口的位置（*x*、*y* 轴）、窗口的 *z* 轴顺序、窗口的状态（ACTIVE，MINIMIZED，MAXMIZED，RESTORED……）和其他窗口的关系（父窗口，子窗口……），以及窗口是否可以接收键盘或鼠标消息等。

为了表达所有这些窗口的共性，MFC 设计了一个窗口基类 CWnd。有一点非常重要，那就是 CWnd 提供了一个标准而通用的 MFC 窗口过程，MFC 下所有的窗口都使用这个窗口过程。利用 MFC 消息映射机制，使这个通用的窗口过程能为各种窗口实现不同的操作。

CWnd 类提供了一系列成员函数。它们或者是对 Win32 相关函数的封装，或者是 CWnd 新设计的一些函数，主要如下。

（1）窗口创建函数 Create。函数 Create 封装了 Win32 窗口创建函数::CreateWindowEx。Create 的原型是：

```
BOOL CWnd::Create(LPCTSTR lpszClassName,LPCTSTR lpszWindowName,
DWORD dwStyle,const RECT& rect,CWnd* pParentWnd, UINT nID,
CCreateContext* pContext)
```

Create 是一个虚拟函数，用来创建子窗口。CWnd 的继承类可以覆盖该函数，例如，边框窗口类等覆盖了该函数以实现边框窗口的创建，视类则使用它来创建视窗口。窗口创建时发送 WM_CREATE 消息。

（2）窗口销毁函数。

DestroyWindow 函数：销毁窗口。

PostNcDestroy( )：销毁窗口后调用，虚拟函数。

（3）用于设定、获取和改变窗口属性的函数。

SetWindowText(CString tiltle)：设置窗口标题。

GetWindowText( )：得到窗口标题。

SetIcon(HICON hIcon, BOOL bBigIcon)：设置窗口图标。

GetIcon(BOOL bBigIcon)：得到窗口图标。

GetDlgItem(int nID)：得到窗口类指定 ID 的控制子窗口。

GetDC( )：得到窗口的设备上下文。

SetMenu(CMenu *pMenu)：设置窗口菜单。

GetMenu( )：得到窗口菜单。

……

（4）用于完成窗口动作的函数。本类函数用于更新窗口、滚动窗口等。一部分成员函数设计成可重载（Overloaded）函数、虚拟（Overridden）函数，或 MFC 消息处理函数。这些函数或者实现了一部分功能，或者仅仅是一个空函数。

① 有关消息发送的函数。

```
SendMessage(UINT message,WPARAM wParam = 0, LPARAM lParam = 0); //给窗口发送消息，立即调用方式
PostMessage((UINT message,WPARAM wParam = 0, LPARAM lParam = 0); //给窗口发送消息，放进消息队列
……
```

② 有关改变窗口状态的函数。

```
MoveWindow(LPCRECT lpRect, BOOL bRepaint = TRUE); //移动窗口到指定位置
ShowWindow(BOOL ); 显示窗口，使之可见或不可见
……
```

③ 实现 MFC 消息处理机制的函数。

```
virtual LRESULT WindowProc(UINT message, WPARAM wParam,LPARAM lParam); //窗口过程，虚拟函数
virtual BOOL OnCommand( WPARAM wParam,LPARAM lParam );//处理命令消息
……
```

④ 消息处理函数。

```
OnCreate( LPCREATESTRUCT lpCreateStruct ); //MFC 窗口消息处理函数，窗口创建时由 MFC 框架调用
OnClose(); //MFC 窗口消息处理函数，窗口创建时由 MFC 框架调用
……
```

⑤ 其他功能的函数。CWnd 的导出类是类型更具体、功能更完善的窗口类，它们继承了 CWnd 的属性和方法，并提供了新的成员函数（消息处理函数、虚拟函数等）。

3. 在 MFC 下创建一个窗口对象

在 MFC 下创建一个窗口对象分两步，首先创建 MFC 窗口对象，然后创建对应的 Windows 窗口对象。在内存使用上，MFC 窗口对象可以在栈或者堆（使用 new 创建）中创建。具体表述如下。

① 创建 MFC 窗口对象。通过定义一个 CWnd 或其派生类的实例变量或者动态创建一个 MFC 窗口的实例，前者在栈空间创建一个 MFC 窗口对象，后者在堆空间创建一个 MFC 窗口对象。

② 调用相应的窗口创建函数，创建 Windows 窗口对象。

例如，在前面提到的 AppWizard 产生的源码中，有 CMainFrame（派生于 CMDIFrame(SDI) 或者 CMDIFrameWnd(MDI)）类。它有两个成员变量定义如下：

```
CToolBar m_wndToolBar;
CStatusBar m_wndStatusBar;
```

当创建 CMainFrame 类对象时，上面两个 MFC Object 也被构造。

CMainFrame 还有一个成员函数：

```
OnCreate(LPCREATESTRUCT lpCreateStruct),
```

它的实现包含如下一段代码，调用 CToolBar 和 CStatusBar 的成员函数 Create 来创建上述两个 MFC 对象对应的工具栏 HWND 窗口和状态栏 HWND 窗口：

```
int CMainFrame::OnCreate(LPCREATESTRUCT lpCreateStruct)
{
    …
        if (!m_wndToolBar.Create(this) ||
        !m_wndToolBar.LoadToolBar(IDR_MAINFRAME))
        {
            TRACE0("Failed to create toolbar\n");
            return -1; // fail to create
        }
        if (!m_wndStatusBar.Create(this) ||
            !m_wndStatusBar.SetIndicators(indicators,
            sizeof(indicators)/sizeof(UINT)))
        {
            TRACE0("Failed to create status bar\n");
            return -1; // fail to create
        }
        …
}
```

在 MFC 中，还提供了一种动态创建技术。动态创建的过程实际上也如上所述分两步，只不过 MFC 使用这个技术是由框架自动地完成整个过程的。通常框架窗口、文档框架窗口和视图使用了动态创建。

在 Windows 窗口的创建过程中，将发送一些消息，例如：

在创建了窗口的非客户区（Nonclient area）之后，发送消息 WM_NCCREATE；

在创建了窗口的客户区（client area）之后，发送消息 WM_CREATE；

窗口的创建过程在窗口显示之前收到这两个消息。

如果是子窗口，在发送了上述两个消息之后，还给父窗口发送 WM_PARENATNOTIFY 消息。

4. MFC 窗口的使用

MFC 提供了大量的窗口类，其功能和用途各异。编程者应该如何选择和使用它们呢？

直接使用 MFC 提供的窗口类，或者先从 MFC 窗口类派生一个新的 C++类，然后使用它，这些在通常情况下都不需要编程者提供窗口注册的代码。是否需要派生新的 C++类，视 MFC 已有的窗口类是否能满足使用要求而定。派生的 C++类继承了基类的特性并改变或扩展了它的功能，如增加或者改变对消息、事件的特殊处理等。

主要使用或继承以下一些 MFC 窗口类（其层次关系图如图 4.2 所示）。

- 框架类 CFrameWnd、CMdiFrameWnd。
- 文档框架 CMdiChildWnd。
- 视图 CView 和 CView 派生的有特殊功能的视图，如列表 CListView、编辑 CEditView，树型列表 CTreeView、支持 RTF 的 CRichEditView 和基于对话框的视图 CFormView 等。
- 对话框 CDialog。

通常，都要从这些类派生应用程序的框架窗口、视图窗口或者对话框。

- 工具条 CToolBar。
- 状态条 CStatusBar。

其他各类控制窗口，如列表框 CList、编辑框 CEdit、组合框 CComboBox 和按钮 Cbutton 等，通常直接使用这些类。

5. 在 MFC 下窗口的销毁

窗口对象使用完毕，应该销毁。在 MFC 下，一个窗口对象的销毁包括 HWND 窗口对象的销毁和 MFC 窗口对象的销毁。一般情况下，MFC 编程框架自动地处理了这些。

（1）对 CFrameWnd 和 CView 的派生类。这些窗口的关闭导致销毁窗口的函数 DestroyWindow 被调用。销毁 Windows 窗口时，MFC 框架调用的最后一个成员函数是 OnNcDestroy 函数，该函数负责 Windows 清理工作，并在最后调用虚拟成员函数 PostNcDestroy。CFrameWnd 和 CView 的 PostNcDestroy 调用 delete this 删除自身这个 MFC 窗口对象。

所以，对这些窗口，如前所述，应在堆（Heap）中分配，而且，不要对这些对象使用 delete 操作。

（2）对 Windows Control 窗口。在它们的析构函数中，将调用 DestroyWindow 来销毁窗口。如果在栈中分配这样的窗口对象，则在超出作用范围的时候，随着析构函数的调用，MFC 窗口对象和它的 Windows 对象都被销毁。如果在堆（Heap）中分配，则显式调用 delete 操作符，导致析构函数的调用和窗口的销毁。

所以，这种类型的窗口应尽可能在栈中分配，避免用额外的代码来销毁窗口。如前所述的 CMainFrame 的成员变量 m_wndStatusBar 和 m_wndToolBar 就是这样的例子。

（3）对于编程者直接从 CWnd 派生的窗口。编程者可以在派生类中实现上述两种机制之一，然后，在相应的规范下使用。

后面章节将详细地讨论应用程序退出时关闭、清理窗口的过程。

4.3　CObject 类

CObject 是大多数 MFC 类的根类或基类。CObject 类有很多有用的特性：对运行时类信息的支持、对动态创建的支持、对串行化的支持和对象诊断输出等。MFC 从 CObject 派生出许多类，具备其中的一个或者多个特性。编程者也可以从 CObject 类派生出自己的类，利用 CObject 类的这些特性。

本节将讨论 MFC 如何设计 CObject 类的这些特性。首先，考察 CObject 类的定义，分析其结构和方法（成员变量和成员函数）对 CObject 特性的支持。其次，讨论 CObject 特性及其实现机制。

4.3.1　CObject 类的定义

以下是 CObject 类的定义：

```
class CObject {
public:
// 与动态创建相关的函数
virtual CRuntimeClass* GetRuntimeClass() const;
```

```
析构函数
virtual ~CObject(); // virtual destructors are necessary
// 与构造函数相关的内存分配函数，可以用于DEBUG下输出诊断信息
void* PASCAL operator new(size_t nSize);
void* PASCAL operator new(size_t, void* p);
void PASCAL operator delete(void* p);
#if defined(_DEBUG) && !defined(_AFX_NO_DEBUG_CRT)
void* PASCAL operator new(size_t nSize, LPCSTR lpszFileName, int nLine);
#endif
// 缺省情况下，复制构造函数和赋值构造函数是不可用的
// 如果编程者通过传值或者赋值来传递对象，将得到一个编译错误
protected:
// 缺省构造函数
CObject();
private:
// 复制构造函数，私有
CObject(const CObject& objectSrc);            // no implementation
// 赋值构造函数，私有
void operator=(const CObject& objectSrc);     // no implementation
// Attributes
public:
// 与运行时类信息、串行化相关的函数
BOOL IsSerializable() const;
BOOL IsKindOf(const CRuntimeClass* pClass) const;
// Overridables
virtual void Serialize(CArchive& ar);
// 诊断函数
virtual void AssertValid() const;
virtual void Dump(CDumpContext& dc)const;
// Implementation
public:
// 与动态创建对象相关的函数
static const AFX_DATA CRuntimeClass classCObject;
#ifdef _AFXDLL
static CRuntimeClass* PASCAL _GetBaseClass();
#endif
};
```

由上可以看出，CObject定义了一个CRuntimeClass类型的静态成员变量：

```
CRuntimeClass classCObject
```

还定义了几组函数：构造函数和析构函数类、诊断函数、与运行时类信息相关的函数、与串行化相关的函数。

其中，一个静态函数_GetBaseClass；5个虚拟函数，包括析构函数、GetRuntimeClass、Serialize、AssertValid和Dump。这些虚拟函数，在CObject的派生类中应该有更具体的实现。必要的话，派生类实现它们时可能要求先调用基类的实现，例如，Serialize和Dump就要求这样。

静态成员变量classCObject和相关函数实现了对CObject特性的支持。

4.3.2 CObject类的特性

下面对3种特性分别描述，并说明编程者在派生类中支持这些特性的方法。

1. 对运行时类信息的支持

该特性用于在运行时确定一个对象是否属于一特定类（是该类的实例），或者是从一个特定类派生来的，CObject 提供 IsKindOf 函数来实现这个功能。

从 CObject 派生的类要具有这样的特性，需要：

（1）定义该类时，在类说明中使用 DECLARE_DYNAMIC（CLASSNMAE）宏；

（2）在类的实现文件中使用 IMPLEMENT_DYNAMIC（CLASSNAME，BASECLASS）宏。

2. 对动态创建的支持

前面提到了动态创建的概念，就是运行时创建指定类的实例。在 MFC 中大量使用，如前所述的框架窗口对象、视图对象，还有文档对象都需要由文档模板类（CDocTemplate）对象来动态地创建。

从 CObject 派生的类要具有动态创建的功能，需要：

（1）定义该类时，在类说明中使用 DECLARE_DYNCREATE（CLASSNMAE）宏；

（2）定义一个不带参数的构造函数（默认构造函数）；

（3）在类的实现文件中使用 IMPLEMENT_DYNCREATE（CLASSNAME，BASECLASS）宏；

（4）使用时先通过宏 RUNTIME_CLASS 得到类的 RunTime 信息，然后使用 Cruntime Class 的成员函数 CreateObject 创建一个该类的实例。

例如：

```
CRuntimeClass* pRuntimeClass = RUNTIME_CLASS(CNname)
//CName 必须有一个默认构造函数
CObject* pObject = pRuntimeClass->CreateObject();
//用 IsKindOf 检测是否是 CName 类的实例
Assert( pObject->IsKindOf(RUNTIME_CLASS(CName));
```

3. 对序列化的支持

“序列化”就是把对象内容存入一个文件或从一个文件中读取对象内容的过程。从 CObject 派生的类要具有序列化的功能，需要：

（1）定义该类时，在类说明中使用 DECLARE_SERIAL（CLASSNMAE）宏；

（2）定义一个不带参数的构造函数（默认构造函数）；

（3）在类的实现文件中使用 IMPLEMENT_SERIAL（CLASSNAME，BASECLASS）宏；

（4）覆盖 Serialize 成员函数（如果直接调用 Serialize 函数进行序列化读写，可以省略前面 3 步）。

对运行时类信息的支持、动态创建的支持和串行化的支持层（不包括直接调用 Serailize 实现序列化），这 3 种功能的层次依次升高。如果支持后面的功能，必定要支持前面的功能。支持动态创建的话，必定支持运行时类信息；支持序列化，必定支持前面的两个功能，因为它们的声明和实现都是后者包含前者。

4. 综合示例

定义一个支持串行化的类 CPerson：

```
class CPerson : public CObject
{
    public:
    DECLARE_SERIAL(CPerson)
    // 默认构造函数
    CPerson(){}{};
    CString m_name;
```

```
    WORD m_number;
    void Serialize(CArchive& archive);
    // rest of class declaration
};
```

实现该类的成员函数 Serialize( )，覆盖 CObject 的该函数：

```
void CPerson::Serialize(CArchive& archive)
{
    // 先调用基类函数的实现
    CObject::Serialize(archive);
    // now do the stuff for our specific class
    if(archive.IsStoring())
    archive<< m_name << m_number;
    else
    archive >> m_name >> m_number;
}
```

使用运行时类信息：

```
CPerson a;
ASSERT(a.IsKindOf(RUNTIME_CLASS( CPerson) ) );
ASSERT(a.IsKindOf(RUNTIME_CLASS( CObject) ) );
```

动态创建：

```
CRuntimeClass* pRuntimeClass = RUNTIME_CLASS(CPerson)
//Cperson 有一个默认构造函数
CObject* pObject = pRuntimeClass->CreateObject();
Assert( pObject->IsKindOf(RUNTIME_CLASS(CPerson));
```

4.4　消息映射的实现

Windows 操作系统将 Windows 应用程序的输入事件转换为消息，并将消息发送给应用程序的窗口。这些窗口通过窗口过程来接收和处理消息，然后把控制返还给 Windows。

1．消息的分类

可以从消息的发送途径和消息的来源两方面对消息分类。

（1）队列消息和非队列消息。从消息的发送途径上，可将消息分为队列消息和非队列消息。队列消息送到系统消息队列，然后送到线程消息队列；非队列消息直接送给目的窗口过程。

Windows 操作系统维护着一个系统消息队列（system message queue），每个 GUI 线程有一个线程消息队列（thread message queue）。

WM_MOUSEMOVE、WM_LBUTTONUP、WM_KEYDOWN 和 WM_CHAR 等鼠标或键盘输入消息是典型的队列消息。鼠标或键盘驱动程序将鼠标、键盘事件转换成输入消息，并把它们放进系统消息队列。Windows 操作系统每次从系统消息队列移走一个消息，确定应当把它送给哪个窗口，并确认创建该窗口的线程，然后，把这条消息放进该线程的线程消息队列，即线程消息队列接收送给该线程所创建窗口的消息。线程从它的消息队列取出消息，通过 Windows 操作系统把它送给适当的窗口过程来处理。

除了键盘、鼠标消息以外，队列消息还有 WM_PAINT、WM_TIMER 和 WM_QUIT。其他的绝大多数消息是非队列消息。

（2）系统消息和应用程序消息。从消息的来源，可将消息分为系统定义的消息和应用程序定义的消息。

系统消息 ID 的范围是从 0 到 WM_USER-1，或从 0X80000 到 0XBFFFF；应用程序消息 ID 的范围是从 WM_USER（0X0400）到 0X7FFF，或从 0XC000 到 0XFFFF；WM_USER 到 0X7FFF 范围的消息由应用程序自己使用；0XC000 到 0XFFFF 范围的消息用来和其他应用程序通信，为了保证 ID 的唯一性，可使用::RegisterWindowMessage 来得到该范围的消息 ID。

2. MSG 消息结构和消息处理

（1）MSG 消息结构。为了从消息队列获取消息信息，可以调用一些函数，例如，使用::GetMessage 函数可从消息队列得到并从队列中移走消息，使用::PeekMessage 函数可从消息队列得到消息但不移走。这些函数都需要使用 MSG 消息结构来保存获得的消息信息。MSG 结构包括了 6 个成员，用来描述消息的有关属性。它的定义是：

```
typedef struct tagMSG {  // msg 结构
HWND hwnd;               // 接收消息的窗口句柄
UINT message;            // 消息标识（ID）
WPARAM wParam;           // 第一个消息参数
LPARAM lParam;           // 第二个消息参数
DWORD time;              // 消息产生的时间
POINT pt;                // 消息产生时鼠标的位置
} MSG;
```

（2）应用程序通过窗口过程来处理消息。直接使用 Win32 API 编程时，每个“窗口类”都要登记一个如下形式的窗口过程：

```
LRESULT CALLBACK MainWndProc (
HWND hwnd,               // 窗口句柄(a window handle)
UINT msg,                // 消息标识(a message identifier)
WPARAM wParam,           // 32 位的消息参数 1(message parameters)
LPARAM lParam            // 32 位的消息参数 2
)
```

应用程序通过窗口过程来处理消息：非队列消息由 Windows 操作系统直接送给目的窗口的窗口过程，队列消息由 Windows 操作系统调用::DispatchMessage 派发给目的窗口的窗口过程。窗口过程被调用时，接收上述 4 个参数。如果需要，窗口过程可以调用::GetMessageTime 获取消息产生的时间，调用::GetMessagePos 获取消息产生时鼠标光标所在的位置。

在窗口过程里，一般用 switch/case 分支处理语句来识别和处理消息。

（3）应用程序通过消息循环来获得对消息的处理。直接使用 Win32 API 编程时，每个 GDI 应用程序在主窗口创建之后，都应进入消息循环，接收用户输入，解释和处理消息。

消息循环的结构如下：

```
while (GetMessage(&msg, (HWND) NULL, 0, 0)) {// 从消息队列得到消息
    if (hwndDlgModeless == (HWND) NULL ||
    !IsDialogMessage(hwndDlgModeless, &msg) &&
    !TranslateAccelerator(hwndMain, haccel, &msg)) {
    TranslateMessage(&msg);
    DispatchMessage(&msg); // 发送消息
    }
}
```

消息循环从消息队列中得到消息，如果不是快捷键消息或者对话框消息，就进行消息转换和派发，让目的窗口的窗口过程来处理。

当得到消息 WM_QUIT，或者::GetMessage 出错时，退出消息循环。

3. MFC 消息处理

使用 MFC 框架编程时，消息发送和处理的本质和上面所讲述的是一样的。但需要强调的是，所有的 MFC 窗口都使用同一窗口过程，编程者不必去设计和实现自己的窗口过程，而是通过 MFC 提供的消息映射机制来处理消息。因此，MFC 简化了编程者编程时处理消息的复杂性。

所谓消息映射，就是让编程者指定用来处理某个消息的某个 MFC 类。使用 MFC 提供的 ClassWizard 类向导，可以在处理消息的类中添加处理消息的成员函数，方便地实现消息映射。在此基础上，编程者可将自己的代码添加到这些消息处理函数中，实现所希望的消息处理。如果派生类要覆盖基类的消息处理函数，就用 ClassWizard 在派生类中添加一个消息映射条目，用同样的原型定义一个函数，然后实现该函数。这个函数覆盖派生类的任何基类的同名处理函数。

下面将分析 MFC 的消息机制的实现原理和消息处理的过程。下面首先分析 ClassWizard 实现消息映射的内涵，然后讨论 MFC 的窗口过程，分析 MFC 窗口过程是如何实现消息处理的。

4. MFC 消息映射的定义和实现

现在来介绍 MFC 消息机制的实现原理和消息处理的过程。

（1）MFC 处理的 3 类消息。MFC 主要处理 3 类消息，它们对应的处理函数和处理过程有所不同。

① Windows 消息：是消息名以前缀“WM_”打头的消息，但 WM_COMMAND 消息除外。Windows 消息直接被送给 MFC 的窗口过程处理，窗口过程再调用对应的消息处理函数。这类消息一般由窗口对象来处理，也就是说，这类消息处理函数一般是 MFC 窗口类的成员函数。

② 控制通知消息：是控制子窗口送给父窗口的 WM_COMMAND 通知消息。窗口过程调用对应的消息处理函数。这类消息一般也由窗口对象来处理，对应的消息处理函数一般也是 MFC 窗口类的成员函数。

③ 命令消息：这是来自菜单、工具条按钮和加速键等用户接口对象的 WM_COMMAND 通知消息，属于应用程序自己定义的消息。通过消息映射机制，MFC 框架把命令按一定的路径分发给多种类型的具备消息处理能力的对象来处理，如文档、窗口、应用程序和文档模板等对象。能处理消息映射的类必须从 CCmdTarget 类派生。

在讨论了消息的分类之后，应该是讨论各类消息如何处理的时候了。但是，要知道怎么处理消息，首先要知道如何映射消息。

（2）MFC 消息映射的实现方法。编程者可以使用 MFC 的类向导 ClassWizard 来实现消息映射。类向导在源码中添加一些消息映射的内容，并声明和实现消息处理函数。现在通过一个例子来说明。

假如编程者使用 MFC 类向导创建了一个应用程序的骨架，应用程序的名字叫 T。

在 ClassWizard 所生成的类的定义源码中，如在 T.h 或 TDlg.h 头文件中，会看到如下形式的消息处理函数声明代码，其中用到了消息映射的宏。

```
//{{AFX_MSG(CTApp)                    //针对 CTApp 类的消息映射声明
afx_msg void OnAppAbout();            //说明 OnAppAbout 是一个处理消息的成员函数
//}}AFX_MSG
DECLARE_MESSAGE_MAP()                 //调用声明消息映射的宏
```

上面的头文件中是消息映射和消息处理函数的声明。

在所生成的类的实现源码中，如在 T.cpp 或 TDlg.cpp 实现文件中，会看到如下形式的消息处理函数实现代码，其中也用到了消息映射的宏。

```
    BEGIN_MESSAGE_MAP(CTApp, CWinApp) //对于 CTApp、CWinApp 类的消息映射的开始，这是一个宏
    //{{AFX_MSG_MAP(CTApp)
    ON_COMMAND(ID_APP_ABOUT, OnAppAbout) //规定用 OnAppAbout 函数来处理 ID_APP_ ABOUT 消息
    //}}AFX_MSG_MAP
    END_MESSAGE_MAP()                    //这是一个宏调用，用来结束类的消息映射定义，并使用
IMPLEMENT_ MESSAGE_MAP 宏来实现消息映射
```

实现文件里首先是消息映射的实现，上述代码表示让应用程序对象的 OnAppAbout 消息处理函数来处理 ID_APP_ABOUT 命令消息。其次，在上述的实现文件中，还可以看到 OnAppAbout 消息处理函数的具体实现。

一般情况下，这些声明和实现都是由 MFC 的 ClassWizard 自动来维护的。

这样，在进入 WinMain 函数之前，每个可以响应消息的 MFC 类都生成了一个消息映射表，程序运行时通过查询该表判断是否需要响应某条消息。

（3）消息映射宏的种类。为了简化编程者的工作，MFC 定义了一系列的消息映射宏和像 AfxSig_vv 这样的枚举变量，以及标准消息处理函数，并且具体实现了这些函数。

常用的消息映射宏分为以下几类。

① 用于映射 Windows 消息的宏，前缀为“ON_WM_”。这样的宏不带参数，因为它对应的消息和消息处理函数的函数名称、函数原型是确定的。MFC 提供了这类消息处理函数的定义和缺省实现。每个这样的宏处理不同的 Windows 消息。

例如，宏 ON_WM_CREATE( )把消息 WM_CREATE 映射到 OnCreate 函数。

② 用于映射命令消息的宏 ON_COMMAND。ON_COMMAND 宏用于单条命令消息的映射，这类宏带有参数，需要通过参数指定命令 ID 和消息处理函数。

ON_COMMAND_RANGE 宏用于把一定范围的命令消息映射到一个消息处理函数。这类宏带有参数，需要指定命令 ID 的范围和消息处理函数。

③ 用于控制通知消息的宏。这类宏可能带有 3 个参数，如 ON_CONTROL，就需要指定控制窗口 ID、通知码和消息处理函数；也可能带有两个参数，如具体处理特定通知消息的宏 ON_BN_CLICKED、ON_LBN_DBLCLK 和 ON_CBN_EDITCHANGE 等，需要指定控制窗口 ID 和消息处理函数。

还有一类宏处理通知消息 ON_NOTIFY，它类似于 ON_CONTROL，但是控制通知消息被映射到 WM_NOTIFY。

对应地，还有把一定范围的控制子窗口的某个通知消息映射到一个消息处理函数的映射宏，这类宏包括 ON_CONTROL_RANGE 和 ON_NOTIFY_RANGE。

④ 用于用户界面接口状态更新的 ON_UPDATE_COMMAND_UI 宏。这类宏被映射到消息 WM_COMMND 上，带有两个参数，需要指定用户接口对象 ID 和消息处理函数。

ON_UPDATE_COMMAND_UI_RANGE 是更新一定 ID 范围的用户接口对象的宏，此宏带有 3 个参数，用于指定用户接口对象 ID 的范围和消息处理函数。

⑤ 用于其他消息的宏。如用于用户定义消息的 ON_MESSAGE。这类宏带有参数，需要指定消息 ID 和消息处理函数。

⑥ 扩展消息映射宏。

很多普通消息映射宏都有对应的扩展消息映射宏，例如，ON_COMMAND 对应的 ON_COMMAND_EX，ON_ONTIFY 对应的 ON_ONTIFY_EX 等。扩展宏除了具有普通宏的功能，还有特别的用途。

4.5 MFC 对象的创建

现在，考查 MFC 的应用程序结构体系，即以文档—视图为核心的编程模式。学习本节，应该弄清楚以下问题。

MFC 中诸多 MFC 对象的关系：应用程序对象、文档对象、边框窗口对象、文档边框窗口对象、视图对象和文档模板对象等。

MFC 提供了哪些接口来支持其编程模式？

MFC 对象的创建和销毁：由什么对象创建或销毁什么对象？何时创建？何时销毁？

4.5.1 MFC 对象的关系

1. 创建关系

这里讨论应用程序、文档模板、边框窗口、视图和文档等的创建关系。图 4.4 大略地表示了创建顺序，表 4.4 更为直接地显示了创建与被创建的关系。

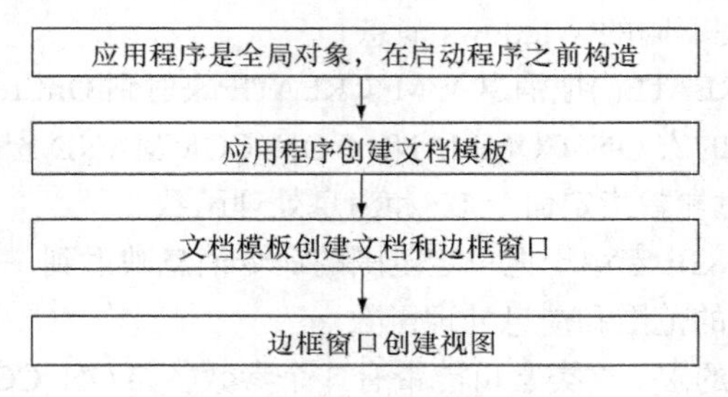

图 4.4 MFC 对象的创建关系

表 4.4 MFC 对象的创建关系

创建者	被创建的对象
应用程序对象	文档模板
文档模板	文档
文档模板	边框窗口
边框窗口	视图

2. 交互作用关系

应用程序对象有一个文档模板列表，存放一个或多个文档模板对象；文档模板对象有一个打开文档列表，存放一个或多个已经打开的文档对象；文档对象有一个视图列表，存放显示该文档数据的一个或多个视图对象；还有一个指针指向创建该文档的文档模板对象；视图有一个指向其关联文档的指针，视图是一个子窗口，其父窗口是边框窗口（或者文档边框窗口）；文档边框窗口有一个指向其当前活动视图的指针；文档边框窗口是边框窗口的子窗口。

Windows 管理所有已经打开的窗口，把消息或事件发送给目标窗口。通常，命令消息发送给主边框窗口。

图 4.5 大略地表示了上述关系。

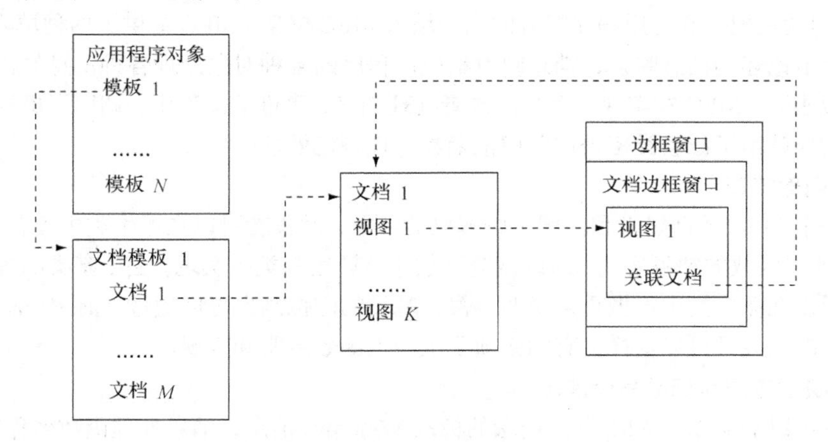

图 4.5　构成一个应用程序的对象

MFC 提供了一些函数来维护这些关系。

表 4.5 列出了从一个对象得到相关对象的方法。

表 4.5　从一个对象得到另一个对象的方法

本对象	要得到的对象	使用的成员函数
CDocument 对象	视图列表	GetFirstViewPosition GetNextView
	文档模板	GetDocTemplate
CView 对象	文档对象	GetDocument
	边框窗口	GetParentFrame
CMDIChildWnd 或 CFrameWnd 对象	活动视图	GetActiveView
	活动视图的文档	GetActiveDocument
CMDIFrameWnd 对象	活动文档边框窗口	MDIGetActive

可以通过表 4.5 得到相关对象，再调用表 4.6 中相应的函数。例如，视图在接收了新数据或者数据被修改之后，使用表 4.5 中的函数 GetDocument 得到关联文档对象，然后调用表 4.6 中的文档函数 UpdateAllViews 更新其他和文档对象关联的视图。

表 4.6　从一个对象通知另一个对象的方法

本对象	要通知的对象/动作	使用的成员函数
CView 对象	通知文档更新所有视图	CDocument::UpdateAllViews
CDocument 对象	更新一个视图	CView::OnUpdate
CFrameWnd 或 CMDIFrameWnd 对象	通知一个视图为活动视图	CView::OnActivateView
	设置一个视图为活动视图	SetActivateView

在表 4.5 和表 4.6 中，CView 对象指 CView 或派生类的实例；成员函数列中如果没有指定类属，就是第一列对象的类的成员函数。

4.5.2 MFC 提供的接口

MFC 编程就是把一些应用程序特有的东西填入 MFC 框架。MFC 提供了两种填入的方法：一种就是使用上节论述的消息映射，消息映射给应用程序的各种对象处理各种消息的机会；另一种就是使用虚拟函数，MFC 在实现许多功能或者处理消息、事件的过程中，调用了虚拟函数来完成一些任务，这样就给了派生类覆盖这些虚拟函数实现特定处理的机会。

1. 虚拟函数接口

几乎每一个 MFC 类都定义和使用了虚拟成员函数，编程者可以在派生类中覆盖它们。通常，MFC 提供了这些函数的缺省实现，所以覆盖函数应该调用基类的实现。由于基类的虚拟函数被派生类继承，所以在派生类中不做重复说明。覆盖基类的虚拟函数可以通过 ClassWizard 进行，不过，并非所有的函数都可以这样，有的必须手工加入函数声明和实现。

2. 消息映射方法和标准命令消息

窗口对象可以响应以“WM_”为前缀的标准 Windows 消息，消息处理函数名称以“ON”为前缀。不同类型的 Windows 窗口处理的 Windows 消息是有所不同的，因此，不同类型的 MFC 窗口实现的消息处理函数也有所不同。例如，多文档边框窗口能处理 WM_MDIACTIVATE 消息，其他类型窗口就不能。编程者从一定的 MFC 窗口派生自己的窗口类，对感兴趣的消息，覆盖基类的消息处理函数，实现自己的消息处理函数。

所有 CCmdTarger 类对象或导出类对象都可以响应命令消息，编程者可以指定应用程序对象、框架窗口对象、视图对象或文档对象等来处理某条命令消息。通常，尽量由与命令消息关系密切的对象来处理，例如，隐藏/显示工具栏由框架窗口处理，打开文件由应用程序对象处理，数据变化的操作由文档对象处理。对于命令消息，MFC 实现了一系列标准命令消息处理函数。标准命令 ID 在 afxres.h 中定义。详细参见 MFC 技术文档。

对话框的控制子窗口可以响应各类通知消息。

编程者可以自己来处理这些标准消息，也可以通过不同的类或从不同的类导出自己的类来处理这些消息，不过最好遵循 MFC 的缺省实现。例如，处理 ID_FILE_NEW 命令，最好由 CWinApp 的派生类处理。

4.5.3 MFC 对象的创建过程

MFC 应用程序的执行分为 3 个阶段：应用程序启动和初始化阶段，与用户交互阶段，程序退出和清理阶段。MFC 应用程序通过 MFC 的接口填入 MFC 框架的自己的特殊处理，可能在这 3 个阶段被 MFC 框架调用。

这 3 个阶段中，与用户交互阶段是各个程序自己的事情，一般都不一样，涉及比较多的编程者编写的代码。但是程序的启动和退出两个阶段是 MFC 框架所实现的，是 MFC 框架的一部分，各个程序都遵循同样的步骤和规则。弄清 MFC 框架对这两个阶段的处理，可以帮助深入理解 MFC 框架，更好地使用 MFC 框架，更有效地实现应用程序特定的处理。

MFC 程序启动和初始化过程就是创建 MFC 对象和 Windows 对象、建立各种对象之间的关系和把窗口显示在屏幕上的过程，退出过程就是关闭窗口、销毁所创建的 Windows 对象和 MFC 对象的过程。

1. MFC 应用程序如何启动

通过分析 WinMain 入口函数的流程，可以了解 MFC 应用程序如何启动。

WinMain 函数是 MFC 提供的应用程序入口。进入 WinMain 前，全局应用程序对象已经生成。WinMain 流程如图 4.6 所示。

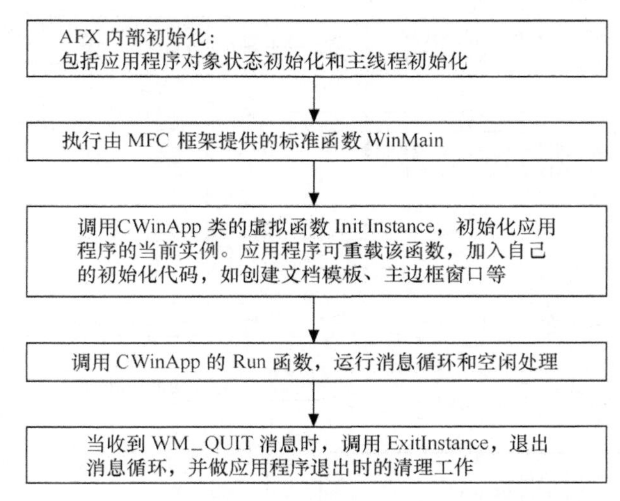

图 4.6　CWinApp 应用程序类的执行顺序

通过图 4.6 可以总结如下。

（1）一些虚拟函数被调用的时机。对应用程序类（线程类）的 InitIntance、ExitInstance、Run、ProcessMessageFilter、OnIdle 和 PreTranslateMessage 来说，InitInstance 在应用程序初始化时调用，ExitInstance 在程序退出时调用，Run 在程序初始化之后调用导致程序进入消息循环，Process MessageFilter、OnIdle 和 PreTranslateMessage 在消息循环时被调用，分别用来过滤消息、进行 Idle 处理和让窗口预处理消息。

（2）应用程序对象的角色。首先，应用程序对象的成员函数 InitInstance 被 WinMain 调用。对编程者来说，它就是程序的入口点（真正的入口点是 WinMain，但 MFC 向编程者隐藏了 WinMain 的存在）。由于 MFC 没有提供 InitInstance 的缺省实现，用户必须自己实现它。稍后将讨论该函数的实现。

其次，通过应用程序对象的 Run 函数，程序进入消息循环。实际上，消息循环的实现是通过 CWinThread::Run 来实现的，图 4.7 所示的是 CWinThread::Run 的实现，因为 CWinApp 没有覆盖 Run 的实现，编程者的应用程序类一般也不用覆盖该函数。

（3）Run 所实现的消息循环。MFC 调用 PumpMessage 来实现消息循环，如果没消息，则进行空闲（Idle）处理；如果是 WM_QUIT 消息，则调用 ExitInstance 后退出消息循环。图 4.7 所示为 MFC 消息循环的过程。

（4）CWinThread::PumpMessage。该函数在 MFC 函数文档里没有描述，但是 MFC 建议用户使用。它实现获取消息、转换（Translate）消息和发送消息的消息循环。在转换消息之前，调用虚拟函数 PreTranslateMessage 对消息进行预处理，该函数得到消息目的窗口对象之后，使用 CWnd 的 WalkPreTranslateTree 让目的窗口及其所有父窗口得到一个预处理当前消息的机会。关于消息预处理，见消息映射的有关章节。如果是 WM_QUIT 消息，PumpMessage 返回 FALSE；否则返回 TRUE。

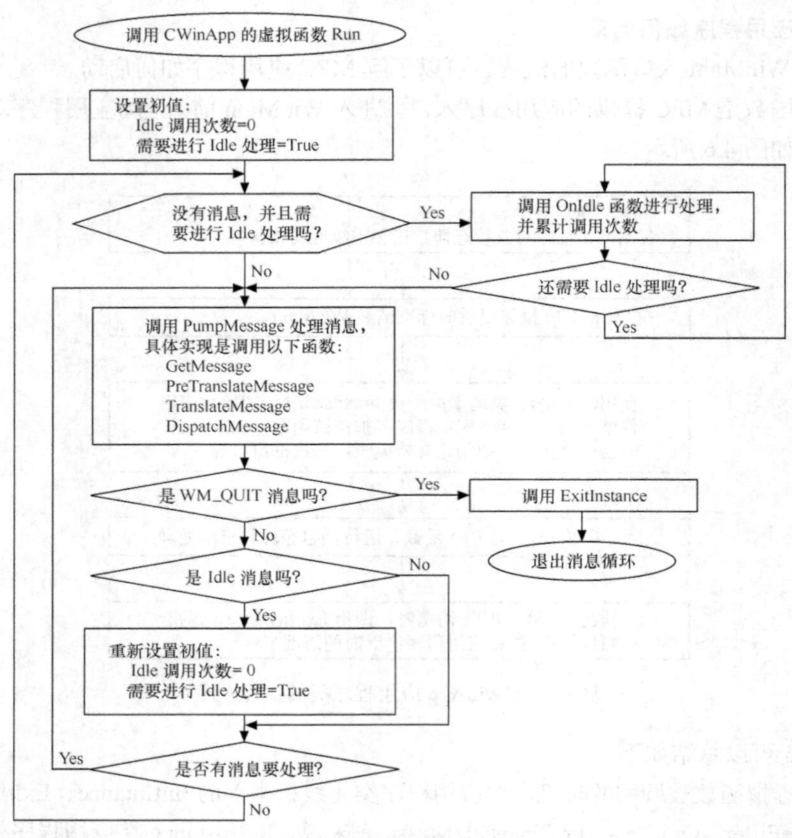

图 4.7 MFC 的消息循环

2. MFC 空闲处理

MFC 实现了一个 Idle 处理机制，就是在没有消息可以处理时，进行 Idle 处理。Idle 处理的一个应用是更新用户接口对象的状态。

（1）空闲处理由函数 OnIdle 完成，其原型为 BOOL OnIdle（int）。参数的含义是当前空闲处理周期已经完成了多少次 OnIdle 调用，每个空闲处理周期的第一次调用，该参数设为 0，每调用一次加 1；返回值表示当前空闲处理周期是否继续调用 OnIdle。

（2）在 MFC 的缺省实现里，CWinThread::OnIdle 完成了工具栏等的状态更新。如果覆盖 OnIdle，需要调用基类的实现。

（3）在处理完一个消息或进入消息循环时，如果消息队列中没有消息要处理，则 MFC 开始一个新的空闲处理周期。

（4）当 OnIdle 返回 FASLE，或者消息队列中有消息要处理时，当前的空闲处理周期结束。

从图 4.6 中 Run 的流程上可以清楚地看到 MFC 空闲处理的情况。

3. SDI 应用程序的初始化与对象创建过程

SDI 应用程序从 InitialInstance 开始初始化，首先应用程序对象创建文档模板，文档模板创建文档对象、打开或创建文件；然后，文档模板创建边框窗口对象和边框窗口；接着边框窗口对象创建视图对象和视图窗口。这些创建是以应用程序的文档模板为中心进行的。在创建这些 MFC 对象的同时，建立了它们之间的关系。创建这些之后，进行初始化，激活主边框窗口，把边框窗口、视图窗口显示出来。然后运行 Run 函数进入消息循环的过程，这样，一个 SDI 应用程序就完成了启动过程，等待着用户的交互或者输入。

4.6　应用程序的退出

一般 Windows 应用程序启动后就进入消息循环，等待或处理用户的输入，如果用户单击了主窗口的“关闭”按钮，或者选择系统菜单的“关闭”命令，或者从“文件”菜单选择“退出”命令，都会导致应用程序主窗口被关闭。主窗口关闭了，应用程序也随之退出。

下面以用户单击主窗口的“关闭”按钮为例，来说明应用程序退出的过程。

（1）用户单击主窗口的“关闭”按钮，导致发送 MFC 标准命令消息 ID_APP_EXIT。MFC 调用 CWinApp::OnAppExit( )来完成对该命令消息的缺省处理，主要是向主窗口发送 WM_CLOSE 消息。

（2）主窗口处理 WM_CLOSE 消息。MFC 提供了 CFrameWnd::OnClose 函数来处理各类边框窗口的关闭：包括从 CFrameWnd 派生的 SDI 的边框窗口、从 CMDIFrameWnd 派生的 MDI 的主边框窗口和从 CMDIChildWnd 派生的文档边框窗口。当主窗口接到 WM_CLOSE 消息后，自动调用 OnClose( )函数来处理窗口的关闭。

关闭时首先判断是否可以关闭窗口，然后，根据具体情况进行处理。如果要关闭的是主窗口，则关闭程序的所有文档，销毁所有窗口，退出程序；如果要关闭的不是主窗口，而是文档边框窗口，那就再看该窗口所显示的文档：若该文档仅被该窗口显示，则关闭文档和文档窗口，并销毁窗口；若该文档还被其他文档边框窗口所显示，则仅仅关闭和销毁这个文档窗口。在处理 WM_CLOSE 消息的过程中，还要处理文档的存储问题。关闭窗口后，发送 WM_QUIT 消息。

（3）收到 WM_QUIT 消息后，退出消息循环，进而退出整个应用程序。下面分别叙述 SDI 窗口、MDI 主窗口和 MDI 子窗口关闭时对 WM_CLOSE 消息的处理。

① SDI 窗口的关闭。首先，关闭应用程序的文档对象。调用文档对象的虚拟函数 OnCloseDocument 时销毁主窗口（Windows 窗口和 MFC 窗口对象），同时销毁视图、工具条窗口。主窗口销毁后，应用程序的主窗口对象为空，故发送 WM_QUIT 消息结束程序。

② MDI 主窗口的关闭。首先，关闭应用程序的所有文档对象。调用文档对象的 OnCloseDocument 函数关闭文档时，将销毁文档对象对应的文档边框窗口和它的视图窗口。这样，所有的 MDI 子窗口（包括其子窗口视图）被销毁，但应用程序的主窗口还在。接着，调用 DestroyWindow 成员函数销毁主窗口自身，DestroyWindow 发现被销毁的是应用程序的主窗口，于是发送 WM_QUIT 消息结束程序。

③ MDI 子窗口（文档边框窗口）的关闭。在这种情况下，被关闭的不是主窗口。判断与该文档边框窗口对应的文档对象是否还被其他一个或者多个文档边框窗口使用，如果是，则仅仅销毁该文档边框窗口（包括其子窗口视图）；否则，关闭文档，文档对象的 OnCloseDocument 将销毁该文档边框窗口（包括其子窗口视图）。

习　题

1. 为什么说 MFC 是一个编程框架？它提供了哪些相应的工具？

2. MFC 类库封装了哪些内容？

3. 典型的 MDI 应用程序 AppWizard 会自动创建一系列文件，如果工程的名字是 My，那么这些文件的名字是什么？

4. 说明构成应用程序的对象之间的关系。

5. 说明 MFC 对象和 Windows 对象的关系。

6. 说明 MFC 对象和 Windows 对象的区别。

7. CObject 类具有哪些特性？

8. 说明应用程序、文档模板、边框窗口、视图和文档等的创建关系。

9. 说明 WinMain 入口函数的流程。

10. 消息循环的过程是什么？

11. 应用程序的退出过程是什么？

第 5 章 MFC WinSock 类的编程

直接用 Windows Sockets API 编程，需要了解用它进行网络编程的框架，涉及复杂的消息驱动机制，还要自己设计处理套接字发送数据和接收数据的事件函数。

为了简化套接字网络编程，更方便地利用 Windows 系统的消息驱动机制，MFC 提供了两个套接字类，在不同的层次上对 Windows Socket API 函数进行了封装，为编写 Windows Socket 网络通信程序提供了两种编程模式。

一个是 CAsyncSocket 类，它在很低的层次上对 Windows Sockets API 进行了封装，它的成员函数和 Windows Sockets API 的函数调用直接对应。一个 CAsyncSocket 对象代表了一个 Windows 套接字。它是网络通信的端点。除了把套接字封装成 C++面向对象的形式供程序员使用以外，这个类唯一所增加的抽象就是将那些与套接字相关的 Windows 消息变为 CAsyncSocket 类的回调函数。

如果对网络通信的细节很熟悉，仍希望充分利用 Windows Sockets API 编程的灵活性并能完全地控制程序，同时还希望利用 Windows 系统对于网络事件通知的回调函数的便利性，就应当使用 CAsyncSocket 类进行网络编程。缺点是需要自己处理阻塞问题、字节顺序问题和字符串转换问题。

另一个是 CSocket 类，它是从 CAsyncSocket 类派生来的，是对 Windows Sockets API 的高级封装。CSocket 类继承了 CAsyncSocket 类的许多成员函数，这些函数封装了 Windows 套接字应用程序编程接口。在两个套接字类中，这些成员函数的用法是一致的。CSocket 类的高级性表现在如下三个方面。

（1）CSocket 类结合 Archive 类来使用套接字，就像使用 MFC 的系列化协议（Serialization Protocol）一样。

（2）CSocket 类管理了通信的许多方面，如字节顺序问题和字符串转换问题。而这些在使用原始 API 或者 CAsyncSocket 类时，都必须由用户自己来做，这就使 CSocket 类比 CAsyncSocket 类更容易使用。

（3）最重要的是，CSocket 类为 Windows 消息的后台处理提供了阻塞的工作模式（Blocking），而这是 CArchive 同步操作所必需的。

这两个类提供了事件处理函数，编程者通过对事件处理函数进行重载，可方便地对套接字发送数据、接收数据等事件进行处理。同时，可以结合 MFC 的其他类来使用这两个套接字类，并利用 MFC 的各种可视化向导，从而大大简化了编程。

在 MFC 中，有一个名为 afxSock.h 的包含文件，在这个文件中定义了 CAsyncSocket、CSocket 和 CSocketFile 三个套接字类。这个文件又引用了 afxwin.h 和 WinSock.h 两个包含文件，清楚地表明了这三个套接字类是在 Windows 应用程序编程接口和 Windows Sockets API 的基础上定义的。

文件同时指出，这3个类的具体实现在wsock32.lib库文件中。如果计算机安装了Visual Studio或Visual C++ 6.0，那么利用Windows的“查找”功能，可以找到afxSock.h文件。仔细阅读它，可以全面地了解这3个类的成员变量、成员函数、事件处理函数和相关符号常量的定义，这对于理解本章的内容，是很有帮助的。

微软公司的Windows操作系统提供了Windows Sockets动态链接库（DLL），Visual C++提供了相应的头文件和库文件，对于Windows NT以前的操作系统，支持16位的应用程序，所用的动态链接库是WINSOCK.DLL；从Windows NT系统起，支持32位应用程序，所用的动态链接库是WSOCK32.DLL，除了32位版本具有32位的参数以外，所提供的API是一致的。在Win32系统下，提供了线程的安全性。

5.1 CAsyncSocket类

CAsyncSocket类是从Cobject类派生而来，如图5.1所示。

使用CAsyncSocket类进行网络编程，可以充分利用Windows操作系统提供的消息驱动机制，通过应用程序框架来传递消息，方便地处理各种网络事件。另一方面，作为MFC微软基础类库中的一员，CAsyncSocket类可以与MFC的其他类融为一体，大大扩展了网络编程的空间，方便了编程。例如，利用Visual C++的各种可视化控件，可以方便地构造应用程序的用户界面，使编程者能够把精力集中到网络编程的算法上。同时，CAsyncSocket类还具有方便地处理多个协议的特点，具有较大的灵活性。

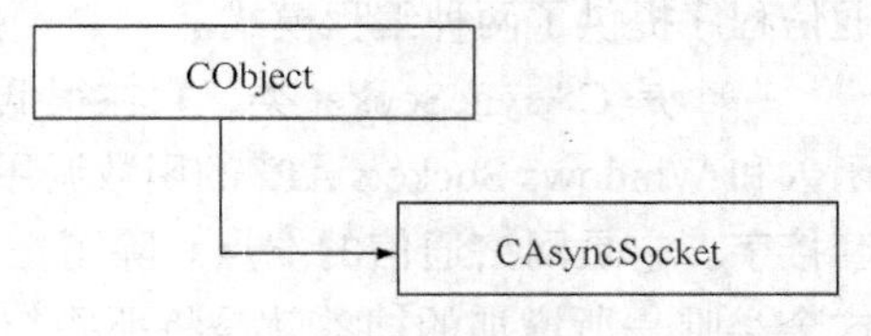

图5.1　CAsyncSocket类的派生关系

5.1.1 使用CAsyncSocket类的一般步骤

网络应用程序一般采用客户机/服务器模式，它们使用CAsyncSocket类编程的步骤有所不同，表5.1列出了具体的步骤。

表5.1　使用CAsyncSocket类编程的一般步骤

序号	服务器（Server）	客户机（Client）
1	//构造一个套接字 CAsyncSocket sockSrvr;	//构造一个套接字 CAsyncSocket sockClient;

2	//创建SOCKET句柄，绑定到指定的端口
	sockSrvr.Create(nPort);
		//创建SOCKET句柄，使用默认参数
		sockClient.Create( );

3	//启动监听，时刻准备接受连接请求
	sockSrvr.Listen( );	

4		//请求连接到服务器
		sockClient.Connect(strAddr, nport);

5	//构造一个新的空的套接字
	CAsyncSocket sockRecv;
	//接收连接请求
	sockSrvr.Accept(sockRecv);	

续表

序号	服务器（Server）	客户机（Client）

6	//接收数据
	sockRecv.Receive(pBuf, nLen);
		//发送数据
		sockClient.Send(pBuf, nLen);

7	//发送数据
	sockRecv. Send(pBuf, nLen);
		//接收数据
		sockClient.Receive(pBuf, nLen);

8	//关闭套接字对象
	sockRecv.Close( );
		//关闭套接字对象
		sockClient.Close( );

（1）客户机与服务器端都要首先构造一个 CAsyncSocket 对象，然后使用该对象的 Create 成员函数来创建底层的 SOCKET 句柄。服务器端要绑定到特定的端口。

（2）对于服务器端的套接字对象，应使用 CAsyncSocket::Listen 成员函数将它设置到开始监听状态，一旦收到来自客户机的连接请求，就调用 CAsyncSocket::Accept 成员函数来接收它。对于客户端的套接字对象，应使用 CAsyncSocket::Connect 成员函数，将它连接到一个服务器端的套接字对象。建立连接以后，双方就可以按照应用层协议交换数据了，如执行诸如检验口令之类的任务。

注意，Accept 成员函数将一个新的空的 CAsyncSocket 对象作为它的参数，在调用 Accept 之前必须构造这个对象。与客户端套接字的连接是通过它建立的，如果这个套接字对象退出，连接也就关闭。对于这个新的套接字对象，不要调用 Create 来创建它的底层套接字。

（3）调用 CAsyncSocket 对象的其他成员函数，如 Send 和 Receive，执行与其他套接字对象的通信。这些成员函数与 Windows Sockets API 函数在形式和用法上基本是一致的。

（4）关闭并销毁 CAsyncSocket 对象。如果在堆栈上（Stack）创建了套接字对象，当包含此对象的函数退出时，会调用该类的析构函数，销毁此对象。在销毁该对象之前，析构函数会调用该对象的 Close 成员函数。如果在堆（Heap）上使用 new 操作符创建了套接字对象，可先调用 Close 成员函数关闭它，再使用 delete 操作符来销毁这个对象。

在使用 CAsyncSocket 类对象进行网络通信时，编程者还必须处理好以下问题。

（1）阻塞处理。CAsyncSocket 类对象专用于异步操作，不支持阻塞工作模式，如果应用程序需要支持阻塞操作，必须自己解决。

（2）字节顺序的转换。在不同的结构类型的计算机之间进行数据传输时，可能会有计算机之间字节存储顺序不一致的情况，用户程序需要自己对不同的字节顺序进行转换。

（3）字符串转换。同样，不同结构类型的计算机的字符串存储顺序也可能不同，需要自行转换，如 Unicode 和 multibyte character set（MBCS）字符串之间的转换。

以下各小节将详细介绍上述步骤中所用到的重要的成员函数。

5.1.2　创建 CAsyncSocket 类对象

本书将 CAsyncSocket 类对象称为异步套接字对象。创建异步套接字对象一般分为两个步骤，首先构造一个 CAsyncSocket 对象，再创建该对象的底层的 SOCKET 句柄。

1. 创建空的异步套接字对象

通过调用 CAsyncSocket 类的构造函数，创建一个新的空 CAsyncSocket 类套接字对象，构造函数不带参数。套接字对象创建以后，必须调用它的成员函数，来创建底层的套接字数据结构，并绑定它的地址。

有如下两种使用方法。

（1）例如：

```
CAsyncSocket  aa;
aa.Create(…);
```

这种方式直接定义了 CAsyncSocket 类的变量。在编译时，会隐式地调用该类的构造函数，在堆栈上创建该类对象实例。使用这样的对象实例变量调用该类的成员变量或成员函数时，要用 .操作符。

（2）例如：

```
CAsyncSocket*  Pa;
Pa = new  CAsyncSocket;
Pa->Create(…);
```

这种方式先定义异步套接字类型的指针变量，再显式地调用该类的构造函数，在堆栈上生成该类对象实例，并将指向该对象实例的指针返回给套接字指针变量，使用这样的对象实例指针变量调用该类的成员时，要用->操作符。

2. 创建异步套接字对象的底层套接字句柄

通过调用 CAsyncSocket 类的 Create( )成员函数，创建该对象的底层套接字句柄，决定套接字对象的具体特性。调用格式为

```
BOOL  Create( UINT nSocketPort=0,
    int nSocketType = SOCK_STREAM,
    long  Ievent = FD_READ | FD_WRITE | FD_OOB | FD_ACCEPT |
    FD_CONNECT | FD_CLOSE, LPCTSTR lpszSocketAddress = NULL );
```

其中，

参数 1：nSocketPort 为无符号整数型，指定一个分配给套接字的传输层端口号，默认值为 0，表示让系统为这个套接字分配一个自由端口号。但是对于服务器应用程序，一般都使用事先分配的众所周知的公认端口号。所以服务器应用程序调用此成员函数时，一般都指定端口号。

参数 2：nSocketType 为整数型，指定套接字的类型，若使用 SOCK_STREAM 符号常量，就生成流式套接字；若使用 SOCK_DGRAM 符号常量，就生成数据报套接字。SOCK_STREAM 是默认值。

参数 3：Ievent 为长整数型，指定将为此 CAsyncSocket 对象生成通知消息的套接字事件，默认对所有的套接字事件都生成通知消息。

参数 4：lpszSocketAddress 为字符串指针，指定套接字的网络地址，对 Internet 通信域来说，就是主机域名或 IP 地址，如“ftp.microsoft.com”或“128.56.22.8”。如果使用默认值 NULL，则表示使用本机默认的 IP 地址。

例如，创建一个使用 27 端口的流式异步套接字对象。

```
CAsyncSocket* pSocket = new CAsyncSocket;
int nPort = 27;
pSocket->Create( nPort, SOCK_STREAM );
```

5.1.3 关于 CAsyncSocket 类可以接受并处理的消息事件

在 CasyncSocket 类的 Create 成员函数中，参数 Ievent（网络事件），指定将为此 CasyncSocket

对象生成通知消息的套接字事件，最能体现 CasyncSocket 类对于 Windows 消息驱动机制的支持。

1. 6 种与套接字相关的事件与通知消息

参数 Ievent 可以选用的 6 个符号常量是在 WinSock.h 文件中定义的。

```
#define FD_READ                    0x01
#define FD_WRITE                   0x02
#define FD_OOB                     0x04
#define FD_ACCEPT                  0x08
#define FD_CONNECT                 0x10
#define FD_CLOSE                   0x20
```

它们代表 MFC 套接字对象可以接受并处理的 6 种网络事件，当事件发生时，套接字对象会收到相应的通知消息，并自动执行套接字对象响应的事件处理函数。

（1）FD_READ 事件通知：通知有数据可读。当一个套接字对象的数据输入缓冲区收到了其他套接对象发送来的数据时，发生此事件，并通知该套接字对象，告诉它可以调用 Receive 成员函数来接收数据（读）。

（2）FD_WRITE 事件通知：通知可以写数据。当一个套接字对象的数据输出缓冲区中的数据已经发送出去，输出缓冲区已腾空时，发生此事件，并通知该套接字对象，告诉它可以调用 Send 成员函数向外发送数据（写）。

（3）FD_ACCEPT 事件通知：通知监听套接字有连接请求可以接受。当客户端的连接请求到达服务器端时，进一步说，是当客户端的连接请求已经进入服务器端监听套接字的接收缓冲区队列时，发生此事件，并通知监听套接字对象，告诉它可以调用 Accept 成员函数来接收待决的连接请求。这个事件仅对流式套接字有效，并且发生在服务器端。

（4）FD_CONNECT 事件通知：通知请求连接的套接字，连接的要求已被处理。当客户端的连接请求已被处理时，发生此事件。存在两种情况：一种是服务器端已接受了连接请求，双方的连接已经建立，通知客户端套接字，可以使用连接来传输数据了；另一种情况是连接请求被拒绝，通知客户端套接字，它所请求的连接失败。这个事件仅对流式套接字有效，并且发生在客户端。

（5）FD_CLOSE 事件通知：通知套接字已关闭。当所连接的套接字关闭时发生。

（6）FD_OOB 事件通知：通知将有带外数据到达。当对方的流式套接字发送带外数据时，发生此事件，并通知接收套接字，正在发送的套接字有带外数据（Out-of-band Data）要发送，带外数据是与每对连接的流式套接字相关的在逻辑上独立的通道，带外数据通道典型地是用来发送紧急数据（Urgent Data）。MFC 支持带外数据，使用 CAsyncSocket 类的高级用户可能需要使用带外数据通道，但不鼓励使用 CSocket 类的用户使用它。更容易的方法是创建第二个套接字来传送这样的数据。

2. MFC 框架对于 6 个网络事件的处理

当上述的网络事件发生时，MFC 框架做何处理呢？按照 Windows 系统的消息驱动机制，MFC 框架应当把消息发送给相应的套接字对象，并调用作为该对象成员函数的事件处理函数。事件与处理函数是一一映射的。

在 afxSock.h 文件的 CAsyncSocket 类的声明中，定义了与这 6 个网络事件对应的事件处理函数。

```
virtual void OnReceive(int nErrorCode);          //对应  FD_READ 事件
virtual void OnSend(int nErrorCode);             //对应  FD_WRITE 事件
virtual void OnAccept(int nErrorCode);           //对应  FD_ACCEPT 事件
```

```
virtual void OnConnect(int nErrorCode);          //对应 FD_CONNECT 事件
virtual void OnClose(int nErrorCode);            //对应 FD_CLOSE 事件
virtual void OnOutOfBandData(int nErrorCode);    //对应 FD_OOB 事件
```

其中，

参数 nErrorCode 的值，是在函数被调用时，由 MFC 框架提供的，表明套接字最新的状况，如果是 0，说明没错，函数能成功执行；如果为非零值，说明套接字对象有某种错误。

当某个网络事件发生时，MFC 框架会自动调用套接字对象对应的事件处理函数。这就相当于给了套接字对象一个通知，告诉它某个重要的事件已经发生，所以也称之为套接字类的通知函数（Notification Functions）或回调函数（Callback Functions）。

3. 重载套接字对象的回调函数

套接字对象的回调函数定义的前面都有 virtual 关键字，这表明它们是可重载的。在编程时，一般并不直接使用 CAsyncSocket 类或 CSocket 类，而是从它们派生出自己的套接字类。然后在派生出的类中，对这些虚拟函数进行重载，加入应用程序对于网络事件处理的特定代码。

如果从 CAsyncSocket 类派生了自己的套接字类，就必须重载该应用程序所感兴趣的那些网络事件所对应的通知函数。如果从 CSocket 类派生了一个类，是否重载所感兴趣的通知函数则由自己决定。也可以使用 CSocket 类本身的回调函数，但在默认情况下，CSocket 类本身的回调函数什么也不做，只是个空架子。

MFC 框架自动调用通知函数，使得用户可以在套接字被通知的时候来优化套接字的行为。例如，用户可以从自己的 OnReceive 通知函数中调用套接字对象的成员函数 Receive，就是说，在被通知的时候，已经有数据可读了，才调用 Receive 来读它。这个方法不是必需的，但它是一个有效的方案。此外，也可以使用自己的通知函数跟踪进程，打印 TRACE 消息等。

对于 CSocket 对象，还有如下一些不同之处。

在一个诸如接收或发送数据的操作期间，一个 CSocket 对象成为同步的，在同步状态期间，在当前套接字等待它想要的通知时（例如，在一个 Receive 调用期间，套接字想要一个可读的通知），任何为其他套接字的通知被排成队列，一旦该套接字完成了它的同步操作，并再次成为异步的，其他套接字才可以开始接收排队的通知。

重要的一点是：在 CSocket 中，从来不调用 OnConnect 通知函数，建立连接时只简单地调用 Connect 函数，仅当连接完成时，无论连接成功与失败，该函数都返回连接通知，连接通知如何被处理是一个 MFC 内部的实现细节。

5.1.4 客户端套接字对象请求连接到服务器端套接字对象

使用流式套接字需要事先建立客户端和服务器端之间的连接，然后才能进行数据传输。在服务器端套接字对象已经进入监听状态之后，客户机应用程序可以调用 CAsyncSocket 类的 Connect( ) 成员函数，向服务器发出一个连接请求，如果服务器接收了这个连接请求，两端的连接请求就建立了起来，否则，该成员函数返回 FALSE。

CAsyncSocket::Connect 成员函数有两种重载的调用形式，区别在于入口参数不同。

格式一：BOOL Connect(LPCTSTR lpszHostAddress, UINT nHostPort);

其中，

参数 1：lpszHostAddress 是一个表示主机名的 ASCII 格式的字符串，指定所要连接的服务器端套接字的网络地址，可以是主机域名，如“ftp.microsoft.com”；也可以是点分十进制的 IP 地址，如“128.56.22.8”。

参数 2：nHostPort 指定所要连接的服务器端套接字的端口号。

格式二：BOOL　Connect(const SOCKADDR* lpSockAddr, int nSockAddrLen);

其中，

参数 1：lpSockAddr 是一个指向 SOCKADDR 结构变量的指针，该结构中包含了所要连接的服务器端套接字的地址，包括主机名和端口号等信息。

参数 2：nSockAddrLen 给出 lpSockAddr 结构变量中地址的长度，以字节为单位。

返回值：两种格式的返回值都是布尔型。如果返回 TRUE（非零值），说明当客户机程序调用此成员函数发出连接请求后，服务器接收了请求，函数调用成功，连接已经建立；否则，返回 FALSE，即 0，说明调用发生了错误，或者服务器不能立即响应，函数就返回。这时，可以调用 GetLastError( )获得具体的错误代码。

如果调用成功或者发生了 WSAEWOULDBLOCK 错误，当调用结束返回时，都会发生 FD_CONNECT 事件，MFC 框架会自动调用客户端套接字的 OnConnect( )事件处理函数，并将错误代码作为参数传送给它。它的原型调用格式如下。

```
virtual  void  OnConnect( int  nErrorCode );
```

参数 nErrorCode 是调用 Connect( )成员函数获得的返回错误代码，如果它的值为 0，表明连接成功建立了，套接字对象可以进行数据传输了，如果连接发生错误，参数将包含一个特定的错误码。

可调用这个成员函数来连接到一个流式的或数据报套接字对象。参数结构中的地址字段不能全为 0，否则本函数将返回 0。当本函数成功完成的时候，对于流式套接字，初始化了与服务器的连接，套接字已准备好发送/接收数据；对于数据报套接字，仅设置了一个默认的目标，它将被用于随后的 Send( )和 Receive( )成员函数调用。

5.1.5　服务器接收客户机的连接请求

在服务器端，使用 CAsyncSocket 流式套接字对象，一般按照以下步骤来接收客户端套接字对象的连接请求。

（1）服务器应用程序必须首先创建一个 CAsyncSocket 流式套接字对象，并调用它的 Create 成员函数创建底层套接字句柄。这个套接字对象专门用来监听来自客户机的连接请求，所以称它为监听套接字对象。

（2）调用监听套接字对象的 Listen 成员函数，使监听套接字对象开始监听来自客户端的连接请求。此函数的调用格式是：

```
BOOL  Listen( int  nConnectionBacklog = 5);
```

其中，

参数 nConnectionBacklog 指定了监听套接字对象等待队列中最大的待处理连接请求个数，取值范围为 1～5，默认值是 5。

调用这个成员函数来启动对于到来的连接请求的监听，启动后，监听套接字处于被动状态。如果有连接请求到来，就被确认（acknowledged），并将它接纳到监听套接字对象的等待队列中，排队待处理。如果参数 nConnectionBacklog 的值大于 1，等待队列缓冲区就有多个位置，监听套接字就可以同时确认接纳多个连接请求；但是如果连接请求到来时，等待队列已满，这个连接请求将被拒绝，客户端套接字对象将收到一个 WSAECONNREFUSED 错误码。已排在等待队列中的待处理连接请求，由随后调用的 Accept 成员函数接收。每接收一个，等待队列就腾空一个位置，又可以确认接纳新到来的连接请求。因此，监听套接字的等待队列是动态变化的。Listen 函数仅对面向连接的流式套接字对象有效，一般用在服务器端。

当 Listen 函数确认并接纳了一个来自客户端的连接请求后，会触发 FD_ACCEPT 事件，监听套接字会收到通知，表示监听套接字已经接纳了一个客户机的连接请求，MFC 框架会自动调用监听套接字的 OnAccept 事件处理函数，它的原型调用格式如下。

```
virtual void OnAccept( int nErrorCode );
```

编程者一般应重载此函数，在其中调用监听套接字对象的 Accept 函数，来接收客户端的连接请求。

（3）创建一个新的空的套接字对象，不需要使用它的 Create 函数来创建底层套接字句柄。这个套接字专门用来与客户端连接，并进行数据的传输。一般称它为连接套接字，并作为参数传递给下一步的 Accept 成员函数。

（4）调用监听套接字对象的 Accept 成员函数，调用格式为

```
    virtual BOOL Accept( CAsyncSocket&  rConnectedSocket,
         SOCKADDR*  lpSockAddr = NULL, int*  lpSockAddrLen = NULL );
```

其中，

参数 1：rConnectedSocket 是一个服务器端新的空的 CAsyncSocket 对象，专门来和客户端套接字建立连接并交换数据，就是上一步骤创建的连接套接字对象，必须在调用 Accept 函数之前创建，但不需要调用它的 Create( )成员函数来构建该对象的底层套接字句柄，在 Accept 成员函数的执行过程中，会自动创建，并绑定到此对象。

参数 2：lpSockAddr 是一个指向 SOCKADDR 结构的指针，用来返回所连接的客户机套接字的网络地址。如果 lpSockAddr 和 lpSockAddrLen 中有一个取默认值 NULL，则不返回任何信息。

参数 3：lpSockAddrLen 是整型指针，用来返回客户机套接字网络地址的长度，调用时，是 SOCKADDR 结构的长度，返回时，是 lpSockAddr 所指地址的实际长度，以字节为单位。

调用服务器端的监听套接字对象的 Accept 成员函数，来接收一个客户端套接字对象的连接请求，函数的执行过程是：首先从监听套接字的待决连接队列中取出第一个连接请求，然后使用与监听套接字相同的属性创建一个新的底层套接字，将它绑定到 rConnectedSocket 参数的套接字对象上，并用它与客户端建立连接。如果调用此函数时队列中没有待决的连接请求，函数 Accept 就立即返回，返回值为 0，调用 GetLastError 可以返回一个错误码。

rConnectedSocket 的套接字对象不能用来接收更多的连接，仅用来和连接的客户机套接字对象交换数据。而原来的监听套接字仍然保持打开和监听的状态。lpSockAddr 参数是一个返回结果的参数，它被填以请求连接的套接字的地址。Accept 仅用于面向连接的流式套接字。

5.1.6 发送与接收流式数据

当服务器和客户机建立了连接以后，就可以在服务器端的连接套接字对象和客户端的套接字对象之间传输数据了。对于流式套接字对象，使用 CAsyncSocket 类的 Send 成员函数向流式套接字发送数据，使用 Receive 成员函数从流式套接字接收数据。

1. 用 Send 成员函数发送数据

格式：

```
virtual  int  Send( const void* lpBuf, int nBufLen, int nFlags = 0);
```

其中，

参数 1：lpBuf 是一个指向发送缓冲区的指针，该缓冲区中存放了要发送的数据。

参数 2：nBuf Len 给出发送缓冲区 lpBuf 中数据的长度，以字节为单位。

参数 3：nFlags 指定发送的方式，可以使用预定义的符号常量，指定执行此调用的方法。这个函数的执行方式由套接字选项和参数共同决定，参数可以使用以下符号常量的或运算。

MSG_DONTROUTE：表示采用非循环的数据发送方式，说明数据不应该是路由的对象，Windows Sockets 的提供者可以选择忽略这个参数。

MSG_OOB：表示要发送的数据是带外数据，仅对流式套接字有效。

如果没有错误发生，Send 返回实际发送的字节总数，这个数可以小于参数 nBuf Len 所指示的数量；否则，返回值为 SOCKET_ERROR，紧接着调用 GetLastError 可以获得一个错误码。

调用这个成员函数向一个已建立连接的套接字发送数据，这个 CAsyncSocket 套接字既可以是流式套接字，也可以是数据报套接字。

对于 CAsyncSocket 流式套接字对象，实际发送的字节数可以在 1 和所要求的长度之间，这取决于通信双方的缓冲区。

对于数据报套接字，发送的字节数不应超出底层子网的最大 IP 包的长度，这个参数在执行 AfxSocketInit 时，由返回的 WSADATA 结构中的 iMaxUdpDg 成员指出，如果数据太长，以至于不能自动地通过底层协议，就会通过 GetLastError 返回一个 WSAEMSGSIZE 错误，并且不发送任何数据。当然，对于数据报套接字，Send 成功地执行，并不表示数据已成功地到达对方。

对于一个 CAsyncSocket 套接字对象，当它的发送缓冲区腾空时，会激发 FD_WRITE 事件，套接字会得到通知，MFC 框架会自动调用这个套接字对象的 OnSend 事件处理函数。一般情况下，编程者会重载这个函数，在其中调用 Send 成员函数来发送数据。

2. 用 Receive 成员函数接收数据

格式：

```
Virtual  int  Receive( Void* lpBuf, Int nBufLen, Int nFlags = 0);
```

其中，

参数 1：lpBuf 指向接收缓冲区的指针，该缓冲区用来接收到达的数据。

参数 2：nBuf Len 给出缓冲区的字节长度。

参数 3：nFlags 设置数据的接收方式，可以使用的预定义的符号常量如下。

MSG_PEEK：表示将数据从等待队列读入缓冲区，并且不将数据从缓冲区清除。

MSG_OOB：表示接收带外数据。

如果没有错误发生，Receive 函数返回接收到的字节数，如果连接已经关闭，它返回 0；否则，返回值为 SOCKET_ERROR，调用 GetLastError 可以得到一个错误码。

调用这个成员函数可从一个套接字接收数据。这个函数用于已建立连接的流式套接字或数据报套接字，用来将已经到达套接字输入队列中的数据读到指定的接收缓冲区中。

对于流式套接字，在所提供的接收缓冲区容量允许的情况下，接收尽可能多的数据，如果对方已经关闭了连接，Receive 将立即返回，返回值为 0。如果连接已经复位，此函数将失败，返回值为 SOCKET_ERROR，错误码为 WSAECONNRESET。

对于数据报套接字，如果所提供的接收缓冲区足够大，就接收一个完整的数据报，如果数据报比所提供的缓冲区大，那么按照缓冲区的容量，接收数据报的前半部分，超出的部分被丢掉，并且 Receive 返回 SOCKET_ERROR，错误码是 WSAEWOULDBLOCK。

对于一个 CAsyncSocket 套接字对象，当有数据到达它的接收队列时，会激发 FD_READ 事件，套接字会得到已经有数据到达的通知，MFC 框架会自动调用这个套接字对象的 OnReceive 事件处理函数。一般编程者会重载这个函数，在其中调用 Receive 成员函数来接收数据。在应用程序将数据取走之前，套接字接收的数据将一直保留在套接字的缓冲区中。

5.1.7 关闭套接字

1. 使用 CAsyncSocket 类的 Close 成员函数

格式：

```
virtual  void  Close();
```

当数据交换结束后，应用程序应调用 CAsyncSocket 类的 Close 成员函数来释放套接字占用的系统资源，也可以在 CAsyncSocket 对象被删除时，由该类的析构函数自动调用 Close 函数。Close 函数运行的行为取决于套接字选项的设置，如果设置了 SO_LENGER，调用 Close 时如果缓冲区中还有尚未发送出去的数据，那就要等到这些数据发送出去之后才关闭套接字，如果设置了 SO_DONTLINGER 选项，则不等待而立即关闭。

2. 使用 CAsyncSocket 类的 ShutDown( )成员函数

使用 CAsyncSocket 类的 ShutDown( )成员函数，可以选择关闭套接字的方式，可将套接字置为不能发送数据，或不能接收数据，或二者均不能的状态。

格式：

```
BOOL  ShutDown( int  nHow = sends );
```

其中，

参数 nHow 是一个标志，用来描述本函数所要禁止的套接字对象的功能。可以从以下 3 种枚举值中选择。

receives = 0，	禁止套接字对象接收数据。
sends = 1，	禁止套接字对象发送数据，这是默认值。
both = 2，	禁止套接字对象发送和接收数据。

返回值：如果函数执行成功，返回非零值；否则，返回 0，调用可以得到一个特定的错误码。

调用这个成员函数可禁止套接字的发送或接收。ShutDown 可用于所有类型的套接字。如果 nHow 是 0，将禁止随后的接收，这对于比较低的协议层没有影响。对于 TCP，TCP 的滑动窗口不变，到达的数据仍被接收（但不确认），直到窗口耗尽，对于 UDP，到达的数据被接收并排成队列。不会产生一个 ICMP 错误包。如果 nHow 是 1，将禁止随后的发送。对于 TCP 套接字，将设置 FIN 位。将 nHow 设置为 2，则发送和接收都被禁止。

ShutDown 并不关闭套接字。但套接字既不能被重新使用，也不释放套接字占用的资源，应用程序还必须调用 Close( )函数来真正释放套接字占用的资源，所以仅当套接字无用时，才这样处理。

5.1.8 错误处理

一般来说，调用 CAsyncSocket 对象的成员函数后，返回一个逻辑型的值，如果成员函数执行成功，返回 TRUE；如果失败，返回 FALSE。究竟是什么原因造成错误呢？这时，可以进一步调用 CAsyncSocket 对象的 GetLastError( )成员函数，来获取更详细的错误代码，并进行相应的处理。

格式：

```
static int GetLastError();
```

返回值是一个错误码，针对刚刚执行的 CAsyncSocket 成员函数。

调用这个成员函数可得到一个关于刚刚失败的操作的错误状态码。当一个特定的成员函数指示已出现了一个错误的时候，就应当调用它来获取相应的错误码。在微软公司提供的 MSDN 资料光盘中，可以找到每一个成员函数可能的错误码及其含义。有兴趣的读者可以去查看。

5.1.9　其他成员函数

1. 关于套接字属性的函数

要设置底层套接字对象的属性，可以调用 SetSocketOpt( )成员函数；要获取套接字的设置信息，可调用 GetSocketOpt( )成员函数；要控制套接字的工作模式，可调用 IOCtl( )成员函数，选择合适的参数，可以将套接字设置在阻塞模式（Blocking Mode）下工作。

2. 发送和接收数据

发送和接收数据与创建 CAsyncSocket 对象时选择的套接字类型有关，如果创建的是数据报类型的套接字，用 SendTo( )成员函数来向指定的地址发送数据，事先不需要建立发送端和接收端之间的连接，用 ReceiveFrom( )成员函数可以从某个指定的网络地址接收数据。

发送数据 SendTo 的调用格式，有两种重载的形式，区别在于参数不同：

```
int  SendTo( const  void*  lpBuf, int  nBufLen, UINT  nHostPort,
      LPCTSTR lpszHostAddress = NULL, int nFlags = 0 );
int  SendTo( const  void*  lpBuf, int  nBufLen,
      const SOCKADDR*  lpSockAddr, int  nSockAddrLen, int  nFlags = 0 );
```

此函数的返回值，功能与 Send 成员函数相同，参数多了两个，用来指定发送数据的目的套接字对象。

增加的参数如下。

参数 1：nHostPort 发送目的方的端口号。

参数 2：lpszHostAddress 发送目的方的主机地址。

参数 3：lpSockAddr 是 SockAddr 结构指针，包含发送目的方的网络地址。

参数 4：nSockAddrLen 给出 SockAddr 结构的长度。

接收数据 ReceiveFrom 的调用格式，也有两种重载的形式，区别在于参数不同：

```
int ReceiveFrom( void* lpBuf, int nBufLen, CString& rSocketAddress,
     UINT& rSocketPort, int nFlags = 0 );
int ReceiveFrom( void* lpBuf, int nBufLen, SOCKADDR* lpSockAddr,
     int* lpSockAddrLen, int nFlags = 0 );
```

此函数的返回值，功能与 Receive 成员函数相同，参数多了两个，用来指定接收数据的来源套接字对象。

增加的参数如下。

参数 1：rSocketAddress 是一个 CString 对象，包含一个点分十进制的 IP 地址。

参数 2：rSocketPort 是一个 UINT，包含一个端口号。

参数 3：lpSockAddr 是一个指向 SOCKADDR 结构的指针，用来返回源地址。

参数 4：lpSockAddrLen 是整型指针。

调用本函数可从套接字接收一个数据报，并将该数据报的源地址存在 SOCKADDR 结构中，或 rSocketAddress 中。本函数用来读取一个套接字上的到达数据，并获取该数据报的发送端地址，这个套接字可能也建立了连接。

对于流式套接字，本函数与 Receive 函数一样，参数 lpSockAddr 和 lpSockAddrLen 被忽略。

5.2 CSocket 类

CSocket 类是从 CAsyncSocket 类派生而来的，它们的派生关系如图 5.2 所示。

CSocket 类提供了一个更高级别的 WinSock 编程接口，是对 WinSock API 的高级封装，它的特点如下。

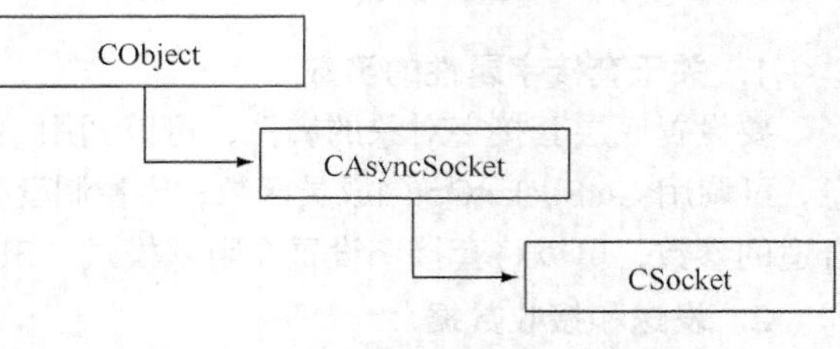

图 5.2　CSocket 类的派生关系

◇　可以和 CSocketFile 类和 CArchive 类一起工作，来处理数据的发送和接收。

◇　用户不必再去处理字节顺序、字符串转换等问题。

◇　提供了阻塞调用的功能，一些成员函数，如 Receive( )、Send( )、ReceiveFrom( )、SendTo( )和 Accept( )等，在不能立即发送或接收数据时，不会立即返回一个 WSAEWOULDBLOCK 错误，它们会等待，直到操作结束。这对于使用 CArchive 类来进行同步数据传输是最基本的要求。这些特点都简化了 CSocket 类的编程。

5.2.1　创建 CSocket 对象

创建 CSocket 对象分为两个步骤。

（1）调用 CSocket 类的构造函数，创建一个空的 CSocket 对象。

（2）调用此 CSocket 对象的 Create( )成员函数，创建对象的底层套接字。调用格式是：

```
BOOL Create(
    UINT  nSocketPort = 端口号,
    Int  nSocketPort = SOCK_STREAM | SOCK_DGRAM,
    LPCTSTR  lpszSocketAddress = 套接字所用的网络地址 );
```

如果打算使用 CArchive 对象和套接字一起进行数据传输工作，则必须使用流式套接字。

5.2.2　建立连接

CSocket 类使用基类 CAsyncSocket 的同名成员函数 Connect( )、Listen( )和 Accept( )来建立服务器和客户机套接字之间的连接，使用方法相同。不同的是：CSocket 类的 Connect( )和 Accept( )支持阻塞调用。例如，在调用 Connect( )函数时会发生阻塞，直到成功地建立了连接或有错误发生才返回，在多线程的应用程序中，一个线程发生阻塞，其他的线程仍能处理 Windows 事件。

CSocket 对象从不调用 OnConnect( )事件处理函数。

5.2.3　发送和接收数据

在创建 CSocket 类对象后，对于数据报套接字，直接使用 CSocket 类的 SendTo( )、ReceiveFrom( )成员函数来发送和接收数据。对于流式套接字，首先在服务器和客户机之间建立连接，然后使用 CSocket 类的 Send( )、Receive( )成员函数来发送和接收数据，它们的调用方式与 CAsyncSocket

类相同。

不同的是：CSocket 类的这些函数工作在阻塞的模式。例如，一旦调用了 Send( )函数，在所有的数据发送之前，程序或线程将处于阻塞的状态。一般将 CSocket 类与 CArchive 类和 CSocketFile 类结合，来发送和接收数据，这将使编程更为简单。

CSocket 对象从不调用 OnSend( )事件处理函数。

5.2.4　CSocket 类、CArchive 类和 CSocketFile 类

使用 CSocket 类的最大优点在于，应用程序可以在连接的两端通过 CArchive 对象来进行数据传输。具体做法如下。

（1）创建 CSocket 类对象。

（2）创建一个基于 CSocketFile 类的文件对象，并把它的指针传给上面已创建的 CSocket 对象。

（3）分别创建用于输入和输出的 CArchive 对象，并将它们与这个 CSocketFile 文件对象连接。

（4）利用 CArchive 对象来发送和接收数据。

下面是一段示例代码：

```
CSocket  exSocket;              //创建一个空的 CSocket 对象
CSocketFile* pExFile;           //定义一个 CSocketFile 对象指针
CArchive*  pCArchiveIn;         //定义一个用于输入的 Carchive 对象指针
CArchive*  pCArchiveOut;        //定义一个用于输出的 Carchive 对象指针
exSocket.Create();              //创建 Csocket 对象的底层套接字
                                //创建 CSocketFile 对象，并将 CSocket 对象的指针传递给它
pExFile = new CSocketFile( & exSocket,TRUE);
                                //创建用于输入的 CArchive 对象
pCArchiveIn = new CArchive(pExFile, CArchive::load);
                                //创建用于输出的 CArchive 对象
pCArchiveOut = new CArchive(pExFile, CArchive::store);
```

通过 CArchive 对象来进行数据传输的过程是这样的。应用程序不需要直接调用 CSocket 类的数据传输成员函数，而是利用由 CArchive 对象、CSocketFile 对象和 CSocket 对象级联而形成的数据传输管道，如图 5.3 所示。

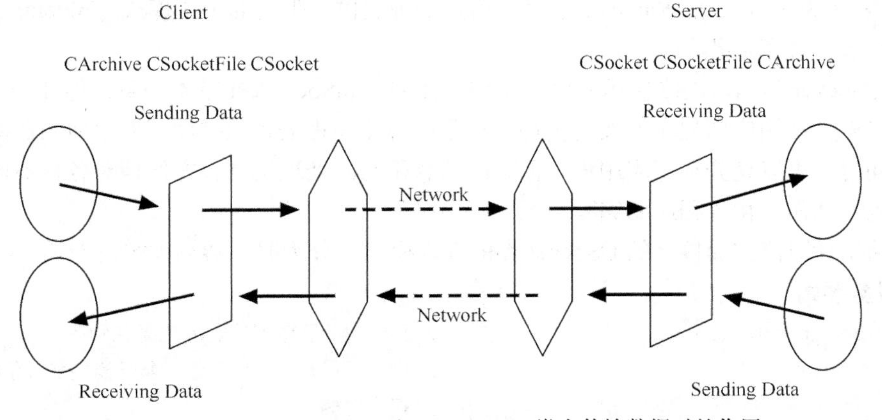

图 5.3　CSocket、CArchive 和 CSocketFile 类在传输数据时的作用

在发送端，将需要传输的数据插入到用于发送的 CArchive 对象，CArchive 对象会将数据传

输到 CSocketFile 对象中，再交给 CSocket 对象，由套接字来发送数据；在接收端，按照相反的顺序传递数据，最终应用程序从用于接收数据的 CArchive 对象中析取传输过来的数据。向 CArchive 对象插入数据的操作符是<<，从 CArchive 对象析取数据的操作符是>>。

还要注意，一个特定的 CArchive 对象只能进行单方向的数据传递，要么用于输入，要么用于输出。因此，如果应用程序既要发送数据又要接收数据，那就必须在每一端创建两个独立的 CArchive 对象，一个用 CArchive::load 属性创建，用来接收数据；一个用 CArchive::store 属性创建，用来发送数据。这两个 CArchive 对象可以共享同一个 CSocketFile 对象和 CSocket 套接字。

另外，当把需要发送的数据都写入到 CArchive 对象中以后，还必须调用 CArchive::Flush( ) 函数来刷新 CArchive 对象的缓冲区，这时数据才真正从网络上发送出去，否则，接收端就收不到数据。

5.2.5 关闭套接字和清除相关的对象

在使用完 CSocket 对象以后，应用程序应调用它的 Close( )成员函数来释放套接字占用的系统资源，也可以调用它的 ShutDown( )成员函数来禁止套接字读写。而对于相应的 CArchive 对象、CSocketFile 对象和 CSocket 对象，可以将它们销毁；也可以不做处理，因为当应用程序终止时，会自动调用这些对象的析构函数，从而释放这些对象占用的资源。

5.3 CSocket 类的编程模型

CSocket 类是从 CAsyncSocket 类派生的，它为结合 MFC CArchive 对象来使用套接字提供了一个高级的抽象，结合 CArchive 类来使用套接字，就像使用 MFC 的系列化协议（Serialization Protocol）一样。这就使 CSocket 类比 CAsyncSocket 类更容易使用。CSocket 类从 CAsyncSocket 类继承了许多成员函数，这些函数封装了 Windows 套接字应用程序编程接口（Windows Sockets APIs）。编程者将必须使用一些这样的函数，并理解套接字编程的一般知识。但是，CSocket 管理了通信的许多方面，而这些在使用原始 API 或者 CAsyncSocket 类时，都必须由编程者自己来做。最重要的是，CSocket 类为 Windows 消息的后台处理提供了阻塞的工作模式（Blocking），而这是 CArchive 同步操作所必需的。

使用 CSocket 类编写网络应用程序的思路与使用 WinSock API 基本一致，但使用 CSocket 类编程，可以充分利用应用程序框架的优势，利用可视化编程语言的控件，方便地构造图形化的用户界面，同时，可以充分利用应用程序框架的消息驱动的处理机制，方便地对各种不同的网络事件做出响应，从而简化了程序的编写。

下面给出针对流式套接字的 CSocket 类的编程模型，分为服务器端和客户端。

1．服务器端

```
（1）CSocket  sockServ;                 //创建空的服务器端监听套接字对象
                                        //用众所周知的端口，创建监听套接字对象的底层套
                                        //接字句柄
（2）sockServ.Create( nPort );
（3）sockServ.Listen();                 //启动对客户端连接请求的监听
```

```
(4) CSocket sockRecv;                          //创建空的服务器端连接套接字对象
                                               //接收客户端的连接请求，并将其他任务转交给
                                               //连接套接字对象
    sockServ.Accept( sockRecv);
(5) CSockFile* file ;
    file = new CSockFile( &sockRecv);          //创建文件对象并关联到连接套接字对象
(6) CArchive* arIn, arOut;
    arIn = CArchive(&file, CArchive::load);    //创建用于输入的归档对象
    arOut = CArchive( &file, CArchive::store);//创建用于输出的归档对象
    // 归档对象必须关联到文件对象
(7) arIn >> dwValue;                           //进行数据输入
    adOut << dwValue;                          //进行数据输出，输入或输出可以反复进行
(8) sockRecv.Close();
    sockServ.Close();                          //传输完毕，关闭套接字对象
```

2. 客户端

```
(1) CSocket sockClient;                        //创建空的客户端套接字对象
(2) sockClient.Create();                       //创建套接字对象的底层套接字
(3) sockClient.Connect( strAddr, nPort );      //请求连接到服务器
(4) CSockFile* file ;
    file = new CSockFile( &sockClent);         //创建文件对象，并关联到套接字对象
(5) CArchive* arIn, arOut;
    arIn = CArchive(&file, CArchive::load);    //创建用于输入的归档对象
    arOut = CArchive( &file, CArchive::store);//创建用于输出的归档对象
                                               //归档对象必须关联到文件对象
(6) arIn >> dwValue;                           //进行数据输入
    adOut << dwValue;                          //进行数据输出，输入或输出可以反复进行
(7) sockClient.Close();                        //传输完毕，关闭套接字对象
```

还要强调以下几点。

服务器端应用程序在创建专用于监听的套接字对象时，要指定为这种服务分配的众所周知的保留端口号，这样才能使客户机程序正确地连接到服务器。

服务器接收到连接请求后，必须创建一个专门用于连接的套接字对象，并将以后的连接和数据传输工作移交给它。

通常，一个服务器应用程序应能处理多个客户机的连接请求，对于每一个客户机的套接字对象，服务器端应用程序都应该相应地创建一个与它们进行连接和数据交换的套接字对象。因此，在服务器端，应该采用动态的方式来创建这些连接套接字对象（可参见 5.5 节的实例）。

5.4　用 CAsyncSocket 类实现聊天室程序

5.4.1　实现目标

应用实例是一个简单的聊天室程序，采用 C/S 模型，分为客户端程序和服务器端程序。由于

服务器只能支持一个客户机，因此实际上是一个点对点通信的程序。客户端程序和服务器端程序通过网络交换聊天的字符串内容，并在窗口的列表框中显示。实例程序的技术要点如下。

（1）如何从 CAsyncSocket 类派生出自己的 WinSock 类。

（2）理解 WinSock 类与应用程序框架的关系。

（3）重点学习流式套接字对象的使用。

（4）处理网络事件的方法。

这个实例虽然比较简单，但能说明网络编程的许多问题，作为本书的第一个 MFC 编程实例，将结合它详细说明使用 MFC 编程环境的细节，而在其他的例子中，只做简单叙述。

5.4.2 创建客户端应用程序

编程环境使用 Visual Studio 2015。首先利用可视化语言的集成开发环境（IDE）来创建应用程序框架。为简化编程，采用基于对话框的架构，具体的步骤如下。

1. 使用 MFC ApplicationWizard 创建客户端应用程序框架

（1）打开 Visual Studio 2015，选择“File”/“New”/“Project”命令，出现图 5.4 所示的“New Project”对话框，在“New Project”（新建工程）对话框中，从左边的列表框中选择 Visual C++ 下的 MFC 条目，然后在中间区域选中“MFC Application”（MFC 应用程序），在下方的“Name”（工程名）文本框中填入工程名“talkc”，在“Location”（位置）文本框中选定存放此工程的目录，并勾选右下角的“Create directory for solution”（为解决方案创建目录）复选框，然后单击“OK”按钮。

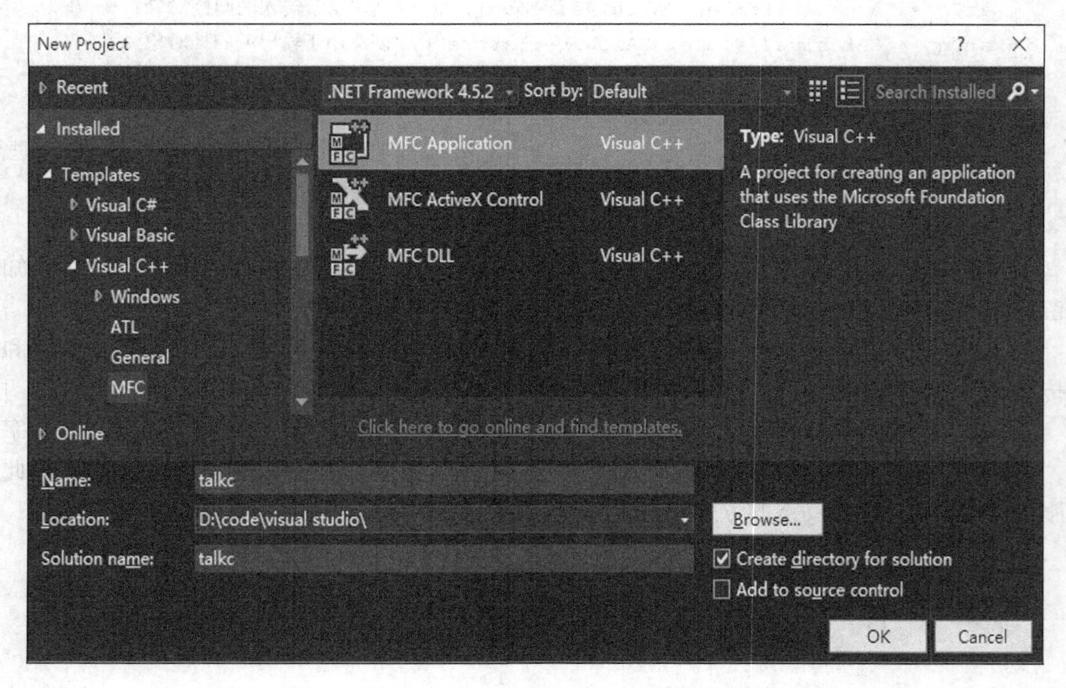

图 5.4　利用 MFC ApplicationWizard 创建应用程序

（2）出现 MFC ApplicationWizard 设置对话框（MFC ApplicationWizard – talkc），如图 5.5 所示。因为这里有些设置需要自定义，直接单击“Next”按钮。

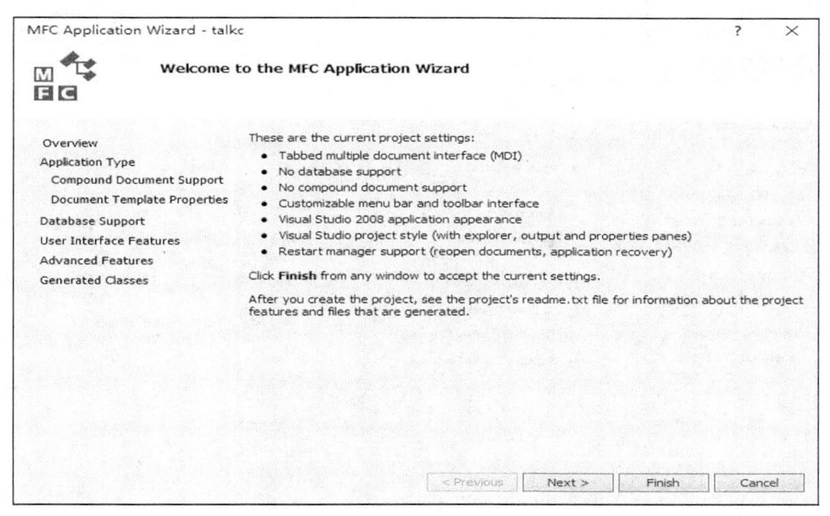

图 5.5　MFC ApplicationWizard 设置

（3）出现 MFC ApplicationWizard 设置的 Application Type（应用程序类型）对话框，如图 5.6 所示，勾选“Dialog Based”复选框，并将下面的 Resource Language 改为“中文（简体，中国）”。其他设置默认就行。直接单击“Next”按钮，出现 User interface Features 设置，还是按照默认，单击“Next”按钮。

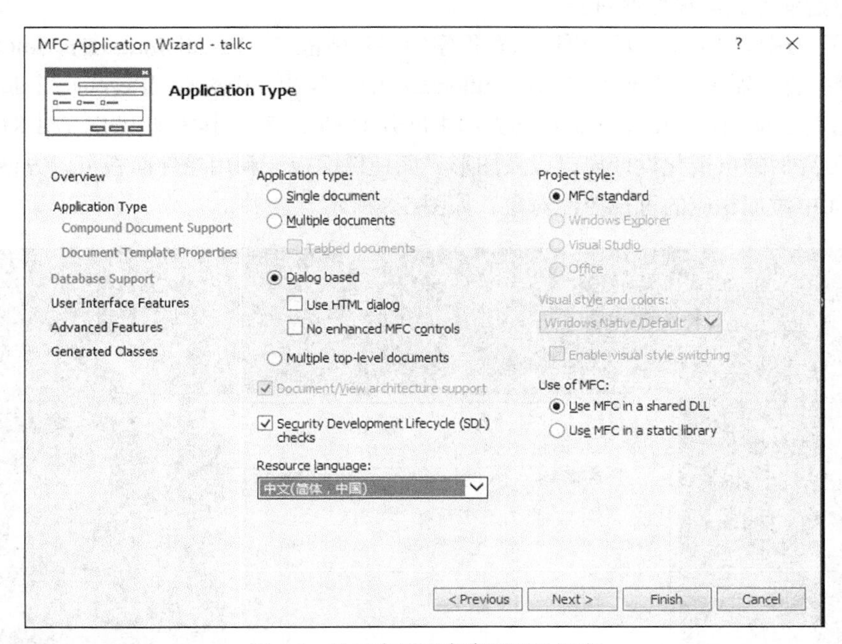

图 5.6　设置应用程序类型以及语言

（4）出现“Advanced Features”（高级功能）对话框，如图 5.7 所示，勾选“Windows Sockets”复选框，表示支持 Windows Sockets 编程，其他设置默认，然后直接单击“Finish”按钮完成项目的创建。

至此，应用程序创建成功，此向导所创建的程序是一个基于对话框的 Win32 应用程序，将自动创建两个类：应用程序类 CTalkcApp，对应的文件是 talkc.h 和 talkc.cpp；对话框类 CTalkcDlg，对应的文件是 talkcDlg.h 和 talkcDlg.cpp，支持 Windows Socket。

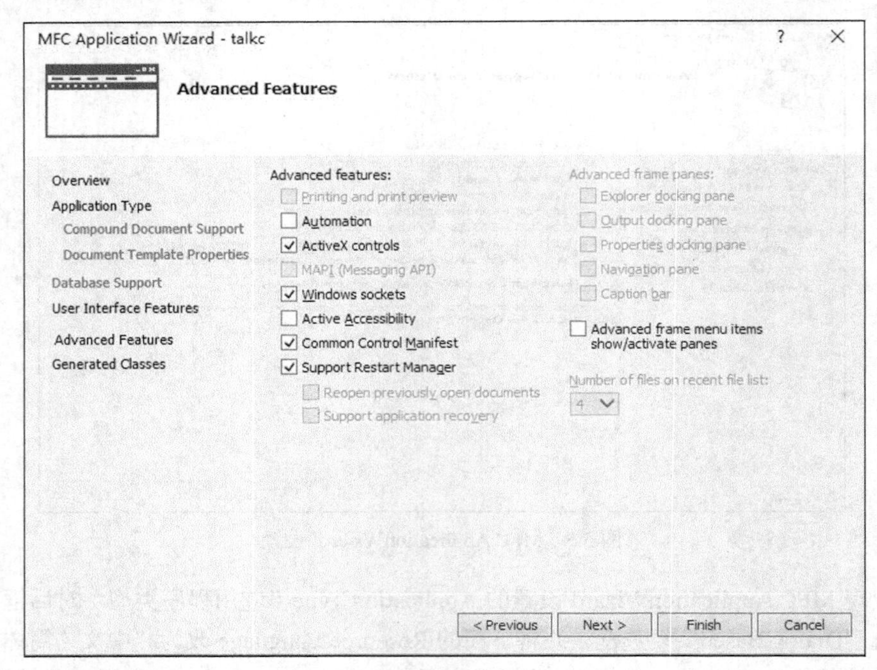

图 5.7　增加对于 Windows Socket 的支持

2. 为对话框界面添加控件对象

在创建了应用程序框架之后，可以布置程序的主对话框。在 Visual Studio 的“Solution Explorer（解决方案资源管理器）”（可通过 View-Solution Explorer 调出）中选择“Resource Files”并通过单击展开，双击其子项“talkc.rc”，在出现的界面中展开 Dialog，双击其中的 IDD_TALKC_DIALOG，便会出现图形界面的可视化设计窗口以及图形界面控件面板，利用控件面板可以方便地在程序的主对话框界面中添加相应的可视控件对象，如图 5.8 所示。

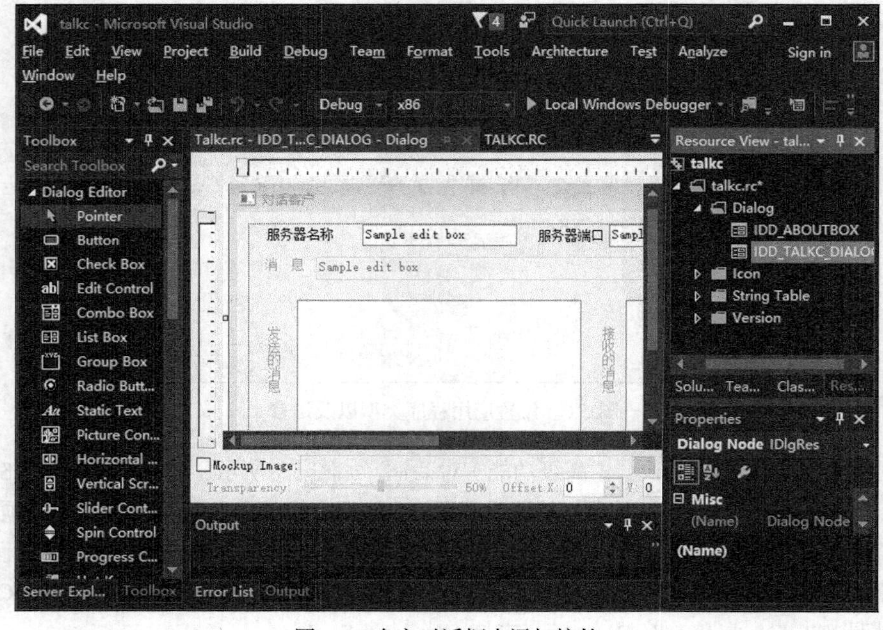

图 5.8　在主对话框中添加控件

完成的对话框如图 5.9 所示，然后按照表 5.2 修改控件的属性。

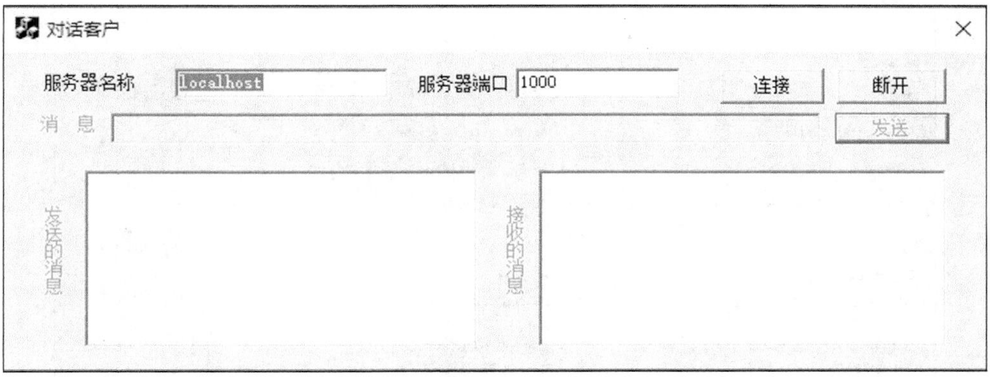

图 5.9　Talkc 程序的主对话框

表 5.2　　Talkc 程序主对话框中的控件属性

控件类型	控件 ID	Caption
静态文本　static text	IDC_STATIC_SERVNAME	服务器名称
静态文本　static text	IDC_STATIC_SERVPORT	服务器端口
静态文本　static text	IDC_STATIC_MSG	消息
静态文本　static text	IDC_STATIC_SENT	发送的消息
静态文本　static text	IDC_STATIC_RECEIVED	接收的消息
编辑框　edit box	IDC_EDIT_SERVNAME	
编辑框　edit box	IDC_EDIT_SERVPORT	
编辑框　edit box	IDC_EDIT_MSG	
命令按钮　button	IDC_BUTTON_CONNECT	连接
命令按钮　button	IDC_BUTTON_CLOSE	断开
命令按钮　button	IDOK	发送
列表框　listbox	IDC_LIST_SENT	
列表框　listbox	IDC_LIST_RECEIVED	

3. 为对话框中的控件对象定义相应的成员变量

在窗口菜单中选择“Project（项目）”/“Class Wizard（类向导）”命令，进入“MFC ClassWizard”（类向导）对话框，如图 5.10 所示。

在“Class name”下拉列表中选择“CTalkcDlg”，然后选择“Member Variables”（成员变量）选项卡，用类向导为对话框中的控件对象定义相应的成员变量。在左边的列表框中选择一个控件，然后单击“Add Variable”（添加变量）按钮，会弹出“Add Member Variable Wizard”（添加成员变量）对话框，如图 5.11 所示，然后按照表 5.3 输入即可。

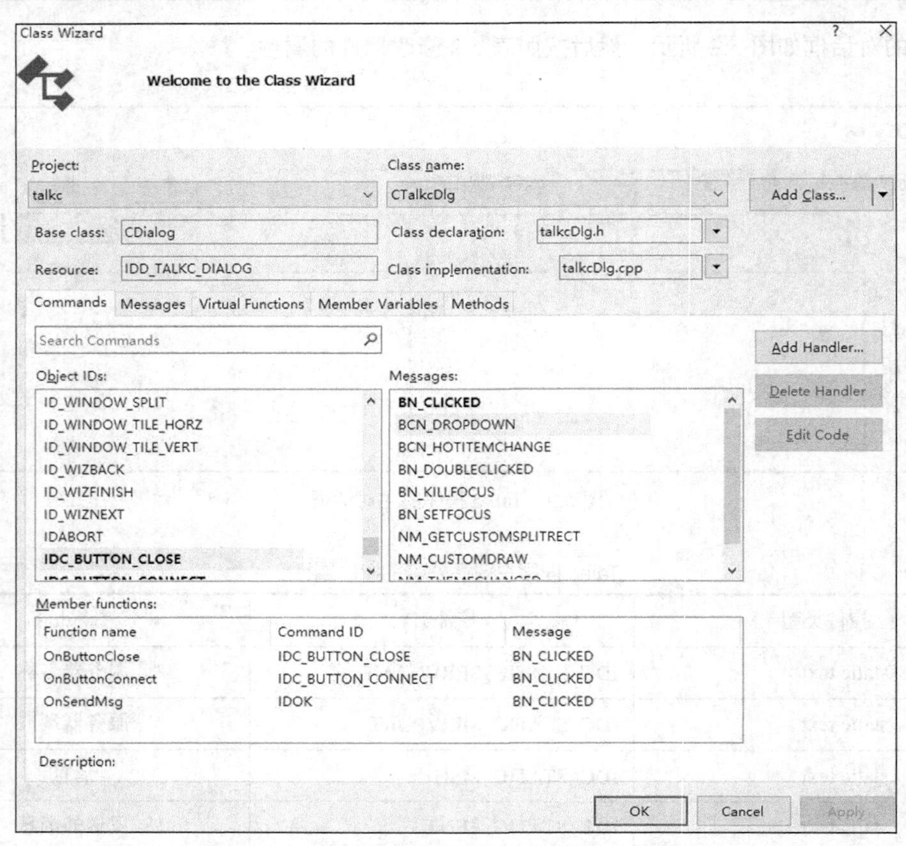

图 5.10 “MFC ClassWizard”（类向导）对话框

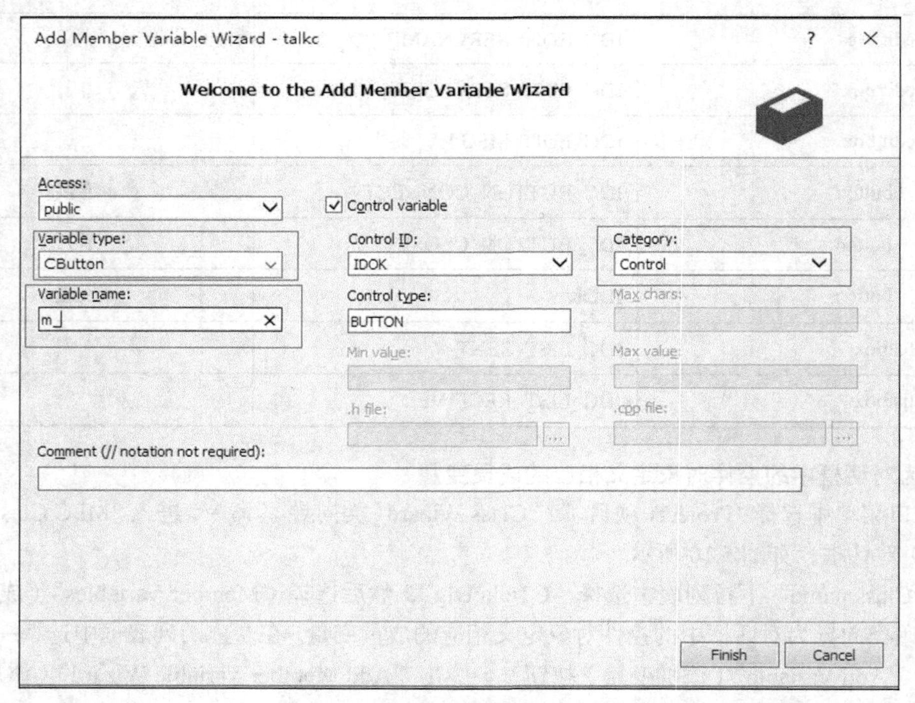

图 5.11 增加控件成员变量的对话框

表 5.3　　客户端程序对话框中的控件对象对应的成员变量

控件 ID（Control IDs）	变量名称（Member Variable Name）	变量类别（Category）	变量类型（Variable Type）
IDC_BUTTON_CONNECT	m_btnConnect	Control	CButton
IDC_EDIT_SERVNAME	m_strServName	Value	CString
IDC_EDIT_SERVPORT	m_nServPort	Value	int
IDC_EDIT_MSG	m_strMsg	Value	CString
IDC_LIST_SENT	m_listSent	Control	CListBox
IDC_LIST_RECEIVED	m_listReceived	Control	CListBox

4. 创建从 CAsyncSocket 类继承的派生类

（1）为了能够捕获并响应 socket 事件，应创建用户自己的套接字类，它应当从 CAsyncSocket 类派生，还能将套接字事件传递给对话框，以便执行用户自己的事件处理函数。在 Solution Explorer（解决方案资源管理器）中选中“talkc”，单击鼠标右键，选择“Add” / “Class”命令，在弹出的对话框里选择 MFC 下的 MFC Class，然后单击“Add”按钮，进入“MFC Add Class Wizard”（新建类）对话框，如图 5.12 所示。

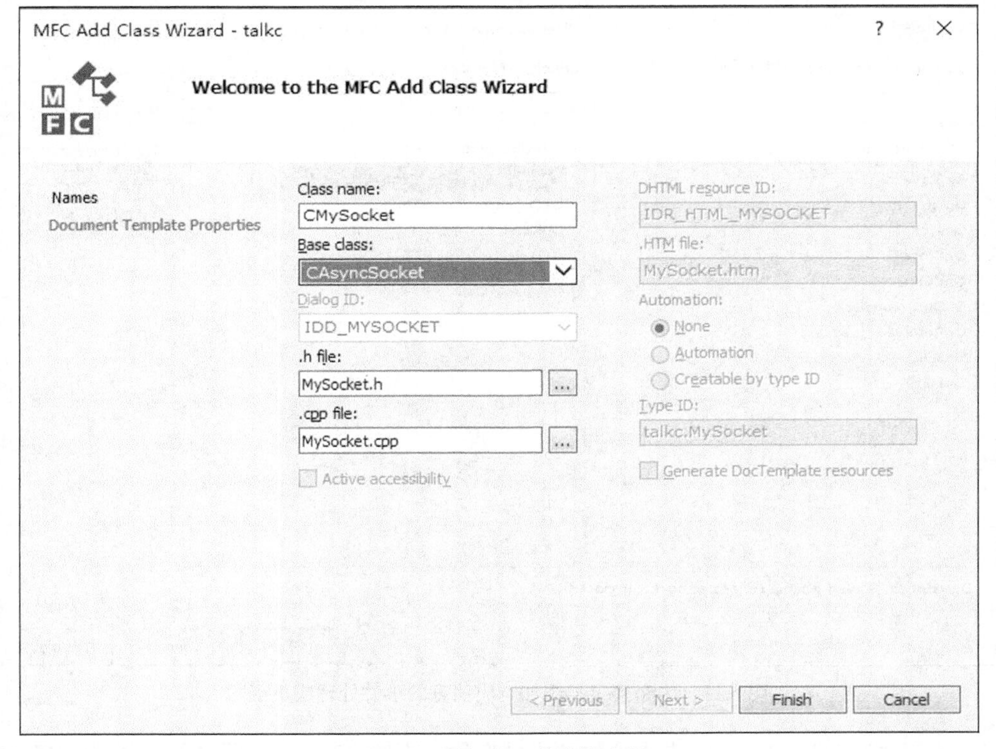

图 5.12　添加自己的套接字类

选择或输入以下信息。

Class Name：输入 CMySocket。

Base class（基类）：通过下拉列表选择 CAsyncSocket。

单击“Finish”按钮，系统会自动生成 CMySocket 类对应的包含文件 MySocket.h 和 MySocket.cpp 文件，在 Visual Studio 界面的 Class View 中就可以看到这个类。

（2）利用类向导 ClassWizard 为这个套接字类添加响应消息的事件处理成员函数。选择“Project（项目）”/“Class Wizard（类向导）”命令，进入类向导对话框，通过下拉列表选择 Class name 为 CMySocket，选择“Virtual Functions”（虚函数）选项卡，从“Virtual functions”（虚函数）列表框中选择事件消息对应的虚函数，然后单击“Add Function”（添加函数）按钮或直接双击虚函数，就会看到在“Overridden virtual functions”（重写的虚函数）列表框中添加了相应的事件处理函数。如图 5.13 所示，此程序中需要添加 OnConnect、OnClose 和 OnReceive 3 个函数。这一步会在 CMySocket 类的 MySocket.h 中自动生成这些函数的声明，在 MySocket.cpp 中生成这些函数的框架，以及消息映射的相关代码（可参看后面的程序清单）。

图 5.13　为套接字类添加响应消息的事件处理成员函数

（3）为套接字类添加一般的成员函数和成员变量。选择“Project（项目）”/“Class Wizard（类向导）”命令，进入类向导对话框，在“Class name”下拉列表中选择“CMySocket”，选择“Methods”选项卡，单击“Add Method”按钮，可以为该类添加成员函数；选择“Member Variables”选项卡，单击“Add Custom”按钮可以为该类添加成员变量，如图 5.14 所示。图 5.15 和图 5.16 所示是添加操作的对话框。

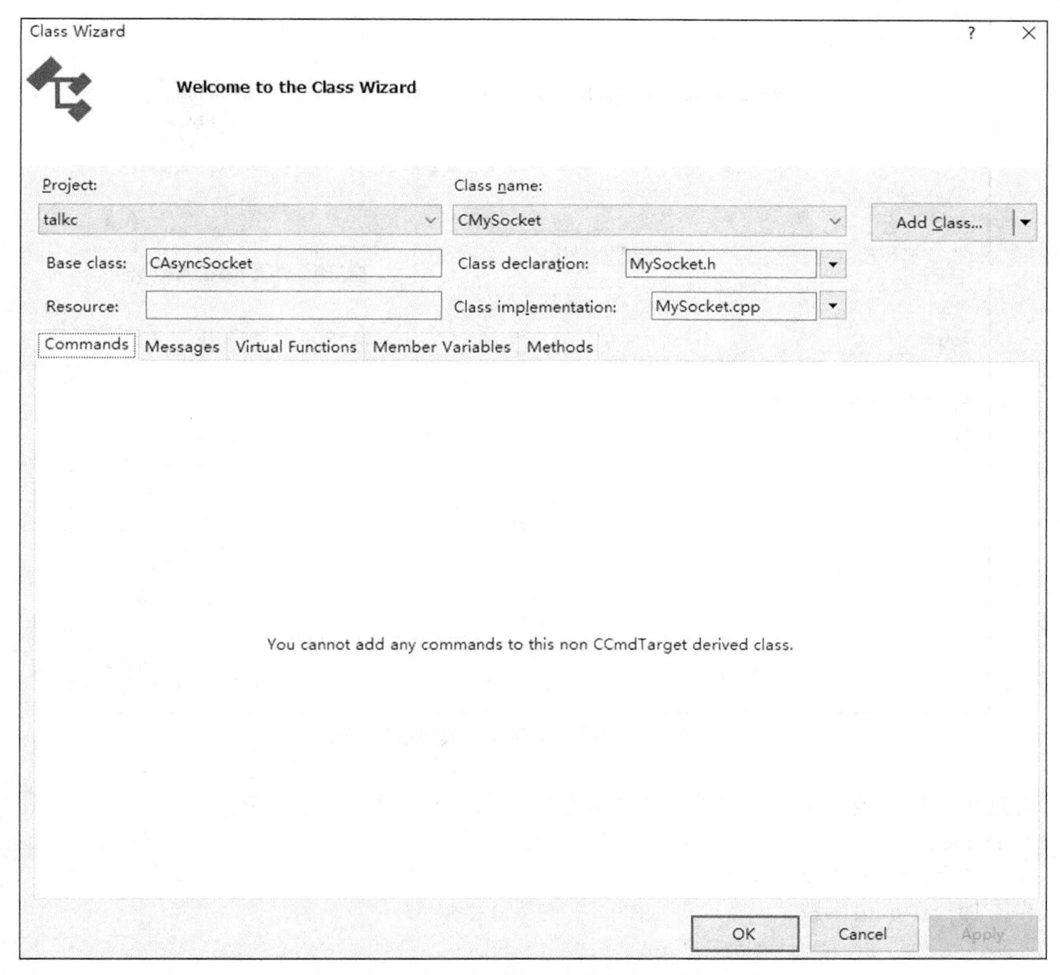

图 5.14　通过类向导添加成员变量或成员函数

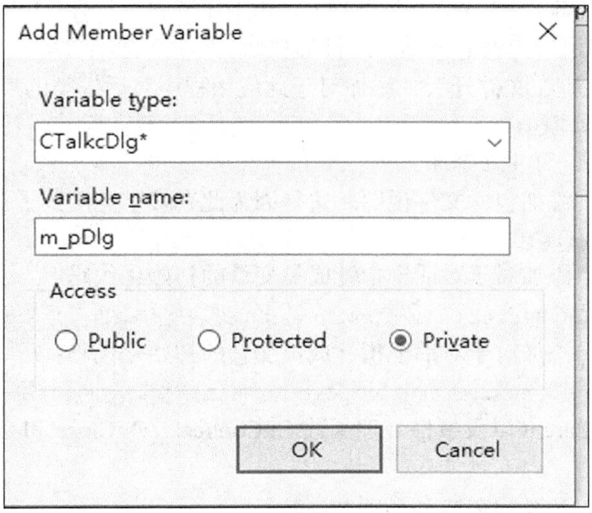

Add Member Variable

Variable type:

CTalkcDlg*

Variable name:

m_pDlg

Access

Public　Protected　Private

OK　Cancel

图 5.15　为套接字类添加一般的成员变量

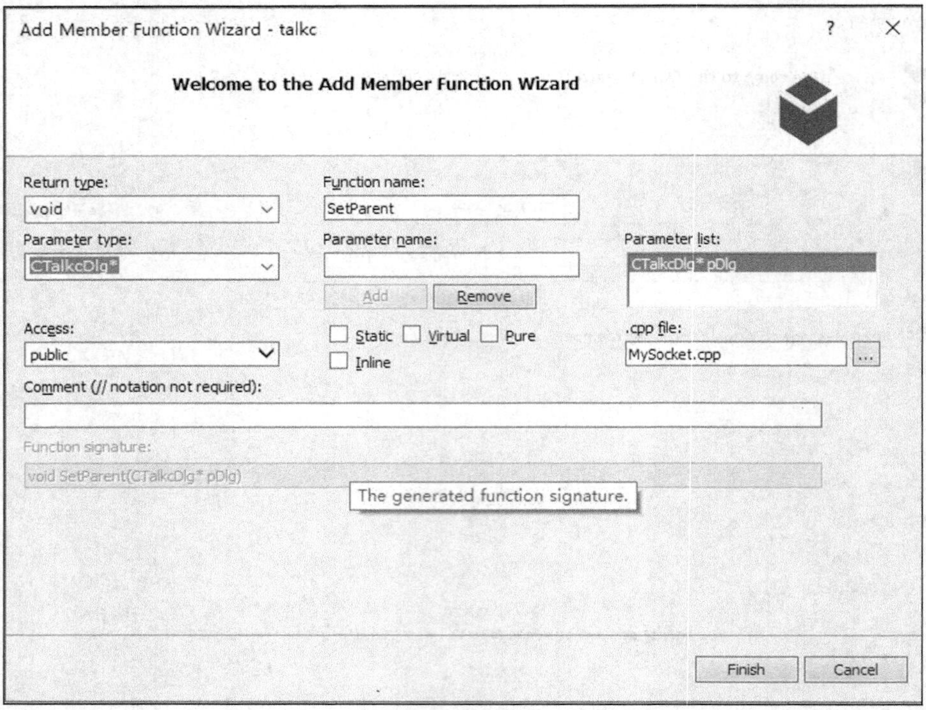

图 5.16　为套接字类添加一般的成员函数

对这个套接字类，添加一个私有的成员变量，是一个对话框类的指针。

```
private:
    CTalkcDlg * m_pDlg;
```

再添加一个成员函数：

```
void SetParent(CTalkcDlg * pDlg);
```

这一步同样会在 MySocket.h 中生成变量或函数的声明，在 MySocket.cpp 中生成函数的框架代码。如果熟悉的话，这一步的代码也可以直接手工添加。

（4）手工添加其他代码。在 VC++的界面中，在工作区窗口选择“FileView”选项卡，双击要编辑的文件，在右面的窗口中就会展示该文件的代码，可以编辑添加。

对于 MySocket.h，应在文件开头，添加对于此应用程序对话框类的声明：

```
    class  CTalkcDlg;
```

对于 MySocket.cpp，有 4 处添加。

① 应在文件开头，添加包含文件说明。这是因为此套接字类用到了对话框类的变量。

```
    #include  "TalkcDlg.h"
```

② 在构造函数中，添加对于对话框指针成员变量的初始化代码：

```
    CMySocket::CMySocket() { m_pDlg = NULL; }
```

③ 在析构函数中，添加对于对话框指针成员变量的初始化代码：

```
    CMySocket::~CMySocket() { m_pDlg = NULL; }
```

④ 为成员函数 setParent 以及事件处理函数 OnConnect、OnClose 和 OnReceive 添加代码（详见后面的程序清单）。

5. 为对话框类添加控件对象事件的响应函数

用类向导（Class Wizard)为对话框中的控件对象添加事件响应函数。打开类向导的方式就不再赘述，打开类向导后选择 Class Name 为 CtalkcDlg，然后选择“Commands”选项卡，按照表 5.4 依次为 3 个按钮的单击事件的处理函数，如图 5.17 所示。其他函数是原有的。

表 5.4 为对话框中的控件对象添加事件响应函数

控件类型	对象标识（Object IDs）	消息（Messages）	成员函数（Member functions）
命令按钮	IDC_BUTTON_CLOSE	BN_CLICKED	OnButtonClose
命令按钮	IDC_BUTTON_CONNECT	BN_CLICKED	OnButtonConnect
命令按钮	IDOK	BN_CLICKED	OnSendMsg

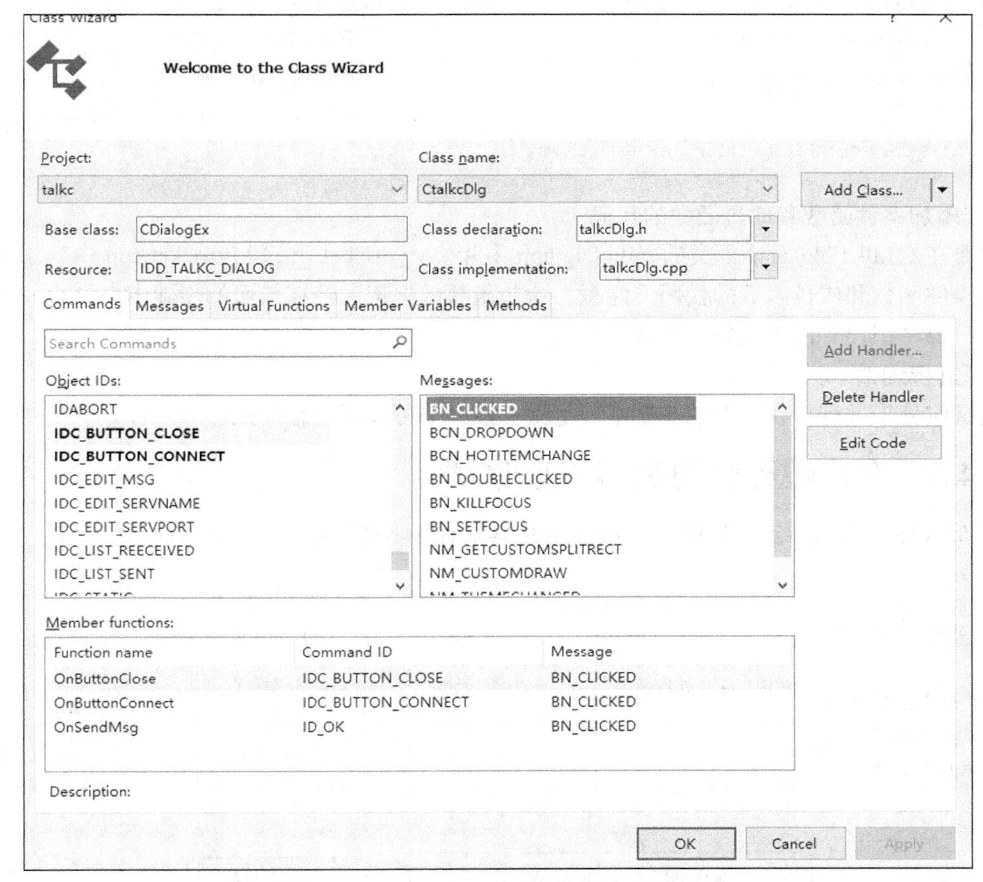

图 5.17 为对话框类添加控件事件的处理函数

这一步会在 talkcDlg.h 中自动添加这 3 个事件处理函数的声明，在 talkcDlg.cpp 中生成消息映射的代码，和这 3 个函数的框架代码。

6. 为 CTalkcDlg 对话框类添加其他的成员函数和成员变量

成员变量：

```
CMySocket  m_sConnectSocket;  //用来与服务器端连接的套接字
```

成员函数：

```
void  OnClose();                    //用来处理与服务器端的通信
void  OnConnect();
void  OnReceive();
```

7. 手工添加的代码

在 CTalkcDlg 对话框类的 talkcDlg.h 中添加对于 MySocket.h 的包含命令，来获得对于套接字支持：

```
#include "MySocket.h"
```

在 CTalkcDlg 对话框类的 talkcDlg.cpp 中添加对于控件变量的初始化代码：

```
// TODO: Add extra initialization here
//用户添加的控件变量的初始化代码
BOOL CTalkcDlg::OnInitDialog()
{
    m_strServName="localhost";                    //服务器名 = localhost
    m_nServPort=1000;                             //服务端口 = 1000
    UpdateData(FALSE);                            //更新用户界面
                                                  //设置套接字类的对话框指针成员变量
    m_sConnectSocket.SetParent(this);
}
```

8. 添加事件函数和成员函数的代码

主要在 CTalkcDlg 对话框类的 talkcDlg.cpp 中和 CMySocket 类的 Mysocket.cpp 中，添加用户自己的事件函数和成员函数的代码。注意，这些函数的框架已经在前面的步骤中由 VC++的向导生成，只要将用户自己的代码填入其中即可。

9. 进行测试

测试应分步进行，在上面的步骤中，每做一步，都可以试着编译执行。

5.4.3 客户端程序的类与消息驱动

图 5.18 所示为点对点交谈的客户端程序的类与消息驱动关系。

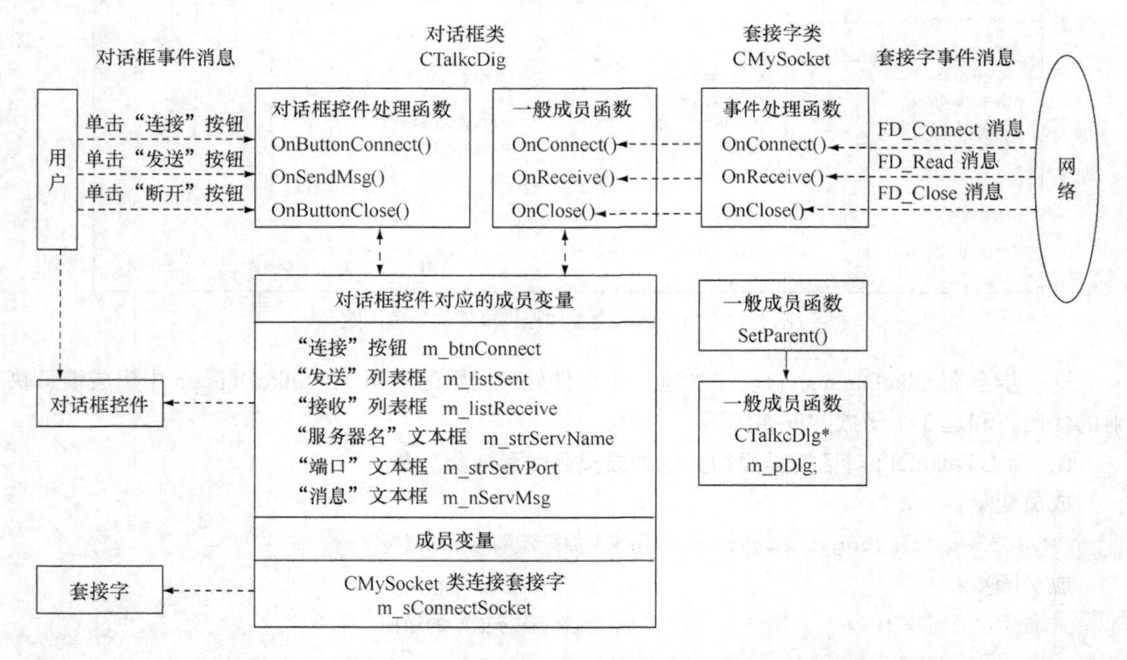

图 5.18 talkc 客户端程序的类与消息驱动的关系

程序运行后，经过初始化处理，向用户展示对话框，然后就进入消息循环，通过消息引发相应类的事件处理函数的执行，从而完成程序的功能。主要有两类消息，一类是套接字收到的来自网络的消息；一类是对话框类收到的来自用户操作对话框产生的消息。

CMySocket 套接字类对象，具体地说是 m_sConnectSocket 变量所代表的套接字对象，接收来自网络的套接字事件消息，执行相应的事件处理函数，这些函数并不真正做什么事，而是转而调用对话框类的相应成员函数，由这些函数真正完成发送连接请求、接收数据和关闭的任务。套接字类的事件处理函数就像传令兵，有了情况就向对话框类报告。之所以这样做，是因为操作涉及对话框的许多成员变量和控件变量，由对话框类的成员函数来处理比较方便和直接。套接字类的成员变量 m_pDlg 是指向对话框类的指针，在消息转接中起了关键的作用。

用户直接面对对话框，可以直接操作对话框中的控件，如输入服务器的名字、输入端口号等，当用户单击按钮时，会产生事件消息，引发相应处理函数的执行。

从用户操作的流程来看，应首先启动服务器端程序，并单击“监听”按钮，使之进入监听状态，然后启动客户端程序。用户单击“连接”按钮，与服务器建立连接，然后就可以在“消息”文本框中输入聊天的消息，单击“发送”按钮，向服务器发送消息，如果服务器向客户机发了消息，客户端会接收它，并将它显示在列表框中。

5.4.4　客户端程序主要功能的代码和分析

以下是点对点交谈的客户端程序 talkc 工程的主要文件清单，对于 VC++自动生成的框架代码，大多省略，并代之以省略号，对于上一节各步骤涉及的代码，都详细列出，并做出说明。

1. 应用程序类 CTalkcApp 对应的文件

应用程序类 CTalkcApp，对应的文件是 talkc.h 和 talkc.cpp；talkc.h 定义了 CTalkcApp 类，talkc.cpp 是该类的实现代码，完全由 VC++自动创建，用户不必做任何改动。

2. 派生的套接字类 CMySocket 对应的文件

CMySocket 类对应 MySocket.h 头文件和 MySocket.CPP 文件。

（1）MySocket.h 头文件清单。

```
// MySocket.h : header file
#if !defined(AFX_MYSOCKET_H__9741_9F2125BA065C__INCLUDED_)
#define AFX_MYSOCKET_H__9741_9F2125BA065C__INCLUDED_

#if _MSC_VER > 1000
#pragma once
#endif // _MSC_VER > 1000

class CTalkcDlg;                                    //手工添加的对话框类的声明
////////////////////////////////////////////////////////////////////////////
// CMySocket 类的定义
class CMySocket : public CAsyncSocket
{
// Attributes
public:
// Operations
public:
    CMySocket();                                    //构造函数
    virtual ~CMySocket();                           //析构函数
```

```
    // Overrides
    public:
        void SetParent(CTalkcDlg* pDlg);            //编程者添加的一般成员函数
        // ClassWizard generated virtual function overrides
        //{{AFX_VIRTUAL(CMySocket)
        public:
                                                    //类向导添加的 3 个事件响应函数的声明
        virtual void OnConnect(int nErrorCode);    //响应 OnConnect 事件
        virtual void OnReceive(int nErrorCode);    //响应 OnReceive 事件
        virtual void OnClose(int nErrorCode);      //响应 OnClose 事件
        //}}AFX_VIRTUAL
        // Generated message map functions
        //{{AFX_MSG(CMySocket)
        // NOTE - the ClassWizard will add and remove member functions here.
            //}}AFX_MSG

        // Implementation
    private:
    CTalkcDlg* m_pDlg;                              //编程者添加的私有成员变量
    };
    /////////////////////////////////////////////////////////////////////////////

    //{{AFX_INSERT_LOCATION}}
    // Microsoft Visual C++ will insert additional declarations immediately before the
previous line.

    #endif // !defined(AFX_MYSOCKET_H__9741_9F2125BA065C__INCLUDED_)
```

（2）MySocket.CPP 文件清单。

```
    // MySocket.cpp : implementation file
    #include "stdafx.h"
    #include "talkc.h"
    #include "MySocket.h"
    #include "TalkcDlg.h"                           //编程者添加的包含语句

    #ifdef _DEBUG
    #define new DEBUG_NEW
    #undef THIS_FILE
    static char THIS_FILE[ ] = __FILE__;
    #endif

    /////////////////////////////////////////////////////////////////////////////
    // CMySocket

    CMySocket::CMySocket()
    {
        //编程者在构造函数中手工添加的初始化代码，将指针成员变量置为 NULL
        m_pDlg=NULL;
    }
    CMySocket::～CMySocket()
    {
        //编程者在析构函数中手工添加的终止处理代码，将指针成员变量置为 NULL
```

```
    m_pDlg=NULL;
}

// Do not edit the following lines, which are needed by ClassWizard.
#if 0
BEGIN_MESSAGE_MAP(CMySocket, CAsyncSocket)
    //{{AFX_MSG_MAP(CMySocket)
    //}}AFX_MSG_MAP
END_MESSAGE_MAP()
#endif  // 0

/////////////////////////////////////////////////////////////////////////////
// CMySocket member functions
//套接字类的成员函数，函数的框架是由类向导或 VC 创建的，代码是由编程者手工添加的
void CMySocket::OnConnect(int nErrorCode)
{
    //当 OnConnect 事件发生时，会自动执行此函数，此函数首先做判断
    //如果没有错误，就调用对话框类的 OnConnect 函数，做具体处理
    if (nErrorCode= =0)  m_pDlg->OnConnect();
}

void CMySocket::OnReceive(int nErrorCode)
{
    //当 OnReceive 事件发生时，会自动执行此函数，此函数首先做判断
    //如果没有错误，就调用对话框类的 OnReceive 函数，做具体处理
    if (nErrorCode= =0)  m_pDlg->OnReceive();
}

void CMySocket::OnClose(int nErrorCode)
{
    //当 OnClose 事件发生时，会自动执行此函数，此函数首先做判断
    //如果没有错误，就调用对话框类的 OnClose 函数，做具体处理
    if (nErrorCode= =0)  m_pDlg->OnClose();
}

void CMySocket::SetParent(CTalkcDlg *pDlg)
{
    //将套接字类的对话框指针成员变量指向主对话框，完成对话框类的初始化
    //函数中调用此函数
m_pDlg=pDlg;
}
```

3. 对话框类 CTalkcDlg 对应的文件

对话框类 CTalkcDlg，对应的文件是 talkcDlg.h 和 talkcDlg.cpp。

（1）talkcDlg.h 文件清单。

```
// talkcDlg.h : header file
#if !defined(AFX_TALKCDLG_H__AC4F7955_C0AD185__INCLUDED_)
#define AFX_TALKCDLG_H__AC4F7955_C0AD185__INCLUDED_

#if _MSC_VER > 1000
#pragma once
```

```
#endif // _MSC_VER > 1000

#include "MySocket.h"                        //手工加入的包含语句，因为要使用套接字
//////////////////////////////////////////////////////////////////////////////////////
// CTalkcDlg 对话框类的定义
class CTalkcDlg : public CDialog
{
public:
     void OnClose();                         //编程者添加成员函数时，生成的函数声明
     void OnConnect();
     void OnReceive();
     CMySocket  m_sConnectSocket;            //编程者添加的成员变量声明
     CTalkcDlg(CWnd* pParent = NULL);       //standard constructor

// Dialog Data
     //{{AFX_DATA(CTalkcDlg)
     enum { IDD = IDD_TALKC_DIALOG };
     CListBox    m_listSent;                 //以下 6 条是由类向导生成的控件变量声明
     CListBox    m_listReceived;
     CButton    m_btnConnect;
     CString     m_strMsg;
     CString     m_strServName;
     int         m_nServPort;
     //}}AFX_DATA

     // ClassWizard generated virtual function overrides
     //{{AFX_VIRTUAL(CTalkcDlg)
     protected:
     virtual void DoDataExchange(CDataExchange* pDX); // DDX/DDV support
     //}}AFX_VIRTUAL

// Implementation
protected:
     HICON m_hIcon;

     // Generated message map functions
     //{{AFX_MSG(CTalkcDlg)
     virtual BOOL OnInitDialog();
     afx_msg void OnSysCommand(UINT nID, LPARAM lParam);
     afx_msg void OnPaint();
     afx_msg HCURSOR OnQueryDragIcon();
     //以下 3 条是由类向导生成的消息映射函数声明，处理按钮的单击事件
     afx_msg void OnButtonConnect();
     afx_msg void OnSendMsg();
     afx_msg void OnButtonClose();
     //}}AFX_MSG
     DECLARE_MESSAGE_MAP()
};

//{{AFX_INSERT_LOCATION}}
// Microsoft Visual C++ will insert additional declarations immediately before the
```

```
previous line.
    #endif // !defined(AFX_TALKCDLG_H__AC4F7955_C0AD185__INCLUDED_)
```

（2）talkcDlg.cpp 文件清单。

```
// talkcDlg.cpp : implementation file

#include "stdafx.h"
#include "talkc.h"
#include "talkcDlg.h"

#ifdef _DEBUG
#define new DEBUG_NEW
#undef THIS_FILE
static char THIS_FILE[] = __FILE__;
#endif

/////////////////////////////////////////////////////////////////////////////
// CAboutDlg dialog used for App About
//以下是“关于对话框”类 CAboutDlg 的相关代码，全部由 VC++自动生成，这里省略
...
//以下是 CTalkcDlg 对话框类的实现代码
//CTalkcDlg 类的构造函数
CTalkcDlg::CTalkcDlg(CWnd* pParent /*=NULL*/)
    : CDialog(CTalkcDlg::IDD, pParent)
{
    //{{AFX_DATA_INIT(CTalkcDlg)
    m_strMsg = _T("");          //以下 3 条是由类向导添加的控件变量初始化代码
    m_strServName = _T("");
    m_nServPort = 0;
    //}}AFX_DATA_INIT
    // Note that LoadIcon does not require a subsequent DestroyIcon in Win32
    m_hIcon = AfxGetApp()->LoadIcon(IDR_MAINFRAME);
}

void CTalkcDlg::DoDataExchange(CDataExchange* pDX)
{
    CDialog::DoDataExchange(pDX);
    //{{AFX_DATA_MAP(CTalkcDlg)
    //以下 6 条是由类向导生成的对话框控件和对应的控件变量的映射语句
    DDX_Control(pDX, IDC_LIST_SENT, m_listSent);
    DDX_Control(pDX, IDC_LIST_RECEIVED, m_listReceived);
    DDX_Control(pDX, IDC_BUTTON_CONNECT, m_btnConnect);
    DDX_Text(pDX, IDC_EDIT_MSG, m_strMsg);
    DDX_Text(pDX, IDC_EDIT_SERVNAME, m_strServName);
    DDX_Text(pDX, IDC_EDIT_SERVPORT, m_nServPort);
    //}}AFX_DATA_MAP
}

BEGIN_MESSAGE_MAP(CTalkcDlg, CDialog)
    //{{AFX_MSG_MAP(CTalkcDlg)
    ON_WM_SYSCOMMAND()
    ON_WM_PAINT()
```

```
    ON_WM_QUERYDRAGICON()
    //以下 3 条是由类向导生成的控件消息和对应的事件处理函数的映射语句
    ON_BN_CLICKED(IDC_BUTTON_CONNECT, OnButtonConnect)
    ON_BN_CLICKED(IDOK, OnSendMsg)
    ON_BN_CLICKED(IDC_BUTTON_CLOSE, OnButtonClose)
    //}}AFX_MSG_MAP
END_MESSAGE_MAP()

/////////////////////////////////////////////////////////////////////////////
// CTalkcDlg message handlers

BOOL CTalkcDlg::OnInitDialog()
{
   CDialog::OnInitDialog();
   ...

   // TODO: Add extra initialization here
   //编程者添加的控件变量的初始化代码
   m_strServName="localhost";          //服务器名 = localhost
   m_nServPort=1000;                   //服务端口 = 1000
   UpdateData(FALSE);                  //更新用户界面
   //设置套接字类的对话框指针成员变量
   m_sConnectSocket.SetParent(this);
   return TRUE;  //return TRUE  unless you set the focus to a control
}

void CTalkcDlg::OnSysCommand(UINT nID, LPARAM lParam)
{
   ...代码省略
}

void CTalkcDlg::OnPaint()
{
   ...代码省略
}

HCURSOR CTalkcDlg::OnQueryDragIcon()
{
   ...代码省略
}

//当用户单击“连接”按钮时，执行此函数
void CTalkcDlg::OnButtonConnect()
{
    UpdateData(TRUE);                                      //从对话框获取数据
    //禁止“连接”按钮，服务器名和端口的文本框，以及相关的标签。在连接时，禁止再输入
    GetDlgItem(IDC_BUTTON_CONNECT)->EnableWindow(FALSE);
    GetDlgItem(IDC_EDIT_SERVNAME)->EnableWindow(FALSE);
    GetDlgItem(IDC_EDIT_SERVPORT)->EnableWindow(FALSE);
    GetDlgItem(IDC_STATIC_SERVNAME)->EnableWindow(FALSE);
    GetDlgItem(IDC_STATIC_SERVPORT)->EnableWindow(FALSE);
```

```
    //创建客户端套接字对象的底层套接字，使用默认的参数
    m_sConnectSocket.Create();
    //调用套接字类的成员函数，连接到服务器
    m_sConnectSocket.Connect(m_strServName,m_nServPort);
}

//当用户单击“发送”按钮时，执行此函数
void CTalkcDlg::OnSendMsg()
{
    int nLen;                                       //消息的长度
    int nSent;                                      //被发送的消息的长度
    UpdateData(TRUE);                               //从对话框获取数据
    //有消息需要发送吗?
    if (!m_strMsg.IsEmpty())
    {
        nLen=m_strMsg.GetLength();                  //得到消息的长度
        //发送消息，返回实际发送的字节长度
        nSent=m_sConnectSocket.Send(LPCTSTR(m_strMsg),nLen);
        if (nSent!=SOCKET_ERROR)                    //发送成功吗?
        {
            m_listSent.AddString(m_strMsg);         //成功则把消息添加到发送列表框
            UpdateData(FALSE);                      //更新对话框
        } else {
          AfxMessageBox("信息发送错误！",MB_OK|MB_ICONSTOP);
        }
        m_strMsg.Empty();                           //清除当前的消息
        UpdateData(FALSE);                          //更新对话框
    }
}

//当用户单击“断开”按钮时，执行此函数
void CTalkcDlg::OnButtonClose()
{
    OnClose();   //调用 OnClose 函数
}

//当套接字收到服务器的数据时，通过套接字类的 OnReceive 函数调用此函数
void CTalkcDlg::OnReceive()
{
    char *pBuf=new char[1025];          //客户机的数据接收缓冲区
    int nBufSize=1024;                  //可接收的最大长度
    int nReceived;                      //实际接收到的数据长度
    CString strReceived;

    //接收套接字中的服务器发来的消息
    nReceived=m_sConnectSocket.Receive(pBuf,nBufSize);
    if (nReceived!=SOCKET_ERROR)        //接收成功吗?
    {
        pBuf[nReceived]=NULL;           //如果接收成功，将字符串的结尾置为空
```

```
            strReceived=pBuf;                       //把消息复制到串变量中
            //把消息显示到“接收到的数据”列表框中
            m_listReceived.AddString(strReceived);
            UpdateData(FALSE);                      //更新对话框
        } else {
            AfxMessageBox("信息接收错误！",MB_OK|MB_ICONSTOP);
        }
}

//当套接字收到连接请求已被接收的消息时，通过套接字类的 OnConnect 函数调用此函数
void CTalkcDlg::OnConnect()
{
    //开放“消息”文本框和“发送”按钮，开放“断开”按钮，并显示连接被接收的信息
    GetDlgItem(IDC_EDIT_MSG)->EnableWindow(TRUE);
    GetDlgItem(IDOK)->EnableWindow(TRUE);
    GetDlgItem(IDC_STATIC_MSG)->EnableWindow(TRUE);
    GetDlgItem(IDC_BUTTON_CLOSE)->EnableWindow(TRUE);
}

//当套接字收到 OnClose 消息时，通过套接字类的 OnClose 函数调用此函数
void CTalkcDlg::OnClose()
{
    m_sConnectSocket.Close();  //关闭客户端的连接套接字
    //禁止消息发送的对话框中的控件，如“消息”文本框、“发送”按钮和“断开”按钮
    GetDlgItem(IDC_EDIT_MSG)->EnableWindow(FALSE);
    GetDlgItem(IDOK)->EnableWindow(FALSE);
    GetDlgItem(IDC_STATIC_MSG)->EnableWindow(FALSE);
    GetDlgItem(IDC_BUTTON_CLOSE)->EnableWindow(FALSE);
    //清除两个列表框
    while (m_listSent.GetCount()!=0)  m_listSent.DeleteString(0);
    while (m_listReceived.GetCount()!=0)
                          m_listReceived.DeleteString(0);
    //开放连接配置的相关控件，如“连接”按钮、服务器名、端口的文本框和标签
    GetDlgItem(IDC_BUTTON_CONNECT)->EnableWindow(TRUE);
    GetDlgItem(IDC_EDIT_SERVNAME)->EnableWindow(TRUE);
    GetDlgItem(IDC_EDIT_SERVPORT)->EnableWindow(TRUE);
    GetDlgItem(IDC_STATIC_SERVNAME)->EnableWindow(TRUE);
    GetDlgItem(IDC_STATIC_SERVPORT)->EnableWindow(TRUE);
}
```

4. 其他文件

对于 VC++为 talkc 工程创建的其他文件，如 stdafx.h 和 stdafx.cpp，以及 Resource.h 和 talkc.rc 都不需要做任何处理。

5.4.5 创建服务器端程序

同样利用可视化语言的集成开发环境（IDE）来创建服务器端应用程序框架，步骤如下。

1. 使用 MFC AppWizard 创建服务器端应用程序框架

工程名为 talks，选择 Dialog based 的应用程序类型，选择中文（中国），选择 Windows Sockets

支持，其他接受系统的默认值。所创建的程序将自动创建两个类，应用程序类 CTalksApp，对应的文件是 talks.h 和 talks.cpp；对话框类 CTalksDlg，对应的文件是 talksDlg.h 和 talksDlg.cpp。

2. 为对话框界面添加控件对象

完成的对话框如图 5.19 所示，然后按照表 5.5 修改控件的属性。

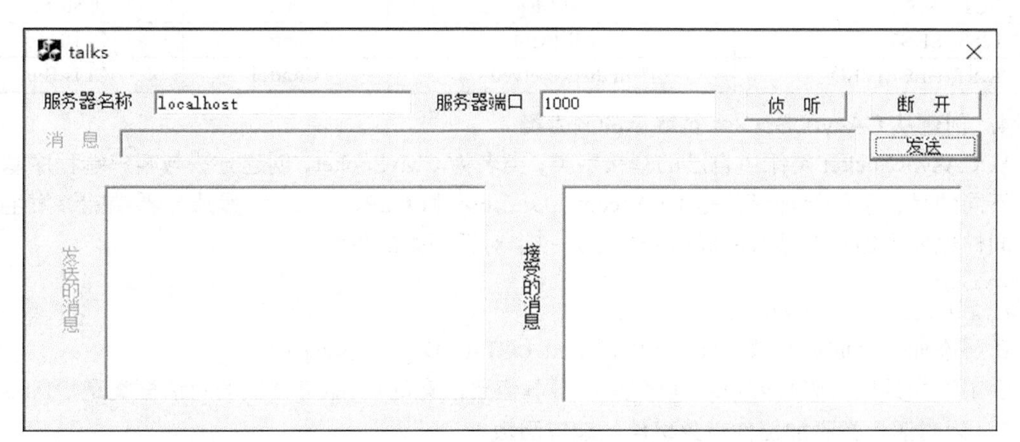

图 5.19　talks 程序的主对话框

表 5.5　　talkc 程序主对话框中的控件属性

控件类型	控件 ID	Caption
静态文本　static text	IDC_STATIC_SERVNAME	服务器名称
静态文本　static text	IDC_STATIC_SERVPORT	服务器端口
静态文本　static text	IDC_STATIC_MSG	消息
静态文本　static text	IDC_STATIC_SENT	发送的消息
静态文本　static text	IDC_STATIC_RECEIVED	接收的消息
编辑框　edit box	IDC_EDIT_SERVNAME	
编辑框　edit box	IDC_EDIT_SERVPORT	
编辑框　edit box	IDC_EDIT_MSG	
命令按钮　button	IDC_BUTTON_LISTEN	监听
命令按钮　button	IDC_BUTTON_CLOSE	断开
命令按钮　button	IDOK	发送
列表框　listbox	IDC_LIST_SENT	
列表框　listbox	IDC_LIST_RECEIVED	

3. 为对话框中的控件对象定义相应的成员变量

用类向导为对话框中的控件对象定义相应的成员变量。按照表 5.6 输入即可。

表 5.6　　服务器端对话框中控件对象对应的成员变量

控件 ID（Control IDs）	变量名称（Member Variable Name）	变量类别（Category）	变量类型（Variable Type）
IDC_BUTTON_LISTEN	m_btnListen	Control	CButton
IDC_EDIT_SERVNAME	m_strServName	Value	CString

续表

控件 ID（Control IDs）	变量名称（Member Variable Name）	变量类别（Category）	变量类型（Variable Type）
IDC_EDIT_SERVPORT	m_nServPort	Value	int
IDC_EDIT_MSG	m_strMsg	Value	CString
IDC_LIST_SENT	m_listSent	Control	CListBox
IDC_LIST_RECEIVED	m_listRecetved	Control	CListBox

4. 创建从 CAsyncSocket 类继承的派生类

从 CAsyncSocket 类派生自己的套接字类，类名为 CMySocket，创建方法与客户端程序基本相同。不同的是，事件处理函数是 OnAccept、OnClose 和 OnReceive，这是服务器端能够发生的事件。同样也要添加一个私有的成员变量，是一个对话框类的指针。

```
private:
CTalksDlg *    m_pDlg;
```

还要添加一个成员函数：void SetParent（CTalksDlg * pDlg）；

手工添加其他代码与客户端程序基本相同。但要注意的是，服务器端的对话框类是 CTalksDlg。

5. 为对话框类添加控件对象事件的响应函数

按照表 5.7，用类向导为服务器端的对话框中的控件对象添加事件响应函数，主要是针对三个按钮的单击事件的处理函数。

表 5.7　服务器端的控件对象对应的事件响应函数

控件类型	对象标识（Object IDs）	消息（Messages）	成员函数（Member functions）
命令按钮	IDC_BUTTON_CLOSE	BN_CLICKED	OnButtonClose
命令按钮	IDC_BUTTON_LISTEN	BN_CLICKED	OnButtonListen
命令按钮	IDOK	BN_CLICKED	OnSendMsg

6. 为 CTalksDlg 对话框类添加其他的成员函数和成员变量

成员变量：

```
CMySocket m_sListenSocket;      //用来监听客户端连接请求的套接字
CMySocket  m_sConnectSocket;    //用来与客户端连接的套接字
```

成员函数：

```
void  OnClose();                  // 用来处理与客户端的通信
void  OnAccept();
void  OnReceive();
```

7. 手工添加的代码

与客户端程序相同。

8. 添加事件函数和成员函数的代码

主要在 CTalksDlg 对话框类的 talksDlg.cpp 中和 CMySocket 类的 Mysocket.cpp 中，添加用户自己的事件函数和成员函数的代码。

9. 进行测试

5.4.6 服务器端程序的流程和消息驱动

图 5.20 所示为点对点交谈的服务器端程序的类和消息驱动关系，从图中不难看出，与客户端的情况是非常类似的，区别是，套接字要接收 FD_Accept 消息，对话框的按钮控件是“监听”。

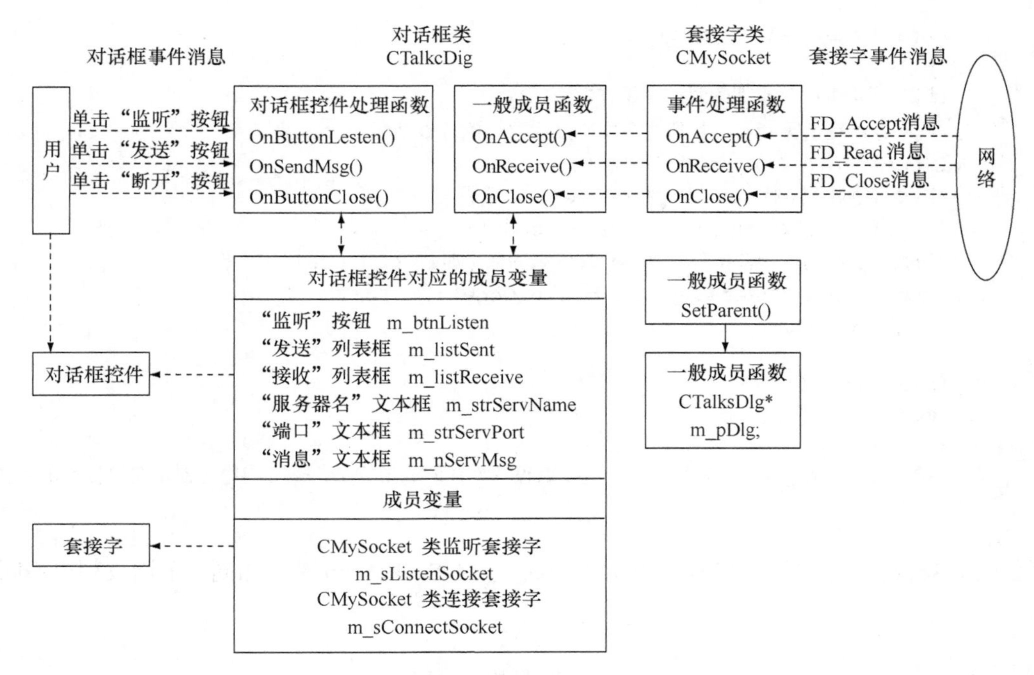

图 5.20 talks 服务器端程序的类与消息驱动的关系

从用户操作的过程看，服务器端程序启动后，应单击“监听”按钮，等候客户端的连接请求，一旦客户端的连接请求到来，服务器就会接受它，并在列表框中显示相应信息，然后就可以与客户端交谈了。

5.4.7 点对点交谈的服务器端程序主要功能的代码和分析

本小节列出了点对点交谈的服务器端程序各类对应的文件，代码中将 MFC 自动生成并且用户不必再改动的部分省略了，保留了需要添加的部分，用户将这些代码添加到 MFC 生成的工程框架中即可，有些代码，如控件变量声明、消息映射等，只要按照 5.4.5 小节的步骤去做，就能自动生成，不用手工添加。

1. CTalksApp 类对应的文件

talks.h 和 talks.cpp 不需要做任何改动。

2. CMySocket 类对应的文件

（1）MYSOCKET.H 文件。与客户端程序 talkc 的 MYSOCKET.H 文件基本相同，下面仅列出不同的部分。

```
... 前面省略
class CTalksDlg;                          //编程者添加的服务器端对话框类的声明
...
class CMySocket : public CAsyncSocket
{
...
// Overrides
public:
    void SetParent(CTalksDlg* pDlg); //编程者添加的成员函数声明
    // ClassWizard generated virtual function overrides
```

```
        //{{AFX_VIRTUAL(CMySocket)
        public:
        //这 3 条是类向导添加的套接字事件响应函数
        //当服务器端监听套接字收到客户端连接请求时执行 OnAccept 函数
        virtual void OnAccept(int nErrorCode);
        //当套接字收到 Close 消息时执行 OnClose 函数
        virtual void OnClose(int nErrorCode);
        //当服务器端的连接套接字收到客户端发来的数据时执行 OnReceive 函数
        virtual void OnReceive(int nErrorCode);
        //}}AFX_VIRTUAL
    ...
    // Implementation
    protected:
    private:
        CTalksDlg* m_pDlg;              //编程者添加的成员变量，是指向服务器端对话框类的指针
    };
    ...
```

（2）MySocket.cpp 文件。与客户端程序 talkc 的 MySocket.cpp 基本相同，下面仅列出不同的部分。

```
    ...
    #include "TalksDlg.h"                //编程者添加的包含语句
    ...
    CMySocket::CMySocket()
    {
      m_pDlg=NULL;                       //编程者添加的初始化代码，将对话框指针变量置为空
    }

    CMySocket::~CMySocket()
    {
      m_pDlg=NULL;                       //编程者添加的终止处理代码，将对话框指针变量置为空
    }
    ...
    // CMySocket 类的这 3 个成员函数，当套接字的响应事件出现时自动执行
    void CMySocket::OnAccept(int nErrorCode)
    {
        //如果没错，调用服务器端对话框类的 OnAccept 函数
        if (nErrorCode==0)  m_pDlg->OnAccept();
    }

    void CMySocket::OnClose(int nErrorCode)
    {
        //如果没错，调用服务器端对话框类的 OnClose 函数
        if (nErrorCode==0)  m_pDlg->OnClose();
    }

    void CMySocket::OnReceive(int nErrorCode)
    {
        //如果没错，调用服务器端对话框类的 OnClose 函数
        if (nErrorCode==0)  m_pDlg->OnReceive();
    }
```

```
void CMySocket::SetParent(CTalksDlg *pDlg)
{
      m_pDlg=pDlg;                          //设置对话类指针变量
}
```

3. CTalksDlg 类对应的文件

（1）talksDlg.h。

```
...
#include "MySocket.h"              //编程者添加的包含语句
class CTalksDlg : public CDialog
{
//编程者添加的成员变量和成员函数声明
public:
      CMySocket m_sListenSocket;  //服务器端用做监听的套接字
      CMySocket m_sConnectSocket; //服务器端用做与客户端连接的套接字
      void OnAccept();            //由套接字的 OnAccept 函数调用，处理 OnAccept 事件
      void OnReceive();           //由套接字的 OnReceive 函数调用，处理 OnReceive 事件
      void OnClose();             //由套接字的 OnClose 函数调用，处理 OnClose 事件
      CTalksDlg(CWnd* pParent = NULL);//标准的构造函数

// Dialog Data
      //{{AFX_DATA(CTalksDlg)
      enum { IDD = IDD_TALKS_DIALOG };
      CButton     m_btnListen;      //这 6 条是由类向导添加的控件变量声明
      CListBox    m_listSent;
      CListBox    m_listReceived;
      CString         m_strServName;
      CString     m_strMsg;
      int         m_nServPort;
      //}}AFX_DATA
      ...
      // Generated message map functions
      //{{AFX_MSG(CTalksDlg)
      virtual BOOL OnInitDialog();
      afx_msg void OnSysCommand(UINT nID, LPARAM lParam);
      afx_msg void OnPaint();
      afx_msg HCURSOR OnQueryDragIcon();
      //这 3 条是类向导添加的控件事件处理函数声明
      afx_msg void OnButtonListen();
      afx_msg void OnButtonClose();
      afx_msg void OnSendMsg();
      //}}AFX_MSG
      DECLARE_MESSAGE_MAP()
};
...
```

（2）talksDlg.cpp 文件。

```
...
// CTalksDlg dialog
CTalksDlg::CTalksDlg(CWnd* pParent /*=NULL*/)
     : CDialog(CTalksDlg::IDD, pParent)
```

```
{
    //{{AFX_DATA_INIT(CTalksDlg)
    m_strServName = _T("");   //类向导添加的控件变量初始化代码
    m_strMsg = _T("");
    m_nServPort = 0;
    //}}AFX_DATA_INIT
    // Note that LoadIcon does not require a subsequent DestroyIcon in Win32
    m_hIcon = AfxGetApp()->LoadIcon(IDR_MAINFRAME);
}

void CTalksDlg::DoDataExchange(CDataExchange* pDX)
{
     CDialog::DoDataExchange(pDX);
     //{{AFX_DATA_MAP(CTalksDlg)
     //类向导添加的控件与控件变量的映射关系代码
     DDX_Control(pDX, IDC_BUTTON_LISTEN, m_btnListen);
     DDX_Control(pDX, IDC_LIST_RECEIVED, m_listReceived);
     DDX_Control(pDX, IDC_LIST_SENT, m_listSent);
     DDX_Text(pDX, IDC_EDIT_SERVNAME, m_strServName);
     DDX_Text(pDX, IDC_EDIT_MSG, m_strMsg);
     DDX_Text(pDX, IDC_EDIT_SERVPORT, m_nServPort);
     //}}AFX_DATA_MAP
}

BEGIN_MESSAGE_MAP(CTalksDlg, CDialog)
   //{{AFX_MSG_MAP(CTalksDlg)
   ON_WM_SYSCOMMAND()
   ON_WM_PAINT()
   ON_WM_QUERYDRAGICON()
   //以下 3 条是类向导添加的控件消息映射代码，说明了处理控件事件的函数
   ON_BN_CLICKED(IDC_BUTTON_LISTEN, OnButtonListen)
   ON_BN_CLICKED(IDC_BUTTON_CLOSE, OnButtonClose)
   ON_BN_CLICKED(IDOK, OnSendMsg)
   //}}AFX_MSG_MAP
END_MESSAGE_MAP()

/////////////////////////////////////////////////////////////////////////////
// CTalksDlg message handlers

BOOL CTalksDlg::OnInitDialog()
{
     ...
     // TODO: Add extra initialization here
     //编程者添加的控件变量初始化代码
     m_strServName="localhost";//server name=localhost
     m_nServPort=1000;//server port=1000
     UpdateData(FALSE);
     //设置套接字的对话框指针成员变量
     m_sListenSocket.SetParent(this);
     m_sConnectSocket.SetParent(this);
     return TRUE;  // return TRUE  unless you set the focus to a control
```

```
}
...
//当用户单击“监听”按钮时，执行此函数
void CTalksDlg::OnButtonListen()
{
    UpdateData(TRUE);                          //从对话框获取数据
    //禁止“监听”按钮，服务器名和端口的文本框
    GetDlgItem(IDC_BUTTON_LISTEN)->EnableWindow(FALSE);
    GetDlgItem(IDC_EDIT_SERVNAME)->EnableWindow(FALSE);
    GetDlgItem(IDC_EDIT_SERVPORT)->EnableWindow(FALSE);
    GetDlgItem(IDC_STATIC_SERVNAME)->EnableWindow(FALSE);
    GetDlgItem(IDC_STATIC_SERVPORT)->EnableWindow(FALSE);
    //用指定的端口创建服务器端监听套接字对象的底层套接字
    m_sListenSocket.Create(m_nServPort);
    //开始监听客户端的连接请求
    m_sListenSocket.Listen();
}
//当用户单击“断开”按钮时，执行此函数
void CTalksDlg::OnButtonClose()
{
    OnClose();  调用 OnClose 函数
}
//当用户单击“发送”按钮时，执行此函数
void CTalksDlg::OnSendMsg()
{
    int nLen;                                      //要发送的消息的长度
    int nSent;                                     //实际发送的消息的长度

    UpdateData(TRUE);                              //从对话框获取数据
    if (!m_strMsg.IsEmpty())                       //在“消息”文本框中有要发送的消息吗
    {
        nLen=m_strMsg.GetLength();                 //得到要发送的消息的长度
        //发送消息
        nSent=m_sConnectSocket.Send(LPCTSTR(m_strMsg),nLen);
        if (nSent!=SOCKET_ERROR)                   //发送成功吗
    {
        //在发送的“消息”列表框中显示发送的消息
        m_listSent.AddString(m_strMsg);
        UpdateData(FALSE);                         //更新对话框
    } else  {
        AfxMessageBox("信息发送错误！",MB_OK|MB_ICONSTOP);
    }
    m_strMsg.Empty();                              //清除“消息”文本框中的消息
    UpdateData(FALSE);                             //更新对话框
    }
}
//由套接字类的 OnAccept 事件处理函数调用，实际处理该事件
void CTalksDlg::OnAccept()
{
```

```
        m_listReceived.AddString("服务器收到了 OnAccept 消息");  //显示信息
        m_sListenSocket.Accept(m_sConnectSocket);           //接收客户机的连接请求
        //开放“消息”文本框和“发送”按钮
       GetDlgItem(IDC_EDIT_MSG)->EnableWindow(TRUE);
       GetDlgItem(IDOK)->EnableWindow(TRUE);//botton send
       GetDlgItem(IDC_STATIC_MSG)->EnableWindow(TRUE);
       GetDlgItem(IDC_BUTTON_CLOSE)->EnableWindow(TRUE);
    }

    //由套接字类的 OnReceive 事件处理函数调用，实际处理该事件，处理方式与客户端相同
    void CTalksDlg::OnReceive()
    {
        char pBuf=new char[1025];
        int nBufSize=1024;
        int nReceived;
        CString strReceived;
        m_listReceived.AddString("服务器收到了 OnReceive 消息");
        nReceived=m_sConnectSocket.Receive(pBuf,nBufSize);       //接收消息
        if (nReceived!=SOCKET_ERROR)                        //接收成功吗
        {
            pBuf[nReceived]=NULL;                           //字符串末尾置空
            strReceived=pBuf;                               //将消息复制到一个串变量中
            m_listReceived.AddString(strReceived);          //在接收到的“消息”列表框中显
示该消息
            UpdateData(FALSE);                              //更新对话框
        } else {
          AfxMessageBox("信息接收错误! ",MB_OK|MB_ICONSTOP);
        }
    }

    //由套接字类的 OnClose 事件处理函数调用，实际处理该事件，处理方式与客户端相同
    void CTalksDlg::OnClose()
    {
        m_listReceived.AddString("服务器收到了 OnClose 消息");
        m_sConnectSocket.Close();  //关闭连接的套接字
        //禁止“消息”文本框，“发送”按钮和“断开”按钮
        GetDlgItem(IDC_EDIT_MSG)->EnableWindow(FALSE);
        GetDlgItem(IDOK)->EnableWindow(FALSE);//botton send
        GetDlgItem(IDC_STATIC_MSG)->EnableWindow(FALSE);
        GetDlgItem(IDC_BUTTON_CLOSE)->EnableWindow(FALSE);
        //清除列表框
        while (m_listSent.GetCount()!=0)  m_listSent.DeleteString(0);
        while (m_listReceived.GetCount()!=0)  m_listReceived.DeleteString(0);
        //开放“监听”按钮、服务器名和端口的文本框
        GetDlgItem(IDC_BUTTON_LISTEN)->EnableWindow(TRUE);
        GetDlgItem(IDC_EDIT_SERVNAME)->EnableWindow(TRUE);
        GetDlgItem(IDC_EDIT_SERVPORT)->EnableWindow(TRUE);
        GetDlgItem(IDC_STATIC_SERVNAME)->EnableWindow(TRUE);
        GetDlgItem(IDC_STATIC_SERVPORT)->EnableWindow(TRUE);}
```

4. 其他文件不必改动

5.5　用 CSocket 类实现聊天室程序

5.5.1　聊天室程序的功能

聊天室程序采用 C/S 模式。

服务器可以同时与多个客户机建立连接，为多个客户机服务。服务器接收客户机发来的信息，然后将它转发给聊天室的其他客户机，从而实现多个客户机之间的信息交换，服务器动态统计进入聊天室的客户机数目，并显示出来。及时显示新的客户机进入聊天室和客户机退出聊天室的信息，也转发给其他的客户机。进入服务器程序后，用户应首先输入监听端口号，单击“监听”按钮启动监听，等待客户端的连接请求，当客户端的连接请求到来时，服务器接收它，然后进入与客户机的会话期。服务器程序动态地为新的客户机创建相应的套接字对象，并采用链表来管理客户机的套接字对象，从而实现了一个服务器为多个客户机服务的目标。

可以同时启动多个客户端程序。进入客户端程序后，用户应首先输入要连接的服务器名，服务器的监听端口和客户机名，然后单击“连接”按钮，就能与服务器建立连接，然后即可输入信息，单击“发送”按钮向服务器发送聊天信息，在客户机程序的列表框中，能实时显示聊天室的所有客户机发送的信息，以及客户机进出聊天室的信息。

这个实例程序的技术要点如下。

（1）如何从 CSocket 类派生出自己所需的 Win Sock 类。

（2）如何利用 CSocketFile 类、CArchive 类和 CSocket 类的合作来实现网络进程之间的数据传输。

（3）如何用链表管理多个动态客户机的套接字，实现服务器和所有的聊天客户机所显示信息的同步更新。图 5.21 所示为聊天室服务器程序的用户界面，图 5.22 所示为聊天室客户机程序的用户界面。

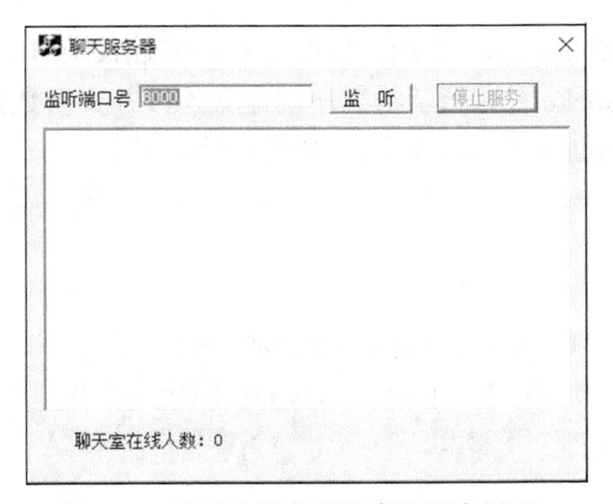

图 5.21　聊天室服务器程序的用户界面

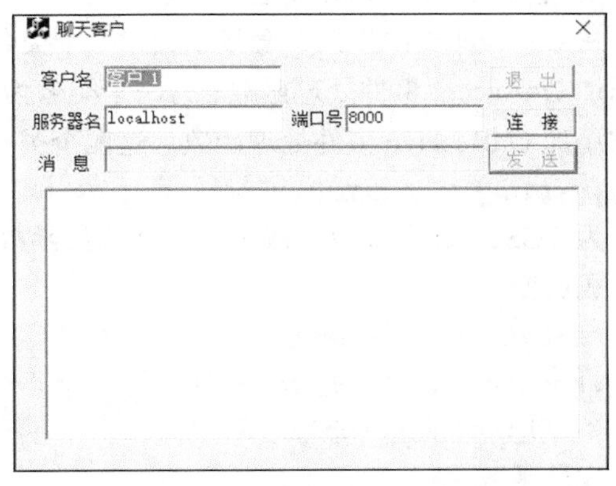

图 5.22　聊天室客户机程序的用户界面

5.5.2　创建聊天室的服务器端程序

利用可视化语言的集成开发环境（IDE）来创建服务器端应用程序框架，步骤如下。

1. 利用 MFC AppWizard 创建服务器端应用程序框架

工程名为 ts，选择 Dialog based 的应用程序类型，选择中文（中国），选择 Windows Sockets 支持，其他接受系统的默认值。所创建的程序将自动创建两个类，应用程序类 CTsApp，对应的文件是 ts.h 和 ts.cpp；对话框类 CTsDlg，对应的文件是 tsDlg.h 和 tsDlg.cpp。

2. 为对话框界面添加控件对象

完成的对话框如图 5.21 所示，然后按照表 5.8 修改控件的属性。

表 5.8　　ts 程序主对话框中的控件属性

控件类型	控件 ID	Caption
静态文本　static text	IDC_STATIC_PORT	监听端口号
静态文本　static text	IDC_STATIC_NUM	聊天室在线人数：0
编辑框　edit box	IDC_EDIT_PORT	
命令按钮　button	IDC_BUTTON_LISTEN	监听
命令按钮　button	IDOK	停止服务
列表框　listbox	IDC_LIST_MSG	注：不选 Sort

3. 为对话框中的控件对象定义相应的成员变量

用类向导为对话框中的控件对象定义相应的成员变量。按照表 5.9 输入即可。

表 5.9　　ts 程序服务器端对话框中控件对象对应的成员变量

控件 ID（Control IDs）	变量名称（Member Variable Name）	变量类别（Category）	变量类型（Variable Type）
IDC_STATIC_NUM	m_staNum	Control	CStatic
IDC_EDIT_PORT	m_nPort	Value	UINT
IDC_BUTTON_LISTEN	m_btnListen	Control	CButton
IDOK	m_btnClose	Control	CButton
IDC_LIST_MSG	m_listMsg	Control	CListBox

4. 创建从 CSocket 类继承的派生类

从 CSocket 类派生两个套接字类，一个类名为 CLSocket，专用于监听客户端的连接请求，为它添加 OnAccept 事件处理函数；另一个类名为 CCSocket，专用于与客户端建立连接并交换数据，为它添加 OnReceive 事件处理函数。这两个类都要添加一个指向对话框类的指针变量：

```
CTsDlg *    m_pDlg;
```

为 CCSocket 添加以下成员变量和成员函数。

成员变量：

```
CSocketFile* m_pFile;                    //CSocketFile 对象的指针变量
CArchive* m_pArchiveIn;                  //用于输入的 CArchive 对象的指针变量
CArchive* m_pArchiveOut;                 //用于输出的 CArchive 对象的指针变量
```

成员函数：

```
void Initialize();                       //初始化
void SendMessage(CMsg* pMsg);            //发送消息
void ReceiveMessage(CMsg* pMsg);         //接收消息
```

这两个类添加的成员函数和成员变量可参考后面的文件清单。

5. 为对话框类添加控件对象事件的响应函数

按照表 5.10，用类向导为服务器端的对话框中的控件对象添加事件响应函数，主要是针对“监听”按钮和“停止服务”按钮的单击事件的处理函数。

表 5.10　　服务器端的控件对象对应的事件响应函数

控件类型	对象标识（Object IDs）	消息（Messages）	成员函数（Member functions）
命令按钮	IDOK	BN_CLICKED	OnClose
命令按钮	IDC_BUTTON_LISTEN	BN_CLICKED	OnButtonListen

6. 为 CTsDlg 对话框类添加其他的成员函数和成员变量

成员变量：

```
CLSocket*  m_pLSocket;                    //侦听套接字指针变量
CPtrList m_connList;                      //连接列表
```

成员函数：

```
void OnAccept();                          //接收连接请求
void OnReceive(CCSocket* pSocket);        //获取客户机的发送消息
void backClients(CMsg* pMsg);             //向聊天室的所有的客户机转发消息
```

7. 创建专用于数据传输序列化处理的类 CMsg

为了利用 CSocket 类及其派生类可以和 CSocketFile 对象、CArchive 对象合作来进行数据发送和接收的特性，构造一个专用于消息传输的类。该类必须从 CObject 类派生，如图 5.23 所示。

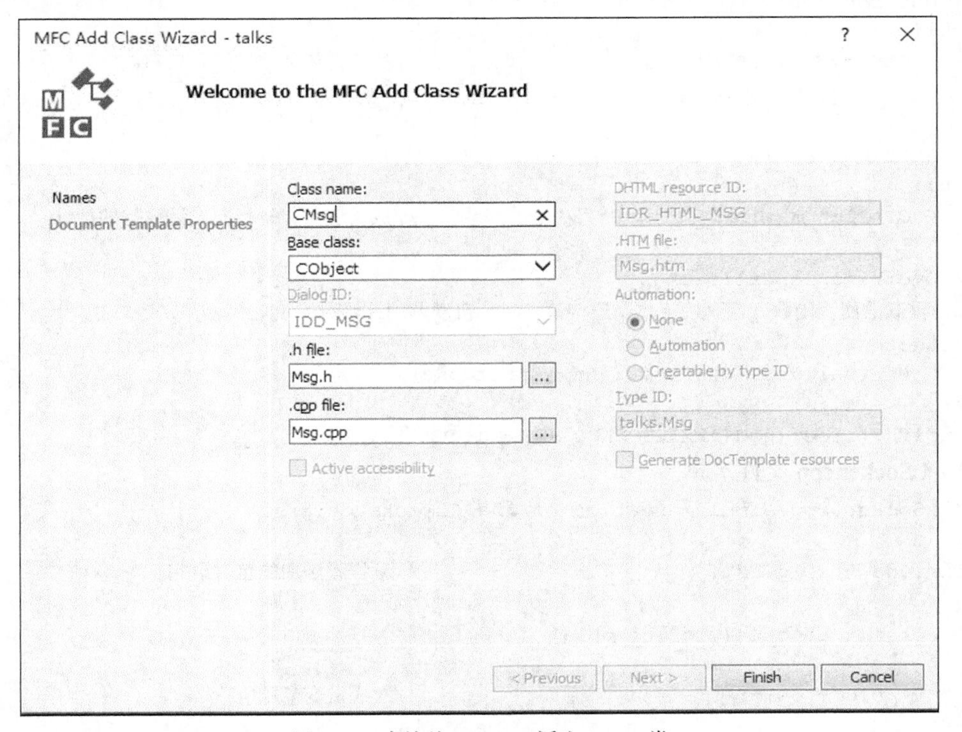

图 5.23　直接从 CObject 派生 CMsg 类

选择“插入”/“新建类”命令，弹出“New Class”（新建类）对话框，在“Class type”（类类型）处选择 Generic Class，在“Name”（名称）处输入类名 CMsg，在基类的“Derived From”

处输入 CObject，单击“OK”按钮即可。

为 CMsg 类添加成员变量和成员函数（可参考后面的文件清单）：

```
CString m_strText;                          //字符串成员
BOOL m_bClose;                              //是否关闭状态
virtual void Serialize(CArchive& ar);       //序列化函数
```

8. 添加事件函数和成员函数的代码

主要在 CTsDlg 对话框类的 tsDlg.cpp 中和两个套接字类的实现文件中，添加用户自己的事件函数和成员函数的代码。

5.5.3 聊天室服务器端程序的主要实现代码和分析

1. CLSocket 类对应的文件

（1）LSocket.h 文件清单。

```
// LSocket.h: interface for the CLSocket class.
...
class  CTsDlg;                              //编程者添加的对话框类定义

//专用于监听客户端连接请求的侦听套接字类定义
class CLSocket : public CSocket
{
   DECLARE_DYNAMIC(CLSocket);               //动态类声明
//Construction
public:
     CLSocket(CTsDlg* pDlg);                //为构造函数添加了入口参数
     virtual ~CLSocket();

// Attributes
public:
     CTsDlg* m_pDlg;                        //成员变量，是指向对话框类的指针

// Overridable Callbacks
//可重载的回调函数，当套接字收到连接请求时，自动调用此函数
protected:
     virtual void OnAccept(int nErrorCode);
};
#endif // !defined(AFX_LSOCKET_H__INCLUDED_)
```

（2）LSocket.cpp 文件清单。

```
// LSocket.cpp: implementation of the CLSocket class.
...
#include "tsDlg.h"                          //编程者添加的包含语句
...
CLSocket::CLSocket(CTsDlg* pDlg)
{
    m_pDlg = pDlg;                          //对成员变量赋值
}

CLSocket::~CLSocket()
{
    m_pDlg = NULL;                          //将指针成员变量置为空
```

```
}

//OnAccept 事件的处理函数，当套接字收到 FD_Accept 消息时，自动调用此函数
void CLSocket::OnAccept(int nErrorCode)
{
    CSocket::OnAccept(nErrorCode);          //首先执行基类的同名函数
    m_pDlg->OnAccept();                     //调用主对话框类中的相应函数
}
IMPLEMENT_DYNAMIC(CLSocket,CSocket)         //编程者添加的动态类语句
```

2. CCSocket 类对应的文件

（1）CSocket.h 文件清单。

```
// CSocket.h: interface for the CCSocket class.
...
class  CTsDlg;                              //编程者添加的类声明
class  CMsg;

//用于建立连接和传送接收信息的客户机套接字类定义
class CCSocket : public CSocket
{
     DECLARE_DYNAMIC(CCSocket);             //动态类声明
//Construction
public:
    CCSocket(CTsDlg* pDlg);                 //构造函数，增加了入口参数
    virtual ~CCSocket();                    //析构函数

//Attributes
public:
    CTsDlg* m_pDlg;                         //主对话框类指针变量
    CSocketFile* m_pFile;                   //CSocketFile 对象的指针变量
    CArchive* m_pArchiveIn;                 //用于输入的 CArchive 对象的指针变量
    CArchive* m_pArchiveOut;                //用于输出的 CArchive 对象的指针变量

//Operations
public:
    void Initialize();                      //初始化
    void SendMessage(CMsg* pMsg);           //发送消息
    void ReceiveMessage(CMsg* pMsg);        //接收消息

//Overridable callbacks
//可重载的回调函数，当套接字收到数据时，自动调用此函数
protected:
    virtual void OnReceive(int nErrorCode);
};
#endif // !defined(AFX_CSOCKET_H__INCLUDED_)
```

（2）CSocket.cpp 文件清单。

```
// CSocket.cpp: implementation of the CCSocket class.
...
#include "tsDlg.h"                          //编程者添加的包含语句
#include "Msg.h"
```

```
...
//构造函数
CCSocket::CCSocket(CTsDlg* pDlg)
{
    m_pDlg = pDlg;                                  //在构造函数中添加初始化代码
    m_pFile = NULL;
    m_pArchiveIn = NULL;
    m_pArchiveOut = NULL;
}

//析构函数
CCSocket::~CCSocket()
{
      m_pDlg = NULL;                                //在析构函数中添加代码
      if (m_pArchiveOut != NULL) delete m_pArchiveOut;
      if (m_pArchiveIn != NULL) delete m_pArchiveIn;
      if (m_pFile != NULL) delete m_pFile;
}

//初始化
void CCSocket::Initialize()
{
      //构造与此套接字相应的 CSocketFile 对象
      m_pFile=new CSocketFile(this,TRUE);
      //构造与此套接字相应的 CArchive 对象
      m_pArchiveIn=new CArchive(m_pFile,CArchive::load);
      m_pArchiveOut=new CArchive(m_pFile,CArchive::store);
}

//发送消息
void CCSocket::SendMessage(CMsg* pMsg)
{
      if (m_pArchiveOut != NULL)
      {
            //调用消息类的序列化函数，发送消息
            pMsg->Serialize(*m_pArchiveOut);
           //将 CArchive 对象中的数据强制性写入 CSocketFile 文件中
           m_pArchiveOut->Flush();
      }
}

//接收消息
void CCSocket::ReceiveMessage(CMsg* pMsg)
{
      //调用消息类的序列化函数，接收消息
      pMsg->Serialize(*m_pArchiveIn);
}

//OnReceive 事件处理函数，当套接字收到数据时，激发此事件
void CCSocket::OnReceive(int nErrorCode)
```

```
{
      CSocket::OnReceive(nErrorCode);
      //调用主对话框类中的相应函数来处理
      m_pDlg->OnReceive(this);
}

IMPLEMENT_DYNAMIC(CCSocket,CSocket)
```

3. CMsg 类对应的文件

（1）Msg.h 文件清单。

```
// Msg.h: interface for the CMsg class.
...
//消息类定义
class CMsg : public CObject
{
       DECLARE_DYNCREATE(CMsg);

//Construction
public:
      CMsg();
      virtual ~CMsg();

//Attributes
public:
      CString m_strText;                             //字符串成员
      BOOL m_bClose;                                 //是否关闭状态

//Implementation
public:
      virtual void Serialize(CArchive& ar);          //序列化函数
};
#endif // !defined(AFX_MSG_H__INCLUDED_)
```

（2）Msg.cpp 文件清单。

```
// Msg.cpp: implementation of the CMsg class.
...
CMsg::CMsg()
{
       m_strText = _T("");                           //初始化成员变量
       m_bClose=FALSE;
}
...
void CMsg::Serialize(CArchive& ar)
{
      if (ar.IsStoring())                            //如果是输出，则发送数据
      {
             ar<<(WORD)m_bClose;
             ar << m_strText;
      } else {                                       //如果是输入，则接收数据
             WORD wd;
             ar>>wd;
             m_bClose=(BOOL)wd;
             ar >> m_strText;
```

```
    }
}
IMPLEMENT_DYNAMIC(CMsg,CObject)                 //动态类的声明
```

4. CTsDlg 类对应的文件

（1）tsDlg.h 文件。

```
// tsDlg.h : header file
...
#include "CSocket.h"                            //编程者添加的包含语句
#include "LSocket.h"
class CMsg;                                     //编程者添加的类声明

class CTsDlg : public CDialog
{
// Construction
public:
    CTsDlg(CWnd* pParent = NULL);               //standard constructor

// Dialog Data
     //{{AFX_DATA(CTsDlg)
     enum { IDD = IDD_TS_DIALOG };
     Cstatic m_staNum;                          //类向导添加的控件成员变量声明
     CButton m_btnClose;
     CListBox m_listMsg;
     CButton m_btnListen;
     UINT m_nPort;
     //}}AFX_DATA

    ...
    // Generated message map functions
    //{{AFX_MSG(CTsDlg)
    virtual BOOL OnInitDialog();
    afx_msg void OnSysCommand(UINT nID, LPARAM lParam);
    afx_msg void OnPaint();
    afx_msg HCURSOR OnQueryDragIcon();
    afx_msg void OnButtonListen();              //类向导添加的控件事件处理函数
    afx_msg void OnClose();
    //}}AFX_MSG
    DECLARE_MESSAGE_MAP()

//Attributes
public:
    CLSocket*  m_pLSocket;                      //侦听套接字指针变量
    CPtrList  m_connList;                       //连接列表

//Operations
public:
    void OnAccept();                            //接收连接请求
    void OnReceive(CCSocket* pSocket);          //获取客户机的发送消息
    void backClients(CMsg* pMsg);               //向聊天室的所有的客户机转发消息
};
...
```

（2）tsDlg.cpp 文件。

```
// tsDlg.cpp : implementation file
...
#include "Msg.h"                          //自加的包含语句

...
CTsDlg::CTsDlg(CWnd* pParent /*=NULL*/)
    : CDialog(CTsDlg::IDD, pParent)
{
    //{{AFX_DATA_INIT(CTsDlg)
    m_nPort = 0;                          //类向导添加的成员变量初始化代码
    //}}AFX_DATA_INIT
    // Note that LoadIcon does not require a subsequent DestroyIcon in Win32
    m_hIcon = AfxGetApp()->LoadIcon(IDR_MAINFRAME);

    m_pLSocket = NULL;                    //自加的初始化代码
}
...
BOOL CTsDlg::OnInitDialog()
{
...
    // TODO: Add extra initialization here
    m_nPort = 8000;                       //自加的初始化代码
    UpdateData(FALSE);
    GetDlgItem(IDOK)->EnableWindow(FALSE);
...
}

...
HCURSOR CTsDlg::OnQueryDragIcon()
{
    return (HCURSOR) m_hIcon;
}

//以下的函数代码是由编程者添加的
//当单击“监听”按钮时，执行此函数，启动服务器端套接字的监听
void CTsDlg::OnButtonListen()
{
     UpdateData(TRUE);                    //获得用户输入
     //创建侦听套接字对象
     m_pLSocket = new CLSocket(this);
     //创建监听套接字的底层套接字，在用户指定的端口上侦听
     if (!m_pLSocket->Create(m_nPort))
     {
          delete m_pLSocket;              //错误处理
          m_pLSocket = NULL;
          AfxMessageBox("创建监听套接字错误");
          return;
     }
     //启动监听套接字，时刻准备接收客户端的连接请求
     if (!m_pLSocket->Listen())
```

```
        {
            delete m_pLSocket;          //错误处理
            m_pLSocket = NULL;
            AfxMessageBox("启动监听错误");
            return;
        }
        GetDlgItem(IDC_EDIT_PORT)->EnableWindow(FALSE);
        GetDlgItem(IDC_BUTTON_LISTEN)->EnableWindow(FALSE);
        GetDlgItem(IDOK)->EnableWindow(TRUE);
}

//当单击"停止服务"按钮时，执行此函数
void CTsDlg::OnClose()
{
        CMsg  msg;
        msg.m_strText="服务器终止服务!";
        delete m_pLSocket;                  //删除监听套接字
        m_pLSocket=NULL;
        while (!m_connList.IsEmpty())    //对连接列表进行处理
        {
            //向每一个连接的客户机发送"服务器终止服务!"的消息
            //并逐个删除已建立的连接
            CCSocket* pSocket
               =(CCSocket*)m_connList.RemoveHead();
            pSocket->SendMessage(&msg);
            delete pSocket;
        }
        //清除列表框
        while (m_listMsg.GetCount()!=0)
                        m_listMsg.DeleteString(0);
        GetDlgItem(IDC_EDIT_PORT)->EnableWindow(TRUE);
        GetDlgItem(IDC_BUTTON_LISTEN)->EnableWindow(TRUE);
        GetDlgItem(IDOK)->EnableWindow(FALSE);
}

//接受连接请求
void CTsDlg::OnAccept()
{
        //创建用于与客户端连接并交换数据的套接字对象
        CCSocket* pSocket = new CCSocket(this);
        if (m_pLSocket->Accept(*pSocket))    //接收客户机的连接请求
        {
            //对连接套接字初始化
            pSocket->Initialize();
            m_connList.AddTail(pSocket);
            //更新在线人数
            CString strTemp;
            strTemp.Format("在线人数: %d",m_connList.GetCount());
            m_staNum.SetWindowText(strTemp);
        } else delete pSocket;
```

```
    }

//获取客户机的发送消息
void CTsDlg::OnReceive(CCSocket* pSocket)
{
    static CMsg  msg;
    do {
    //接收客户机发来的消息
    pSocket->ReceiveMessage(&msg);
    //将客户机的信息显示在服务器的对话框中
    m_listMsg.AddString(msg.m_strText);
    //向所有客户机返回该客户机发来的消息
    backClients(&msg);

    //如果客户机关闭，将与该客户机的连接从连接列表中删除
    if (msg.m_bClose)
    {
        pSocket->Close();
        POSITION pos,temp;
        for (pos=m_connList.GetHeadPosition();pos!=NULL;)
        {
            //对于已经关闭的客户机
            //在消息列表中将已经建立的连接删除
            temp=pos;
            CCSocket* pSock=(CCSocket*)m_connList.GetNext(pos);
            //匹配成功
            if (pSock==pSocket)
            {
                m_connList.RemoveAt(temp);
                CString strTemp;
                //更新在线人数
                strTemp.Format("在线人数：%d",m_connList.GetCount());
                m_staNum.SetWindowText(strTemp);
                break;
            }
        }
        delete pSocket;
        break;
    }
} while (!pSocket->m_pArchiveIn->IsBufferEmpty());
}

//当服务器收到某个客户机发来的信息后，将它转发给聊天室的所有的客户机
void CTsDlg::backClients(CMsg* pMsg)
{
    for (POSITION pos=m_connList.GetHeadPosition();pos!=NULL;)
    {
        //获得连接列表的成员
        CCSocket* pSocket=(CCSocket*)m_connList.GetNext(pos);
        pSocket->SendMessage(pMsg);
    }
}
```

5.5.4 创建聊天室的客户端程序

利用可视化语言的集成开发环境（IDE）来创建服务器端应用程序框架，步骤如下。

1. 利用 MFC AppWizard 创建客户端应用程序框架

工程名为 tc，选择 Dialog based 的应用程序类型，选择中文（中国），选择 Windows Sockets 支持，其他接受系统的默认值。所创建的程序将自动创建两个类，应用程序类 CTcApp，对应的文件是 tc.h 和 tc.cpp；对话框类 CTcDlg，对应的文件是 tcDlg.h 和 tcDlg.cpp。

2. 为对话框界面添加控件对象

完成的对话框如图 5.22 所示，然后按照表 5.11 修改控件的属性。

表 5.11　　聊天客户端 tc 程序主对话框中的控件属性

控件类型	控件 ID	Caption
静态文本　static text	IDC_STATIC_CNAME	客户名
静态文本　static text	IDC_STATIC_SNAME	服务器名
静态文本　static text	IDC_STATIC_PORT	端口号
静态文本　static text	IDC_STATIC_MSG	消息
编辑框　edit box	IDC_EDIT_CNAME	注：输入客户名的文本框
编辑框　edit box	IDC_EDIT_SNAME	注：输入服务器名的文本框
编辑框　edit box	IDC_EDIT_PORT	注：输入端口号的文本框
编辑框　edit box	IDC_EDIT_MSG	注：输入消息的文本框
命令按钮　button	IDC_BUTTON_CONN	连接
命令按钮　button	IDOK	发送
命令按钮　button	IDC_BUTTON_CLOSE	退出
列表框　listbox	IDC_LIST_MSG	注：不选 Sort

3. 为对话框中的控件对象定义相应的成员变量

用类向导为对话框中的控件对象定义相应的成员变量。按照表 5.12 输入即可。

表 5.12　　聊天客户端 tc 程序对话框中控件对象对应的成员变量

控件 ID（Control IDs）	变量名称（Member Variable Name）	变量类别（Category）	变量类型（Variable Type）
IDC_EDIT_CNAME	m_strCName	Value	CString
IDC_EDIT_SNAME	m_strSName	Value	CString
IDC_EDIT_PORT	m_nPort	Value	UINT
IDC_EDIT_MSG	m_strMsg	Value	CString
IDC_BUTTON_CONN	m_btnConn	Control	CButton
IDOK	m_Send	Control	CButton
IDC_BUTTON_CLOSE	m_btnClose	Control	CButton
IDC_LIST_MSG	m_listMsg	Control	CListBox

4. 创建从 CSocket 类继承的派生类

从 CSocket 类派生一个套接字类，类名为 CCSocket，用于与服务器端建立连接并交换数据。改造它的构造函数，为它添加 OnReceive 事件处理函数和以下的成员变量：

```
CTcDlg* m_pDlg;           //成员变量
```

5. 为 CTcDlg 对话框类添加控件对象事件的响应函数

按照表 5.13，用类向导为客户端的对话框中的控件对象添加事件响应函数，主要是针对按钮的单击事件的处理函数。

表 5.13　服务器端的控件对象对应的事件响应函数

控件类型	对象标识 （Object IDs）	消息（Messages）	成员函数（Member functions）
命令按钮	IDOK	BN_CLICKED	OnSend
命令按钮	IDC_BUTTON_CONN	BN_CLICKED	OnButtonConn
命令按钮	IDC_BUTTON_CLOSE	BN_CLICKED	OnButtonClose
对话框	CTcDlg	WM_DESTROY	OnDestroy

6. 为 CTcDlg 对话框类添加其他的成员函数和成员变量

成员变量：

```
CCSocket*  m_pSocket;                   //套接字对象指针
CSocketFile* m_pFile;                   //CSocketFile 对象指针
CArchive* m_pArchiveIn;                 //用于输入的 CArchive 对象指针
CArchive* m_pArchiveOut;                //用于输出的 CArchive 对象指针
```

成员函数：

```
void OnReceive();                       //接收信息
void ReceiveMsg();                      //接收服务器发来的信息
void SendMsg(CString& strText,bool st); //向服务器发送信息
```

7. 创建专用于数据传输序列化处理的类 CMsg

与服务器端一样，客户端也要构造一个专用于消息传输的类。该类必须从 CObject 类派生，类名 CMsg。

为 CMsg 类添加成员变量和成员函数（可参考后面的文件清单）：

```
CString m_strBuf;                       //字符串成员
BOOL m_bClose;                          //是否关闭状态
virtual void Serialize(CArchive& ar);   //序列化函数
```

8. 添加事件函数和成员函数的代码

主要在 CTcDlg 对话框类的 tcDlg.cpp 中和套接字类的实现文件中，添加用户自己的事件函数和成员函数的代码。

5.5.5　聊天室客户端程序的主要实现代码和分析

1. CCSocket 类对应的文件

（1）CSocket.h 文件清单。

```
// CSocket.h: interface for the CCSocket class.
...
class CTcDlg;                           //自加的对话框类声明
```

```
class CCSocket : public CSocket
{
    DECLARE_DYNAMIC(CCSocket);                          //动态类声明
//Construction
public:
    CCSocket(CTcDlg* pDlg);                             //构造函数， 增加了入口参数
    virtual ~CCSocket();                                //析构函数
// Attributes
public:
    CTcDlg* m_pDlg;                                     //成员变量

//Implementation
protected:
    virtual void OnReceive(int nErrorCode);  //事件处理函数
};
#endif // !defined(AFX_CSOCKET_H__INCLUDED_)
```

（2）CSocket.cpp 文件清单。

```
// CSocket.cpp: implementation of the CCSocket class.
...
#include "tcDlg.h"                                  //自加的包含语句
...
IMPLEMENT_DYNAMIC(CCSocket,CSocket)                 //动态类声明
//构造函数
CCSocket::CCSocket(CTcDlg* pDlg)
{
    m_pDlg = pDlg;                                  //成员变量赋值
}

CCSocket::~CCSocket()
{
    m_pDlg = NULL;                                  //将指针成员变量置为空
}

//事件处理函数，当套接字收到 FD_READ 消息时，执行此函数
void CCSocket::OnReceive(int nErrorCode)
{
     CSocket::OnReceive(nErrorCode);
     //调用 CTcDlg 类的相应函数处理
     if (nErrorCode = = 0) m_pDlg->OnReceive();
}
```

2. CMsg 类对应的文件

（1）Msg.h 文件清单。

```
// Msg.h: interface for the CMsg class.
...
//消息类的定义
class CMsg : public CObject
{
     DECLARE_DYNCREATE(CMsg);                           //动态类声明
public:
    CMsg();                                             //构造函数
```

```
    virtual ~CMsg();                              //析构函数
    virtual void Serialize(CArchive& ar);         //序列化函数
//Attributes
public:
    CString m_strBuf;                             //字符串成员
    BOOL m_bClose;                                //是否关闭状态
};
#endif // !defined(AFX_MSG_H__INCLUDED_)
```

（2）Msg.cpp 文件清单。

```
// Msg.cpp: implementation of the CMsg class.
...
//构造函数
CMsg::CMsg()
{
   m_strBuf=_T("");                               //对成员变量初始化
   m_bClose=FALSE;
}
...
//序列化函数
void CMsg::Serialize(CArchive& ar)
{
    if (ar.IsStoring())                           //如果输出，就发送数据
    {
           ar<<(WORD)m_bClose;
           ar<<m_strBuf;
    } else {                                      //如果输入，就接收数据
           WORD wd;
           ar>>wd;
           m_bClose=(BOOL)wd;
           ar>>m_strBuf;
    }
}
IMPLEMENT_DYNAMIC(CMsg,CObject)                   //动态类声明
```

3. CTcDlg 类对应的文件

（1）tcDlg.h 文件清单。

```
// tcDlg.h : header file
...
#include  "CSocket.h"                             //自加的包含语句
class CTcDlg : public CDialog
{
...
//Attribuie
     CCSocket*  m_pSocket;                        //套接字对象指针
     CSocketFile* m_pFile;                        //CSocketFile 对象指针
     CArchive* m_pArchiveIn;                      //用于输入的 CArchive 对象指针
     CArchive* m_pArchiveOut;                     //用于输出的 CArchive 对象指针
//Operations
public:
    void OnReceive();                             //接收信息
```

```
    void ReceiveMsg();                          //接收服务器发来的信息
    void SendMsg(CString& strText,bool st);  //向服务器发送信息
};
...
```

（2）tcDlg.cpp 文件清单。

```
// tcDlg.cpp : implementation file
...
#include "CSocket.h"                            //自加的包含语句
#include "Msg.h"
...
CTcDlg::CTcDlg(CWnd* pParent /*=NULL*/)
    : CDialog(CTcDlg::IDD, pParent)
{
    //{{AFX_DATA_INIT(CTcDlg)
    m_strCName = _T("");                        //类向导添加的初始化代码
    m_strMsg = _T("");
    m_strSName = _T("");
    m_nPort = 0;
    //}}AFX_DATA_INIT
    // Note that LoadIcon does not require a subsequent DestroyIcon in Win32
    m_hIcon = AfxGetApp()->LoadIcon(IDR_MAINFRAME);

    m_pSocket=NULL;                             //自加的初始化代码
    m_pFile=NULL;
    m_pArchiveIn=NULL;
    m_pArchiveOut=NULL;
}
...
BOOL CTcDlg::OnInitDialog()
{
...
    // TODO: Add extra initialization here
    m_strCName = "客户 1";                      //自加的初始化代码
    m_nPort = 8000;
    m_strSName = _T("localhost");
    GetDlgItem(IDC_EDIT_MSG)->EnableWindow(FALSE);
    GetDlgItem(IDOK)->EnableWindow(FALSE);
    GetDlgItem(IDC_BUTTON_CLOSE)->EnableWindow(FALSE);
    UpdateData(FALSE);
    ...
}
...
HCURSOR CTcDlg::OnQueryDragIcon()
{
    return (HCURSOR) m_hIcon;
}

//以下的函数实现代码是编程者自己添加的

//当单击“连接”按钮时，执行此函数，向服务器请求连接
void CTcDlg::OnButtonConn()
```

```
{
     m_pSocket = new CCSocket(this);               //创建套接字对象
     if (!m_pSocket->Create())                     //创建套接字对象的底层套接字
     {
     delete m_pSocket;                             //错误处理
     m_pSocket = NULL;
     AfxMessageBox("套接字创建错误! ");
     return;
     }
     if (!m_pSocket->Connect(m_strSName,m_nPort))
     {
     delete m_pSocket;                             //错误处理
     m_pSocket = NULL;
     AfxMessageBox("无法连接服务器错误! ");
     return;
}
//创建 CSocketFile 类对象
     m_pFile = new CSocketFile(m_pSocket);
     //分别创建用于输入和用于输出的 CArchive 类对象
     m_pArchiveIn = new CArchive(m_pFile,CArchive::load);
     m_pArchiveOut = new CArchive(m_pFile,CArchive::store);
     //调用 SendMsg 函数，向服务器发送消息，表明该客户机进入聊天室
     UpdateData(TRUE);
     CString  strTemp;
     strTemp = m_strCName + ":进入聊天室";
     SendMsg(strTemp, FALSE);
     GetDlgItem(IDC_EDIT_MSG)->EnableWindow(TRUE);
     GetDlgItem(IDOK)->EnableWindow(TRUE);
     GetDlgItem(IDC_BUTTON_CLOSE)->EnableWindow(TRUE);

     GetDlgItem(IDC_EDIT_CNAME)->EnableWindow(FALSE);
     GetDlgItem(IDC_EDIT_SNAME)->EnableWindow(FALSE);
     GetDlgItem(IDC_EDIT_PORT)->EnableWindow(FALSE);
     GetDlgItem(IDC_BUTTON_CONN)->EnableWindow(FALSE);
}

//当单击“发送”按钮时，执行此函数，向服务器发送信息
//并将发送的消息显示于列表框，注意，实际的发送是由 SendMsg 函数完成的
void CTcDlg::OnSend()
{
     UpdateData(TRUE);                         //取回用户输入的信息
     if (!m_strMsg.IsEmpty())
     {
          this->SendMsg(m_strCName + ":" + m_strMsg, FALSE);
          m_strMsg = _T("");
          UpdateData(FALSE);                   //更新用户界面，将用户输入的消息删除
     }
}

//实际执行发送的函数
```

```
void CTcDlg::SendMsg(CString &strText,bool st)
{
    if (m_pArchiveOut!=NULL)
    {
        CMsg msg;                          //创建一个消息对象
        //将要发送的信息文本赋给消息对象的成员变量
        msg.m_strBuf = strText;
        msg.m_bClose = st;

        //调用消息对象的系列化函数，发送消息
        msg.Serialize(*m_pArchiveOut);
        //将 CArchive 对象中的数据强制存储到 CSocketFile 对象中
        m_pArchiveOut->Flush();
    }
}

//当单击“断开”按钮时，执行此函数，做客户机退出聊天室的相关处理
void CTcDlg::OnButtonClose()
{
    CString strTemp;
    strTemp = m_strCName+":离开聊天室！";
    SendMsg(strTemp, TRUE);

    delete m_pArchiveOut;              //删除用于输出的 CArchive 对象
    m_pArchiveOut = NULL;
    delete m_pArchiveIn;               //删除用于输入的 CArchive 对象
    m_pArchiveIn = NULL;
    delete m_pFile;                    //删除 CSocketFile 对象
    m_pFile = NULL;
    m_pSocket->Close();                //关闭套接字对象
    delete m_pSocket;                  //删除 CCSocket 对象
    m_pSocket = NULL;

    //清除列表框
    while (m_listMsg.GetCount()!=0)
                m_listMsg.DeleteString(0);
    GetDlgItem(IDC_EDIT_MSG)->EnableWindow(FALSE);
    GetDlgItem(IDOK)->EnableWindow(FALSE);
    GetDlgItem(IDC_BUTTON_CLOSE)->EnableWindow(FALSE);

    GetDlgItem(IDC_EDIT_CNAME)->EnableWindow(TRUE);
    GetDlgItem(IDC_EDIT_SNAME)->EnableWindow(TRUE);
    GetDlgItem(IDC_EDIT_PORT)->EnableWindow(TRUE);
    GetDlgItem(IDC_BUTTON_CONN)->EnableWindow(TRUE);
}

//当套接字收到 FD_READ 消息时，它的 OnReceive 函数调用此函数
void CTcDlg::OnReceive()
{
```

```
        do
        {
            ReceiveMsg();                          //调用 ReceiveMsg 函数实际接收消息
            if (m_pSocket==NULL)  return;
        } while (!m_pArchiveIn->IsBufferEmpty());
    }

    //实际接收消息的函数
    void CTcDlg::ReceiveMsg()
    {
        CMsg msg;                                  //创建消息对象
          TRY
        {
            //调用消息对象的序列化函数，接收消息
            msg.Serialize(*m_pArchiveIn);
            m_listMsg.AddString(msg.m_strBuf);     //将消息显示与列表框
        }
        CATCH(CFileException,e)                    //错误处理
        {
            //显示处理服务器关闭的消息
            CString strTemp;
            strTemp="服务器重置连接！连接关闭！";
            m_listMsg.AddString(strTemp);
            msg.m_bClose=TRUE;
            m_pArchiveOut->Abort();
            //删除相应的对象
            delete m_pArchiveIn;
            m_pArchiveIn=NULL;
            delete m_pArchiveOut;
            m_pArchiveOut=NULL;
            delete m_pFile;
            m_pFile=NULL;
            delete m_pSocket;
            m_pSocket=NULL;
        }
      END_CATCH
    }

    //在 CTcDlg 类终止运行时进行的后续处理
    void CTcDlg::OnDestroy()
    {
        CDialog::OnDestroy();
        // TODO: Add your message handler code here
        if ((m_pSocket!=NULL)&&(m_pFile!=NULL)&&(m_pArchiveOut!=NULL))
        {
            //发送客户机离开聊天室的消息
            CMsg msg;
            CString strTemp;
            strTemp="DDDD:离开聊天室！";
```

```
            msg.m_bClose=TRUE;
            msg.m_strBuf=m_strCName+strTemp;
            msg.Serialize(*m_pArchiveOut);
            m_pArchiveOut->Flush();
        }
        delete m_pArchiveOut;              //删除 CArchive 对象
        m_pArchiveOut=NULL;
        delete m_pArchiveIn;               //删除 CArchive 对象
        m_pArchiveIn=NULL;
        delete m_pFile;                    //删除 CSOcketFile 对象
        m_pFile=NULL;
        if (m_pSocket!=NULL)
        {
            BYTE Buffer[50];
            m_pSocket->ShutDown();
            while (m_pSocket->Receive(Buffer,50)>0);
        }
        delete m_pSocket;
        m_pSocket=NULL;
    }
```

习　题

1. MFC 提供的两个套接字类是什么？
2. 为什么说 CAsyncSocket 类是在很低的层次上对 Windows Sockets API 进行了封装？
3. 为什么说 CSocket 类是对 Windows Sockets API 的高级封装？
4. 使用 CAsyncSocket 类的一般步骤是什么？
5. CAsyncSocket 类可以接收并处理哪些消息事件？当这些网络事件发生时，MFC 框架做何处理？
6. CSocket 类如何通过 CArchive 对象来进行数据传输？
7. 说明 CSocket 类的编程模型。
8. 说明使用 MFC ApplicationWizard 创建客户端应用程序框架的具体步骤。
9. 说明点对点交谈的客户端程序的类与消息驱动的关系。

实　验

运用 CAsyncSocket 类或者 CSocket 类设计聊天室程序，程序界面自行设计，程序功能要求如下。

服务器端功能要求如下。

（1）服务器开启时要绑定本地 IP 地址和端口号，然后才能开始侦听来自客户端的连接，也可以主动断开连接。能够显示连接状态。

（2）能够解析聊天信息，若是新用户，要获取并显示用户昵称、Ip地址、端口号等信息，并显示“欢迎新人加入”的信息。若是私聊信息，则要一对一发送信息。若是公聊信息，则向所有用户转发信息。

客户机端功能要求如下。

（1）主动发出连接请求与服务器建立连接，能够向服务器发送信息，能够接收并解析服务器发来的一切信息，如新用户的加入、旧用户的退出等。

（2）能够显示并查看历史聊天信息，同时显示聊天的日期和时间。

（3）当信息较多时，能够翻页或滚屏显示。

（4）能够将聊天信息导出、保存到文本文件中。

第6章 WinInet编程

WinInet 是 Windows Internet 扩展应用程序高级编程接口，是专为开发具有 Internet 功能的客户机端应用程序而提供的。它有两种形式：WinInet API 包含一个 C 语言的函数集（Win32 Internet functions），MFC WinInet 类则是对前者的面向对象的封装。

WinInet 支持文件传输协议（FTP）、超文本传输协议（HTTP）和 Gopher 协议。使用 WinInet，用户的应用程序可以轻松地与这 3 种 Internet 服务器建立连接，交换信息，甚至对远程服务器进行各种操作，而无需考虑通信协议的细节和底层的数据传输工作，为编程用户提供了极大的方便。本章重点介绍 MFC WinInet 类，并就 FTP 功能给出相应的编程实例。至于 WinInet 对于 HTTP 和 Gopher 协议的支持，读者可以举一反三。

6.1 MFC WinInet 类

6.1.1 概述

WinInet API 函数集是微软公司提供的 Win32 Internet 应用程序编程接口，用户可以用它编写 Internet 客户机端应用程序，而不必考虑底层的通信协议，也不必从头了解 WinSock API 和 TCP/IP 的细节。但是，直接利用 WinInet API 函数还是不太容易，这些函数都是以头文件和库函数的形式提供的，理解和掌握有一定难度，用户可能面对一大堆 API 函数而无从下手。

为此，微软公司在 MFC 基础类库中提供了 WinInet 类，它是对于 WinInet API 函数的封装，是对所有的 WinInet API 函数按其应用类型进行分类和打包后，以面向对象的形式，向用户提供的一个更高层次上的更容易使用的编程接口。

如果编程者想要开发自己的、功能强大的、更容易使用的网络应用程序，或在某一方面要求更加灵活的应用功能，如需要在线升级杀毒软件的病毒数据库，需要为大型的应用程序添加对网络资源访问的支持，就可以选择 MFC WinInet 类。如果编程者需要编写 Internet 程序，但对于网络协议并不十分了解，也可以选择 MFC WinInet 类。用户可以方便地建立支持 FTP、HTTP 和 Gopher 协议的客户机端应用程序，可以很容易地完成从 HTTP 服务器上下载 HTML 文件，从 FTP 服务器下载或上传文件，利用 Gopher 的菜单系统检索或者存取 Internet 资源，用户只需要建立连接，发送请求即可。同时，在编程时，还可以利用可视化的 MFC 编程工具。

利用 MFC WinInet 类来编写 Internet 应用程序是一个好的选择，它还具有以下优点。

（1）提供缓冲机制。WinInet 类会自动建立本地磁盘缓冲区，可以缓冲存储下载的各种 Internet

文件，当客户机程序再次请求某个文件时，它会首先到本地磁盘的缓存中查找，从而快速对客户机的请求做出响应。

（2）支持安全机制。支持基本的身份认证和安全套接层（SSL）协议。

（3）支持 Web 代理服务器访问。能从系统注册表中读取关于代理服务器的信息，并在请求时使用代理服务器。

（4）缓冲的输入/输出。例如，它的输入函数可以在读够所请求的字节数后才返回。

（5）轻松简洁。往往只需要一个函数就可以建立与服务器的连接，并且做好读文件的准备，而不需要用户做更多的工作。

6.1.2　MFC WinInet 所包含的类

MFC WinInet 类在 Afxinet.h 包含文件中定义，不同的类是对不同层次的 HINTERNET 句柄的封装，可分为以下几种。

1. CInternetSession 类

CInternetSession 类由 CObject 类派生而来，代表应用程序的一次 Internet 会话，它封装了 HINTERNET 会话根句柄，并把使用根句柄的 API 函数，如 OpenURL、InternetConnect 等，封装为它的成员函数。每个访问 Internet 的应用程序都需要一个 CInternetSession 类的对象，利用它的 InternetConnect 函数，可以建立 HTTP、FTP 或 Gopher 连接，创建相应的连接类对象。也可以调用它的 OpenURL 函数，直接打开网络服务器上的远程文件。CInternetSession 类可以直接使用，也可以派生后使用。通过派生，可以重载派生类的成员函数，以便更好地利用 Windows 操作系统的消息驱动机制。

2. 连接类

连接类包括 CInternetConnection 类以及它的派生类 CFtpConnection 类、CHttpConnection 类和 CGopherConnection 类。由于使用不同的协议访问 Internet 时有很大区别，所以首先用 CInternetConnection 类封装了 FTP、HTTP 和 Gopher 三种不同协议连接的共同属性，由它派生的三个连接类则分别封装了三个协议的特点，分别支持 FTP、HTTP 和 Gopher 协议，是对处于 WinInet API 句柄树型层次的中间层的 FTP、HTTP 和 Gopher 会话句柄的封装，并分别将使用这些句柄的相关函数封装为这些类的成员函数。连接类的对象代表了与特定网络服务器的连接。创建连接类后，使用这些类的成员函数可以对所连接的网络服务器进行各种操作，也可以进一步创建文件类对象。

3. 文件类

文件类首先包括 CInternetFile 类以及由它派生的 CHttpFile 类和 CGopherFile 类，它们分别封装了 FTP 文件句柄、HTTP 请求句柄和 Gopher 文件句柄。并分别将借助这些句柄操作 Internet 文件的 API 函数封装成它们的成员函数。同时，这三个文件类又是从 MFC 的 CStdioFile 类派生的。而 CStdioFile 类又是从 CFile 类派生的，这就又使它们继承了 CFile 类的特性，使得应用程序能像操作本地文件一样，来操作 Internet 网络文件。

另外，由 CFileFind 类派生的用于文件查找的 CFtpFileFind 类和 CGopherFileFind 类也应归入文件类的层次。它们是对 WinInet API 中用于查询文件的数据结构和函数的封装。利用它们的成员函数，可以轻松地完成对于 FTP 或 Gopher 服务器上文件的查询。

4. CInternetException 类

CInternetException 类代表 MFC WinInet 类的成员函数在执行时所发生的错误或异常。用户在应用程序中可以通过调用 AfxThroeInternetException( )函数来产生一个 CInternetException 类对象。在程序中，往往用 try/chtch 逻辑结构来处理错误。

图 6.1 所示为 MFC WinInet 各种类之间的关系，其中，细线箭头从基类指向继承类，表示了类的派生关系；粗线箭头从函数指向它所创建的类对象。

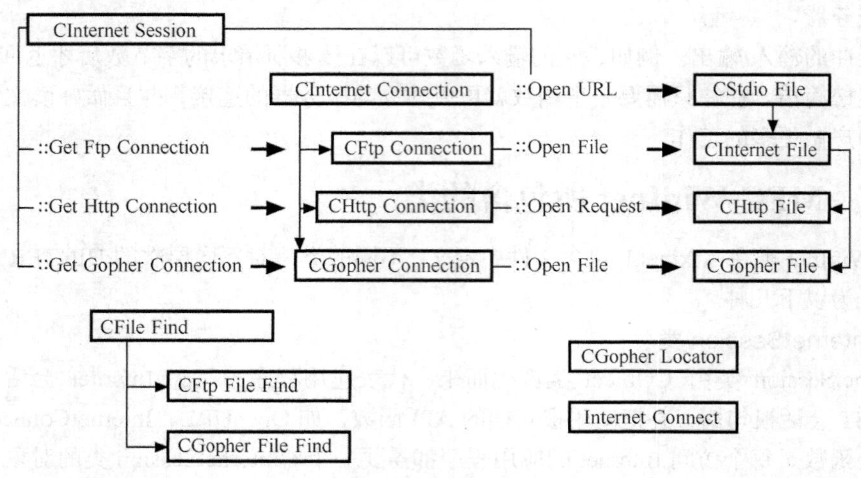

图 6.1　MFC WinInet 类的关系

6.1.3　使用 WinInet 类编程的一般步骤

由于 WinInet 类是 MFC 基础类库的一部分，所以使用 WinInet 类来编写网络应用程序，可以充分利用VC++提供的可视化编程界面和各种编程向导;可以充分利用MFC提供的其他类的功能；可以充分利用 Windows 操作系统提供的消息驱动机制。

按照面向对象的编程思想，编程时应首先创建所需的类的实例对象，然后调用类的成员函数完成所需的操作。WinInet 类的许多成员函数都是可以重载的，这就为编程者留下了足够的发挥空间。应用程序可以从 WinInet 类派生出自己的类，再把自己的特色代码添加到重载的函数中，来完成特定的任务。按照 WinInet 类的层次结构，使用 WinInet 类编程的一般步骤如下。

（1）创建 CInternetSession 类对象，创建并初始化 Internet 会话。

（2）利用 CInternetSession 类的 QueryOption 或 SetOption 成员函数，可以查询或设置该类内含的 Internet 请求选项，这一步是可选的，不需要可以不做。

（3）创建连接类对象，建立 CInternetSession 对象与网络服务器的连接，也就是应用程序与网络服务器的连接。只需要分别调用 CInternetSession 类的 GetFtpConnection、GetHttpConnection 或 GetGopherConnection 函数就可以轻松地创建 CFtpConnection 类、CHttpConnection 类或 CGopher Connection 类的对象实例。再使用这些对象实例的成员函数就能完成很多对于网络服务器的操作。例如，对于 FTP 服务器，可以获知或设置当前目录，下载或上传文件，创建或删除目录，重命名文件或目录等。

（4）创建文件检索类对象，对服务器进行检索。

（5）如果需要使用异步操作模式，可以重载 CInternetSession 类的 OnStatusCallback 函数，并启动应用程序，使用状态回调机制，重载相关函数，加入自己的代码。

（6）如果还想更紧密地控制对服务器文件的访问，可以进一步创建文件类对象实例，完成文件查找或文件读写操作。

（7）创建 CInternetException 类对象实例，处理错误。

（8）关闭各种类，将资源释放给系统。

以下各小节按照编程步骤的顺序说明各种 WinInet 类的用法。

6.1.4　创建 CInternetSession 类对象

创建 CInternetSession 类对象，将创建并初始化 Internet 会话。像其他类一样，创建 CInternetSession 类对象需要执行该类的构造函数，它的原型是：

```
CInternetSession(
    LPCTSTR pstrAgent = NULL,
    DWORD dwContext = 1,
    DWORD dwAccessType = PRE_CONFIG_INTERNET_ACCESS,
    LPCTSTR pstrProxyName = NULL,
    LPCTSTR pstrProxyBypass = NULL,
    DWORD dwFlags = 0);
```

其中，

参数 pstrAgent：字符串指针，指定调用此函数的应用程序的名字。如果取默认值 NULL，则 MFC 框架将调用 AfxGetAppName 全局函数来获得应用程序的名字，并赋给此参数。

参数 dwContext：指定此操作的环境值。环境值主要在异步操作的 OnStatusCallback 状态回调函数中使用，向回调函数传递操作状态信息，默认值是 1。但用户也可以显式地为此操作赋予一个特定的环境值，所创建的 CInternetSession 对象及其所进行的任何工作都将与这个环境值相联系。

参数 dwAccessType：用来指出应用程序所在的计算机访问 Internet 的方式，是直接访问还是通过代理服务器访问。

参数 pstrProxyName：字符串指针，用于指定首选的代理服务器，默认值是 NULL，仅当 dwAccessType 参数设置为 INTERNET_OPEN_TYPE_PROXY 时有效。

参数 pstrProxyBypass：字符串指针，用于指定可选的服务器地址列表，当进行代理操作时，这些地址会被忽略。如果取默认值 NULL，则列表信息从注册表中读取。该参数仅当 dwAccessType 参数设置为 INTERNET_OPEN_TYPE_PROXY 时有效。

参数 dwFlags：指定会话的选项，涉及如何处理缓存，是否使用异步操作方式等问题，默认值为 0，表示按照默认的方式操作。

容易看出，CInternetSession 类构造函数的参数与 WinInet API 的 InternetOpen 函数基本是一致的。实际执行此构造函数时，会自动调用 WinInet 的 InternetOpen 函数，将这些参数传送给它，创建并初始化 Internet 会话，返回一个 HINTERNET 会话根句柄（Session Handle），并将该句柄保存在 CInternetSession 对象内部的 m_hSession 成员变量中。如果没能打开 Internet 会话，此构造函数会产生一个异常。

表 6.1 简要列出了 CInternetSession 类的成员函数名称、它们的返回值类型和功能说明。这是对那些使用 Internet 会话根句柄的 WinInet API 的相关函数的封装。

表 6.1　CInternetSession 类的成员函数

返回值类型	成员函数名称	功能说明
BOOL	QueryOption	查询会话对象的选项
BOOL	SetOption	设置会话对象的选项

续表

返回值类型	成员函数名称	功能说明
CStdioFile*	OpenURL	打开统一资源定位器（URL）所指向的网络对象，返回 Internet 文件对象指针
CFtpConnection*	GetFtpConnection	建立与 FTP 服务器的连接，返回 CFtpConnection 对象指针
CHttpConnection*	GetHttpConnection	建立与 HTTP 服务器的连接，返回 ChttpConnection 对象指针
CGopherConnection*	GetGopherConnection	建立与 Gopher 服务器的连接，返回 CGopherConnection 对象
BOOL	EnableStatusCallback	启用状态回调函数
DWORD	ServiceTypeFromHandle	用来从 Internet 句柄得到服务的类型
DWORD	GetContext	用来得到一个 Internet 会话，即应用程序会话的环境值
virtual void	Close	关闭会话对象，虚拟函数，可重载
virtual void	OnStatusCallback	状态回调函数，虚拟函数，一般需要重载
static BOOL	SetCookie	为指定的 URL 设置 Cookie
static BOOL	GetCookie	得到指定的 URL 的 Cookie
static DWORD	GetCookieLength	得到存储在缓冲区中的 Cookie 数据的长度
Operator	HINTERNET	从 Internet 会话中得到 Windows 句柄

6.1.5 查询或设置 Internet 请求选项

创建 CInternetSession 类对象后，可以调用它的 QueryOption 成员函数查询 Internet 请求选项，调用它的 SetOption 成员函数来设置这些选项。

QueryOption 函数有如下 3 种参数不同的重载形式：

```
BOOL QueryOption(DWORD dwOption, LPVOID lpBuffer, LPDWORD lpdwBufLen);
BOOL QueryOption(DWORD dwOption, DWORD& dwValue);
BOOL QueryOption(DWORD dwOption, CString& refString);
```

其中，

参数 dwOption：用于指定要查询的 Internet 选项，其取值可查阅帮助文档。

参数 lpBuffer：缓冲区指针，该缓冲区用来返回选项的设置。

参数 lpdwBufLen：指定缓冲区的长度，当函数返回时，该参数被设置成缓冲区中实际返回的数据长度。

参数 dwValue：可以代替 lpBuffer 参数，返回选项的值。

SetOption 函数也有如下两种参数不同的重载形式：

```
BOOL SetOption(DWORD dwOption, LPVOID lpBuffer, DWORD dwBufferLength,
DWORD dwFlags = 0);
BOOL SetOption(DWORD dwOption, DWORD dwValue, DWORD dwFlags = 0);
```

其中，

参数 dwOption：用于指定要设置的 Internet 选项。

参数 lpBuffer：指向缓冲区的指针，该缓冲区包含选项的设置值。

参数 lpdwBufLen：指定缓冲区的长度，当函数返回时，该参数被设置成缓冲区中实际的数据长度。

参数 dwValue：可以代替 lpBuffer 参数，设置选项的值。

这些函数如果操作成功，则返回 TRUE，否则返回 FALSE。

6.1.6 创建连接类对象

通过调用 CInternetSession 对象的 GetFtpConnection、GetHttpConnection 和 GetGopher Connection 成员函数，可以分别建立 CInternetSession 对象与网络上 FTP、HTTP 和 Gopher 服务器的连接，并分别创建 CFtpConnection、CHttpConnection 和 CGopherConnection 类的对象，来代表这 3 种连接。

在这 3 个函数的原型中，有 4 个参数是相同的。参数 pstrServer 是字符串指针，用于指定服务器名；参数 nPort 用于指定服务器所使用的 TCP/IP 端口号，INTERNET_INVALID_PORT_NUMBER 常量的值是 0，表示使用协议默认的端口号；参数 pstrUserName 是字符串指针，指定登录服务器的用户名；参数 pstrPassword 是字符串指针，指定登录的口令。

```
CFtpConnection* GetFtpConnection(
    LPCTSTR pstrServer,
    LPCTSTR pstrUserName = NULL,
    LPCTSTR pstrPassword = NULL,
    INTERNET_PORT nPort = INTERNET_INVALID_PORT_NUMBER,
    BOOL bPassive = FALSE);
```

其中参数 bPassive 用于指定 FTP 会话的模式，取值 TRUE 为被动模式，取值 FALSE 为主动模式。

如果这些函数调用成功，则创建并返回一个指向相应连接类对象的指针，并与相应服务器建立了连接。这时，就可以调用连接类对象的成员函数来完成各种对于网络服务器的操作了。

CFtpConnection、ChttpConnection 和 CGopherConnection 类分别封装了 FTP、HTTP 和 Gopher 会话句柄，并将使用这些句柄的 WinInet API 函数分别封装成它们的成员函数。

表 6.2～表 6.5 列出了 4 个连接类的成员函数名、返回值类型，并简要说明了它们的功能。从中容易看出使用这些成员函数能完成的操作。函数的入口参数和功能可以查看 Afxinet.h 包含文件和 MSDN 帮助文档。

表 6.2　　基类 CInternetConnection 的成员函数

返回值类型	成员函数名称	功能说明
DWORD	GetContext	获得连接对象的环境值
CInternetSession*	GetSession	得到与连接相关的 CInternetSession 对象指针
CString	GetServerName	得到与连接相关的服务器名
Operator	HINTERNET	用于得到当前 Internet 会话的句柄
BOOL	QueryOption	查询选项
BOOL	SetOption	设置选项

表 6.3　　CFtpConnection 类的成员函数

返回值类型	成员函数名称	功能说明
BOOL	GetCurrentDirectory	得到 FTP 服务器的当前目录
BOOL	GetCurrentDirectoryAsURL	得到当前目录名的 URL

续表

返回值类型	成员函数名称	功能说明
BOOL	SetCurrentDirectory	设置 FTP 服务器的当前目录
BOOL	RemoveDirectory	删除 FTP 服务器中的指定的目录
BOOL	CreateDirectory	在服务器上创建一个新目录
BOOL	Rename	重命名服务器上的指定文件或目录
BOOL	Remove	删除服务器上的指定文件
BOOL	PutFile	将本地文件上传到服务器
BOOL	GetFile	将服务器中指定文件下载为本地文件
CInternetFile*	OpenFile	打开被连接服务器上的指定文件
virtual void	Close	关闭与 FTP 服务器之间的连接

表 6.4　　CHttpConnection 类的成员函数

返回值类型	成员函数名称	功能说明
CHttpFile*	OpenRequest	打开 HTTP 请求，返回文件类对象指针
virtual void	Close	关闭与 HTTP 服务器之间的连接

表 6.5　　CGopherConnection 类的成员函数

返回值类型	成员函数名	功能说明
CGopherFile*	OpenFile	打开一个 Gopher 文件，返回文件类对象指针
CGopherLocator	CreateLocator	创建定位对象，用于在 Gopher 服务器中寻找文件
BOOL	GetAttribute	获得对象的属性信息

6.1.7　使用文件检索类

CFtpFileFind 类和 CGopherFileFind 类分别封装了对于 FTP 和 Gopher 服务器的文件检索操作。它们的基类是 CFileFind 类。创建了连接对象后，可以进一步创建文件检索类对象，并使用该对象的方法实现对服务器的文件检索。现以 CFtpFileFind 类为例说明。

1. 创建文件检索类的对象实例

一般直接调用 CFtpFileFind 类的构造函数创建该类的对象实例。应当将前面所创建的 FTP 连接对象指针作为参数。构造函数的原型是：

```
CFtpFileFind(
    CFtpConnection* pConnection,              // 连接对象指针
    DWORD dwContext = 1);                     // 表示此操作的环境值
```

例如：CFtpFileFind* pFileFind;

```
      pFileFind = new CFtpFileFind(pConnection);
```

2. 检索第一个符合条件的对象

使用 CFtpFileFind 类的 FindFile 成员函数可以在 FTP 服务器上或本地缓冲区中找到第一个符合条件的对象。

```
virtual BOOL FindFile(
      LPCTSTR pstrName = NULL,                 // 指定要查找的文件路径，可以使用通配符
      DWORD dwFlags = INTERNET_FLAG_RELOAD);   // 从哪里检索
```

3. 继续查找其他符合条件的对象

在上一步的基础上，反复地调用 FindNextFile 成员函数，可以找到所有符合条件的对象。直到函数返回 FALSE 为止。FindNextFile 用于继续进行 FindFile 调用的文件检索操作。

```
virtual BOOL FindNextFile();
```

每查到一个对象，随即调用 GetFileURL 成员函数，可以获得已检索到的对象的 URL。

```
CString GetFileURL() const;
```

4. 其他可用的成员函数

CFtpFileFind 类本身定义的成员函数只有上面几个。但是由于它是从 CFileFind 类派生的，所以它继承了基类 CFileFind 的许多成员函数，可以进行各种文件检索的相关操作，如表 6.6 所示。

表 6.6　　用来获得检索到的对象属性的成员函数

GetLength	得到已检索到的文件的字节长度
GetFileName	得到已检索到的文件的名称
GetFilePath	得到已检索到的文件的全路径
GetFileTitle	得到已检索到的文件的标题
GetFileURL	得到已检索到的文件的 URL 包括文件的全路径
GetRoot	得到已检索到的文件的根目录
GetCreationTime	得到已检索到的文件的创建时间
GetLastWriteTime	得到已检索到的文件的最后一次写入时间
GetLastAccessTime	得到已检索到的文件的最后一次存取时间
IsDots	用于判断检索到的文件名中是否具有“.”或“..”，实际这是目录
IsReadOnly	用于判断检索到的文件是否是只读文件
IsDirectory	用于判断检索到的文件是否是否为目录
IsCompressed	用于判断检索到的文件是否为压缩文件
IsSystem	用于判断检索到的文件是否为系统文件
IsHidden	用于判断检索到的文件是否为隐藏文件
IsTemporary	用于判断检索到的文件是否为临时文件
IsNormal	用于判断检索到的文件是否为常用模式
IsArchived	用于判断检索到的文件是否为归档文件

6.1.8　重载 OnStatusCallback 函数

这一步仅在需要使用异步操作时才需要。WinInet 类封装了 WinInet API 的异步操作模式，并且将此模式与 Windows 操作系统的消息驱动机制结合起来，这体现在对于 CInternetSession 类的 OnStatusCallback 状态回调成员函数的使用上。客户机应用程序在进行某些操作的时候，要耗费相当多的时间，利用 CInternetSession 类的 OnStatusCallback 状态回调成员函数，可以向用户反馈当前数据处理的进展信息。具体做法分为如下 3 步。

1. 派生自己的 Internet 会话类

利用 MFC 的类向导，从 CInternetSession 类派生自己的 Internet 会话类。

2. 重载派生类的状态回调函数

重载该派生类的 OnStatusCallback 函数，在其中加入需要的代码，实现状态回调函数的功能，

CInternetSession 类的 OnStatusCallback 状态回调成员函数的原型是：

```
virtual void OnStatusCallback(
    DWORD dwContext,                        // 与调用此函数的操作相关的环境值
    DWORD dwInternetStatus,                 // 回调函数被调用的原因
    LPVOID lpvStatusInformation,            // 相关的信息
    DWORD dwStatusInformationLength);       // 相关的信息的长度
```

其中，

参数 dwContext：接收一个与调用此函数的操作相关的应用程序指定的环境值。

参数 dwInternetStatus：接收调用回调函数时自动产生的状态码，指示回调函数被调用的原因，即为什么会调用回调函数。

参数 lpvStatusInformation：是一个缓冲区的地址，该缓冲区包含了与这次调用回调函数相关的信息。

参数 dwStatusInformationLength：用于指定 lpvStatusInformation 的字节数。

容易看出，这个函数的参数与 4.1.6 小节的回调函数基本是一致的。这些参数的值在系统自动调用回调函数时，由系统给出。

需要再次说明的是，环境值参数在回调函数中的作用。由于在单个 Internet 会话中可以同时建立若干连接，它们在生存期中可以执行许多不同的操作，它们的操作都可能导致回调函数的调用，所以 OnStatusCallback 函数需要通过某种方法来区别引发调用回调函数的原因，从而区别会话中不同连接的状态变化。环境值这个参数就是为了解决这个问题而设置的。WinInet 类中的许多函数都需要使用环境值参数，它通常是 DWORD 类型，并且它的名字通常是 dwContext，不同的 WinInet 类对象的环境值应当不同，当不同的操作引发 MFC 调用回调函数时，会把相应对象的环境值作为入口参数送入，这样，状态回调程序就可以区别它们了。

另外，如果以动态库的形式使用 MFC，则需要在重载的 OnStatusCallback 函数的起始处添加如下代码：

```
Afx_MANAGE_STATE(AfxGetAppModuleState());
```

3. 启用状态回调函数

调用 CInternetSession 类的 EnableStatusCallback 成员函数，来允许 MFC 框架在相应事件发生时，自动调用状态回调函数，向用户传递会话的状态信息，从而启动异步模式。

EnableStatusCallback 函数的原型是：

```
BOOL EnableStatusCallback(BOOL bEnable = TRUE);
```

参数 bEnable：指定是否允许回调，TRUE 是默认值，表示允许回调；如果取 FALSE，则禁止了异步操作。

一旦启动了异步操作，在 Internet 会话中的任何以非零的环境值为参数的函数调用都将异步完成。这些函数执行时如果不能及时完成将立即返回，并返回 FALSE 或 NULL，这时调用 GetLastError 将获得 ERROR_IO_PENDING 的错误代码。在处理请求的过程中，会产生各种事件，但很少调用状态回调函数，当操作完成时，会调用状态回调函数，并给出 INTERNET_STATU S_REQREST_COMPLETE 状态码。

6.1.9 创建并使用网络文件类对象

在 WinInet API 的 HINTERNET 句柄的树型体系结构中，网络文件句柄是叶节点，处于最下层。在 WinInet 类中，用网络文件类对它们进行了封装，并把那些使用网络文件句柄的相关函数

封装为网络文件类的成员函数。创建网络文件类对象后，通过调用它们的成员函数，可以对服务器文件做更深入的操作。

1. 使用连接类的成员函数创建网络文件类对象

调用 CFtpConnection:: OpenFile 函数，可以创建 CInternetFile 对象。

调用 CHttpConnection:: OpenRequest 函数，可以创建 CHttpFile 对象。

调用 CGopherConnection:: OpenFile 函数，可以创建 CGopherFile 对象。以下给出 CFtpConnection:: OpenFile 函数的原型：

```
CInternetFile* OpenFile(
    LPCTSTR pstrFileName,                        // 指定要打开的文件名
    DWORD dwAccess = GENERIC_READ,               // 访问方式，或读，或写
    DWORD dwFlags = FTP_TRANSFER_TYPE_BINARY,    // 传送方式
    DWORD dwContext = 1);                        // 标识此操作的环境值
```

其中，

参数 dwAccess：指定文件的访问方式，可以取 GENERIC_READ，只能对文件读，这是默认值；也可以取 GENERIC_WRITE，只能对文件写。但不能同时取两个数值。

参数 dwFlags：指定数据的传输标志，如果取 FTP_TRANSFER_TYPE_ASCII，文件将以 ASCII 的方式来传输，系统会将所传输的信息格式转换成本地系统中对应的格式；如果取 FTP_TRANSFER_TYPE_BINARY，则使用二进制的方法传输，系统以原始的形式传输文件数据，这是默认值。

此函数打开指定的 FTP 服务器上的文件，并创建 CInternetFile 类对象，如果函数调用成功，则返回一个指向 CInternetFile 类对象的指针；否则返回 NULL。

表 6.7 给出了 CInternetFile 类的成员函数，使用它们，可以更紧密地控制文件的传输过程。

表 6.7　　CInternetFile 类的成员函数

返回值类型	成员函数名称	功能说明
BOOL	SetWriteBufferSize	设置供写入数据的缓冲区尺寸
BOOL	SetReadBufferSize	设置供读取数据的缓冲区尺寸
virtual LONG	Seek	改变文件指针的位置，可重载函数
virtual UINT	Read	读取指定的字节数，可重载函数
virtual void	Write	写入指定的字节数，可重载函数
virtual void	Abort	关闭文件，并忽略任何错误和警告，可重载函数
virtual void	Flush	清空写入缓冲区，并保证内存中的数据已经写入指定的文件，可重载函数
virtual BOOL	ReadString	读取一串字符，可重载函数
virtual void	WriteString	向指定的文件写入一行以空字符结尾的文本，可重载
DWORD	GetContext	得到环境值
BOOL	QueryOption	查询选项
BOOL	SetOption	设置选项
virtual void	Close	关闭此对象
Operator	HINTERNET	从当前的 Internet 会话得到 Windows 句柄，运算符
m_hFile		成员变量，代表与 CInternetFile 类相关的文件句柄

2. 调用 CInternetSession::OpenURL 创建网络文件类对象

另一种更简单的创建网络文件类对象的方法是：不必显式地建立连接类对象，通过调用 CInternetSession 类的 OpenURL 成员函数，直接建立与指定 URL 所代表的服务器之间的连接，打开指定的文件，创建一个只读的 CStdioFile 类对象。该函数并不局限于某个特定的协议类型，它能够处理任何 FTP、HTTP 和 Gopher 的 URL 或本地文件，并返回 CStdioFile 对象指针。

CInternetSession 类的 OpenURL 函数的原型是：

```
CStdioFile* OpenURL(
    LPCTSTR pstrURL,                                    // 指定 URL 名
    DWORD dwContext = 1,                                // 环境值
    DWORD dwFlags = INTERNET_FLAG_TRANSFER_ASCII,       // 传送方式
    LPCTSTR pstrHeaders = NULL,
    DWORD dwHeadersLength = 0);
```

其中，

参数 pstrURL：字符串指针，指定 URL 名，只能以 file:、ftp:、gopher:或 http:开头。

参数 dwContext：是由应用程序定义的用来标识此函数操作的环境值，它将被传递给回调函数使用。

参数 dwFlags：指定连接选项，涉及传送方式、缓存和加密协议等。

参数 pstrHeaders：字符串指针，指定 HTTP 标题。

参数 dwHeadersLength：指定 HTTP 标题字符串的长度。

注意到，使用 OpenURL 函数来获取服务器文件之前并不需要显式地建立连接，函数会按照需要创建相应的连接，看来是比较方便的。但应当指出，这种获取服务器文件的方法是相对简单的 Internet 操作，对于需要和服务器进行更复杂交互操作的应用程序，用户还是应当自己创建连接。

调用此函数将返回一个指向网络文件类对象的指针，具体返回的对象类型由 URL 中的协议类型决定，如表 6.8 所示。

表 6.8　　不同 URL 中的协议类型返回的网络文件类型

URL 中的协议类型	返回的网络文件类型
http://	CHttpFile*
ftp://	CFtpFile*
gopher://	CGopherFile*
file://	CStdioFile*

3. 操作打开的网络文件

打开各种服务器的网络文件以后，就可以通过调用网络文件对象成员函数来操作文件。对于 FTP，所使用的文件对象是 CInternetFile 类，而 HTTP、Gopher 则使用 CInternetFile 的派生类 CHttpFile 和 CGopher 类的对象。下面给出一些常用的成员函数。

CInternetFile:: Read 函数的原型是：

```
virtual UINT Read(void* lpBuf, UINT nCount);
```

其中，

参数 lpBuf：用于指定读取文件数据的内存缓冲区地址指针。

参数 nCount：用于指定将要读取的字节数。

该函数将网络文件数据读到指定的本地内存中，内存的起始地址是 lpBuf，其空间大小为

nCount 字节。如果函数调用成功，则返回读取到的字节数，返回值可能比 nCount 指定的值小；如果调用出现错误，则会出现 CInternetException 异常，但是，读取操作越过文件尾部的情况，即超过文件长度，并不作为错误处理，同时也不出现异常。

CInternetFile:: Write 函数的原型是：

```
virtual void Write(const void* lpBuf, UINT nCount);
```

其中，

参数 lpBuf：指向本地缓冲区的指针，缓冲区包含要写到网络文件中的数据。

参数 nCount：用于指定将要写入的字节数。

如果调用出现错误，则出现 CInternetException 异常。

6.1.10　CInternetException 类

为了提高程序的容错性和稳定性，应能对可能出现的问题进行处理，对于 Internet 客户机，需要使用 CInternetException 类对象处理所有可知的常规的 Internet 异常类型。CInternetException 对象代表与 Internet 操作相关的异常。在该类中包括两个公共的数据成员，用于保存与异常有关的错误代码，和与导致错误的相关操作的环境值，其构造函数的原型是：

```
CInternetException( DWORD dwError);
```

参数 dwError：用于指定导致异常的错误码。

两个数据成员如下。

m_dwError：用于指定导致异常的错误码。其值可能代表一个在 WINERROR.H 中定义的系统错误，或在 WININET.H 中定义的网络错误。

m_dwContext：是与产生错误相关的 Internet 操作的环境值。

WinInet 类的许多成员函数在发生错误时可能出现一些异常，在大多数情况下，出现的异常是 CInternetException 类的对象，用户在应用程序中可以通过调用::AfxThrowInternetException 函数来产生一个 CInternetException 类对象。对于异常时产生的对象，用户可以用 try/catch 逻辑结构来处理。

6.2　用 MFC WinInet 类实现 FTP 客户端

在 Internet 上有很多 FTP 服务器，它们存有丰富的软件和信息资源，至今仍然是 Internet 提供的主要服务之一。现在也有很多 FTP 客户机端软件，如 CuteFtp 程序等，本节就通过一个使用 MFC WinInet 类编制的 FTP 客户机端程序的例子，说明 MFC WinInet 应用程序的编程方法。

6.2.1　程序要实现的功能

程序能实现基本的 FTP 客户机端功能，能登录 FTP 服务器，显示登录客户机目录下的文件和目录名，能从该目录中选择下载服务器的文件，也能向服务器上传文件。

应用程序的类型是基于对话框的，主对话框用户界面如图 6.2 所示。

对话框中包括三个文本框，分别用于输入 FTP 服务器域名、登录用户名和登录口令；一个列表框，用来显示 FTP 服务器当前目录的内容，并允许用户从中选择文件下载；四个命令按钮，分别执行查询、上传、下载和退出的操作。

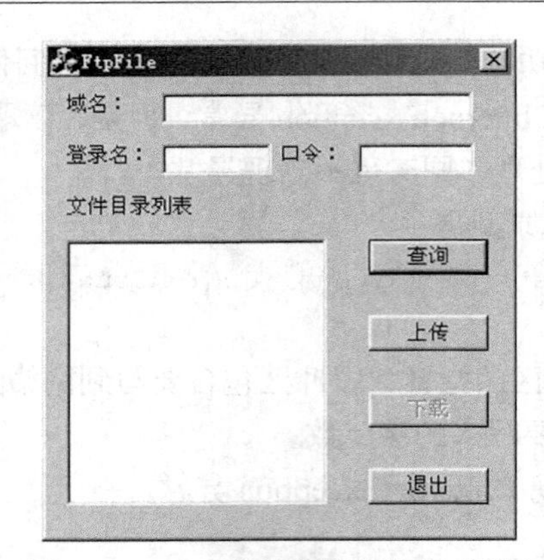

图 6.2　FTP 客户机端程序的主对话框

用户执行程序的流程如下。

进行各种操作之前，应首先输入服务器域名、登录用户名和口令。

如果要进行查询，可以单击“查询”按钮，调用 OnQuery 函数。该函数获得用户当前输入的服务器名、登录用户名和口令等信息，清除列表框的内容；然后创建 Internet 会话类对象，进行服务器的登录，试图建立与指定 FTP 服务器的连接；如果连接成功，就创建 CFtpFileFind 文件检索类对象，查找服务器上当前目录的任意文件，找到了第一个文件后，继续找其他的文件，并将找到的文件或目录名显示在列表框中。所有文件找到后，结束查询，并依次删除文件查询对象、FTP 连接对象和 Internet 会话对象，结束会话。

此时，可以从服务器下载文件。从列表框中选择一个文件，会产生 LBN_SELCHANGE 事件，自动调用相应的 OnSelchangeListFile 函数，禁用用来输入的文本框控件，禁用“查询”和“上传”按钮，激活“下载”按钮。此时，用户可以单击“下载”按钮，产生 BN_CLICKED 事件，自动调用 OnDownload 函数，调用 Download 函数，下载该文件。下载完毕后，禁用“下载”按钮，激活“查询”和“上传”按钮，激活用来输入的文本框控件。而 Download 函数重新创建 Internet 会话，建立 FTP 连接，下载完成后，将会话对象和连接对象清除。

如果要向 FTP 服务器上传文件，单击“上传”按钮，产生 BN_CLICKED 事件，调用 OnUpload 函数，该函数获得当前输入的服务器名、登录用户名和口令，禁用用于输入的文本框控件，禁用“查询”按钮，禁用用于输入的文本框控件，弹出对话框，获得待上传的本地文件路径和文件名，调用 Upload 函数上传文件。上传完毕后，激活“查询”按钮，激活用于输入的文本和编辑控件。Upload 函数也重新创建 Internet 会话，建立 FTP 连接，上传完成后，清除会话对象和连接对象。

可见，此程序的查询、下载和上传功能基本是独立的。每次都要创建会话，建立连接，执行操作，然后清除对象。这是为了操作起来更简单清楚。

此程序的主要技术要点如下。

如何创建一个 Internet 会话，即创建 CInternetSession 对象；如何建立与 FTP 服务器的连接，即创建 CFtpConnection 对象；如果连接成功，如何获得当前登录的目录下的文件和目录名称，即检索一个目录下的文件，并显示文件信息；如何下载文件、上传文件以及关闭连接。

6.2.2　创建应用程序的过程

1. 使用 MFC AppWizard 创建应用程序框架

工程名是 Ftp，应用程序的类型是基于对话框的，其他部分接发系统的默认设置就可以。应用程序包括两个类。

应用程序类：CFtpApp，对应的文件是 Ftp.h 和 Ftp.cpp。

对话框类：CFtpDlg，对应的文件是 FtpDlg.h 和 FtpDlg.cpp。

2. 为对话框添加控件

在程序的主对话框界面中按照图 6.7 添加相应的可视控件对象，并按照表 6.9 修改控件的属性。

表 6.9　　对话框中的控件属性

控件类型	控件 ID	Caption
静态文本（static text）	IDC_STATIC_FTP	服务器域名
静态文本（static text）	IDC_STATIC_NAME	用户登录名
静态文本（static text）	IDC_STATIC_PWD	登录口令
静态文本（static text）	IDC_STATIC_FILE	目录文件列表
编辑框（edit box）	IDC_EDIT_FTP	
编辑框（edit box）	IDC_EDIT_NAME	
编辑框（edit box）	IDC_EDIT_PWD	
命令按钮（button）	IDOK	查询
命令按钮（button）	IDC_DOWNLOAD	下载
命令按钮（button）	IDC_UPLOAD	上传
命令按钮（button）	IDCANCLE	退出
列表框（listbox）	IDC_LIST_FILE	（sort 不选）

3. 定义控件的成员变量

按照表 6.10，用类向导（Class Wizard）为对话框中的控件对象定义相应的成员变量。

表 6.10　　控件对象的成员变量

控件 ID（Control Ids）	变量名称（Member Variable Name）	变量类别（Category）	变量类型（Variable Type）
IDC_STATIC_FTP	m_staFtp	Control	CStatic
IDC_STATIC_NAME	m_staName	Control	CStatic
IDC_STATIC_PWD	m_staPwd	Control	CStatic
IDC_EDIT_FTP	m_strFtp	Value	CString
	m_editFtp	Control	CEdit
IDC_EDIT_NAME	m_strName	Value	CString
	m_editName	Control	CEdit
IDC_EDIT_PWD	m_strPwd	Value	CString
	m_editPwd	Control	CEdit
IDOK	m_btnQuery	Control	CButton
IDC_DOWNLOAD	m_btnDownload	Control	CButton
IDC_UPLOAD	m_btnUpload	Control	CButton
IDC_LIST_FILE	m_listFile	Control	CListBox

4. 添加成员变量的初始化代码

在 FtpDlg.cpp 文件的 OnInitDialog( )函数中添加成员变量的初始化代码。对服务器名、登录用户名和登录口令的控件变量赋初值。

```
BOOL CFtpDlg::OnInitDialog()
{
...    // 前面是MFC应用程序向导和类向导自动生成的代码
// TODO: Add extra initialization here
m_strFtp=_T("");      // 初始化服务器域名
m_strName=_T("");     // 初始化登录用户名
m_strPwd=_T("");      // 初始化登录口令
UpdateData(FALSE);    // 更新界面
return TRUE;          // return TRUE  unless you set the focus to a control
}
```

5. 为对话框中的控件对象添加事件响应函数

按照表6.11，用类向导（Class Wizard）为对话框中的控件对象添加事件响应函数。

表6.11　对话框控件的事件响应函数

控件类型	对象标识（ObjectID）	消息（Message）	成员函数（Member Functions）
命令按钮	IDOK	BN_CLICKED	OnQuery
命令按钮	IDC_DOWNLOAD	BN_CLICKED	OnDownload
命令按钮	IDC_UPLOAD	BN_CLICKED	OnUpload
列表框	IDC_LIST_FILE	LBN_SELCHANGE	OnSelChangeListFile

6. 为CFtpDlg类添加其他的成员函数

```
BOOL CFtpDlg:: Download (CString strSName, CString strDName);
BOOL CFtpDlg:: Upload (CString strSName, CString strDName);
```

这两个函数分别用于文件的下载和上传。

7. 手工添加包含语句

在CFtpDlg类的FtpDlg.cpp文件中添加对于Afxinet.h的包含命令，来获得对于MFC WinInet类的支持。

8. 添加事件函数和成员函数的代码

9. 进行测试

关于测试，有一点必须指出，如果在本机测试，必须在本机安装一个FTP服务器，并将它运行起来，然后才能运行此程序。FTP服务器软件很多，可以从网上下载，如比较简单的NetFtpd.exe。运行这个例子程序时，在服务器域名文本框中输入“localhost”，保持登录用户名和口令文本框为空，单击“查询”按钮，用户将获得FTP服务器的默认目录下的文件名和目录名。

如果在局域网上测试，同样要安装FTP服务器，不过输入的服务器名等信息要根据配置来定。

此例的程序清单和源程序可从人民邮电出版社教学服务资源网（www.ptpedu.com.cn）上下载，其中有详细的注释。

习　题

1. MFC WinInet所包含的类有哪些？

2. 说明 MFC WinInet 各种类之间的关系。

3. 使用 WinInet 类编程的一般步骤是什么？

实　　验

用 MFC WinInet 类实现 FTP 客户端，程序界面自行设计，功能要求如下。

（1）连接服务器。首先填写正确的主机 IP 地址、端口号、用户名和密码，才能连接 FTP 服务器。连接成功应该显示服务器文件列表，显示文件的详细路径。

（2）文件上传。能够通过“打开”对话框选择本地文件，并上传到服务器。

（3）文件下载。选中服务器文件列表中的文件，单击“文件下载”按钮即可下载文件，能通过“另存为”对话框保存文件。

（4）关闭连接。访问结束后应该断开客户端与服务器的连接。

第7章 WinSock的多线程编程

多进程多线程是现代操作系统最重要的内容，成功的网络应用软件都应用了多线程的编程技术，WinSock提供了强有力的多线程编程方法，是我们必须掌握的。

本章首先说明WinSock需要多线程编程的原因，然后说明Win32操作系统下的多进程多线程机制、多线程机制在网络编程中的应用和VC++对多线程网络编程的支持，进而分析MFC支持的两种线程，给出创建MFC的工作线程、创建并启动用户界面线程和终止线程的步骤。

7.1 WinSock为什么需要多线程编程

7.1.1 WinSock的两种I/O模式

如前所述，WinSock在进行I/O操作的时候，可以使用两种工作模式，即“阻塞”模式（Blocking Mode）或“非阻塞”模式，又称为同步模式或异步模式。工作在“阻塞”模式的套接字称为阻塞套接字，工作在“非阻塞”模式下的套接字称为非阻塞套接字。

在阻塞模式下，当进程的程序调用了一个WinSock的I/O函数，而转去执行它的时候，在I/O操作完成之前，执行操作的WinSock函数会一直等候下去，不会立即返回调用它的程序，即不会立即交出CPU的控制权。在I/O操作完成之前，其他代码都无法执行，成为了纯粹的独占使用方式，这就使整个应用程序进程处于阻塞的等待状态，既不能响应用户的操作，如响应用户对某个图标的双击；也不能做其他的任何事情，如同时打印一个文件。这就大大降低了应用程序的性能。例如，一个客户机程序调用了一个recv( )函数，要去接收服务器发来的数据，但由于网络拥塞，数据迟迟不到，这个客户机程序就只能一直等待下去。显然，采用阻塞工作模式的单进程服务器也不能很好地同时为多个客户机服务。

在非阻塞模式下，当进程的程序调用了一个WinSock的I/O函数，而转去执行它的时候，无论I/O操作是否能够完成，执行操作的WinSock函数都会立即返回调用它的程序。如果恰好具备完成操作的条件，这次调用可能就完成了输入或输出；但在大部分的情况下，这些调用都会“失败”，并返回一个WSAEWOULDBLOCK错误，表示完成操作的条件尚不具备，但又不允许稍加等待，因而没时间来完成请求的操作。非阻塞模式下的函数调用会频繁返回错误，所以在任何时候，都应做好“失败”的准备，并仔细检查返回代码。在非阻塞模式下，许多编程者易犯的一个错误便是连续不停地调用一个函数，直到它返回成功的消息为止。这种不停地轮询的方法同样使程序不能做其他事情，与阻塞模式相比，不但没有任何优势可言，还增加了程序的复杂性。

7.1.2　两种模式的优缺点及解决方法

“阻塞”与“非阻塞”模式各有其优点和缺点。

阻塞套接字的 I/O 操作工作情况比较确定，即调用、等待和返回。大部分情况下，I/O 操作都能成功地完成，只是花费了等待的时间，因而比较容易使用，容易编程；但在应付诸如需要建立多个套接字连接来为多个客户机服务的时候，或在数据的收发量不均匀的时候，或在 I/O 的时间不确定的时候，该模式却显得性能低下，甚至无能为力。

使用非阻塞套接字，需要编写更多的代码，因为必须恰当地把握调用 I/O 函数的时机，尽量减少无功而返的调用，还必须详加分析每个 WinSock 调用中收到的 WSAEWOULDBLOCK 错误，采取相应的对策，这种 I/O 操作的随机性使得非阻塞套接字显得难于操作。

所以，用户必须采取一些适当的对策，克服这两种模式的缺点，让阻塞和非阻塞套接字能够满足各种场合的要求。

对于非阻塞的套接字工作模式，进一步引入了 5 种“套接字 I/O 模型”，它们有助于应用程序通过一种异步方式，同时对一个或多个套接字上进行的通信加以管理。在第 8 章将详细说明非阻塞的套接字工作模式。

对于阻塞的套接字工作模式，则进一步引入了多线程机制。多线程宏观上同时地、并发地运行。在服务器端，为每个客户机连接分配一个线程，这样即使一个客户机正在进行读写操作而阻塞，其他客户机也不必等待。在客户机端，把所有涉及读写的操作放在一个单独的线程中，把用户界面操作或其他操作放在另外的一些线程中，这样当读写操作的线程阻塞等待的时候，其他线程仍然可以继续得到执行，使用户对于界面的操作得到及时的响应。

7.2　Win32 操作系统下的多进程多线程机制

7.2.1　Win32 OS 是单用户多任务的操作系统

微软公司的操作系统平台，最早的 DOS 是单用户单任务的。任何时候，一个用户只能用命令行启动一个应用程序，只有当这个程序执行完毕，把控制权交还给操作系统，用户才能启动另一个程序。例如，在 DOS 下格式化一张软盘，当进入格式化程序后，系统提示符不见了；只有当格式化完毕，退回操作系统，又显示了系统提示符时，才能执行另一个程序。

后来发展到图形界面的 Windows 操作系统，如 Windows 95、Windows 98，就都支持多任务了，从 Windows NT 起，Windows 操作系统更是发展成了一个真正的抢占式多任务操作系统。一个任务就是运行一个应用程序，在 Windows 桌面上，可以同时打开几个应用程序的窗口来运行。例如，可以同时打开多个 IE 浏览器的窗口，去同时访问多个网站。当在一个浏览器的窗口中查看站点的新闻时，可能别的浏览器窗口正在下载其他网站的网页文件。也可以左边打开一个 Word 窗口，右边打开一个 Excel 窗口。一边编辑文件，一边制表，再把 Excel 窗口中的直方图粘到 Word 窗口中来。这种多任务支持给用户带来了快捷方便。

一个 Win32 的应用程序，当它在 Windows 操作系统平台上运行时，就成为一个 Windows 进程。在 Windows 操作系统中，打开一个窗口，启动一个应用程序，就是启动该应用程序的一个实例，一个运行中的应用程序实例就是操作系统原理课程中所说的进程（Process）。一个进程就是一个正在执行着的程序，就是一个应用程序的执行实例。一个基于 Win32 的应用程序可以包含一个或多个进程。例如，当双击“Notepad”笔记本程序的图标的时候，操作系统就创建了一个进程来运行 Notepad。Win32 操作系统支持多进程编程，多个进程可以同时驻留在内存中，并发地执行。

在创建进程的时候，系统为进程建立进程控制块（PCB）等数据结构，分配相应的内存地址空间和其他的资源。从 Windows 95 开始，Windows 操作系统平台从 16 位变为 32 位，一个进程的内存地址空间从 16 位的 64KB 段式结构变为 32 位的线性地址空间，逻辑上达到 4GB。每个 Win32 应用程序进程都享有独立的内存空间，编程者在编程时不必再去考虑编译的段模式问题，一个应用程序的异常错误也不会影响其他的应用程序。这不但提高了大程序的运行效率，也大大增强了系统的稳定性。

7.2.2　Win32 OS 是支持多线程的操作系统

Win32 操作系统还支持同一进程的多线程。在一个 Windows 进程内，可以包含多个线程。一个线程（Thread）是进程内的一条执行路径，具体地说，是一个应用程序中的一条可执行路径，往往是应用程序中的一个或多个函数。一个进程中至少要有一个线程，习惯将它称为主线程。任何一个应用程序进程都有一个主线程。一般 C 程序中的 main 或 WinMain 函数就规定了主线程的执行代码。当启动了一个应用程序时，操作系统在为它创建了进程之后，也创建了该进程的主线程，并根据 main 或 WinMain 函数的地址，开始执行该进程的主线程。

主线程可以创建并启动其他辅助线程，由主线程创建的线程又可以创建并启动更多的线程。

一个线程也需要占用一定的系统资源，线程占用的资源分为两类。一类是此线程专用的，是创建线程时，操作系统从线程所属的进程的资源中划拨给线程的。例如，线程的堆栈、存放 CPU 寄存器状态的内存区，以及存放线程在操作系统调度的执行列表中的入口等信息的内存区等。线程拥有的堆栈和 CPU 寄存器状态区是独立的。另一类则是与进程中的其他线程共享的。一个进程内的所有线程共享此进程的内存空间，即所有线程都在分配给此进程的同一个 32 位地址空间中运行，并共享操作系统分配给此进程的所有资源，包括打开的文件、用于线程间同步的信号量和动态分配的内存等。因此，Windows 操作系统下的一个进程是由一个或多个线程和它们的代码、数据、操作系统分配给此进程的内存，以及其他资源组成的。

线程是进程中相对独立的执行单位，也是 Win32 操作系统中可调度的最小的执行单位。操作系统把处理器时间分配给线程，就将执行的控制权分配给了它。一个线程可以运行进程的任何部分的代码，包括那些当前正在由其他线程中执行着的进程代码。

多个进程中的多个线程并发地执行。在宏观上看上去是在同时执行，实际在微观上某一时刻只有一个线程在 CPU 上执行。线程的执行由操作系统内核的调度程序来控制。当系统调度将执行控制权分配给某进程的一个线程的时候，该线程就开始执行。调度程序按照一定的算法来决定哪个线程在什么时候可以占有 CPU 而执行，调度算法的一个根据就是线程的优先级。在创建线程时，或在创建后，都可以指定每个线程的优先级，操作系统根据线程的优先级来调度线程的执行。优先级高的线程优先获得 CPU，优先执行。具有较低优先级的线程必须等到具有较高优先级的线程完成了它们的任务后，才能执行。

对于拥有多个处理机的计算机系统，调度程序可以将不同的线程安排到不同的处理机上去运行，一方面平衡了 CPU 的负载，另一方面也提高了系统的运行效率。

当某个线程的代码都执行完毕时，该线程会自动终止；当一个线程终止时，会将它所占用的资源释放给进程。当进程中的所有线程终止的时候，该进程也就终止了。终止的进程则将它所占有的资源释放给操作系统。另一方面，如果由于某种原因，操作系统强行终止了某个进程，那么该进程的所有线程也将随之终止。

7.2.3　多线程机制在网络编程中的应用

如果一个应用程序，有多个任务需要同时进行处理，那就非常适合使用多线程机制。

对于网络上众多的客户机软件，在单线程的编程模式下，如果采用阻塞或同步模式的套接字，在进行网络数据的接收和发送时，往往由于条件不具备而处于阻塞等待的状态，这时，客户机程序就不能及时响应用户的操作命令，程序的界面就表现为一种类似死机的状态，例如，在 FTP 文件传输的应用程序中，如果正在发送或接收一个很大的文件，或者传送文件时网络堵塞，就会发现程序不会接收用户在界面上的任何输入。

利用 Windows 操作系统的多线程支持可以很好地解决这个问题。采用多线程的编程技术，可以把用户界面的处理，放在主线程中；而把数据的 I/O、费时的计算和网络访问等工作放在其他的辅助线程中来做。当这些辅助线程处于阻塞等待状态时，主线程仍在执行，仍然可以及时地响应用户的操作，用户就不会因为某些工作不能及时完成而等待。这样不但避免了上述的问题，还能继续发挥阻塞套接字的优点。

对于网络上众多的服务器软件，多线程机制也同样适用。服务器的特点就是要在一段很短的时间内，同时为多个客户机服务。服务器的另一个特点就是要执行许多后台任务，诸如数据库访问、安全验证、日志纪录和事务处理等。例如，一个网络上的文件服务器程序，既要接收多个用户的文件请求，下载或上传文件，又要响应管理员的命令，还要访问磁盘、查找文件，并在适当的时候显示数据，如果使用单线程的方法来实现，可能运行时就会卡在一个用户的任务上，其他用户的请求就不能及时得到处理。如果采用多线程的编程技术，将不同用户、不同的任务分散地安排在不同的线程上，让它们并发地，即宏观上同时地得到处理，那么一个线程因为某种原因阻塞等待，并不会影响其他线程的运行。这样的服务器程序就能很好地为多个用户服务。

即便是对于一个客户机，采用多线程机制也能大大提高应用程序的运行效率。例如，大家熟悉的东方快车、网络蚂蚁等文件下载软件，就采用了多线程机制，用多个线程同时下载一个文件的不同部分，大大加快了下载速度。

在利用网络实现的在线实时控制中，多线程机制也有很好的应用。传统的实时监控程序都是单线程的，即在程序运行期间，由单个线程独占 CPU 的控制权，负责执行所有任务。在这种情况下，程序在执行一些比较费时的任务时，就无法及时响应用户的操作，影响了应用程序的实时性能。在监控系统，特别是远程监控系统中，应用程序往往不但要及时把监控对象的最新信息通过图形显示反馈给监视客户机，还要处理本地机与远程机之间的通信以及对控制对象的实时控制等任务，这时，仅仅由单个线程来完成所有任务，显然无法满足监控系统的实时性要求。在 DOS 下，这些工作可以由中断来完成。而在 Windows 操作系统下，中断机制对用户是不透明的。为此，可引进多线程机制，主线程专门负责消息的响应，使程序能够及时响应命令和其他事件。辅助线程可以用于完成其他比较费时的工作，如通信、图形显示和后台打印等，这样就不至于影响主线程的运行，保证软件的实时性能。

总之，多线程机制在网络编程中大有作为。

7.3 VC++对多线程网络编程的支持

VC++为编程者提供了 Windows 应用程序的集成开发环境，在这个环境下，有两种开发程序的方法。既可以直接使用 Win32 API 来编写 C 语言风格的 Win32 应用程序，也可以利用 MFC 基础类库编写 C++风格的应用程序。两者具有不同的特点。直接基于 Win32 API 编写的应用程序，编译后形成的执行代码十分紧凑，运行效率高，但编程者需要编写许多代码，来处理用户界面和消息驱动等问题，还需要管理程序所需的所有资源。MFC 类库为编程者提供了大量的功能强大的封装类，集成开发环境还提供了许多关于类的管理工具和向导，借助它们可以快速简洁地建立应用程序的框架和程序的用户界面，程序开发比较容易。缺点是类库代码比较庞大，应用程序执行时离不开类库代码。但这些缺点对于现在速度越来越快、内存越来越大的计算机，越来越不成问题。由于使用类库具有方便快速和功能强大等优点，因此 VC++一般提倡使用 MFC 类库来编程。

在这两种 Windows 应用程序的开发方式下，多线程的编程原理是一致的。进程的主线程或其他线程在需要的时候可以创建新的线程，系统会为新线程建立堆栈并分配资源，新的线程和原有的线程一起并发运行。当一个线程执行完它的任务后，会自动终止，并释放它所占用的资源，当进程结束时，它的所有线程也都终止，进程所占用的资源也被释放。因为所有活动的线程共享进程的资源，因此，编程时要注意解决多个线程访问同一资源时可能产生冲突的问题。本节重点介绍 MFC 类库对多线程编程的支持。

7.3.1 MFC 支持的两种线程

微软公司的基础类库 MFC 提供了对于多线程应用程序的支持。在 MFC 中，线程分为两种，一种是用户接口线程（User-interface Thread），或称用户界面线程；另一种是工作线程（The Worker Thread），这两类线程可以满足不同任务的处理需求。

1. 用户接口线程

用户接口线程通常用来处理用户输入产生的消息和事件，并独立地响应正在应用程序其他部分执行的线程产生的消息和事件，MFC 特别地为用户接口线程提供了一个消息泵（a Message Pump）。用户接口线程包含一个消息处理的循环，以应对各种事件。

CWinApp 类的对象就是一个用户接口线程的典型例子。在生成基于 MFC 的应用程序的时候，它的主线程就已经创建了，并随着应用程序的执行而投入运行。基于 MFC 的应用程序都有一个应用对象，它是 CWinApp 派生类（CWinApp-derived class）的对象，该对象就代表了应用程序进程的主线程，负责处理用户输入及其他各种事件和相应的消息。

如果应用程序具有多个线程，而每个线程中都有用户接口，那么使用 MFC 的用户接口线程来编程就特别方便。利用 VC++的应用程序向导可以快速生成应用程序的框架代码，再利用 ClassWizard 类向导可以方便地生成用户接口线程相应的线程类，还可以方便地管理类的消息映射和成员变量，添加或重载成员函数，编程者可以把精力集中到应用程序的算法和相关代码上来。

在 MFC 应用程序中，所有的线程都是由 CWinThread 对象来表示的。CWinThread 类（可以理解为 C++的 Windows 线程类）是用户接口线程的基类，CWinApp 就是从 CWinThread 类派生出来的，在编写用户接口线程的时候，也需要从 CWinThread 类派生出自己的线程类，借助 ClassWizard 可以很容易地做这项工作。

2. 工作线程

工作线程（The Worker Thread），适用于处理那些不要求用户输入并且比较消耗时间的其他任务，如大规模的重复计算、网络数据的发送和接收，以及后台的打印等。对用户来说，工作线程运行在后台。这就使得工作线程特别适合去等待一个事件的发生。例如，应用程序要接收网络上服务器发来的数据，但由于种种原因数据迟迟不能到达，接收方必须阻塞等待。如果把这种任务交给工作线程去做，它就可以在后台等待，并不影响前台用户接口线程的运行。用户不必等待这些后台任务的完成，用户的输入仍然能得到及时的处理。在网络编程中，凡是可能引起系统阻塞的操作，都可以用工作线程来完成。

CWinThread 类同样是工作线程的基类，同样是由 CWinThread 对象来表示的。但在编写工作线程的时候，甚至不必刻意地从 CWinThread 类派生出自己的线程类对象。用户可以调用 MFC 框架的 AfxBeginThread 帮助函数，来创建 CWinThread 对象。

Win32 API 不区分两种线程，它只需要知道线程的起始地址，就可以开始执行线程。

7.3.2 创建 MFC 的工作线程

下面介绍利用 MFC 创建工作线程所必需的步骤。

创建一个工作线程是一个相对简单的任务，只要经过两个步骤就能使工作线程运行：第一步是编程实现控制函数，第二步是创建并启动工作线程。一般不必从 CWinThread 派生一个类。当然，如果需要一个特定版本的 CWinThread 类，也可以去派生；但对于大多数的工作线程是不要求的，可以不做任何修改地使用 CWinThread 类。

1. 编程实现控制函数（Implementing The Controlling Function）

一个工作线程对应一个控制函数（The Controlling Function）。线程执行的任务都应编写在控制函数之中。控制函数规定了该线程的执行代码，所谓启动线程，实际就是开始运行它对应的控制函数，当控制函数执行结束而退出时，线程也就随之终止。编写实现工作线程的控制函数是创建工作线程的第一步。

编写工作线程的控制函数必须遵守一定的格式，控制函数的原型声明是：

```
UINT ControlFunctionName(LPVOID pParam);
```

其中，

ControlFunctionName：是控制函数的名字，由编程者自定。

参数 pParam：是一个 32 位的指针值，是启动工作线程时，由调用的 AfxBeginThread( )函数传递给工作线程的控制函数的。控制函数可以按照它选择的方式来解释 pParam，这个值既可以是指向简单数据类型的指针，用来传递 int 之类的数值；也可以是指向包含了许多参数的结构体或其他对象的指针，从而传递更多的信息；甚至也可以忽略它。

如果这个参数指向了一个结构体变量，这个结构不仅可以用来将数据从调用者传递到线程，也可以反过来将数据从线程传递到调用者。如果使用这样一个结构来将数据回传到调用者，当数据准备好的时候，线程将通知调用者。

当控制函数终止时，它应当返回一个 UINT 类型的数值，来指示终止的原因。典型地，返回 0，表示成功；返回其他值，表示各种错误，这取决于控制函数具体的实现。某些线程可以维护对象用例的数量，并且返回当前使用该对象的数量。应用程序可以捕获这个数值。

2. 创建并启动工作线程（Starting The Thread）

在进程的主线程或其他线程中调用 AfxBeginThread( )函数就可以创建新的线程，并使新线程开始运行。一般将线程的创建者称为新线程的父线程。

AfxBeginThread( )函数是 MFC 提供的帮助函数，有两个重载的版本，区别在于使用的入口参数不同。一个用于创建并启动用户接口线程，一个用于创建并启动工作线程。要创建并启动工作线程，必须采用如下调用格式：

```
CWinThread*  AfxBeginThread (
    AFX_THREADPROC  pfnThreadProc,
    LPVOID  pParam,
    int  pPriority = THREAD_PRIORITY_NORMAL,
    UINT  nStackSize = 0,
    DWORD  dwCreateFlags = 0,
    LPSECURITY_ATTTRIBUTES  lpSecurityAttrs = NULL
);
```

其中，

参数 pfnThreadProc：是一个指向工作线程的控制函数的指针，即控制函数的地址。创建工作线程时必须指定将在此线程内部运行的控制函数。由于在线程中必须有一个函数运行，所以这个参数的值不能为 NULL，而且控制函数必须被声明为前述的形式。

参数 pParam：是一个指向某种类型的数据结构的指针，执行本函数时，将把这个指针进一步传递给此线程的控制函数，使之成为线程控制函数的入口参数。

参数 pPriority：是可选参数，指定本函数所创建的线程的优先级，每一个线程都有自己的优先级，优先级高的线程优先运行，默认是正常优先级（Normal Priority）。如果取 0 值，则新创建线程的优先级与它的父线程相同。线程的优先级也可以调用 SetThreadPriority( )函数来设置。

参数 nStackSize：可选参数，设置所创建的线程的堆栈大小，以字节为单位来设置。每一个线程都是独立运行的，所以每一个线程都需要有自己的堆栈来保存自己的数据。如果此参数取默认值 0，则新创建线程的堆栈与它的父线程的堆栈一样大。

参数 dwCreateFlags：可选参数，设置所创建线程的运行状态。如果此参数设置成 CREATE_SUSPENDED，则线程创建后就被挂起，直到调用了 ResumeThread( )函数，线程才会开始执行。如果此参数取默认值 0，则线程被创建后立即开始运行。

参数 lpSecurityAttrs：可选参数，这是一个指向 SECURITY_ATTRIBUTES 结构的指针，用来指定线程的安全属性。如果取默认值 NULL，所创建线程的安全属性与它的父线程相同。

在创建一个工作线程之前，不需要自己去创建 CWinThread 对象。调用 AfxBeginThread( )函数执行时，会使用用户提供的上述参数，为用户创建并初始化一个新的 CWinThread 类的线程对象，为它分配相应的资源，建立相应的数据结构，然后自动调用 CWinThread 类的 CreateThread 成员函数来开始执行这个线程，并返回指向此 CWinThread 线程对象的指针。利用这个指针，可以调用 CWinThread 类的其他成员函数来管理这个线程。

3. 创建工作线程的例子

（1）编程实现线程控制函数。

```
// 首先定义了一个结构
struct {
    int  nN;                                    // 数组元素的个数
    double*  pD;                                // 指向一个双精度实数的数组
```

```
}myData;

// 然后定义了此结构类型的变量，对该变量初始化（对其成员变量赋值）的代码省略了
myData  ss;

// 接着定义线程的控制函数
UINT  MyCalcFunc(LPVOID pParam)
{
    // 如果入口参数为空指针，终止线程
    if  (pPara == NULL)  AfxEndThread(MY_NULL_POINTER_ERROR);
    int nN = pPara->nN;                           // 数组的元素个数
    double* pD = pPara->pD;                       // 指向数组的第一个元素
    double sum=0;                                 // 数组元素之和
    for  ( int i =0; i<nN; i++)  sum+=pD[i];      // 求和
    CString bb;
    bb.Format("数组的和是: %d", sum);              // 格式化显示字符串
    AfxMessageBox(bb);                            // 显示结果
    return 0;
}
```

（2）在程序进程的主线程中调用 AfxBeginThread( )函数来创建并启动运行这个线程。将控制函数名和结构变量的地址作为参数来传递，其他的参数省略，表示使用默认值。

```
AfxBeginThread(MyCalcFunc, &ss);
```

一旦调用了此函数，线程就被创建，并开始执行线程函数。当数据的计算完成时，函数将停止运行，相应的线程也随即终止。线程拥有的堆栈和其他资源都将释放。CWinThread 对象将被删除。

4. 创建工作线程的一般模式

从上面的例子中可以得出创建工作线程的一般模式，具体如下。

（1）工作线程控制函数的框架。

```
UINT MYTHREADPROC( LPVOID PPARAM )
{
  CMyObject* pObject = (CMyObject*)pParam; //进行参数的传递
  if (pObject == NULL ||
  !pObject->IsKindOf(RUNTIME_CLASS(CMyObject)))
  return 1;   // 如果入口参数无效就返回

  // 利用入口参数做某些事情，这是工作线程要完成的主要工作

  return 0;   // 线程成功地完成并返回
}
```

（2）在程序的另一个函数中插入以下代码。

```
...
pNewObject = new CMyObject;
AfxBeginThread(MyThreadProc, pNewObject);
```

7.3.3　创建并启动用户界面线程

一般 MFC 应用程序的主线程是 CWinApp 派生类的对象，是由 MFC APP Wizared 自动创建的，

本小节描述创建其他用户界面线程所必需的步骤。

用户界面线程与工作线程一样，都使用由操作系统提供的管理新线程的机制。但用户界面线程允许使用 MFC 提供的其他用户界面对象，如对话框或窗口。相应地，为了使用这些功能，编程者必须做更多的工作。创建并启动用户界面线程一般要经过 3 个步骤：第一步是从 CWinThread 类派生出自己的线程类；第二步是改造这个线程类，使它能够完成用户所希望的工作；第三步是创建并启动用户界面线程。

1. 从 CWinThread 类派生出自己的线程类

要创建一个 MFC 的用户界面线程，所要做的第一件事就是从 CWinThread 类派生出自己的线程类，一般借助 ClassWizard 来做这项工作。

2. 改造自己的线程类

对这个派生的线程类做以下改造工作。

（1）在这个线程类的.h 头文件中，使用 DECLARE_DYNCREATE 宏来声明这个类；在用户线程类的.cpp 实现文件中，使用 IMPLEMENT_DYNCREATE 宏来实现这个类。

前者的调用格式是：

```
DECLARE_DYNCREATE( class_name )
```

其中 class_name 是实际的类名。对一个从 CObject 类继承的类使用这个宏，会使得应用程序框架（Framework）在运行时动态地生成该类的新对象。新线程是由主线程或其他线程在执行过程中创建的，都应支持动态创建，因为应用程序框架需要动态地创建它们。

DECLARE_DYNCREATE 宏应放在此类的.h 文件中，并应在所有需要访问此类的对象的.cpp 文件中加入包含这个文件的#include 语句。

（2）如果在一个类的宣布中使用了 DECLARE_DYNCREATE 宏，那就必须在这个类的.cpp 实现文件中，使用 IMPLEMENT_DYNCREATE 宏。它的调用格式是：

```
IMPLEMENT_DYNCREATE( class_name, base_class_name )
```

参数是实际的线程类名和它的基类名。

这两个宏在 5.5.5 节的聊天室的例子中已经用过。

（3）这个线程类必须重载它的基类（CWinThread 类）的某些成员函数，如该类的 InitInstance( ) 成员函数；对于基类的其他成员函数，可以有选择地重载，也可以使用由 CWinThread 类提供的缺省函数。表 7.1 给出了相关的成员函数。

表 7.1　创建用户界面线程时相关成员函数的重载

成员函数名	说明
ExitInstance	每当线程终止时，会调用这个函数。执行清理（Cleanup）工作，通常需要重载这个成员函数
InitInstance	执行线程类实例的初始化，必须重载
OnIdle	执行线程特定空闲时间处理，一般不重载
PreTranslateMessage	可以在消息派遣前重新解释消息，过滤消息，将它们分为 TranslateMessage 和 DispatchMessage，一般不重载
Run	是此线程的控制函数，为用户的新线程提供了一个消息循环处理，包含消息泵，极少重载；但如果需要，也可以重载

（4）创建新的用户界面窗口类，如窗口、对话框，并添加所需要的用户界面控件，然后建立新建的线程类与这些用户界面窗口类的联系。

（5）利用类向导，为新建的线程类添加控件成员变量，添加响应消息的成员函数，为它们编写实现的代码。

经过以上步骤的改造，用户的线程类已经具备了完成用户任务的能力。

3. 创建并启动用户界面线程

要创建并启动用户界面线程，可以使用 MFC 提供的 AfxBeginThread( )函数的另一个版本，使用的调用格式是：

```
CWinThread* AfxBeginThread (
    CRuntimeClass* pThreadClass,
    int pPriority = THREAD_PRIORITY_NORMAL,
    UINT nStackSize = 0,
    DWORD dwCreateFlags = 0,
    LPSECURITY_ATTTRIBUTES lpSecurityAttrs = NULL
);
```

其中，

参数 pThreadClass：是一个指向 CRuntimeClass 类（运行时类）对象的指针，该类是从 CWinThread 类继承的。用户界面线程的运行时类就是在第一步骤从 CWinThread 派生的线程类，本参数就指向它，在实际调用时，一般使用 RUNTIME_CLASS 宏将线程类指针转化为指向 CRuntimeClass 对象的指针，宏的调用格式是：

```
RUNTIME_CLASS( class_name )
```

使用这个宏可以从一个 C++类名，返回一个指向 CRuntimeClass 类结构的指针。

使用这个宏是有条件的。仅仅是那些从 CObject 继承的类，并且对该类使用了 DECLARE_DYNAMIC、DECLARE_DYNCREATE 或 DECLARE_SERIAL 宏，允许动态生成时，才能使用这个宏。例如：

```
CWinThread * pMyThread =
AfxBeginThread(RUNTIME_CLASS(CMyThreadClass));
```

参数 pPriority：可选参数，指定线程的优先级，默认是正常优先级。

参数 nStackSize：可选参数，指定所创建线程的堆栈大小，默认与调用此函数的线程的堆栈大小一样。

参数 dwCreateFlags：可选参数，若设置为 CREATE_SUSPENDED，线程创建后即进入挂起状态，若取默认值 0，线程生成后即投入运行。

参数 lpSecurityAttrs：设置所创建线程的安全属性，默认与其父线程的安全属性相同。

可以看出，除了第一个参数变为 pThreadClass 以外，其他的参数和创建并启动工作线程时一样，可以指定新线程的优先级、堆栈大小、调用状态和安全属性。

4. AfxBeginThread( )函数所做的工作

当进程的主线程或其他线程调用 AfxBeginThread( )函数来创建一个新的用户界面线程的时候，该函数做了许多工作。

（1）它创建一个新的用户自己的线程类的对象，由于用户的线程类是从 CWinThread 类派生出来的，这个对象也继承了 CWinThread 类的属性。

（2）然后，MFC 就自动调用新线程类中的 InitInstance( )函数，来初始化这个新的线程类对象实例。这是一个必须在用户派生的线程类中重载的函数，用户可在该函数中初始化线程，并分配任何需要的动态内存。如果初始化成功，InitInstance( )函数应返回 TRUE，线程就可以继续运行；

如果初始化失败，如内存申请失败，就返回 FALSE，线程将停止执行，并释放所拥有的资源。

如果新的线程需要处理窗口，可以在 InitInstance( )函数中创建它，可把 CWinThread 类的 m_pMainWnd 成员变量设置成指向已创建的窗口的指针。如果在线程中创建了一个 MFC 的窗口对象，在其他的线程中是不能使用这个窗口对象的，但可以使用线程内窗口的句柄，如果用户想在一个线程中操作另一个线程的窗口对象，首先必须在该线程中创建一个新的 MFC 对象，然后调用 Attach( )函数把新对象附加到另一个线程传递的窗口句柄上。

（3）再调用 CWinThread::CreateThread 成员函数来开始执行这个线程，最终运行 CwinThread::RUN 函数，进入消息循环。

（4）函数返回一个指向新生成的 CWinThread 对象的指针，可以把它保存在一个变量中，其他线程就可以利用这个指针来访问该线程类的成员变量或成员函数。

系统自动地为每一个线程创建一个消息队列（a Message Queue），如果线程创建了一个或多个窗口，就必须提供一个消息循环（a Message Loop），这个消息循环从线程的消息队列中获取消息，并把它们发送到相应的 Windows 过程（Window Procedures）。

因为系统将消息导向独立的应用程序窗口，所以，在开始线程的消息循环之前，线程必须至少创建一个窗口，大多数基于 Win32 操作系统的应用程序包含一个单一的线程，该线程创建了若干窗口。一个典型的应用是为它的主窗口注册了窗口类，创建并显示这个主窗口，并且启动它的消息循环，所有这一切都在 WinMain 函数中。

7.3.4 终止线程

有两种情况会导致线程终止。一种是线程的正常终止，另一种是线程的提前终止。例如，如果一个字处理器使用一个线程来进行后台打印，当打印成功地完成时，打印线程将正常终止；但是，如果用户希望撤销打印，后台线程将必须提前终止。以下说明如何实现每一种情况，以及如何获得线程终止后的退出码。

1. 正常终止线程

对于一个工作线程，线程运行的过程就是执行它的控制函数的过程，当控制函数的所有指令都执行完毕而返回时，线程也将终止。此线程的生命周期也就结束了。因此，实现工作线程的正常终止是很简单的，只要在执行完毕时退出控制函数，并返回一个用来表示终止原因的值即可。编程者可以在工作线程的控制函数中适当地安排函数返回的出口。一般在控制函数中使用 return 语句返回。返回 0，表示线程的控制函数已成功执行完毕。

对于一个用户界面线程，一般不能直接处理线程的控制函数。CWinThread:: Run( )成员函数是 MFC 为线程实现消息循环的缺省的控制函数。当这个函数收到一个 WM_QUIT 消息之后会终止线程。因此要正常地终止用户界面线程，应尽可能地使用消息通信的方式，只要在用户界面线程的某个事件处理函数中（如响应用户双击“退出”按钮的事件），调用 Win32 API 的 PostQuitMessage 函数，这个函数会向用户界面线程的消息队列发送一个 WM_QUIT 消息，Run( )成员函数收到这个消息，会自行终止线程的运行。

PostQuitMessage( )函数的调用格式是：

```
VOID PostQuitMessage( int nExitCode );
```

参数 nExitCode：是一个整数型值，指定一个应用程序的终止代码。像工作线程一样，0 表示用户界面线程成功地完成。终止代码用做 WM_QUIT 消息的 wParam 参数。

PostQuitMessage( )函数发送一个 WM_QUIT 消息到线程的消息队列，并立即返回，没有返回值。函数只是简单地告诉系统，这个线程要求终止。当线程从它的消息队列收到一个 WM_QUIT 消息时，会退出它的消息循环，并将控制权返回给系统，同时把 WM_QUIT 消息的 wParam 参数中的终止代码也返回给系统，线程也就终止了。

2. 提前终止线程

要想在线程尚未完成它的工作时提前终止线程，只需从线程内调用 AfxEndThread 函数，就可以强迫线程终止。此函数的调用格式是：

```
void AfxEndThread( UINT nExitCode );
```

参数 nExitCode 指定了线程的终止代码。

执行此函数将停止函数所在线程的执行，撤销该线程的堆栈，解除所有绑定到此线程的动态链接库（DLL），并从内存中删除此线程。特别要强调的是：此函数必须在想要终止的线程内部调用。如果想要从一个线程来终止另一个线程，就必须在两个线程之间使用通信的方法。

3. 终止线程的另一种方法

使用 Win32 API 提供的 TerminateThread( )函数，也可以用来终止一个正在运行的线程，但是它产生的后果不可预料，一般仅用来终止堆栈中的死线程，此函数本身不做任何内存的清除工作。另外，使用这种方法终止的线程可能在几个不同的事务中被打断。这将导致系统处于不可预料的状态。

当然，线程是从属于进程的，如果进程因为某种原因提前终止，那么进程的所有线程也将一同终止。

4. 获取线程的终止代码

当线程正常终止或者提前终止时，指定的终止代码可以被应用程序的其他线程使用。对于用户界面线程或工作线程，要获得线程的终止代码，只需调用 GetExitCodeThread( )函数，该函数的调用格式是：

```
BOOL GetExitCodeThread( HANDLE hThread, LPDWORD lpExitCode );
```

其中，

参数 hThread：是指向一个线程的句柄，要获得该线程的终止代码。

参数 lpExitCode：是一个指向 DWORD 对象的指针，该对象用来接收终止代码。

如果线程仍然是活动的，执行此函数会在 lpExitCode 所指的 DWORD 对象中，返回 STILL_ACTIVE；如果线程已经终止，则会返回退出码。

读者一定会产生一个问题，这个函数要用到线程的句柄，但线程终止时，线程就被删除，线程的句柄难道还存在吗？这个问题的确存在。通常一个线程的句柄被包含在 CWinThread 类的成员变量 m_hThread 中，默认情况下，只要线程函数返回，或调用了 AfxEndThread( )函数，线程即被终止，相应的 CWinThread 对象也被删除，它的成员变量 m_hThread 当然就不存在了，不能再访问它。因此，如何保存一个线程的句柄就成了一个问题，获取线程的终止代码还需要采取额外的步骤。有两种方法来解决。

（1）可以把 CWinThread 对象的 m_bAutoDelete 成员变量设置为 FALSE，这样，当线程终止时，就不会自动删除相应的 CWinThread 对象，其他线程就仍然可以访问它的 m_hThread 成员变量。但随之而来的问题是：应用程序框架将不会自动删除这个 CWinThread 对象，用户必须自己删除它。

（2）另外存储线程的句柄。创建线程后，调用 DuplicateHandle( )函数来复制 m_hThread 成员变量的副本到另一个变量中，并通过此变量来访问它。使用这种方法，即使线程对象已在线程终止时被自动删除，仍然可以知道该线程为什么会终止。但要注意，复制必须在线程终止之前来做。最安全的方法是：在调用 AfxBeginThread 函数创建并启动线程时，将它的 dwCreateFlags 参数设置为 CREATE_SUSPENDED，使线程被创建后就先挂起，然后复制线程句柄，再调用 ResumeThread 函数，恢复线程的运行。函数的调用格式可以查看 MSDN。

这两种方法都能使用户知道为什么 CWinThread 对象会终止。

5. 关于设置线程的优先级问题

SetThreadPriority 函数设置指定线程的优先级的值，线程的优先级与线程所在的进程的优先级共同决定线程的基本优先级水平。函数的调用格式是：

```
BOOL  SetThreadPriority(
    HANDLE hThread,           // 线程的句柄
    int nPriority             // 要设置的线程优先级水平
);
```

其中，

参数 hThread：要设置优先级的线程的句柄。

参数 nPriority：指定线程的优先级值。

返回值：如果设置成功，返回非零值；如果调用函数失败，返回值为 0。调用 GetLastError 可以获得进一步的出错信息。

每一个线程都有一个基本的优先级，由该线程的优先级值（Priority Value）和它所在进程的优先级类（Priority Class）共同决定。系统根据所有可执行线程的基本优先级来决定哪一个线程将获得下一个 CPU 的时间片。系统根据优先级来安排线程的时候仅当没有较高优先级的可执行线程时，才安排较低优先级的线程。

7.4 多线程 FTP 客户端实例

上一章介绍了一个 FTP 客户机端应用程序的例子，可以实现从服务器下载文件，向服务器上传文件和查询服务器当前目录的功能。对该程序测试时，如果在本地机测试，并且传输的文件比较小，测试可能比较顺利。但如果用户在 Internet 上测试，并且传输的文件比较大，用户会发现，在进行查询、下载和上传的时候，有时应用程序的界面会处于一种类似死锁的状态，这时应用程序界面不能自动更新，用户对界面的操作不能及时地得到响应。这是由于程序只有一个主线程，一旦调用某个函数而不能及时返回，整个程序就处于阻塞等待的状态。在本章，运用多线程的技术对这个 FTP 应用程序进行修改，让主线程处理应用程序的主界面，其他的事情则交给子线程去做，保证应用程序在执行的时候，一直保持用户界面的活动状态，在同一段时间内，可以同时进行多个 FTP 操作。在程序中，应重点注意，如何编写线程的控制函数，如何创建一个新的线程，线程如何传递参数和取回结果。

7.4.1 编写线程函数

首先编写用于 FTP 操作的线程函数，创建一个结构体，用该结构体来传递线程函数运行时所需的参数，该结构体的数据成员包括 FTP 服务器的域名、登录的用户名、登录的口令和对话框中列表框的指针，该指针用于列表框中内容的显示和选取，代码是：

```
//线程的参数结构
typedef struct  {
     CListBox*  pList;
     CString  strFtpSite;
     CString  strName;
     CString  strPwd;
} FTP_INFO;
```

这段代码加在 CFtpDlg 类的类声明的前面。

在应用程序工程中添加一个头文件，名为 mt.h，将线程函数写在这个文件中。注意：线程函数不属于某个类的成员函数，要单独写在一个包含文件中。

线程函数的共同特点是线程参数的传递，读者可留意每个线程函数开始的代码。

1. 用于查询的线程函数

```
UINT mtQuery (LPVOID  pParam)
{
   if  (pParam = = NULL)  AfxEndThread(NULL);
   //这一段代码是用来获取函数调用的参数的，用法非常典型，函数调用的入口参数
   //pParam 是一个 LPVOID 类型的指针，必须将它转化为 FTP_INFO 结构类型的指针
   //变量，才能从中取出相应的数据成员
   FTP_INFO* PP;
   CListBox*  pList;
   CString  strFtpSite;
   CString  strName;
   CString  strPwd;
   PP = (FTP_INFO*)pParam;
   pList = PP->pList;
   strFtpSite = PP->strFtpSite;
   strName = PP->strName;
   strPwd = PP->strPwd;

   CInternetSession* pSession;                //定义会话对象指针变量
   CFtpConnection* pConnection;               //定义连接对象指针变量
   CFtpFileFind* pFileFind;                   //定义文件查询对象指针变量
   CString strFileName;
   BOOL bContinue;

   pConnection=NULL;                          //初始化
   pFileFind=NULL;

   pSession=new CInternetSession(             // 创建 Internet 会话类对象
   AfxGetAppName(),1,PRE_CONFIG_INTERNET_ACCESS);
   try
   {  // 试图建立与指定 FTP 服务器的连接
         pConnection=
            pSession->GetFtpConnection(strFtpSite, strName, strPwd);
   }  catch (CInternetException* e)  {
        e->Delete();                          // 无法建立连接，进行错误处理
        pConnection=NULL;
   }

   if (pConnection!=NULL)
```

```
        {// 创建 CFtpFileFind 对象，向构造函数传递 CFtpConnection 对象的指针
            pFileFind=new CFtpFileFind(pConnection);
            bContinue=pFileFind->FindFile("*");        // 查找服务器上当前目录的任意文件
            if (!bContinue)                             // 如果一个文件都找不到,则结束查找
            {
                pFileFind->Close();
                pFileFind=NULL;
            }

            while (bContinue)                           // 找到了第一个文件,继续找其他文件
            {
                strFileName=pFileFind->GetFileName();  // 获得找到的文件的文件名
                // 如果找到的对象是个目录，就将目录名放在括弧中
                if (pFileFind->IsDirectory())  strFileName="["+strFileName+"]";
                // 将找到的文件或目录名显示在列表框中
                pList->AddString(strFileName);
                bContinue=pFileFind->FindNextFile();   // 查找下一个文件
            }

            if (pFileFind!=NULL)
           {
                pFileFind->Close();                     // 结束查询
                pFileFind=NULL;
           }
        }
        delete pFileFind;                               // 删除文件查询对象
        if (pConnection!=NULL)
        {
        pConnection->Close();
        delete pConnection;                             // 删除 FTP 连接对象
      }
      delete pSession;                                  // 删除 Internet 会话对象
      return 0;                                         // 必须要有返回值
}
```

2. 用于下载的线程函数

```
UINT mtDownloadFile(LPVOID  pParam)
{
    if  (pParam == NULL)  AfxEndThread(NULL);
    //用来获取函数调用的参数的代码
    FTP_INFO* PP;
    CListBox*  pList;
    CString  strFtpSite;
    CString  strName;
    CString  strPwd;
    PP = (FTP_INFO*)pParam;
    pList = PP->pList;
    strFtpSite = PP->strFtpSite;
    strName = PP->strName;
    strPwd = PP->strPwd;

    int  nSel = pList->GetCurSel();
```

```
    CString  strSourceName;
    pList->GetText(nSel, strSourceName);
    if (strSourceName.GetAt(0)!='[' ]
    {
            //选择的是文件
            CString strDestName;
            CFileDialog dlg(FALSE,"","*.*"); //定义了一个文件对话框对象变量
            if (dlg.DoModal()==IDOK)          //激活文件对话框
            {
                 //获得下载文件在本地机上存储的路径和名称
                 strDestName=dlg.GetPathName();

                //调用函数下载文件
                if (mtDownload (strFtpSite, strName, strPwd,
                                   strSourceName,strDestName))
                     AfxMessageBox("下载成功! ",MB_OK|MB_ICONINFORMATION);
                else  {
                   AfxMessageBox("下载失败! ",MB_OK|MB_ICONSTOP);
                   return FALSE;
                     }
             } else  {
                      AfxMessageBox("请写入文件名! ",MB_OK|MB_ICONSTOP);
                     return FALSE;
                    }
     } else  {
               //选择的是目录
               AfxMessageBox("不能下载目录!\n 请重选!",MB_OK|MB_ICONSTOP);
               return FALSE;
              }
return 0;
}

//下载文件调用的函数
BOOL mtDownload (CString  strFtpSite,
CString  strName,
CString  strPwd,
CString  strSourceName,
CString  strDestName)
{
CInternetSession* pSession;          //定义会话对象变量指针
CFtpConnection* pConnection;         //定义连接对象变量指针

pConnection=NULL;

//创建 Internet 会话对象
   pSession=new CInternetSession( AfxGetAppName(), 1,
   PRE_CONFIG_INTERNET_ACCESS);

   try
   {
      //建立 FTP 连接
```

```
        pConnection=pSession->GetFtpConnection(strFtpSite,
        strName, strPwd);
    }
    catch (CInternetException* e)
    {
        //错误处理
        e->Delete();
        pConnection=NULL;
        return FALSE;
}

if (pConnection!=NULL)
{
        //下载文件
        if (!pConnection->GetFile(strSourceName,strDestName))
        {
                //下载文件错误
                pConnection->Close();
                delete pConnection;
                delete pSession;
                return FALSE;
        }
}

//清除对象
if (pConnection!=NULL)
{
    pConnection->Close();
    delete pConnection;
}
delete pSession;
return TRUE;
  }
```

3. 用于上传的线程函数

```
UINT  mtUploadFile(LPVOID  pParam)
{
     if  (pParam == NULL)  AfxEndThread(NULL);
    //用来获取函数调用的参数的代码
    FTP_INFO* PP;
    CListBox*  pList;
    CString  strFtpSite;
    CString  strName;
    CString  strPwd;
    PP = (FTP_INFO*)pParam;
    pList = PP->pList;
    strFtpSite = PP->strFtpSite;
    strName = PP->strName;
    strPwd = PP->strPwd;

    CString strSourceName;
    CString strDestName;
    CFileDialog dlg(TRUE,"","*.*");        //定义文本对话框对象变量
    if (dlg.DoModal()==IDOK)
```

```
    {
        //获得待上传的本地机文件路径和文件名
        strSourceName=dlg.GetPathName();
        strDestName=dlg.GetFileName();

        //调用 Upload 函数上传文件
       if (mtUpload (strFtpSite, strName, strPwd,
                                   strSourceName,strDestName))
            AfxMessageBox("上传成功! ",MB_OK|MB_ICONINFORMATION);
       else
            AfxMessageBox("上传失败! ",MB_OK|MB_ICONSTOP);
     } else  {
       //文件选择有错误
       AfxMessageBox("请选择文件! ",MB_OK|MB_ICONSTOP);
     }
     return 0;
  }

  //上传文件调用的函数
  BOOL  mtUpload (CString strFtpSite, CString strName,
         CString strPwd,CString strSourceName, CString strDestName)
  {
     CInternetSession* pSession;
     CFtpConnection* pConnection;

     pConnection=NULL;

    //创建 Internet 会话
pSession=new CInternetSession(AfxGetAppName(), 1,
PRE_CONFIG_INTERNET_ACCESS);

try
{
   //建立 FTP 连接
   pConnection=pSession->GetFtpConnection( strFtpSite,
                                            strName, strPwd);
}
catch (CInternetException* e)
{
   //错误处理
   e->Delete();
   pConnection=NULL;
   return FALSE;
}

if (pConnection!=NULL)
{
   //上传文件
   if (!pConnection->PutFile(strSourceName,strDestName))
   {
        //上传文件错误
        pConnection->Close();
```

```
            delete pConnection;
            delete pSession;
            return FALSE;
        }
    }

    //清除对象
    if (pConnection!=NULL)
    {
          pConnection->Close();
          delete pConnection;
    }
    delete pSession;
    return TRUE;
    }
```

7.4.2 添加事件处理函数

1. 添加包含语句

在 CFtpDlg 类的执行文件 FtpDlg.cpp 中，在所有 include 语句之后，增加对于 mt.h 的包含语句：

```
#include "mt.h"
```

2. 修改原按钮控件的事件处理函数

分别输入“查询”、“下载”和“上传”3 个按钮控件的 BN_CLICKED 事件的处理函数。处理函数的名字没有变化。

（1）查询事件的处理函数。

```
//当用户单击“查询”按钮时，执行此函数，此函数创建一个新线程，执行实际的查询
Void  CFtpDlg::OnQuery()
{
      //获得用户在对话框中的当前输入
      UpdateData(TRUE);
      //构造用于线程控制函数参数传递的结构对象
      FTP_INFO* pp = new FTP_INFO;
      pp->pList = &m_listFile;
      pp->strFtpSite = m_strFtpSite;
      pp->strName = m_ strName;
      pp->strPwd = m_strPwd;
      // 清除对话框中列表框的内容
      while(m_ListFile.GetCount()!=0) m_ListFile.DeleteString(0);
      //创建并启动新线程，执行实际的查询任务
      AfxBeginThread(mtQuery,pp);
}
```

（2）下载事件的处理函数。

```
//当用户单击“下载”按钮时，执行此函数
void CFtpDlg::OnDownload()
{
      //获得用户在对话框中的当前输入
      UpdateData(TRUE);
      //构造用于线程控制函数参数传递的结构对象
```

```
        FTP_INFO* pp = new FTP_INFO;
        //将用户输入的相关信息赋值到结构对象的成员变量中
        pp->pList = &m_listFile;
        pp->strFtpSite = m_strFtpSite;
        pp->strName = m_ strName;
        pp->strPwd = m_strPwd;
        //创建并启动新的线程，完成实际的下载任务
        AfxBeginThread(mtDownloadFile,pp);

        //禁用对话框中的“下载”按钮
        m_BtnDownLoad.EnableWindow(FALSE);

        //激活对话框中的“查询”和“上传”按钮
        m_BtnUpLoad.EnableWindow(TRUE);
        m_BtnQuery.EnableWindow(TRUE);

        //激活对话框中用来输入的文本框控件
        m_EditFtp.EnableWindow(TRUE);
        m_EditName.EnableWindow(TRUE);
        m_EditPwd.EnableWindow(TRUE);
        m_StaFtp.EnableWindow(TRUE);
        m_StaName.EnableWindow(TRUE);
        m_StaPwd.EnableWindow(TRUE);
}
```

（3）上传事件的处理函数。

```
//当用户单击“上传”按钮时，执行此事件处理函数
void CFtpDlg::OnUpload()
{
        //获得用户在对话框中的当前输入，如服务器名、用户名和口令
        UpdateData(TRUE);

        //将对话框中用于输入的文本框控件禁用
        m_EditFtp.EnableWindow(FALSE);                  //服务器域名输入文本框
        m_EditName.EnableWindow(FALSE);                 //登录客户名输入文本框
        m_EditPwd.EnableWindow(FALSE);                  //口令输入文本框
        m_StaFtp.EnableWindow(FALSE);                   //响应的静态文本
        m_StaName.EnableWindow(FALSE);
        m_StaPwd.EnableWindow(FALSE);

        //禁用对话框中的“查询”按钮
        m_BtnQuery.EnableWindow(FALSE);
        //构造用于线程控制函数参数传递的结构对象
        FTP_INFO* pp = new FTP_INFO;
        //将用户输入的相关信息赋值到结构对象的成员变量中
        pp->pList = NULL;
        pp->strFtpSite = m_strFtpSite;
        pp->strName = m_ strName;
        pp->strPwd = m_strPwd;
```

```
        //创建并启动新的线程，来完成实际的上传工作
        AfxBeginThread(mtUploadFile,pp);

        //激活对话框中的"查询"按钮
        m_BtnQuery.EnableWindow(TRUE);

        //激活对话框中用于输入的文本框控件
        m_EditFtp.EnableWindow(TRUE);
        m_EditName.EnableWindow(TRUE);
        m_EditPwd.EnableWindow(TRUE);
        m_StaFtp.EnableWindow(TRUE);
        m_StaName.EnableWindow(TRUE);
        m_StaPwd.EnableWindow(TRUE);
    }
```

从以上代码可以看出，采用了多线程的编程技术以后，事件的处理函数主要负责进程参数的传递和用户界面的管理，实际的任务则由线程的控制函数来完成。

此例的源程序可从人民邮电出版社教学服务与资源网（www.ptpedu.com.cn）上下载。

习　题

1. WinSock 的两种 I/O 模式是什么？各有什么优缺点？缺点如何克服？
2. 简述 Win32 操作系统下的多进程多线程机制。
3. 多线程机制在网络编程中如何应用？
4. 说明用户接口线程和工作线程的概念和特点。
5. 简述创建 MFC 的工作线程所必需的步骤。
6. 简述创建并启动用户界面线程所必需的步骤。
7. 如何正常终止线程？如何提前终止线程？

第 8 章 WinSock 的 I/O 模型

第 7 章已经提到，WinSock 在进行 I/O 操作的时候，可以采用阻塞模式或非阻塞模式。使用非阻塞套接字，带有 I/O 操作的随机性，使非阻塞套接字难于操作，给编程带来困难。为解决这个问题，对于非阻塞的套接字工作模式，进一步引入了 5 种“套接字 I/O 模型”，它们有助于应用程序通过一种异步方式，同时对一个或多个套接字上进行的通信加以管理。

这些模型包括 select（选择）、WSAAsyncSelect（异步选择）、WSAEventSelect（事件选择）、Overlapped I/O（重叠式 I/O）和 Completion port（完成端口）。

如何挑选最适合自己应用程序的 I/O 模型呢？每种模型都有自己的优点和缺点。同开发一个简单的运行许多服务线程的阻塞模式应用相比，其他每种 I/O 模型都需要更为复杂的编程工作。因此，针对客户机和服务器应用的开发，有下述建议。

1. 客户机的开发

若打算开发一个客户机应用，令其同时管理一个或多个套接字，那么建议采用重叠 I/O 或 WSAEventSelect 模型，以便在一定程度上提升性能。然而，假如开发的是一个以 Windows 操作系统为基础的应用程序，要进行窗口消息的管理，那么 WSAAsyncSelect 模型应该是一种最好的选择，因为 WSAAsyncSelect 本身便是从 Windows 消息模型借鉴来的。若采用这种模型，程序一开始便具备了处理消息的能力。

2. 服务器的开发

若开发的是一个服务器应用，要在一个给定的时间，同时控制几个套接字，建议采用重叠 I/O 模型，这同样是从性能出发点考虑的。但是，如果预计到自己的服务器在任何给定的时间，都会为大量 I/O 请求提供服务，便应考虑使用 I/O 完成端口模型，从而获得更好的性能。

不同的 Windows 平台支持不同的 I/O 模型，如表 8.1 所示。

表 8.1　　操作系统对套接字 I/O 模型的支持情况

平台	选择	异步选择	事件选择	重叠式 I/O	完成端口
Windows CE	支持	不支持	不支持	不支持	不支持
Windows 95（WinSock1）	支持	支持	不支持	不支持	不支持
Windows 95（WinSock2）	支持	支持	支持	支持	不支持
Windows 98	支持	支持	支持	支持	不支持
Windows NT	支持	支持	支持	支持	支持
Windows 2000	支持	支持	支持	支持	支持

8.1 select 模型

如前所述，在非阻塞模式下，WinSock 函数无论如何都会立即返回，所以必须采取适当的步骤，让非阻塞套接字能够满足应用的要求。

select（选择）模型是 WinSock 中最常见的 I/O 模型。Berkeley 套接字方案已经设计了该模型，后来又集成到了 WinSock1.1 中。它的中心思想是利用 select 函数，实现对多个套接字 I/O 的管理。利用 select 函数，可以判断套接字上是否存在数据，或者能否向一个套接字写入数据。只有在条件满足时，才对套接字进行 I/O 操作，从而避免无功而返的 I/O 函数调用，避免频繁产生 WSAEWOULDBLOCK 错误，使 I/O 变得有序。

1. select 的函数

select 的函数原型如下，其中的 fd_set 数据类型，代表着一系列特定套接字的集合。

```
int select(
    int  nfds,
    fd_set  FAR *  readfds,
    fd_set  FAR *  writefds,
    fd_set  FAR *  exceptfds,
    const  struct  timeval  FAR *  timeout
);
```

其中，

参数 nfds：是为了保持与早期的 Berkeley 套接字应用程序的兼容，一般忽略它。

参数 readfds：用于检查可读性。readfds 集合包括想要检查是否符合下述任何一个条件的套接字。

◇ 有数据到达，可以读入。

◇ 连接已经关闭、重设或中止。

◇ 假如已调用了 listen，而且一个连接正在建立，那么 accept 函数调用会成功。

参数 writefds：用于检查可写性。writefds 集合包括想要检查是否符合下述任何一个条件的套接字。

◇ 发送缓冲区已空，可以发送数据。

◇ 如果已完成了对一个非锁定连接调用的处理，连接就会成功。

参数 exceptfds：用于检查带外数据。exceptfds 集合包括想要检查是否符合下述任何一个条件的套接字。

◇ 假如已完成了对一个非锁定连接调用的处理，连接尝试就会失败。

◇ 有带外（Out-of-band，OOB）数据可供读取。

参数 timeout：是一个指向一个 timeval 结构的指针，用于决定 select 等待 I/O 操作完成的最长时间。如果 timeout 是一个空指针，那么 select 调用会无限期地等待下去，直到至少有一个套接字符合指定的条件后才结束。

timeval 结构的定义是：

```
struct timeval {
   long tv_sec;         //以秒为单位指定等待时间
   long tv_usec;        //以毫秒为单位指定等待时间
};
```

说明

select 函数对 readfds、writefds 和 exceptfds 3 个集合中指定的套接字进行检查，看是否有数据可读、可写或有带外数据，如果有至少一个套接字符合条件，就立即返回。符合条件的套接字仍在集合中，不符合条件的套接字则被删去。如果一个也没有，则等待。但最多等待 timeout 所指定的时间，便返回。

例如，假定想测试一个套接字是否“可读”，首先将该套接字增添到 readfds 集合中，然后执行 select 函数，等待它完成。select 返回后，必须检查该套接字是否仍在 readfds 集合中。如果在，就说明该套接字有数据“可读”，可立即从它读取数据。

在 3 个套接字集合参数中（readfds、writefds 和 exceptfds），至少有一个不能为空值（NULL）。在任何不为空的集合中，必须至少包含一个套接字句柄；否则，select 函数便没有任何东西可以等待。如果将超时值 timeout 设置为（0，0），表明 select 会立即返回，这就相当于允许应用程序对 select 操作进行“轮询”。出于对性能方面的考虑，应避免这样的设置。select 成功完成后，会返回所有 fd_set 集合中符合条件的套接字句柄的总数。如果超过 timeval 设定的时间，便会返回 0。不管由于什么原因，假如 select 调用失败，都会返回 SOCKET_ERROR。

2. 操作套接字集合的宏

在应用程序中，用 select 对套接字进行监视之前，必须先将要检查的套接字句柄分配给某个集合，设置好相应的 fd_set 结构，再来调用 select 函数，这样便可知道一个套接字上是否正在发生上述的 I/O 活动。

WinSock 提供了下列宏操作，专门对 fd_set 数据类型进行操作。

（1）FD_CLR(s, *set)：从 set 中删除套接字 s。

（2）FD_ISSET(s, *set)：检查 s 是否是 set 集合的一名成员；如果是，则返回 TRUE。

（3）FD_SET(s, *set)：将套接字 s 加入 set 集合。

（4）FD_ZERO (*set)：将 set 初始化成空集合。

其中，参数 s 是一个要检查的套接字，参数 set 是一个 fd_set 集合类型的指针。

例如，调用 select 函数前，可使用 FD_SET 宏，将指定的套接字加入到 fd_read 集合中，select 函数完成后，可使用 FD_ISSET 宏，来检查该套接字是否仍在 fd_read 集合中。

3. select 模型的操作步骤

用 select 操作一个或多个套接字句柄，一般采用下述步骤。

（1）使用 FD_ZERO 宏，初始化自己感兴趣的每一个 fd_set 集合。

（2）使用 FD_SET 宏，将要检查的套接字句柄添加到自己感兴趣的每个 fd_set 集合中，相当于在指定的 fd_set 集合中，设置好要检查的 I/O 活动。

（3）调用 select 函数，然后等待。select 完成返回后，会修改每个 fd_set 结构，删除那些不存在待决 I/O 操作的套接字句柄，在各个 fd_set 集合中返回符合条件的套接字。

（4）根据 select 的返回值，使用 FD_ISSET 宏，对每个 fd_set 集合进行检查，判断一个特定的套接字是否仍在集合中，便可判断出哪些套接字存在着尚未完成（待决）的 I/O 操作。

（5）知道了每个集合中待决的 I/O 操作之后，对相应的套接字的 I/O 进行处理，然后返回步骤（1），继续进行 select 处理。

4. 举例

下面的例子用 select 管理一个套接字上的 I/O 操作。

```
SOCKET  s;                      //定义一个套接字
```

```
    fd_set  fdread;              //定义一个套接字集合变量
    int  ret;                    //返回值
    //创建一个套接字，并接受连接
    ...
    // 管理该套接字上的 I/O
    while(TRUE)
    {
        //在调用 select()之前，总是要清除套接字集合变量
        FD_ZERO(&fdread);
        //将套接字 s 添加到 fdread 集合中
        FD_SET(s, &fdread);
        //调用 select()函数，并等待它的完成，这里只是想检查 s 是否有数据可读
        if ((ret = select(0, &fdread, NULL, NULL, NULL)) = = SOCKET_ERROR)
        {
            //处理错误的代码
        }
        //返回值大于零，说明有符合条件的套接字，对于本例这个简单的情况，
        //select()的返回值应当是 1。如果应用程序处理更多的套接字，返回值可能大于 1，
        //应用程序应当检查特定的套接字是否在返回的集合中
        if  ( ret > 0)
        {
            if  (FD_ISSET(s, &fdread))
            {
                // 对该套接字进行读操作
            }
        }
    }
```

8.2 WSAAsyncSelect 异步 I/O 模型

异步 I/O 模型通过调用 WSAAsyncSelect 函数实现。利用这个模型，应用程序可在一个套接字上，接收以 Windows 消息为基础的网络事件通知。该模型最早出现于 WinSock 1.1 中，以适应其多任务消息环境。

1. WSAAsyncSelect 函数

函数的定义是：

```
        int WSAAsyncSelect(
            SOCKET  s,
            HWND   hWnd,
            unsigned  int  wMsg,
            long  lEvent
    );
```

其中，

参数 s：指定用户感兴趣的套接字。

参数 hWnd：指定一个窗口或对话框句柄。当网络事件发生后，该窗口或对话框会收到通知消息，并自动执行对应的回调例程。

参数 wMsg：指定在发生网络事件时，打算接收的消息。该消息会投递到由 hWnd 窗口句柄指定的那个窗口。通常，应用程序需要将这个消息设为比 Windows 操作系统的 WM_USER 大的一个值，以避免网络窗口消息与预定义的标准窗口消息发生混淆与冲突。

参数 lEvent：指定一个位掩码，代表应用程序感兴趣的一系列事件。可以使用表 8.2 中预定义的事件类型符号常量，如果应用程序同时对多个网络事件感兴趣，只需对各种类型执行一次简单的按位 OR（或）运算。例如：

```
WSAAsyncSelect( s, hwnd, WM_SOCKET,
    FD_CONNECT | FD_READ | FD_WRITE | FD_CLOSE);
```

上面的例子表示应用程序以后要在套接字 s 上，接收有关连接请求、接收数据、发送数据以及套接字关闭这一系列网络事件的通知。

表 8.2　　　　用于 WSAAsyncSelect 函数的网络事件类型

事件类型	含义
FD_READ	应用程序想要接收有关是否有数据可读的通知，以便读入数据
FD_WRITE	应用程序想要接收有关是否可写的通知，以便发送数据
FD_OOB	应用程序想接收是否有带外（OOB）数据抵达的通知
FD_ACCEPT	应用程序想接收与进入的连接请求有关的通知
FD_CONNECT	应用程序想接收一次连接请求操作已经完成的通知
FD_CLOSE	应用程序想接收与套接字关闭有关的通知

要想使用 WSAAsyncSelect 异步 I/O 模型，在应用程序中，首先必须用 CreateWindow 函数创建一个窗口，并为该窗口提供一个窗口回调例程。因为对话框的本质也是“窗口”，所以也可以创建一个对话框，为其提供一个对话框回调例程。

设置好窗口的框架后，就可以开始创建套接字，并调用 WSAAsyncSelect 函数，在该函数中，指定关注的套接字、窗口句柄、打算接收的消息，以及程序感兴趣的套接字事件。成功地执行 WSAAsyncSelect 函数，就打开了窗口的消息通知，并注册了事件。应用程序往往对一系列事件感兴趣。到底使用什么事件类型，取决于应用程序的角色是客户机还是服务器。

WSAAsyncSelect 函数执行时，当注册的套接字事件之一发生时，指定的窗口就会收到指定的消息，并自动执行该窗口的回调例程，用户可以在窗口回调例程中添加自己的代码，处理相应的事件。

2. 窗口回调例程

应用程序在一个套接字上调用 WSAAsyncSelect 函数时，该函数的 hWnd 参数指定了一个窗口句柄。函数成功调用后，当指定的网络事件发生时，会自动执行该窗口对应的窗口回调例程。并将网络事件通知和 Windows 消息的相关信息，传递给该例程的入口参数，用户可以在该例程中添加自己的代码，针对不同的网络事件进行处理，从而实现有序的套接字 I/O 操作。

窗口回调例程应定义成如下形式：

```
LRESULT CALLBACK WindowProc(
    HWND hWnd,
    UINT uMsg,
    WPARAM wParam,
    LPARAM lParam
);
```

其中，

例程的名字在这里用 WindowProc 代表，实际可由用户自定。

参数 hWnd：指示一个窗口的句柄，对此窗口例程的调用正是由那个窗口发出的。

参数 uMsg：指示引发调用此函数的消息，可能是 Windows 操作系统的标准窗口消息，也可能是 WSAAsyncSelect 调用中用户定义的消息。

参数 wParam：指示在其上面发生了一个网络事件的套接字。假若同时为这个窗口例程分配了多个套接字，这个参数的重要性便显示出来了。

参数 lParam：包含了两方面重要的信息。其中，lParam 的低位字指定了已经发生的网络事件，而 lParam 的高位字包含了可能出现的任何错误代码。

网络事件消息到达一个窗口例程后，窗口例程首先应检查 lParam 的高位字，以判断是否在套接字上发生了一个网络错误。可使用特殊的宏 WSAGETSELECTERROR，来返回 lParam 的高位字包含的错误信息。如果套接字上没有产生任何错误，接着就应辨别到底发生了哪个网络事件类型，造成了这条 Windows 消息的触发。可使用宏 WSAGETSELECTEVENT 来读取 lParam 的低位字的内容。

3. 举例

下面是一个服务器程序，演示如何使用 WSAAsyncSelect 异步 I/O 模型，来实现窗口消息的管理。程序着重强调了开发一个基本服务器应用所涉及的基本步骤，忽略了开发一个完整的 Windows 应用所涉及的大量编程细节。

```
#define WM_SOCKET  WM_USER + 1   //自定义一个消息
#include <windows.h>

//程序的主函数
int  WinMain( HINSTANCE  hInstance,
   HINSTANCE hPrevInstance,LPSTR lpCmdLine, int nCmdShow)
{
   SOCKET  Listen;   //定义监听套接字
   HWND  Window;   //定义窗口句柄
   SOCKADDR  InternetAddr  //定义地址结构变量

   //创建一个窗口，并将 ServerWinProc 回调例程分配到该窗口名下
   Window = CreateWindow(...);
   //初始化 WinSock，并创建套接字
   WSAStartup(...);
   Listen = Socket();
   //将套接字绑定到 5150 端口
   InternetAddr.sin_family = AF_INET;
   InternetAddr.sin_addr.s_addr = htonl(INADDR_ANY);
   InternetAddr.sin_port = htons(5150);
   bind(Listen, (PSOCKADDR) &InternetAddr, sizeof(InternetAddr));

   //对监听套接字，使用上面定义的 WM_SOCKET，调用 WSAAsyncSelect 函数
   //打开窗口消息通知，注册的事件是 FD_ACCEPT 和 FD_CLOSE
   WSAAsyncSelect(Listen, Window, WM_SOCKET, FD_ACCEPT | FD_CLOSE);
   listen(Listen, 5);     //启动套接字的监听
   //翻译并发送 Window 消息，直到应用程序终止
```

```
}

// 所创建窗口的回调例程
BOOL CALLBACK ServerWinProc(HWND hDlg, WORD wMsg,
    WORD waram, DWORD lParam)
{
    SOCKE  Accept;  //定义服务器端的响应套接字
    switch(wMsg)
    {
      case WM_PAINT:
            //处理 window paint 消息
            break;
      case WM_SOCKET:
            //使用 WSAGETSELECTERROR()宏来决定在套接字上是否发生错误
            if (WSAGETSELECTERROR(lParam))
            {
                // 显示错误信息并且关闭套接字
                closesocket(wParam);
                break;
            }

            // 决定在该套接字上出现了什么事件
            switch(WSAGETSELECTEVENT(lParam))
            {
                case FD_ACCEPT:
                //表示监听套接字收到了一个连接请求，接收它，产生响应套接字
                    Accept = accept(wParam, NULL, NULL);
                    //为响应套接字注册 read、write 和 close 事件，启动消息通知
                    WSAAsyncSelect(Accept,hwnd,WM_SOCKET,
                        FD_READ | FDWRITE |FD_CLOSE);
                    break;
                case FD_READ:
                    //表示数据已到，可从在 wParam 中的套接字接收数据
                    break;
                case FD_WRITE:
                    //表示在 wParam 中的套接字已经准备好发送数据
                    break;
                case FD_CLOSE:
                //表示连接已经关闭，可关闭套接字
                    closesocket(wParam);
                    break;
            }
            break;
    }
    return TRUE;
}
```

4. 几点注意

（1）如果应用程序针对一个套接字 s 调用了 WSAAsyncSelect 函数，该套接字的模式会从“阻塞”自动变成“非阻塞”，这样一来，假如调用了像 WSARecv 这样的 WinSock 的 I/O 函数，但当时却并没有数据可用，就会造成调用的失败，并返回 WSAEWOULDBLOCK 错误。为防止这一

点，应用程序应依赖由 WSAAsyncSelect 的 uMsg 参数指定的用户自定义窗口消息，来判断网络事件何时在套接字上发生，发生时再调用 WinSock 的 I/O 函数，而不应盲目调用。

（2）特别要注意的是，多个套接字事件务必在套接字上一次注册。一旦在某个套接字上允许了某些事件通知，那么以后除非明确调用 closesocket 命令，或者由应用程序针对那个套接字再次调用了 WSAAsyncSelect，才能更改注册的网络事件类型；否则的话，事件通知会一直有效。若将 lEvent 参数设为 0，效果相当于停止在套接字上进行的所有网络事件通知。对同一个套接字而言，最后一次 WSAAsyncSelect 调用所注册的事件有效。

（3）应用程序如何对 FD_WRITE 事件通知进行处理。只有在如下种条件下，才会发出 FD_WRITE 通知：

① 使用 connect 或 WSAConnect，一个套接字首次建立了连接；

② 使用 accept 或 WSAAccept，套接字被接受以后；

③ 若 send、WSASend、sendto 或 WSASendTo 操作失败，返回了 WSAEWOULDBLOCK 错误，而且缓冲区的空间变得可用。

因此，作为一个应用程序，自收到首条 FD_WRITE 消息开始，便应认为自己必然能在一个套接字上发出数据，直至一个 send、WSASend、sendto 或 WSASendTo 返回套接字错误 WSAEWOULDBLOCK。经过了这样的失败以后，要再用另一条 FD_WRITE 通知应用程序再次发送数据。

8.3 WSAEventSelect 事件选择模型

WSAEventSelect 事件选择模型和 WSAAsyncSelect 模型类似，它也允许应用程序在一个或多个套接字上，接收以事件为基础的网络事件通知。表 8.2 总结的由 WSAAsyncSelect 模型采用的网络事件，均可原封不动地移植到事件选择模型中。也就是说，在用新模型开发的应用程序中，也能接收和处理所有那些事件。该模型最主要的差别在于，网络事件会投递至一个事件对象句柄，而非投递至一个窗口例程。以下按照使用此模型的编程步骤介绍。

1. 创建事件对象句柄

事件选择模型要求应用程序针对每一个套接字，首先创建一个事件对象。创建方法是调用 WSACreateEvent 函数，它的定义如下：

```
WSAEVENT  WSACreateEvent(void);
```

函数的返回值很简单，就是一个创建好的事件对象句柄。

2. 关联套接字和事件对象，注册关心的网络事件

有了事件对象句柄后，接下来必须将其与某个套接字关联在一起，同时注册感兴趣的网络事件类型（见表 8-2），这就需要调用 WSAEventSelect 函数，函数的定义为

```
int WSAEventSelect(
    SOCKET  s,
    WSAEVENT  hEventObject,
    long  lNetworkEvents
);
```

其中，

参数 s：代表自己感兴趣的套接字。

参数 hEventObject：指定要与套接字关联在一起的事件对象，就是用 WSACreateEvent 取得的那个事件对象。

参数 lNetworkEvents：对应一个“位掩码”，用于指定应用程序感兴趣的各种网络事件类型的组合，与 WSAAsyncSelect 函数中的 lEvent 参数的用法相同。

为 WSAEventSelect 创建的事件对象拥有两种工作状态和两种工作模式。两种工作状态是已传信（Signaled）和未传信（Nonsignaled）状态。两种工作模式是人工重设（Manual Reset）和自动重设（Auto Reset）模式。WSACreateEvent 最开始在一种未传信的工作状态中，并用一种人工重设模式，来创建事件句柄。随着网络事件触发了与一个套接字关联在一起的事件对象，事件对象的工作状态便会从未传信转变成已传信。

由于事件对象是在一种人工重设模式中创建的，所以在完成了一个 I/O 请求的处理之后，应用程序需要负责将事件对象的工作状态从已传信更改为未传信。要做到这一点，可调用 WSAResetEvent 函数，对它的定义如下：

```
BOOL WSAResetEvent(WSAEVENT  hEvent);
```

该函数唯一的参数便是一个事件句柄。调用成功返回 TRUE，失败返回 FALSE。

3. 等待网络事件触发事件对象句柄的工作状态

将一个套接字同一个事件对象句柄关联在一起以后，应用程序便可以调用 WSAWaitForMultipleEvents 函数，等待网络事件触发事件对象句柄的工作状态。该函数用来等待一个或多个事件对象句柄，当其中一个或所有句柄进入“已传信”状态后，或在超过了一个规定的时间期限后，立即返回。该函数的定义是：

```
DWORD WSAWaitForMultipleEvents(
   DWORD  cEvents,
   const  WSAEVENT FAR *  lphEvents,
   BOOL  fWaitAll,
   DWORD  dwTimeout,
   BOOL  fAlertable
);
```

其中，

参数 cEvents 和 lphEvents：定义了一个由 WSAEVENT 对象构成的数组。数组中事件对象的数量由 cEvents 参数指定，而 lphEvents 是指向该数组的指针，用于直接引用该数组。数组元素的数量有限制，最大值由预定义常量 WSA_MAXIMUM_WAIT_EVENTS 规定，是 64。因此，每个调用本函数的线程，其 I/O 模型一次最多只能支持 64 个套接字。假如想同时管理 64 个以上的套接字，就必须创建额外的工作线程，以便等待更多的事件对象。

参数 fWaitAll：指定函数如何等待在事件数组中的对象。若设为 TRUE，那么只有等到 lphEvents 数组内包含的所有事件对象都已进入“已传信”状态，函数才会返回；若设为 FALSE，任何一个事件对象进入“已传信”状态，函数就会返回。就后一种情况来说，返回值指出了到底是哪个事件对象造成了函数的返回。通常，应用程序应将该参数设为 FALSE，一次只为一个套接字事件提供服务。

参数 dwTimeout：规定函数等待一个网络事件发生的最长时间，以毫秒为单位。这是一项“超时”设定。超过规定的时间，函数就会立即返回，即使由 fWaitAll 参数规定的条件尚未满足也如此。如果超时值设为 0，函数会检测指定的事件对象的状态，并立即返回。这样一来，应用程序实际便可实现对事件对象的“轮询”。但这样做性能并不好，应尽量避免将超时值设为 0。假如没有等待处理的事件，函数便返回 WSA_WAIT_TIMEOUT。如将 dwsTimeout 设为 WSA_INFINITE（永远等待），那么只有在一个网络事件传信了一个事件对象后，函数才会返回。

参数 fAlertable：在用户使用 WSAEventSelect 模型时，可以忽略，且应设为 FALSE。该参数主要用于在重叠式 I/O 模型中，在完成例程的处理过程中使用。

如果 WSAWaitForMultipleEvents 函数收到一个事件对象的网络事件通知，就会返回一个值，指出造成函数返回的事件对象。应用程序便可引用事件数组中已传信的事件，并检查与该事件对应的套接字，判断到底该套接字上发生了什么类型的网络事件。引用事件数组中的事件时，应该用函数的返回值，减去预定义值 WSA_WAIT_EVENT_0，就可以得到该事件的索引位置。如下例所示：

```
Index = WSAWaitForMultipleEvents(...);
MyEvent = EventArray[Index - WSA_WAIT_EVENT_0];
```

4. 检查套接字上所发生的网络事件类型

知道了造成网络事件的套接字后，接下来可调用 WSAEnumNetworkEvents 函数，检查套接字上发生了什么类型的网络事件。该函数定义如下：

```
int  WSAEnumNetworkEvents(
    SOCKET  s,
    WSAEVENT  hEventObject,
    LPWSANETWORKEVENTS  lpNetworkEvents
);
```

其中，

参数 s：对应于造成了网络事件的套接字。

参数 hEventObject：是可选参数，它指定一个事件句柄，执行此函数将使该事件对象从“已传信”状态自动成为“未传信”状态。如果不想用此参数来重设事件，可以使用前面所讲的 WSAResetEvent 函数。

参数 lpNetworkEvents：是一个指向 WSANTWORKEENTS 结构的指针，用来接收套接字上发生的网络事件类型以及可能出现的任何错误代码。该结构的定义如下：

```
typedef  struct  _WSANTWORKEENTS
{
    long  lNetworkEvents;
    int  iErrorCode[FD_MAX_EVENTS];
} WSANETWORKEVENTS, FAR * LPWSANETWORKEVENTS;
```

其中，

参数 lNetworkEvents：指定了一个值，对应于套接字上发生的所有网络事件类型（见表 8-2）。

一个事件进入传信状态时，可能会同时发生多个网络事件类型。例如，一个繁忙的服务器应用可能同时收到 FD_READ 和 FD_WRITE 通知，这时此参数是它们的 OR。

参数 iErrorCode：指定一个错误代码数组，同 lNetworkEvents 中的事件关联在一起。针对每个网络事件类型，都存在着一个特殊的事件索引，名字与事件类型的名字类似，只是要在事件名字后面添加一个“_BIT”后缀字串即可。例如，对 FD_READ 事件类型来说，iErrorCode 数组中的索引标识符便是 FD_READ_BIT。下述代码片断针对 FD_READ 事件，对此进行了说明：

```
// 处理 FD_READ 事件通知
if (NetworkEvents.lNetworkEvents & FD_READ)
```

```
{
    if (NetworkEvents.lErrorCode[FD_READ_BIT] !=0)
    {
        printf("FD_READ failed with error %d\n",
            NetworkEvents.lErrorCode[FD_READ_BIT]);
    }
}
```

5. 处理网络事件

在确定了套接字上发生的网络事件类型后，可以根据不同的情况做出相应的处理。完成了对 WSANETWORKEVENTS 结构中的事件的处理之后，应用程序应在所有可用的套接字上，继续等待更多的网络事件。

应用程序完成了对一个事件对象的处理后，便应调用 WSACloseEvent 函数，释放由事件句柄使用的系统资源。函数的定义如下：

```
BOOL  WSACloseEvent(WSAEVENT  hEvent);
```

该函数也将一个事件句柄作为自己唯一的参数，并会在成功后返回 TRUE，失败后返回 FALSE。

6. 举例

在下面的程序中，说明了如何使用 WSAEventSelect 这种 I/O 模型，来开发一个服务器应用，同时对事件对象进行管理。该程序主要着眼于开发一个基本的服务器应用所涉及的步骤，它要同时负责一个或多个套接字的管理。

```
SOCKET SocketArray [WSA_MAXIMUM_WAIT_EVENTS];          //套接字数组
WSAEVENT EventArray [WSA_MAXIMUM_WAIT_EVENTS];         //事件句柄数组
SOCKET  Listen,Accept;                                 //监听套接字和响应套接字
DWORD EventTotal = 0;                                  //为上面两个数组所设置的计数器
DWORD Index;
WSANETWORKEVENTS  NetworkEvents;
SOCKADDR  InternetAddr                                 //定义地址结构变量

//创建一个流式套接字，设置它在 5150 端口上监听
Listen = socket ( PF_INET, SOCK_STREAM, 0);
InternetAddr.sin_family = AF_INET;
InternetAddr.sin_addr.s_addr = htonl(INADDR_ANY);
InternetAddr.sin_port = htons(5150);
bind(Listen, (psockaddr) &InternetAddr, sizeof(InternetAddr));
//创建一个事件对象，将它与监听套接字相关联，并注册了网络事件
NewEvent = WSACreateEvent();
WSAEventSelect(Listen, NewEvent, FD_ACCEPT | FD_CLOSE);
//启动监听，并将监听套接字和对应的事件添加到相应的数组中
listen(Listen, 5);
SocketArray [EventTotal] = Listen;
EventArray [EventTotal] = NewEvent;
EventTotal++;

//不断循环，等待连接请求，并处理套接字的 I/O
while (TRUE)
{
    //在所有的套接字上等待网络事件的发生
```

```
Index =WSAWaitForMultipleEvents(EventTotal, EventArray,
            FALSE, WSA_INFINITE, FALSE);
//检查消息通知对应的套接字上所发生的网络事件类型
WSAEnmNetworkEvents (
   SocketArray[Index-WSA_WAIT_EVENT_0],
   EventArray[Index-WSA_WAIT_EVENT_0], &NetworkEvents);

//检查 FD_ACCEPT 消息
if  (NetworkEvents.lNetworkEvents & FD_ACCEPT)
{
   if (NetworkEvents.lErrorCode[FD_ACCEPT_BIT] != 0)
   {
      printf("FD_ACCEPT failed with error %d\n,"
            NetworkEvents.lErrorCode[FD_ACCEPT_BIT]);
      break;
   }

   //是 FD_ACCEPT 消息，并且没有错误，那就接收这个新的连接请求
   //并把产生的套接字添加到套接字和事件数组中
   Accept = accept(SocketArray[Index - WSA_WAIT_EVENT_0], NULL, NULL);
   //在将产生的套接字添加到套接字数组中之前，首先检查套接字数目是否超限，
   //如果超限，就关闭 Accept 套接字，并退出
   if (EventTotal > WSA_MAXIMUM_MAIT_EVENTS)
   {
      printf("Too many connections");
      closesocket(Accept);
      break;
   }
   //为 Accept 套接字创建一个新的事件对象
   NewEvent = WSACreateEvent();
   //将该事件对象与 Accept 套接字相关联，并注册网络事件
   WSAEventSelect(Accept, NewEvent, FD_READ | FD_WRITE | FD_CLOSE);
   //将该套接字和对应的事件对象添加到数组中，统一管理
   EventArray [EventTotal] = NewEvent;
   SocketArray [EventTotal] = Accept;
   EventTotal++;
   printf("Socket %d connected\n",Accept);
}
//处理 FD_READ 消息通知
if (NetworkEvents.lNetworkEvents & FD_READ)
{
   if (NetworkEvents.lErrorCode[FD_READ_BIT] != 0)
   {
      printf ("FD_READ failed with error %d\n",
           NetworkEvents.lErrorCode[FD_READ_BIT]);
      break;
   }
   //从套接字读数据
   recv(SocketArray [Index - WSA_WAIT_EVENT_0],
      buffer, sizeof(buffer), 0);
}
```

```
    //处理 FD_WRITE 消息通知
    if (NetworkEvents.lNetworkEvents & FD_WRITE)
    {
        if (NetworkEvents.lErrorCode[FD_WRITE _BIT] != 0)
        {
          printf ("FD_WRITE failed with error %d\n",
               NetworkEvents.lErrorCode[FD_WRITE _BIT]);
          break;
        }
        //写数据到套接字
        send(SocketArray [Index - WSA_WAIT_EVENT_0],
          buffer, sizeof(buffer), 0);
    }

    //处理 FD_CLOSE 消息通知
    if (NetworkEvents.lNetworkEvents & FD_CLOSE)
    {
        if (NetworkEvents.lErrorCode[FD_CLOSE _BIT] != 0)
        {
          printf ("FD_CLOSE failed with error %d\n",
                NetworkEvents.lErrorCode[FD_CLOSE _BIT]);
          break;
        }
        //关闭该套接字
        closesocket(SocketArray [Index - WSA_WAIT_EVENT_0]);
        //从套接字和事件数组中删除该套接字和相应的事件句柄，紧凑两个数组
        //并将 EventTotal 计数器减 1，该函数的实现省略了
        CompressArrays(Event, Socket, &EventTotal);
    }
}
```

8.4　重叠 I/O 模型

8.4.1　重叠 I/O 模型的优点

（1）可以运行在支持 WinSock 2 的所有 Windows 平台。

（2）使用重叠模型的应用程序通知缓冲区收发系统直接使用数据。能使应用程序性能更佳，优于阻塞、select、WSAAsyncSelect 以及 WSAEventSelect 等模型。例如，在接收数据时，后者先把数据拷贝到套接字的接收缓冲区中，再由接收函数把数据拷贝到应用程序的缓冲区；而前者则把接收到的数据直接拷贝到应用程序的缓冲区。

（3）可以处理数万 SOCKET 连接，且性能良好。

8.4.2　重叠 I/O 模型的基本原理

该模型以 Win32 重叠 I/O（Overlapped I/O）机制为基础，适用于安装了 WinSock 2 的所有 Windows 平台。

重叠模型的基本原理是让应用程序使用一个重叠的数据结构，一次投递一个或多个 Winsock I/O 请求。当系统完成 I/O 操作后通知应用程序。系统向应用程序发送通知的形式有两种：事件通知，或者完成例程。由应用程序设置接收 I/O 操作完成的通知形式。

重叠 I/O 的事件通知方法要求将 Win32 事件对象与 WSAOVERLAPPED 的结构（重叠结构）关联在一起。如果使用一个重叠结构，发出像 WSASend 和 WSARecv 这样 I/O 调用，它们会立即返回。通常，这些 I/O 调用会以失败告终，返回 SOCKET_ERROR。使用 WSAGetLastError 函数，便可获得与错误状态有关的一个报告。这个错误状态意味着 I/O 操作正在进行。稍后的某个时间，我们的应用程序需要等候与这个重叠结构对应的事件对象，了解重叠 I/O 请求何时完成。WSAOVERLAPPED 结构在一个重叠 I/O 请求的初始化以及其后续的完成之间，提供了一种沟通或通信机制。

重叠 I/O 的完成例程通知方法是在重叠 I/O 请求完成时自动调用一个例程。

套接字的重叠 I/O 模型是真正意义上的异步 I/O 模型。在应用程序中调用输入或者输出函数后，立即返回，线程继续运行。当 I/O 操作完成，并且将数据复制到用户缓冲区后，系统通知应用程序。应用程序接收到通知后，对数据进行处理。利用该模型，应用程序在调用输入或者输出函数后，只需要等待 I/O 操作完成的通知即可。

8.4.3 重叠 I/O 模型的关键函数和数据结构

下面介绍套接字重叠 I/O 模型的关键函数和数据结构。

1. 创建套接字

要想在一个套接字上使用重叠 I/O 模型来处理网络数据通信，创建套接字时必须使用 WSA_FLAG_OVERLAPPED 标志，例如：

```
SOCKET s = WSASocket(AF_INET, SOCK_STEAM, 0, NULL, 0, WSA_FLAG_OVERLAPPED);
```

如果使用 socket 函数来创建套接字，会默认设置 WSA_FLAG_OVERLAPPED 标志。

成功创建好了一个套接字，将其与一个本地接口绑定到一起后，便可开始进行这个套接字上的重叠 I/O 操作，方法是调用下述的 WinSock 2 函数，同时为它们指定一个 WSAOVERLAPPED 结构参数（在 WINSOCK2.H 中定义）：

WSASend()和 WSASendTo()函数：发送数据。

WSARecv()和 WSARecvFrom()函数：接收数据。

WSAIoctl()函数：控制套接字模式。

AcceptEx()函数：接收连接

2. WSAOVERLAPPED 结构

这个结构是重叠模型的核心，它的定义：

```
typedef  struct  _WSAOVERLAPPED {
DWORD Internal;
DWORD InternalHigh;
DWORD Offset;
DWORD OffsetHigh;
WSAEVENT hEvent;      // 此参数用来关联 WSAEvent 对象
} WSAOVERLAPPED, *LPWSAOVERLAPPED;
```

在这个结构中，Internal、InternalHigh、Offset 和 OffsetHigh 字段均由系统使用。hEvent 字段为事件对象句柄，应用程序用它将一个事件对象与一个套接字关联起来。由这个与重叠结构“绑定”在一起的事件对象来通知我们操作的完成。下例说明了实现关联的步骤：

```
WSAOVERLAPPED AcceptOverlapped ;        // 定义重叠结构
ZeroMemory(&AcceptOverlapped, sizeof(WSAOVERLAPPED)); // 初始化重叠结构
WSAEVENT event;                         // 定义事件对象变量
event = WSACreateEvent();               // 创建事件对象句柄
AcceptOverlapped.hEvent = event;        // 建立了重叠结构与事件的关联
```

3. 输入输出系列函数

在重叠模型中，用 WSARecv()或者 WSARecvFrom()函数接收数据。用 WSASend()和 WSASendTo()函数发送数据。现以 WSARecv()为例，说明它们在重叠模型中定义的变化，以及使用的方法。WSASend, WSASendTo，WSARecvFrom 函数也与此类似。

WSARecv()的定义：

```
int WSARecv(
SOCKET s,                           // 用来接收数据的套接字
LPWSABUF  lpBuffers,                // 指向 WSABUF 结构数组的指针，接收缓冲区
DWORD  dwBufferCount,               // 数组中成员的数量
LPDWORD  lpNumberOfBytesRecvd,
// 如果接收操作立即完成，此参数返回所接收到数据的字节数。
LPDWORD  lpFlags,                   // 标志位，设置为 0 即可
LPWSAOVERLAPPED  lpOverlapped,
//指向 WSAOVERLAPPED 结构指针，用来 "绑定"重叠结构
LPWSAOVERLAPPED_COMPLETION_ROUTINE   lpCompletionRoutine
// 指向完成例程的指针，若选择事件通知的方式，应设置为 NULL
);
```

返回值：

如果重叠操作立即完成，函数返回值为 0，lpNumberOfBytesRecvd 参数指明接收数据的字节数。

如果重叠操作未能立即完成，则函数返回 SOCKET_ERROR 值，错误代码为 WSA_IO_PENDING，且不更新 lpNumberOfBytesRecvd 值。

特别要指出，函数中 lpOverlapped 和 lpCompletionRoutine 用来设置接收 I/O 操作完成的通知形式。

如果这两个参数都为 NULL，则该套接字作为非重叠套接字使用。

如果 lpCompletionRoutine 参数为 NULL，lpOverlapped 指定了重叠结构，则采用事件通知方式。lpOverlapped 将事件对象与重叠 I/O 关联在一起。当接收数据完成时，lpOverlapped 参数中的事件对象变为“已传信”状态。在应用程序中应调用 WSAWaitForMultipleEvents()或者 WSAGetOverlappedResult()函数等待该事件。

如果 lpCompletionRoutine 参数不为 NULL，指定了例程，则 lpOverlapped 参数的事件对象将被忽略。应用程序使用完成例程传递重叠操作结果。

接收数据的 WSABUF 结构定义为：

```
typedef struct _WSABUF {
    u_long        len;     // 缓冲区长度
    char FAR *buf;   // 缓冲区指针
} WSABUF, FAR * LPWSABUF;
```

举例：

```
// 定义 WSABUF 结构的缓冲区并将其初始化
WSABUF DataBuf;
#define DATA_BUFSIZE 5096
char buffer[DATA_BUFSIZE];
ZeroMemory(buffer, DATA_BUFSIZE);
DataBuf.len = DATA_BUFSIZE;
DataBuf.buf = buffer;
DWORD dwBufferCount = 1, dwRecvBytes = 0, Flags = 0;
// 建立重叠结构 ，如要处理多个操作，可定义一个 WSAOVERLAPPED 数组
WSAOVERLAPPED AcceptOverlapped ;
// 创建事件对象句柄， 如果需要多个事件，可定义一个 WSAEVENT 数组 ，可能一个
//SOCKET 同时会有多个重叠 I/O 的请求，就会对应多个 WSAEVENT
WSAEVENT event;
Event = WSACreateEvent();
ZeroMemory(&AcceptOverlapped, sizeof(WSAOVERLAPPED));
//把事件句柄"绑定"到重叠结构上
AcceptOverlapped.hEvent = event;
// 调用 WSARecv()，把接收请求投递到重叠结构上
WSARecv(s, &DataBuf, dwBufferCount, &dwRecvBytes,
&Flags, &AcceptOverlapped, NULL);
```

4. WSAWaitForMultipleEvents 函数

此函数用来等待一个或者所有事件对象转变为“已传信”状态，或者函数调用超时后返回。通过该函数返回值来索引事件对象数组，即可得到转变为“已传信”状态的事件和对应的套接字，然后调用 WSAGetOverlappedResult()函数，判断重叠操作是否成功。

函数的定义：

```
DWORD WSAWaitForMultipleEvents(
DWORD cEvents,                        //等候事件的总数量
const WSAEVENT* lphEvents,            //事件数组的指针
BOOL fWaitAll,
// 如果设置为 TRUE，则事件数组中所有事件被传信时，函数才会返回
// 如果设置为 FALSE，则任何一个事件被传信时，函数就返回 ，一般设置为 FALSE
DWORD dwTimeout,
// 超时时间，如果超时，函数会返回 WSA_WAIT_TIMEOUT
// 如果设置为 0，函数会立即返回
// 如果设置为 WSA_INFINITE 只有在某一个事件被传信后才会返回
BOOL fAlertable // 在完成例程方式中使用，选择事件通知应设置为 FALSE
);
```

返回值：

WSA_WAIT_TIMEOUT：最常见的返回值，我们需要做的就是继续等待。

WSA_WAIT_FAILED：出现了错误，请检查 cEvents 和 lphEvents 两个参数是否有效。

如果事件数组中某一个事件被传信了，函数会返回这个事件的索引值，但是这个索引值需要减去预定义值 WSA_WAIT_EVENT_0 才是这个事件在事件数组中的位置。

要注意：WSAWaitForMultipleEvents 函数只能支持 WSA_MAXIMUM_WAIT_EVENTS 对象定义的一个最大值，即 64，就是说 WSAWaitForMultipleEvents 只能等待 64 个事件，如果想同时

等待多于 64 个事件，就要创建额外的工作者线程，就不得不去管理一个线程池。

5. WSAGetOverlappedResult 函数

我们通过 WSAWaitForMultipleEvents 函数来得到重叠操作完成的通知，使用 WSAGetOverlappedResult 函数来查询套接字上重叠操作的结果，定义如下：

```
BOOL WSAGetOverlappedResult(
SOCKET  s,
LPWSAOVERLAPPED  lpOverlapped,
LPDWORD  lpcbTransfer,
BOOL  fWait,
LPDWORD  lpdwFlags
);
```

参数 1：套接字句柄。

参数 2：为参数 1 关联的(WSA)OVERLAPPED 结构。

参数 3：指向字节计数指针，负责接收一次重叠发送或接收操作实际传输的字节数。

参数 4：是确定函数是否等待的标志。Wait 参数用于决定函数是否应该等待一次重叠操作完成。若将 Wait 设为 TRUE，那么直到操作完成函数才返回；若设为 FALSE，而且操作仍然处于未完成状态，那么(WSA)GetOverlappedResult 函数会返回 FALSE 值。

参数 5：lpdwFlags 是接收完成状态的附加标志。当返回 TRUE 时，重叠 I/O 操作已经完成，lpOverlapped 字段指明了实际传输的数据。当返回 FALSE 时，可能是因为重叠操作还未完成；或者重叠操作完成，但存在错误；或者由于该函数的一个或者多个参数错误，而导致不能确定重叠操作完成的状态。

失败后，由 BytesTransfered 参数指向的值不会进行更新，而且我们的应用程序应调用（WSA）GetLastError 函数，检查到底是何种原因造成了调用失败以使用相应容错处理。如果错误码为

ERROR/WSA_IO_INCOMPLETE(Overlapped I/O event is not in a signaled state)或 ERROR/WSA_IO_PENDING(Overlapped I/O operation is in progress)，则表明 I/O 仍在进行。当然，这不是真正的错误，任何其他错误码才真正表明一个实际错误。

8.4.4 使用事件通知实现重叠模型的步骤

使用 WSAOVERLAPPED 结构中的 hEvent 字段，使应用程序将一个事件对象句柄同套接字关联起来。

当 I/O 完成时，系统更改 WSAOVERLAPPED 结构对应的事件对象的传信状态，使其从“未传信”（unsignaled）变成“已传信”（signaled）。由于我们之前将事件对象分配给了 WSAOVERLAPPED 结构，所以只需简单地调用 WSAWaitForMultipleEvents 函数，从而判断出一个（一些）重叠 I/O 在什么时候完成。通过函数返回的索引可以知道这个重叠 I/O 完成事件是在哪个 Socket 上发生的。

然后调用 WSAGetOverlappedResult 函数，将发生事件的 Socket 传给该函数的第一个参数，将这个 HANDLE 对应的 WSAOVERLAPPED 结构传给该函数的第二个参数，这样判断重叠调用到底是成功还是失败。如果返回 FALSE 值，则重叠操作已经完成但含有错误。或者重叠操作的完成状态不可判决，因为在提供给 WSAGetOverlappedResult 函数的一个或多个参数中存在着错误。失败后，由 BytesTransfered 参数指向的值不会进行更新，应用程序应调用 WSAGetLastError 函数，看看到底是什么原因造成了调用失败。

如果 WSAGetOverlappedResult 函数返回 TRUE，则根据先前调用异步 I/O 函数时设置的缓冲

区(WSARecv/WSASend.lpBuffers)和 BytesTransfered，使用指针偏移定位就可以准确操作接收到的数据了。

下面说明采用事件通知方式实现重叠模型的大体步骤。

1. 定义变量

```
#define DATA_BUFSIZE     4096                 // 接收缓冲区大小
SOCKET  ListenSocket, AcceptSocket;           // 监听套接字，与客户端通信的套接字
WSAOVERLAPPED  AcceptOverlapped;              // 重叠结构
WSAEVENT  EventArray[WSA_MAXIMUM_WAIT_EVENTS];
// 用来通知重叠操作完成的事件句柄数组
WSABUF     DataBuf[DATA_BUFSIZE] ;
DWORD      dwEventTotal = 0,                  // 程序中事件的总数
           dwRecvBytes = 0,                   // 接收到的字符长度
           Flags = 0;                         // WSARecv 的参数
```

2. 创建监听套接字，并在指定的端口上监听连接请求

```
WSADATA wsaData;
WSAStartup(MAKEWORD(2,2),&wsaData);
ListenSocket = socket(AF_INET,SOCK_STREAM,IPPROTO_TCP);  //创建监听套接字
SOCKADDR_IN ServerAddr;              //分配端口及协议族并绑定
ServerAddr.sin_family=AF_INET;
ServerAddr.sin_addr.S_un.S_addr = htonl(INADDR_ANY);
ServerAddr.sin_port=htons(11111);
bind(ListenSocket,(LPSOCKADDR)&ServerAddr, sizeof(ServerAddr)); // 绑定套接字
listen(ListenSocket, 5); //开始监听
```

3. 接受一个客户端的连接请求

```
SOCKADDR_IN ClientAddr;                                 // 定义一个客户端得地址结构作为参数
int addr_length=sizeof(ClientAddr);
AcceptSocket = accept(ListenSocket,(SOCKADDR*)&ClientAddr, &addr_length);
LPCTSTR lpIP =  inet_ntoa(ClientAddr.sin_addr);    // 获知客户端的 IP
UINT nPort = ClientAddr.sin_port;                       //获知客户端的 Port
```

4. 建立并初始化重叠结构

```
// 创建一个事件
EventArray[dwEventTotal] = WSACreateEvent(); // dwEventTotal 初始值为 0
ZeroMemory(&AcceptOverlapped, sizeof(WSAOVERLAPPED));          // 置零
AcceptOverlapped.hEvent = EventArray[dwEventTotal];           // 关联事件
char buffer[DATA_BUFSIZE];
ZeroMemory(buffer, DATA_BUFSIZE);
DataBuf.len = DATA_BUFSIZE;
DataBuf.buf = buffer;    // 初始化一个 WSABUF 结构
dwEventTotal ++;         // 总数加一
```

5. 以 WSAOVERLAPPED 结构为参数，在套接字上投递 WSARecv 请求

```
if(WSARecv(AcceptSocket ,&DataBuf,1,&dwRecvBytes,&Flags,
                           & AcceptOverlapped, NULL) == SOCKET_ERROR)
{
   // 返回 WSA_IO_PENDING 是正常情况，表示 IO 操作正在进行，不能立即完成
   // 如果不是返回 WSA_IO_PENDING 错误，就有问题了
```

```
        if(WSAGetLastError() != WSA_IO_PENDING)
        {
            closesocket(AcceptSocket);
            WSACloseEvent(EventArray[dwEventTotal]);
        }
        }
```

6. 调用 WSAWaitForMultipleEvents 函数，等待重叠操作返回的结果

```
DWORD dwIndex;
// 等候重叠 I/O 调用结束
// 因为我们把事件和 Overlapped 绑定在一起，重叠操作完成后我们会接到事件通知
dwIndex = WSAWaitForMultipleEvents(dwEventTotal,
EventArray ,FALSE ,WSA_INFINITE,FALSE);
// 注意这里返回的 Index 并非是事件在数组里的 Index，而是需要减去 WSA_WAIT_EVENT_0
dwIndex = dwIndex - WSA_WAIT_EVENT_0;
```

7. 使用 WSAResetEvent 函数重设当前这个用完的事件对象

事件被触发之后，需要将它重置一下，以便下一次使用

```
WSAResetEvent(EventArray[dwIndex]);
```

8. 使用 WSAGetOverlappedResult 函数取得重叠调用的返回状态

```
DWORD dwBytesTransferred;
WSAGetOverlappedResult( AcceptSocket, AcceptOverlapped ,
&dwBytesTransferred, FALSE, &Flags);
// 先检查通信对方是否已经关闭连接，如果连接已经关闭，则关闭套接字
if(dwBytesTransferred == 0)
{
    closesocket(AcceptSocket);
    WSACloseEvent(EventArray[dwIndex]);     // 关闭事件
    return;
}
```

9. 使用接收到的数据

WSABUF 结构里面保存着接收到的数据，DataBuf.buf 就是一个 char*字符串指针，可根据需要来使用。

10. 回到第 5 步，在套接字上继续投递 WSARecv 请求，重复步骤 6～9

8.4.5　使用完成例程实现重叠模型的步骤

在 WinSock 2 中，WSARecv/WSASend 最后一个参数 lpCompletionROUTINE 是一个可选的指针，它指向一个完成例程。若指定此参数（自定义函数地址），在重叠请求完成后，将调用完成例程处理。

WinSock 2 中完成例程指针 LPWSAOVERLAPPED_COMPLETION_ROUTINE 的定义是：

```
// WINSOCK2.H
typedef void (CALLBACK * LPWSAOVERLAPPED_COMPLETION_ROUTINE)(
        DWORD dwError,
        DWORD cbTransferred,
        LPWSAOVERLAPPED lpOverlapped,
        DWORD dwFlags );
```

参数 4：一般不用，置 0。

用完成例程完成一个重叠 I/O 请求之后，参数中会包含下述信息：

参数1：dwError表明了一个重叠操作（由lpOverlapped指定）的完成状态是什么。

参数2：BytesTransferred参数指定了在重叠操作实际传输的字节量是多少。

参数3：lpOverlapped参数指定的是调用这个完成例程的异步I/O操作函数的WSAOVERLAPPED结构参数。

用一个完成例程提交重叠I/O请求时，WSAOVERLAPPED结构的事件字段hEvent并未使用。也就是说，我们不可将一个事件对象同重叠I/O请求关联到一起。使用一个含有完成例程指针参数的异步I/O函数发出一个重叠I/O请求之后，一旦重叠I/O操作完成，作为我们的调用线程，必须能够通知完成例程指针所指向的自定义函数开始执行，提供数据处理服务。这样一来，便要求将调用线程置于一种“可警告的等待状态”，在I/O操作完成后，自动调用完成例程加以处理。WSAWaitForMultipleEvents函数可用来将线程置于一种可警告的等待状态。这样做的代价是必须创建一个事件对象，可用于WSAWaitForMultipleEvents函数。假定应用程序只用完成例程对重叠请求进行处理，那么便不可能有任何事件对象需要处理。作为一种变通方法，应用程序可用Win32的SleepEx函数将自己的线程置为一种可警告等待状态。当然，亦可创建一个伪事件对象，不将它与任何东西关联在一起。假如调用线程经常处于繁忙状态，而且并不处在一种可警告的等待状态，那么完成例程根本不会得到调用。

如前面所述，WSAWaitForMultipleEvents通常会等待同WSAOVERLAPPED结构关联在一起的事件对象。该函数也可用于将线程设计成一种可警告等待状态，并可为已经完成的重叠I/O请求调用完成例程进行处理（前提是将fAlertable参数设为TRUE）。使用一个含有完成例程指针的异步I/O函数提交了重叠I/O请求之后，WSAWaitForMultipleEvents的返回值是WAI T_IO_COMPLETION（One or more I/O completion routines are queued for execution），而不是事件数组中的一个事件对象索引。从宏WAIT_IO_COMPLETION的注解可知，它的意思是有完成例程需要执行。SleepEx函数的行为实际上和WSAWaitForMultipleEvents差不多，只是它不需要任何事件对象。对SleepEx函数的定义如下：

```
WINBASEAPI DWORD WINAPI
SleepEx(
    DWORD dwMilliseconds,
    BOOL bAlertable );
```

其中，dwMilliseconds参数定义了SleepEx函数的等待时间，以毫秒为单位。假如将dwMilliseconds设为INFINITE，那么SleepEx会无休止地等待下去。bAlertable参数规定了一个完成例程的执行方式，若将它设置为FALSE，则使用一个含有完成例程指针的异步I/O函数提交了重叠I/O请求后，I/O完成例程不会执行，而且SleepEx函数不会返回，除非超过由dwMilliseconds规定的时间；若将它设置为TRUE，则完成例程会得到执行，同时SleepEx函数返回WAIT_IO_COMPLETION。

利用完成例程处理重叠I/O的Winsock程序的编写步骤如下：

（1）新建一个监听套接字，在指定端口上监听客户端的连接请求。

（2）接受一个客户端的连接请求，并返回一个会话套接字负责与客户端通信。

（3）为会话套接字关联一个WSAOVERLAPPED结构。

（4）在套接字上投递一个异步WSARecv请求，方法是将WSAOVERLAPPED指定成为参数，同时提供一个完成例程。

（5）在将fAlertable参数设为TRUE的前提下，调用WSAWaitForMultipleEvents，并等待一个重叠I/O请求完成。重叠请求完成后，完成例程会自动执行，而且WSAWaitForMultipleEvents

会返回一个 WAIT_IO_COMPLETION。在完成例程内，可随一个完成例程一道投递另一个重叠 WSARecv 请求。

（6）检查 WSAWaitForMultipleEvents 是否返回 WAIT_IO_COMPLETION。

（7）重复步骤（5）和（6）。

当调用 accept 处理连接时，一般创建一个 AcceptEvent 伪事件，当有客户连接时，需要手动 SetEvent(AcceptEvent)；当调用 AcceptEx 处理重叠的连接时，一般为 ListenSocket 创建一个 ListenOverlapped 结构，并为其指定一个伪事件，当有客户连接时，系统自动将其置信。这些伪事件的作用在于，当含有完成例程指针的异步 I/O 操作(如 WSARecv)完成时，设置了 fAlertable 的 WSAWaitForMultipleEvents 返回 WAIT_IO_COMPLETION，并调用完成例程指针指向的完成例程对数据进行处理。

重叠 I/O 模型的缺点是它为每一个 I/O 请求都开了一个线程，当同时有成千上万个请求发生时，系统处理线程上下文切换是非常耗时的。所以这也就引出了更为先进的完成端口模型 IOCP，用线程池来解决这个问题。

8.5 完成端口模型

完成端口 I/O 模型（I/O completion port，IOCP）是最复杂的一种 I/O 模型。当应用程序需要管理为数众多的套接字时，完成端口模型提供了最佳的系统性能。这个模型也提供了最好的伸缩性，它非常适合用来处理成百上千个套接字。IOCP 技术广泛应用于各种类型的高性能服务器，如 Apache 等。

8.5.1 什么是完成端口模型

Windows 的完成端口（completion port）是个很有用的模型，简单地说，IOCP 就是使用有限的线程资源来管理大数据量对象的机制。

假如要设计一个大型网络游戏，能支持 10 万人以上同时连接游戏。简单做法是：为每个用户创建一个 Socket 对象，再创建一个线程单独负责这个 Socket 的数据通信。那就需要创建 10 万个以上的线程才能正常运行游戏。但事实上是不可能的。

因为在 Windows 系统中，每创建一个线程，系统就为之分配一个运行堆栈。运行堆栈最小是 4K。就是说，一个线程的开销除了核心对象和线程上下文之外，还有最小为 4K 的内存开销。且不说这么多线程之间切换带来的系统开销有多大，就算是占用的内存也令你无法想象。

而 IOCP 就能很好地解决此问题。它把成千上万个 I/O（Socket）对象绑定在一个完成端口对象句柄上，每个 IO 对象读写完成之后，都把事件“存放”在这个完成端口对象句柄之中。存放过程是一个事件对象加入队列的过程。然后，有限的几个线程访问这个队列，从队列中拿到事件，并进行处理。

完成端口 I/O 模型是应用程序使用线程池处理异步 I/O 请求的一种机制。首先创建一个 Win32 完成端口对象，再创建一定数量的工作线程，应用程序发出一些异步 I/O 请求，当这些请求完成时，系统将把这些工作项目排序到完成端口，这样，在完成端口上等待的线程池便可以处理这些完成的 I/O，为已经完成的重叠 I/O 请求提供服务。要注意的是，所谓“完成端口”，实际是一个 Windows I/O 结构，可以接收多种 I/O 对象的句柄，如文件对象、套接字对象等。这里仅讲述使用完成端口模型管理套接字的方法。

8.5.2 使用完成端口模型的方法

1. 创建完成端口对象

使用完成端口模型，首先要调用 CreateIoCompletionPort 函数创建一个完成端口对象，Winsock 将使用这个对象为任意数量的套接字句柄管理 I/O 请求。函数定义如下：

```
HANDLE CreateIoCompletionPort(
    HANDLE  FileHandle,
    HANDLE  ExistingCompletionPort,
    ULONG_PTR  CompletionKey,
    DWORD  NumberOfConcurrentThreads);
```

该函数有两个用途：

（1）用于创建一个新的完成端口对象。

（2）将一个 I/O 句柄，如套接字句柄，同已经存在的完成端口关联到一起。

在创建一个完成端口时，前三个参数都会被忽略，只需要用 NumberOfConcurrentThreads 参数定义在这个要创建的完成端口上，同时允许执行的线程数量。一般设置为 CPU 数量，这样每个处理器各自负责一个线程的运行，为完成端口提供服务，可以避免过于频繁的线程“上下文”切换。

若将该参数设为 0，表明允许同时运行的线程数量，等于系统内安装的处理器个数，可用下述代码创建一个 I/O 完成端口：

```
hIOCP = CreateIoCompletionPort(INVALID_HANDLE_VALUE, NULL, 0, 0);
```

该语句的作用是返回一个完成端口句柄。

2. I/O 服务线程和完成端口

成功创建一个完成端口后，便可将套接字句柄与完成端口对象关联起来。

在关联套接字之前，必须首先创建一个或多个“工作者线程”，以便在 I/O 请求投递给完成端口对象后，为完成端口提供服务。究竟应该创建多少个线程呢？

我们在调用 CreateIoCompletionPort 函数创建完成端口对象时，函数的 NumberOfConcurrentThreads 参数规定了在该完成端口上，一次允许运行的工作者线程数量。但实际创建的工作者线程数量往往多一些。这是由于有的线程可能调用类似 Sleep 或 WaitForSingleObject 函数，进入了暂停（锁定或挂起）状态，那就允许另一个线程代替它的位置。创建比较多的线程，可以充分发挥系统潜力。一般工作者线程的数量等于处理器数量的 2 倍。

创建好工作者线程以后，就可以将套接字句柄与完成端口关联到一起。方法是：在一个现有的完成端口上，再次调用 CreateIoCompletionPort 函数，函数的前 3 个参数要提供套接字的信息。其中：

FileHandle 参数指定一个要同完成端口关联在一起的套接字句柄。

ExistingCompletionPort 参数指定一个现有的完成端口。

CompletionKey 参数是指向一个数据结构的指针，在这个结构中，包含套接字的句柄，以及与该套接字有关的其他信息。由于它只对应着与那个套接字句柄关联在一起的数据，所以把它叫作“单句柄数据”（per-handle）。

3. 完成端口和重叠 I/O

将套接字句柄与一个完成端口关联在一起后，便可利用该套接字句柄，投递发送与接收请求了。在这些 I/O 操作完成时，系统会向完成端口对象发送一个完成通知封包。完成端口以先进先出的方式为这些封包排队。从本质上说，完成端口模型利用了 Win32 重叠 I/O 机制。在这种机制中，像 WSASend 和 WSARecv 这样的 Winsock API 调用会立即返回。此时，需要由应用程序负责在以后的某个时间，通过一个 OVERLAPPED 结构，来接收调用的结果。在完成端口模型中，要想做到这一点，应用程序需要使用 GetQueuedCompletionStatus 函数取得这些队列中的封包。这个函数应该在处理完成端口对象 I/O 的服务线程中调用。该函数的定义如下：

```
BOOL GetQueuedCompletionStatus(
    HANDLE  CompletionPort,
    LPDWORD  lpNumberOfBytes,
    PULONG_PTR  lpCompletionKey,
    LPOVERLAPPED*  lpOverlapped,
    DWORD dwMilliseconds
);
```

其中，

参数 1：CompletionPort，完成端口对象句柄。

参数 2：lpNumberOfBytes，取得 I/O 操作期间传输的字节数。

参数 3：lpCompletionKey，取得在关联套接字时指定的句柄唯一数据。

参数 4：lpOverlapped，取得投递 I/O 操作时指定的 OVERLAPPED 结构。

参数 5：dwMilliseconds，用于指定调用者希望等待一个完成数据包在完成端口上出现的时间。假如将其设为 INFINITE，调用会无休止地等待下去。

调用 GetQueuedCompletionStatus 函数，某个线程就会等待一个完成包进入到完成端口的队列中，而不是直接等待异步 I/O 请求完成。线程们会在完成端口上阻塞，并按照后进先出的顺序被释放，这就意味着当一个完成包进入到完成端口的队列中时，系统会释放最近被阻塞在该完成端口的线程。

4．单句柄数据和单 I/O 操作数据

一个工作者线程调用 GetQueuedCompletionStatus 函数，可以取得有 I/O 事件发生的套接字的信息。利用这些信息，可通过完成端口，继续处理一个套接字上的 I/O。

lpNumberOfBytes 参数包含了传输的字节数量。

lpCompletionKey 参数包含了“单句柄数据”（per-handle）。因为当套接字第一次与完成端口关联时，这个数据就与一个特定的套接字句柄对应起来了。这些数据正是传递给 CreateIoCompletionPort 函数的 CompletionKey 参数。如前所述，应用程序可通过该参数传递任意类型的数据。通常情况下，应用程序会将与 I/O 请求有关的套接字句柄保存在这里。

lpOverlapped 参数指向一个 OVERLAPPED 结构，该结构包含称为单 I/O 操作（per-I/O）的数据，这可以是工作线程处理完成封包时想要知道的任何信息。工作者线程处理一个完成数据包时（如将数据原封不动地发回去，接受连接，投递另一个线程等），这些信息是必须要知道的。单 I/O 操作数据可以是追加到一个 OVERLAPPED 结构末尾的、任意数量的字节。假如一个函数要求用到一个 OVERLAPPED 结构，我们便必须将这样的一个结构传递进去，以满足它的要求。要想做到这一点，一个简单的方法是定义一个结构，然后将 OVERLAPPED 结构作为新结构的第一个元素使用。举个例子来说，可定义下述数据结构，实现对单 I/O 操作数据的管理：

```
typedef struct
{
    OVERLAPPED Overlapped;
```

```
    WSABUF          DataBuf;
    char            Buffer[DATA_BUFSIZE];
    BOOL            OperationType;
}PER_IO_OPERATION_DATA
```

该结构演示了通常要与 I/O 操作关联在一起的某些重要数据元素，如刚才完成的那个 I/O 操作的类型（发送或接收请求），以及用于已完成 I/O 操作的数据缓冲区等。要想调用一个 Winsock API 函数，同时为其分配一个 OVERLAPPED 结构，既可将自己的结构“强制转型”为一个 OVERLAPPED 指针，也可简单地引用结构中的 OVERLAPPED 元素。如下例所示：

```
PER_IO_OPERATION_DATA PerIoData;
//调用一个函数，将自己的结构"强制转型"为一个 OVERLAPPED 指针
WSARecv(socket, ..., (OVERLAPPED *)&PerIoData);
// 或像这样，简单地引用结构中的 OVERLAPPED 元素
WSARecv(socket, ..., &(PerIoData.Overlapped));
```

在工作线程的后面部分，等 GetQueuedCompletionStatus 函数返回了一个重叠结构（和完成键）后，便可通过 OperationType 成员，确定到底是哪个操作投递到了这个句柄之上（只需将返回的重叠结构指针强制转型为自己的 PER_IO_OPERATION_DATA 结构指针）。

对单 I/O 操作数据来说，它最大的优点是允许在同一个句柄上，同时管理多个 I/O 操作（读/写，多个读，多个写，等等）。例如，如果机器安装了多个中央处理器，每个处理器都在运行一个工作者线程，那么在同一个时候，完全可能有几个不同的处理器在同一个套接字上，进行数据的收发操作。

5. 恰当地关闭 IOCP

最后要注意的一处细节是如何正确地关闭 I/O 完成端口，特别是同时运行了一个或多个线程。在几个不同的套接字上执行 I/O 操作的时候，要避免的一个重要问题是在进行重叠 I/O 操作的同时，强行释放一个 OVERLAPPED 结构。要想避免出现这种情况，最好的办法是针对每个套接字句柄，调用 closesocket 函数，任何尚未进行的重叠 I/O 操作都会完成。一旦所有套接字句柄都已关闭，便需在完成端口上，终止所有工作者线程的运行。要想做到这一点，需要使用 PostQueuedCompletionStatus 函数，向每个工作者线程都发送一个特殊的完成数据包。该函数会指示每个线程都“立即结束并退出”。下面是 PostQueuedCompletionStatus 函数的定义：

```
BOOL PostQueuedCompletionStatus(
    HANDLE CompletionPort,
    DWORD dwNumberOfBytesTransferred,
    ULONG_PTR dwCompletionKey,
    LPOVERLAPPED lpOverlapped
);
```

其中：

CompletionPort 参数指定想向其发送一个完成数据包的完成端口对象；

dwNumberOfBytesTransferred 指定 GetQueuedCompletionStatus 函数的 lpNumberOfBytesTransferred 参数的返回值；

dwCompletionKey 指定 GetQueuedCompletionStatus 函数的 lpCompletionKey 参数的返回值；

lpOverlapped 指定 GetQueuedCompletionStatus 函数的 lpOverlapped 参数的返回值。

这 3 个参数，每一个都允许我们指定一个值，直接传递给 GetQueuedCompletionStatus 函数中对应的参数。这样一来，一个工作者线程收到传递过来的 3 个 GetQueuedCompletionStatus 函数参数后，便可根据由这 3 个参数的某一个设置的特殊值，决定何时应该退出。例如，可用 dwCompletionPort

参数传递 0 值，而一个工作者线程会将其解释成中止指令。一旦所有工作者线程都已关闭，便可使用 CloseHandle 函数，关闭完成端口，最终安全退出程序。

使用完成端口模型构建一个应用程序框架的基本步骤：

（1）调用 CreateIoCompletionPort 函数，创建一个完成端口。第 4 个参数为 0，指定在完成端口上，每个处理器一次只允许执行一个工作者线程。

（2）判断系统内到底安装了多少个处理器。

（3）创建工作者线程，在完成端口上，为已完成的 I/O 请求提供服务。

（4）准备好一个监听套接字，在指定端口上监听进入的连接请求。

（5）使用 accept 函数，接受进入的连接请求。

（6）创建一个数据结构，用于容纳“单句柄数据”，同时在结构中存入接受的套接字句柄。

（7）再次调用 CreateIoCompletionPort 函数，将自 accept 返回的新套接字句柄同完成端口关联到一起。通过完成键（CompletionKey）参数，将单句柄数据结构传递给函数。

（8）开始在已接受的连接上进行 I/O 操作。通过重叠 I/O 机制，在新建的套接字上投递一个或多个异步 WSARecv 或 WSASend 请求。这些 I/O 请求完成后，一个工作者线程会为 I/O 请求提供服务，同时继续处理未来的 I/O 请求。

（9）重复步骤（5）～（8），直至服务器中止。

下例使用完成端口模型，完成一个简单的回应服务器应用。本服务器的功能是将接收到的客户端数据原封不动地返回客户端。

```
#include <winsock2.h>
#include <windows.h>
#include <stdio.h>

#define  PORT 5150
#define  DATA_BUFSIZE 8192

typedef struct
{
   OVERLAPPED Overlapped;
   WSABUF DataBuf;
   CHAR Buffer[DATA_BUFSIZE];
   DWORD BytesSEND;
   DWORD BytesRECV;
} PER_IO_OPERATION_DATA, * LPPER_IO_OPERATION_DATA;

typedef struct
{
   SOCKET Socket;
} PER_HANDLE_DATA, * LPPER_HANDLE_DATA;

DWORD  WINAPI  ServerWorkerThread(LPVOID CompletionPortID);

void main(void)
{
   SOCKADDR_IN InternetAddr;
   SOCKET Listen;
   SOCKET Accept;
   HANDLE CompletionPort;
   SYSTEM_INFO SystemInfo;
```

```
    LPPER_HANDLE_DATA PerHandleData;
    LPPER_IO_OPERATION_DATA PerIoData;
    int i;
    DWORD RecvBytes;
    DWORD Flags;
    DWORD ThreadID;
    WSADATA wsaData;
    DWORD Ret;

    if ((Ret = WSAStartup(0x0202, &wsaData)) != 0)
    {
        printf("WSAStartup failed with error %d\n", Ret);
        return;
    }

    //创建一个完成端口对象

    if ((CompletionPort = CreateIoCompletionPort(INVALID_HANDLE_VALUE, NULL, 0, 0))
== NULL)
  {
        printf( "CreateIoCompletionPort failed with error: %d\n", GetLastError());
        return;
    }

    // 决定系统安装了多少个处理器

    GetSystemInfo(&SystemInfo);

    // 根据处理器的数量，创建工作者线程，数量为处理器数量的两倍

    for(i = 0; i < SystemInfo.dwNumberOfProcessors * 2; i++)
    {
      HANDLE ThreadHandle;

  // 创建一个服务工作线程，并将完成端口传递给它

  if ((ThreadHandle = CreateThread(NULL, 0, ServerWorkerThread, CompletionPort, 0,
&ThreadID)) == NULL)
      {
          printf("CreateThread() failed with error %d\n", GetLastError());
          return;
      }

      // 关闭线程句柄
      CloseHandle(ThreadHandle);
    }

    // 创建监听套接字，并绑定端口

  if ((Listen = WSASocket(AF_INET, SOCK_STREAM, 0, NULL, 0,
                     WSA_FLAG_OVERLAPPED)) == INVALID_SOCKET)
    {
        printf("WSASocket() failed with error %d\n", WSAGetLastError());
        return;
```

```
        }

        InternetAddr.sin_family = AF_INET;
        InternetAddr.sin_addr.s_addr = htonl(INADDR_ANY);
        InternetAddr.sin_port = htons(PORT);

        if (bind(Listen, (PSOCKADDR) &InternetAddr, sizeof(InternetAddr)) == SOCKET_
ERROR)
        {
            printf("bind() failed with error %d\n", WSAGetLastError());
            return;
        }

        // 启动监听套接字，开始监听

        if (listen(Listen, 5) == SOCKET_ERROR)
       {
         printf("listen() failed with error %d\n", WSAGetLastError());
         return;
       }

       // 接受连接，并关联到完成端口

       while(TRUE)
       {
    if ((Accept = WSAAccept(Listen, NULL, NULL, NULL, 0)) == SOCKET_ERROR)
         {
            printf("WSAAccept() failed with error %d\n", WSAGetLastError());
            return;
         }

         // 创建一个与该套接字相关的套接字信息结构
         if ((PerHandleData = (LPPER_HANDLE_DATA) GlobalAlloc(GPTR,
            sizeof(PER_HANDLE_DATA))) == NULL)
         {
            printf("GlobalAlloc() failed with error %d\n", GetLastError());
            return;
         }

         // 将接收到的套接字与现存的完成端口关联

         printf("Socket number %d connected\n", Accept);
         PerHandleData->Socket = Accept;

         if (CreateIoCompletionPort((HANDLE) Accept, CompletionPort, (DWORD)
PerHandleData, 0) == NULL)
         {
            printf("CreateIoCompletionPort failed with error %d\n", GetLastError());
            return;
         }

         // 创建与以下 WSARecv 调用相关的单 I/O 套接字信息结构
```

```
        if ((PerIoData = (LPPER_IO_OPERATION_DATA) GlobalAlloc(GPTR, sizeof(PER_IO_
OPERATION_DATA))) == NULL)
        {
          printf("GlobalAlloc() failed with error %d\n", GetLastError());
          return;
        }

        ZeroMemory(&(PerIoData->Overlapped), sizeof(OVERLAPPED));
        PerIoData->BytesSEND = 0;
        PerIoData->BytesRECV = 0;
        PerIoData->DataBuf.len = DATA_BUFSIZE;
        PerIoData->DataBuf.buf = PerIoData->Buffer;

        Flags = 0;
        if (WSARecv(Accept, &(PerIoData->DataBuf), 1, &RecvBytes, &Flags,
          &(PerIoData->Overlapped), NULL) == SOCKET_ERROR)
        {
          if (WSAGetLastError() != ERROR_IO_PENDING)
          {
            printf("WSARecv() failed with error %d\n", WSAGetLastError());
            return;
          }
        }
      }
    }

    DWORD WINAPI ServerWorkerThread(LPVOID CompletionPortID)
    {
      HANDLE CompletionPort = (HANDLE) CompletionPortID;
      DWORD BytesTransferred;
      LPOVERLAPPED Overlapped;
      LPPER_HANDLE_DATA PerHandleData;
      LPPER_IO_OPERATION_DATA PerIoData;
      DWORD SendBytes, RecvBytes;
      DWORD Flags;

      while(TRUE)
      {

        if (GetQueuedCompletionStatus(CompletionPort, &BytesTransferred,
          (LPDWORD)&PerHandleData, (LPOVERLAPPED *) &PerIoData, INFINITE) == 0)
        {
          printf("GetQueuedCompletionStatus failed with error %d\n", GetLastError());
          return 0;
        }


        //如果套接字有错，关闭套接字，并清除套接字信息结构

        if (BytesTransferred == 0)
        {
          printf("Closing socket %d\n", PerHandleData->Socket);

          if (closesocket(PerHandleData->Socket) == SOCKET_ERROR)
```

```
        {
          printf("closesocket() failed with error %d\n", WSAGetLastError());
          return 0;
        }

        GlobalFree(PerHandleData);
        GlobalFree(PerIoData);
        continue;
      }

      // Check to see if the BytesRECV field equals zero. If this is so, then
      // this means a WSARecv call just completed so update the BytesRECV field
      // with the BytesTransferred value from the completed WSARecv() call.

      if (PerIoData->BytesRECV == 0)
      {
        PerIoData->BytesRECV = BytesTransferred;
        PerIoData->BytesSEND = 0;
      }
      else
      {
        PerIoData->BytesSEND += BytesTransferred;
      }

      if (PerIoData->BytesRECV > PerIoData->BytesSEND)
      {

        // Post another WSASend() request.
        // Since WSASend() is not gauranteed to send all of the bytes requested,
        // continue posting WSASend() calls until all received bytes are sent.

        ZeroMemory(&(PerIoData->Overlapped), sizeof(OVERLAPPED));

        PerIoData->DataBuf.buf = PerIoData->Buffer + PerIoData->BytesSEND;
        PerIoData->DataBuf.len = PerIoData->BytesRECV - PerIoData->BytesSEND;

        if (WSASend(PerHandleData->Socket, &(PerIoData->DataBuf), 1, &SendBytes,
0,
          &(PerIoData->Overlapped), NULL) == SOCKET_ERROR)
        {
          if (WSAGetLastError() != ERROR_IO_PENDING)
          {
            printf("WSASend() failed with error %d\n", WSAGetLastError());
            return 0;
          }
        }
      }
      else
      {
        PerIoData->BytesRECV = 0;

        // Now that there are no more bytes to send post another WSARecv() request.

        Flags = 0;
        ZeroMemory(&(PerIoData->Overlapped), sizeof(OVERLAPPED));
```

```
            PerIoData->DataBuf.len = DATA_BUFSIZE;
            PerIoData->DataBuf.buf = PerIoData->Buffer;

            if (WSARecv(PerHandleData->Socket, &(PerIoData->DataBuf), 1, &RecvBytes,
&Flags,
               &(PerIoData->Overlapped), NULL) == SOCKET_ERROR)
            {
               if (WSAGetLastError() != ERROR_IO_PENDING)
               {
                  printf("WSARecv() failed with error %d\n", WSAGetLastError());
                  return 0;
               }
            }
         }
      }
   }
```

习　题

1. 用于非阻塞套接字的5种“套接字I/O模型”是什么?
2. 简述select模型的操作步骤。
3. 简述WSAAsyncSelect异步I/O模型的编程步骤。
4. 简述WSAEventSelect事件选择模型的编程步骤。

第 9 章 HTTP 及高级编程

万维网是互联网上最重要的应用，HTTP 是万维网所使用的应用层协议，要了解这种应用的网络编程方法,必须首先深入了解 HTTP。本章还要介绍 MFC 中的 CHtmlView 类。使用 CHtmlView 类，可以轻松地创建一个 Web 浏览器型的应用程序。本章给出了一个编程实例。

9.1 HTTP

HTTP 是超文本传输协议（Hypertext Transfer Protocol）的简称，与 SMTP、POP3 和 FTP 协议一样，HTTP 也是基于 TCP/IP 的客户机/服务器协议。我们常用的 Internet Explorer 浏览器就是 Web 客户机，我们浏览的网站上都安装了 Web 服务器。当我们在浏览器的地址栏中敲入 http://...... 网址，再按下回车键时，作为客户的浏览器向提供服务的远程 Web 服务器发出请求，服务器则发回客户所请求的网页，作为响应。HTTP 规定了 Web 浏览器和服务器之间的对话和事务处理规则，是支持 WWW 万维网的主要应用层协议。要开发基于 HTTP 的应用程序，首先应该了解 HTTP 的内容。

9.1.1 HTTP 的背景

1990 年，在万维网应用的开发中，为了解决 HTML 文档在网上的传输问题，诞生了 HTTP。开始只在实验室应用，随着 WWW 浏览这种图文并茂的应用在 Internet 上的流行，HTTP 也经历了一个功能不断完善和增强的过程。从 HTTP 出现到制定相应的 RFC，至今已有了 3 个版本，HTTP 0.9，HTTP 1.0 以及 HTTP 1.1。为了适应下一代的因特网，还出现了 HTTPng。事实证明，HTTP 比以前的任何一种协议都简单有效，能将信息很好地组织起来，让人们方便地、直接地从 Internet 上检索和获取所需的信息。

1. HTTP 0.9

HTTP 0.9 是 HTTP 第一次出现时制定的原始协议，是目前使用的 HTTP 协议的子集，高版本的 HTTP 都对其兼容。HTTP 0.9 是一个面向消息的简单协议，描述了客户和服务器间请求和响应的过程。就是简单的一来一往：客户机向服务器发送连接请求，建立连接后，发送 HTTP 请求，要求访问服务器端的对象，一般是一个 HTML 文件；Server 找到该对象，通过网络返回给客户机，如果有错，就返回一个出错消息，然后终止连接，结束对话过程。

2. HTTP 1.0

HTTP 1.0 以 HTTP 0.9 为基础，增加了在复杂的网络连接下访问不同类型的对象的功能，包括：

◇ 在 GET 请求类型的基础上，增加 HEAD、POST 等请求类型。

◇ 在请求和响应的消息中增加了 HTTP 的版本号。

◇ 定义了服务器发给客户的响应码，来表示请求是否成功。

◇ 将 MIME 的 Content-Type 字段引入到 HTTP 消息中，来表示响应消息实体的媒体类型。HTTP 1.0 用 MIME 描述对象的数据类型，通过这种有力的扩充方法，可以处理几乎所有的数据类型，既可以处理简单的 HTML 纯文本，也可以处理更复杂的多媒体信息，如声音、图像和视频等。

◇ 定义了询问/响应（Challenge/Response）的访问认证方法。如在访问某些主页时要求客户输入用户名和口令。

◇ 扩充了客户机和服务器间的对话的途径，允许通过代理（Proxy）进行连接。

3. HTTP 1.1

HTTP 1.1 解决了 HTTP 1.0 在性能、安全、数据类型处理和缓冲等方面的缺陷。HTTP 1.1 严格定义了缓冲和代理服务器的操作，减少了误解的可能性，使协议的实现更加可靠。主要的改进包括：

◇ 将原来客户机与服务器一来一往交换消息后，就立即关闭 TCP/IP 连接的方式，改变为不再立即关闭。二者可以使用该连接多次交换消息，从而提高了性能。

◇ 使用摘要认证（Digest Authentication）方法，克服基本认证方法中“显式”传递用户名和密码的缺陷，提高了安全性。

◇ 使用内容协商机制（Content Negotiation mechanism），允许客户机和服务器以最佳方式描述对象。

◇ 在服务器方缓冲对象，通过一种 Client/Server 协议操作缓冲对象，减少请求、往返次数，进一步提高了性能。

4. HTTPng

HTTPng 是下一代的超文本传输协议，和 HTTP 1.x 完全不同，并且试图不再继承它们。HTTPng 的效率和性能有更大的提高。主要的改进包括：

◇ 在客户机和服务器之间永久连接的基础上，建立多个虚通道或虚对话，一个控制通道用于发送和接收命令，每个请求对象各对应的一个通道。

◇ 引入异步请求和响应机制。客户机在等待对于以前的请求的响应时，可以启动另一个请求；服务器响应的顺序不定，响应时间也不定。

5. HTTP 与 HTML

超文本标记语言（HTML）是书写网页的语言，是一种能够使文档显示在 Web 浏览器中的语言。使用 HTML 可以创建出能在浏览器中显示的.htm 文件。HTML 是一种 HTTP 客户机和服务器都可以理解的一种数据格式。而 HTTP 是进行网络通信的 Internet 协议，它规定了客户机/服务器之间的信息传输和会话标准。除了 HTML 能通过 HTTP 传输并且客户机和服务器能够理解外，其他许多格式的数据，如图形、声音、PostScript 等也能通过 HTTP 传输。

9.1.2 HTTP 的内容

RFC 2068 是 HTTP 1.1 最新的详细描述，本小节介绍 HTTP 的基本概念。

浏览器与 Web 服务器按照 HTTP 交换消息的过程称为 HTTP 会话，如图 9.1 所示。每当在浏览器的地址栏中输入网址并按下回车键时，或者单击网页上相应的超链接时，或者单击了历史栏中的一个站点时，浏览器作为一个客户机端程序（Client），就向网址指定的目标服务器（Web Server）发送一个消息，这个消息称为 HTTP 请求。服务器接到后，无论请求正确与否，都要向客户端回送一个消息，这个消息称为 HTTP 响应。

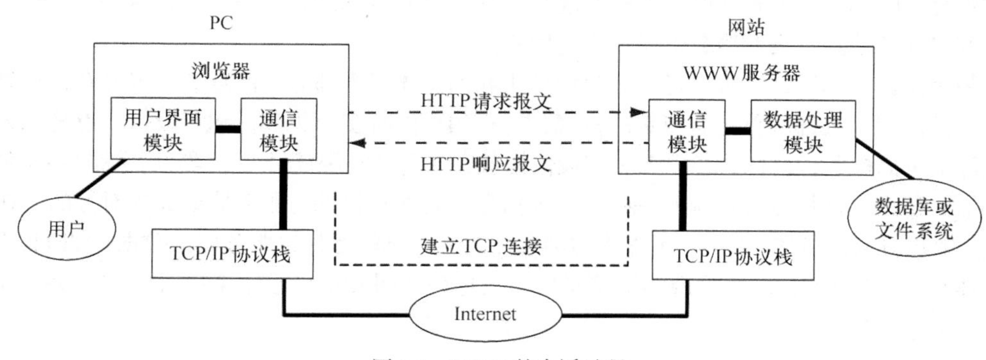

图 9.1　HTTP 的会话过程

HTTP 的会话周期由连接、请求、响应和断开 4 个阶段组成。

（1）建立 TCP/IP 连接（TCP/IP connection）。HTTP 是应用层协议，建立在 TCP/IP 协议栈之上，并以 TCP 作为传输协议。HTTP 会话的第一步是建立客户机与服务器之间的 TCP 连接。HTTP 的客户端（如 Web 浏览器），使用 HTTP 协议的默认端口 80，向网址指定的计算机发出连接请求，经过三次握手的过程，来建立客户与目标资源所在服务器的 TCP/IP 连接。用 Winsock 能轻松地完成这一步。

（2）Web 客户向服务器发送 HTTP 请求（HTTP request）。建立 TCP/IP 连接后，客户机端向服务器发出 HTTP 请求消息，消息中含有资源在服务器上的位置。

（3）服务器向客户回送 HTTP 响应（HTTP response）。服务器接到客户的请求后，按照客户的要求，作相应的工作，如查找客户所需要的文档，然后向客户回送 HTTP 响应消息。响应中包含状态码，表示请求是否完成；包含响应消息标题，描述有关回送给客户的对象的相关信息；还包含客户所需要的对象实体，如一个 HTML 文件或者一个图片。

（4）断开 TCP/IP 连接（disconnection）。一旦响应消息发出，服务器将关闭 TCP/IP 连接，结束 HTTP 会话，完成事务处理的全过程。同时，浏览器解释并显示所接收到的页面。HTTP 的一个重要特点就是每个请求与其他请求是相互独立的，也就是说，一个 HTTP 响应只针对一个 HTTP 请求，一来一往，会话结束，所建立的 TCP 连接也随之断开，最初的 HTTP 就是这样。

实际上，在一个 TCP 连接上，往往需要连续进行多次交互。例如，用户请求了某网站的一个网页，当网页下载后，浏览器在显示网页后，又必须多次发出请求，下载网页中的图片，在大多数的情况下，这些图片与其所在的网页文件都在同一个网站之中，完全可以利用前面建立的 TCP 连接继续传输。但是按照最初的 HTTP，就会反复地建立连接，断开连接，显然效率是很低的，为了解决这个问题，从 HTTP 1.0 开始，一次 HTTP 请求/响应之后，服务器可以不再立即断开连接，以备后续的请求/响应使用，如果超过一定时间，连接不被使用，才断开连接。

HTTP 就是规定了 Web 客户机和服务器之间的信息交换规程，以及 HTTP 请求和 HTTP 响应消息的内容和格式。HTTP 应在 Web 浏览器和 Web 服务器中实现。换句话说，Web 浏览器和 Web 服务器应按照 HTTP 交换信息。

9.1.3 HTTP 消息的一般格式

HTTP 消息（Message）是 HTTP 的核心，客户机端与服务器之间的信息传递是通过交换消息来进行的。如前所述，HTTP 只有两类消息：HTTP 请求消息是由客户机端（如浏览器）向服务器发送的消息，用于请求服务器提供某种类型的服务；HTTP 响应消息是服务器接到请求消息之后，返回给客户端的信息，表明服务器所作出的回答。

两种消息具有相同的格式，通常分为消息头和消息体两个部分。消息头一定要有，消息体有时是可选的。消息头部的首行有特殊的格式，首行的后面有多个头部标题字段行，也简称为消息标题。每个头部标题行由标题字段名和字段值构成，它们之间用冒号“:”隔开，标题字段名不区分大小写。每个头部标题行都说明一些特定的信息，是客户机端与服务器要通告对方的。在某些情况下，消息具有消息体。HTTP 请求中的消息体是客户机端上传给服务器的数据，HTTP 响应中的消息体是服务器下载给客户的数据。消息体与消息头之间要用空行分隔开。图 9.2 表示了 HTTP 消息报文的一般格式。

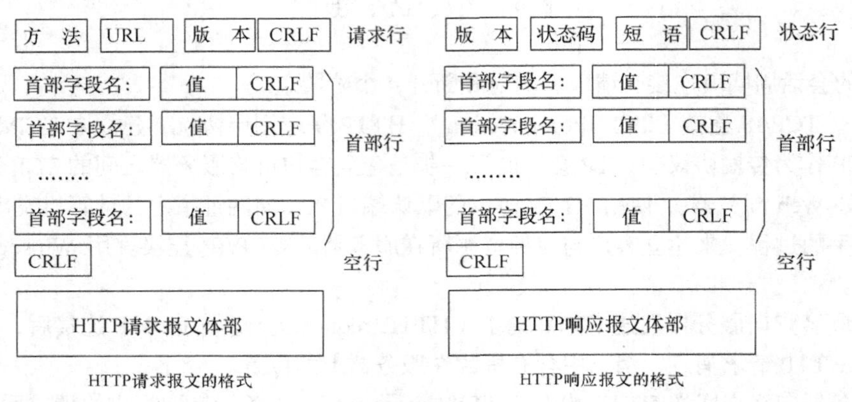

图 9.2 HTTP 消息报文的一般格式

例如，下面是一个完整的 HTTP 请求消息，只有消息头，不含消息体。“// “符号后面的文字是说明。

```
GET / Head.htm HTTP/1.1                         // 说明请求的方法，目标和协议的版本
Host:10.10.110.119                              // 请求的服务器的 IP 地址
Accept:*/*                                      // 客户端可以接受的信息类型
Referer:http://10.10.110.119/Head.htm           // 网址
User-Agent:Downjet/1.0                          // 使用的用户代理
Connection:close                                // 对 TCP 连接的处理方式
```

消息标题可以分为普通标题、专用于请求的标题、专用于响应的标题和实体标题。请求和响应的消息都可以使用普通标题。普通标题的信息与消息本身相关，而与消息内的实体无关。通常使用的普通标题有两种：时间和附注标题，如：

```
Date:25 Dec 2000 15:02:24 GMT
Pragma:no-cache
```

时间标题记录服务器或客户机创建消息的时间。响应消息总是需要时间标题的，而请求消息只有在消息中含有一个消息体时才需要，如使用 POST 方法向服务器提交数据的时候。

附注标题（pragma）的值只能为 no-cache，表示在客户机端或在服务器端不使用缓冲区的

数据。

9.1.4　HTTP 请求的格式

HTTP 请求是由客户机端向服务器发送的消息，通常要求服务器提供一定的服务。在 HTTP 协议中，最常用的请求就是要求服务器返回一个文件的内容。

1. HTTP 请求的头部

HTTP 请求的头部细分为请求行和标题字段区域两个部分。

（1）头部请求行。头部请求行是 HTTP 请求报文的第一行，交待请求使用的方法（request method），请求的目标和 HTTP 的版本号，它的一般格式是：

请求方法（GET|POST|HEAD 等）相对 URL 绝对 URL HTTP 版本号。

请求方法用一个关键词表示，常用 GET 或 POST，还可以用 HEAD 等，中间是客户所请求的对象的相对路径或绝对路径。最后是这个请求所使用的 HTTP 协议的版本号。例如：

```
GET /index.htm HTTP/1.1
```

（2）头部标题字段区域。从 HTTP 请求头部的第二行起，是头部的标题字段区域，可以安排一行或多行消息标题。用来向服务器通告各种信息。表 9.1 是 RFC 2068 规定的可在 HTTP 请求消息中使用的标题字段。只是简单地介绍了请求消息中的标题字段的意思，标题字段的运用是比较复杂的，读者可自行参考 RFC 2068 有关内容。在请求消息中巧妙地应用各种标题字段，能够实现不少意想不到的功能。

表 9.1　　请求的标题字段

字段名	含义
Accept	客户端期望接受的媒体类型
Accept-Charset	客户端期望接受数据所用的字符集
Accept-Encoding	客户端期望接受数据的编码方式
Authorization	用于向服务器提供身份验证的字段
From	说明客户端提供的邮件源地址
Host	表明请求资源所在的主机地址
If-Modified-Since	访问某个时间之后修改过的对象
If-Match	访问的对象需要符合的条件
If-None-Match	访问的对象需要不符合的条件
If-Range	请求对象指定范围的数据是否存在
If-Unmodified-Since	访问的对象在指定时间后没有被修改过
Proxy-Authorization	用于向代理服务器发送认证的字段
Range	用于要求服务器返回部分数据的字段
Referer	用于记录客户端获得 URL 资源的地址
User-Agent	用于标明客户端身份的字段

2. HTTP 请求头部常用的请求方法

常用的请求方法有两种：GET 和 POST。

（1）GET 请求方法。GET 方法通常只是用于请求指定服务器上的资源。这种资源可以是静态的 HTML 页面或其他文件，也可以是由 CGI 程序生成的结果的数据。如

```
GET /AA.htm HTTP/1.1
Host:10.11.105.106
Accept:*/*
Referer:http:// 10.11.105.106/Head.htm
User-Agent:Downjet/1.0
Connection:close
```

该请求使用了GET方法，要求IP地址为10.11.105.106的服务器返回相对URL为/AA.htm的文件。这种方式不仅能够返回HTML文件的内容，而且能够请求返回任何类型的文件，如果要下载ZIP类型的文件，只需要在请求行中指定该文件的名字。如

```
GET /resume.zip HTTP/1.1
```

使用GET方法也可以向服务器传送一些数据。如

```
GET /song.asp?starid=14&type_id=25 HTTP/1.1
Host:10.11.22.133
Accept:image/jpg
Referer:http://10.11.22.133/song.html
User-Agent:Mozilla/4.0
Connection:close
```

GET 方法把要上传给服务器的数据附在首行的 URL 之后，以问号“？”隔开，数据以name=value的键值对的形式出现，如果有多个键值对时，使用符号“&”将它们隔开。在上面的例子中请求的是一个ASP文件song.asp，同时传递数据给服务器，作为执行ASP文件所需的参数。服务器会将执行的结果返回给客户端。

这种方法也用在下载Web邮箱中的附件时，电子信箱中的附件都提供了一个链接，如

```
http://110.109.108.107/cgi/app?funcid=rea&websid=FALf&mid=SM1&part=2
```

可能所有的附件都是请求http://110.109.108.107/cgi/app文件，只是对于不同的附件提供的参数值不同。

由于使用GET方法上传数据时，是将数据附在URL后作为URL的一部分传递的，因此受到URL的最大长度为1024Byte的限制，上传的数据不能太大。如果要向服务器上传的数据超过1KB，就必须使用POST方法。

（2）POST方法。POST方法与GET方法最大的不同是向服务器上载数据的方式。采用POST方法的HTTP请求，将数据放在消息体中，传递给服务器。

如在上网时，经常会看到各种各样的表单，让客户填写。当填写完毕，单击用于提交的按钮时，浏览器会连接服务器，向服务器发送HTTP请求消息。如果表单指定使用POST方法，就会在请求的消息体中加入了填写的表单数据，传送给服务器。如

```
POST /upload/book.exe HTTP/1.1
Accept: image/gif, image/x-xbitmap, image/jpeg, application/msword,*/*
Referer:http://10.10.110.111:81/upload/GUESTBOOK.HTM
Accept-Language:zh-cn
Content-Type:application/x-www-form-urlencoded
Accept-Encoding:gzip
User-Agent:Mozilla/4.0(compatible;MSIE 5.01;Windows NT 5.0)
Host:10.11.111.119:81
Content-Length:83
Connection:Keep-Alive
name=Big&email=Big@222.net&URL=http%3A%2F%2F10.11.111.120&URL_Comment=good%21
```

最后一行是消息体，以键值对的方式传送表单数据。由于使用POST方法提交的数据是放在消息体中传送的，所以提交的数据不受1KB长度的限制。

3. HTTP 请求的消息体

当使用 GET 方法时，HTTP 请求只有消息头，没有消息体。当使用 POST 方法时，有消息体，用来向服务器上传数据。

4. 构造最小的 HTTP 请求消息

RFC2068 中规定的最小 HTTP1.1 请求只有两行文本，请求行和 HOST 标题行。如：

```
GET /index.htm HTTP/1.1
HOST:10.11.111.119
```

请求行的意义很明确，HOST 标题字段的值指明所请求资源的主机地址。按说在建立 TCP 连接时，就已经确定了远程 Web 服务器的主机地址，为什么还需要一个 HOST 字段，来表明请求资源所属的主机地址呢？这是由于在 HTTP 1.1 中允许连接的主机地址与资源所在的主机地址不相同。例如，连接的主机地址为 10.11.110.111，但是请求的资源可以放在 10.11.110.112 主机上。这时 HOST 标题字段就很有必要了。不过在大多数情况下，TCP 连接的服务器主机地址与资源所在的主机地址是一致的。如果指定了 HTTP 的版本为 1.1，该标题字段是必需的，否则将会返回 400 错误响应码。如果把 HTTP 版本定义为 1.0，则 HOST 字段也可以不要。

9.1.5　HTTP 响应的格式

HTTP 响应是服务器对于客户机端请求返回的结果。在 HTTP 中，服务器的响应也是以消息的形式出现的。下面先看一段 Web 服务器的响应数据：

```
HTTP/1.1 200 OK                                  // 响应消息的状态行
Date:Wed,22 Nov 2000 02:44:34 GMT                // 这些是消息的标题字段
Server:Apache/1.3.9(Unix)
Last-Modified:Tue,18 Apr 2000 01:45:00 GMT
ETag:"3e300-79-38fbbelc"
Accept-Ranges:bytes
Content-Length:121
Connection:close
Content-Type:image/gif
// 分隔消息头和消息体的空行
(传给客户端的 GIF 文件的二进制数据)                // 响应的实体数据
```

与请求消息类似，响应消息由两大部分组成：消息头和消息体，二者之间使用一个空白行分开。消息头又可细分为响应的状态行和响应的标题字段，消息体是响应的实体数据，它们是客户机端所请求的，服务器将它们放在消息体中传给客户。

1. HTTP 响应的状态行

HTTP 响应消息的第一行称为状态行。由 HTTP 版本号、响应码和响应描述文本构成，中间用空格相隔，如 HTTP/1.1 200 OK。

版本号是对客户机端请求行的呼应，双方使用一致的 HTTP 版本，才能很好地工作。响应码由 3 个数字构成，是 HTTP 响应中最重要的部分，客户机端主要从服务器返回的响应码中了解服务器的响应。响应码可以按照它的第一位数字分类，如表 9.2 所示。

表 9.2　响应码的分类

响应码	类别	含义
1**	给出某些信息	仅用于试验目的
2**	表示请求成功	请求已经被成功的接收、理解和接受

续表

响应码	类别	含义
3**	请求被重定向	客户机端需要根据返回的信息做进一步请求
4**	客户机端请求出错	客户机端的请求不能被理解或满足
5**	服务器端出错	服务器不能满足或完成客户端的合法请求

由于响应码很多，表 9.3 只简要解释了一些常见的响应码。如果读者要了解所有的响应码及具体意思，请参考 RFC 2068。

表 9.3　常见的响应码

响应码	含义
200	请求成功，这时服务器发出的正确响应
201	服务器（POST）创建了一个新资源
202	服务器收到请求，但尚未处理完
204	请求成功，但无数据返回
300	请求结果有多个，返回列表供客户机端选择
301	请求的资源已重定向到新的永久 URL 上
302	请求资源暂时重定向到另一个 URL 上
304	请求的资源尚未更新
400	错误的请求
401	请求未认证，需要进行认证
403	服务器接受请求，但拒绝访问资源（Client 或 Server 无权访问该资源）
404	未找到请求的资源
405	不允许的请求方法
500	服务器出错
501	服务器尚未实现请求的方法
502	错误的网关
503	服务器太忙

HTTP 响应码是可以扩展的，HTTP 应用程序不必理解和处理所有的响应码，只需要对必要的响应码进行处理。可简单地将 XXX 的响应码等价于 x00 的意思，例如，服务器返回 438 响应码，这是扩展的响应码，在 RFC 2068 中没有相应的解释，可简单地将其等价于 400 响应码，即服务器判断是客户机端的请求出错了。

2. HTTP 响应可用的标题字段

HTTP 响应消息中可用的标题字段分成响应标题和实体标题两类。

（1）响应标题。利用响应标题，服务器可以给客户机端返回许多信息。在 HTTP 1.1 中定义了 9 种响应标题：Age、Location、Proxy-Authenticate、Public、Retry-After、Server、Vary、Warning 和 WWW-Authenticate。下面介绍几个常用的响应标题。

① Location 标题。Location 标题一般在服务器端对客户机端的请求进行重定向时使用，表示请求被重定向的 URL 的实际位置，使用绝对的 URL，并在状态行返回 3XX 的响应码。如

```
HTTP/1.1 302 Object moved
```

```
Server:Microsoft-IIS/4.0
Date:Mon,18 Nov 2004 08:33:20 GMT
Connection:close
Location:http://102.103.78.178/boy/good/108.mp3
Content-Type:text/html
Cache-control:private
Transfer-Encoding:chunked
```

② Server 标题。Server 标题用于告知客户端，服务器端使用的 WWW 服务器软件名称及版本信息。比如：

```
Server:Microsoft-IIS/4.0
Server:Apache/1.3.14(Unix)PHP/4.0.3
```

③ WWW-Authenticate 标题。有的 Web 服务器限制客户机端对其资源的访问，要求客户机端进行身份认证。响应中的 WWW-Authenticate 标题，告知客户机端受限资源所在的区域和要求的认证方法。使用此标题的响应消息必须返回 401 响应码。下面的例子表示采用基本认证方法，受保护资源所在的区域名称为“Busyzhong`s BigFox Server1.0”。

```
WWW-authenticate:basic realm=“Busyzhong`s BigFox Server1.0”
```

（2）实体标题。实体标题用于描述 HTTP 响应消息中所含有的实体数据的信息。服务器一般都要在响应消息中返回一定的实体标题，来响应客户机端的请求。在 HTTP 1.1 中定义了 12 个实体标题：Allow、Content-Type、Content-Length、Content-Encoding、Expires、Last-Modified、Content-Base、Content-Language、Content-Location、Content-MD5、Content-Range 和 Etag。下面介绍几个常见的实体标题。

① Allow 标题。当客户的请求所使用的请求方法不对时，服务器端会返回 405 响应码，并用 Allow 标题字段告知客户机端，提示客户机端请求的资源所允许的请求方法。例如：

```
Allow:GET,HEAD
```

② Content-Type 标题。Content-Type 标题字段用于描述 HTTP 响应消息内所包含的实体数据的类型。这个字段的值可以使用 MIME 规范中的类型。一般 Web 浏览器检查该标题，然后调用相应的应用程序查看实体。比如，下面的例子中，实体是文本类型的 HTML 格式的数据，使用的字符集为 US-ASCII。

```
Content-Type:text/html;charset=US-ASCII
```

③ Content-Length 标题。Content-Length 标题与 Content-Type 一起使用，用于描述消息内任何类型的实体数据的大小（字节数）。例如下面的响应消息头：

```
HTTP/1.1 200 OK
Date:Wed,18 Nov 2004 02:44:34 GMT
Server:Apache/1.3.9(Unix)
Last-Modified:Tue,18 Apr 2004 01:45:00 GMT
Accept-Ranges:bytes
Content-Length:121
Connection:close
Content-Type:image/gif
```

表明服务器的响应消息中的实体数据为 image/gif 类型，实体长度为 121 个字节。

④ Expires 标题。Expires 标题为资源指定一个过期日期和时间。客户端缓存的该资源过了这个时限后不再有效。

⑤ Last-Modified 标题。Last-Modified 标题说明资源最近修改的时间，计算时间的方法依资源的类型而定。例如，资源是一个文件，Last-Modified 应该是该文件最近修改的时间。如果客户机端资源副本比 Last-Modified 指出的时间要早，则客户机端放弃本地副本，请求更新；如果指示

的时间比响应消息的创建时间（Date 标题指定的时间）要晚，刚 Last-Modified 时间被设定为创建消息的时间。

3. HTTP 响应的实体数据

实体数据放在 HTTP 消息的后面，用一个空白行与消息头分隔开。在编写程序时，可以通过判断连续有两个 Crlf 的位置，来确定实体数据的开始点。这也说明消息头的标题字段间不能存在空白行，否则会造成客户机端程序的误判。

9.1.6 访问认证

HTTP 有两种认证方法：基本认证和摘要认证。基本认证应用比较广泛，是常见的认证方法。下面只介绍这种认证方法的内容和过程。

下面就一个具体的 IE 浏览器与 Web Server 认证过程描述其原理。

1. 客户机端请求访问受保护的资源

如果 http://10.10.110.118:81/up.jpg 是受保护的资源，客户机端要访问它，浏览器在连接主机后发送了如下请求消息：

```
GET /up.jpg HTTP/1.1
Accept:  image/gif,  image/x-xbitmap,  image/jpeg
Referer:http: //10.10.110.118: 81/
Accept-Language:zh-cn
Accept-Encoding:gzip,deflate
User-Agent:Mozilla/4.0(compatible;MSIE 5.01;Windows NT 5.0)
Host:10.10.110.118:81
Connection:Keep-Alive
```

2. 服务器返回 401 响应码，要求客户认证

服务器接到客户机端的请求后，检查到客户机端中没有进行身份验证的标题字段 Authorization 及其内容，于是向客户端发送带有 WWW-Authenticate 字段的 401 响应消息，通知客户端发送身份验证。

```
HTTP/1.1 401 Unauthorized
Server:BigFox Server 1.0
Connection:close
Date:Mon,2004-10-28 16:08:11 12T
WWW-authenticate:basic realm="Busyzhong`s BigFox Server1.0"
Content-Type:text/html
Content-Length:782
<html>
............
<tr><td class=td1>需要用户输入密码进行认证</td></tr>
.........
</html>
```

消息中的 WWW-authenticate 标题字段说明需要的是基本认证，realm 后面的字符串表示受保护的资源名称。消息中往往带有媒体类型为 text/html 的实体数据，用作没有通过验证的提示。

3. 客户端接到 401 响应后，发送要求认证的请求消息

如果客户端使用的是 IE 浏览器，则会弹出请求输入认证用户名和密码的对话框。当输入用户名和密码后，单击“确定”按钮，浏览器将会向服务器发送带有身份认证的标题字段的消息。如果在该对话框中填写的用户名为 zj，密码为 1，则浏览器发送的请求如下所示：

```
GET  /up.gif  HTTP/1.1
```

```
Accept:*/*
Referer:http:// 10.10.110.118:81/uploadfile/
Accept-Language:zh-cn
Accept-Encoding:gzip,deflate
User-Agent:Mozilla/4.0(compatible;MSIE 5.01;Windows NT 5.0)
Host: 10.10.110.118:81
Connection:Keep-Alive
Authorization:Basic emo6MQ==
```

上面的 Authorization 标题字段，首先用字符串 basic 表示是基本认证，后面的字符串是编码后的用户名和密码信息。在基本认证中，认证的用户名和密码首先经过 base64 编码，然后才加入到 Authorization 字段中。

4. 服务器再次响应

服务器接到有认证信息的请求后，判断身份是否正确，如果正确，在 HTTP 响应消息中发送 200 响应码，并返回客户所请求的资源。服务器的响应如下：

```
HTTP/1.1 200 OK
Server:BigFox Server1.0
Connection:close
Date:Mon,2004-10-28 16:11:36 12T
Content-Type:image/gif
Accept-Ranges:bytes
Last-Modified:Tue,2004-04-25 13:26:40
Content-Length:878
……
```

值得注意的是，如果使用 IE 浏览器，在提示输入了用户名和密码，通过了服务器的认证之后，发送的每个请求都包含了相同的 Authorization 字段用于身份验证，直到打开使用一个新的浏览器窗口为止。

9.1.7　URL 编码

由于 Web 服务器和浏览器不能正确处理一些特殊的字符，Web 服务器和浏览器之间可能会因此而产生某种误会，因此在数据被传送之前，浏览器都要对表单内客户输入的数据中的特殊字符进行 URL 编码。例如，在浏览器向服务器上传表单数据时，Web 系统用 NAME=VALUE 这样的键值对来表示用户在表单中输入的数据，等号“=”就用作语法符号；键值对用“&”分隔，“&”也是语法符号。如果在表单的输入数据中包含这些特殊的字符，并且表单的数据在传送给 Web 服务器前不做任何处理，则 Web 服务器将无法区分哪一个“=”“&”是用户输入的，哪一个是浏览器加上的。

URL 编码（URL Encoding）就是将 Web 服务器所不能正确处理的特殊字符转换成它的十六进制数的形式，如将“%”转换成“%25”“=”转换成“%3D”等。在 Web 系统上无论是用 GET 方法还是用 POST 方法传送的数据都要进行 URL 编码。CGI 程序要想处理表单传送来的数据，还必须对浏览器 URL 编码过的数据进行解码。因此，理解 URL 编码对于进行 CGI 编程是非常重要的。URL 编码一般包括以下步骤。

（1）浏览器将所传送的数据根据表单所包含的元素分解成“NAME=VALUE”形式，NAME 和 VALUE 分别是表单元素的属性。其中，VALUE 属性中存储客户机在表单中输入的数据，如果客户机端没有输入数据，则 VALUE 存储的是表单定义的缺省值；如果缺省值也没有定义，则 VALUE 值为空。

（2）代表表单中各元素的各个“NAME = VALUE”对被浏览器用“&”连接起来。

（3）VALUE 属性中存放的数据若含有空格，则被转换成“+”。

（4）URL 和输入数据中所包含的 Web 系统的保留字符必须被编码成其相应的十六进制数形式。

（5）被编码后的字符被表示成一个“%”和它们的十六进制数形式（即%HH）。

CGI 程序从环境变量“QUERY_STRING”或标准输入中读入的数据是经过浏览器 URL 编码过的，故在使用这些数据以前还必须对它们进行 URL 解码。解码的目的是将数据还原成客户机端用户在 Web 页面上输入时的形式。前面已经介绍了 URL 编码过程，URL 解码过程与它正好相反，它一般包括以下步骤。

（1）从浏览器用 GET 或 POST 方法所传送来的数据中找出代表各个表单元素所储存数据的“NAME = VALUE”对。

（2）VALUE 属性中所存放的数据若含有“+”，则被转换成空格。

（3）将 VALUE 属性中所存放的数据的十六进制数“%HH”转换成相应的字符。

Web 系统将汉字当成特殊的字符，对它也要进行 URL 编码。对于一个特殊的单字节字符（如“/”），浏览器通常将它编码成十六进制数的形式（如%2F），“%”表示它后面跟的是两位十六进制数。

9.1.8 HTTP 的应用

HTTP 对编程有什么用？能够实现什么样实用的程序？这些问题使我们不得不回到 HTTP 的本质——超文本传输协议，主要是用于传输文件的协议。虽然 RFC 2068 对 HTTP 描述早就超出了文件传输的范围。但是传输文件的作用还是最主要的。在这里我们提出几个问题，这些问题都可以使用 HTTP 编程实现。如

◇ 基于 HTTP 的文件断点续传的程序

◇ 使用代理服务器下载的程序

◇ Web 服务器程序

◇ 能够通过身份认证而下载文件的程序

◇ 接受浏览器网页上载文件的程序

这些功能的实现都要求用户对 HTTP 比较了解。

9.2 利用 CHtmlView 类创建 Web 浏览器型的应用程序

9.2.1 CHtmlView 类与 WebBrowser 控件

CHtmlView 类在 afxhtml.h 包含文件中定义，是从 CView 派生的，如图 9.3 所示。在标准的 MFC 框架应用程序中，无论是基于 SDI 或 MDI 的，所有从 CView 派生的类，都提供了由 CView 提供的功能。

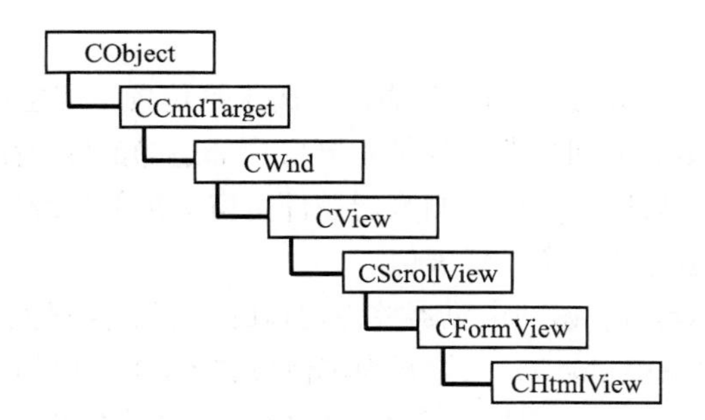

图 9.3　CHtmlView 类的继承关系

CHtmlView 类的主要功能是访问 Web 网站和 HTML 文档。这是由于 CHtmlView 类在 MFC 的文档/视图结构（MFC's document/view architecture）环境中，进一步提供了 WebBrowser 控件的功能，可以说 CHtmlView 类是对 WebBrowser 控件的封装。

WebBrowser 控件支持通过超链接（Hyperlinks）和统一资源定位器 URL 导航（Uniform Resource Locator navigation）的 Web 浏览。控件维护了一个历史列表，使用户可以向前或向后浏览以前浏览过的站点、文件夹和文本。控件直接处理导航、超链接、历史列表和安全性。应用程序也可以使用 WebBrowser 控件，作为一个 Active 文档的容器，来包容动态文档。因此，多格式文档，如 Excel 表或 Word 文档，都可以被打开或者被编辑。从用户的角度看，WebBrowser 控件是一个窗口，在这个窗口中，用户可以浏览 World Wide Web 上的站点，以及在本地文件系统和网络上的文件夹。

CHtmlView 类中的基本的应用程序视图类（Basing the application's view class）提供了带有 WebBrowser 控件的视图，这实际上使应用程序成了一个 Web 浏览器（Web Browser）。这样的程序称为 Web 浏览器风格的应用程序（Web browser-style），可以访问 Internet 上和 Intranet 上的信息，诸如 HTML 或动态文档，以及在本地文件系统和在网络上的文件夹。通过从 CHtmlView 类派生应用程序自己的视图类，依靠为 WebBrowser 控件提供相关的视图，可以使应用程序成为一个 Web 浏览器。

WebBrowser 控件和 CHtmlView 类仅对于运行在 Windows 95 和 Windows NT 3.51 版本或更高版本上的应用程序是有效的，并且要求安装了 IE 4.0 或更高的版本。因为 CHtmlView 类简单地实现了微软 Web 浏览器控件，它对于打印的支持与其他从 CView 派生的类不同。CHtmlView 不支持打印预览，并且不支持 CView 的一些事件处理函数。而它们在其他的 MFC 应用程序中是有效的。

要创建一个 Web 浏览器型的应用程序，可以使用 CHtmlView 类。较好的方法是使用 MFC 应用程序向导（MFC AppWizard），操作的步骤在 9.2.3 节有详细的说明，在其中的第六步，应指定 CHtmlView 类作为视图的基类。

9.2.2　CHtmlView 类的成员函数

1．获取和设置属性（Attributes）的成员函数

CHtmlView 类有许多与属性相关的成员函数，大多成对出现。GetX( )用来取得属性，SetX( )用来设置属性，为应用程序提供了方便。

（1）CString GetType( ) const；返回浏览器控件所包含的 active 文档的类型名字符串。

（2）long GetLeft( ) const；返回浏览器窗口左边界的屏幕坐标，即左边界与它的容器的左边

界之间距离的像素值。

void SetLeft(long nNewValue)；设置 IE 主窗口的水平位置，即主窗口左边界的屏幕坐标。

（3）long GetTop( ) const; 返回浏览器控件主窗口顶部边缘的屏幕坐标。

void SetTop(long nNewValue)；设置浏览器控件主窗口顶部边缘的屏幕坐标，即浏览器控件内顶边缘和它的容器的顶边缘的距离的像素值。

（4）long GetHeight( ) const；返回浏览器控件窗口的高度的像素值。

void SetHeight(long nNewValue)；以像素为单位设置 IE 主窗口的高度。

（5）BOOL GetVisible( ) const；返回一个表示包含的对象是否可见的值，非零值则可见，为 0 则隐藏。

void SetVisible(BOOL bNewValue)；设置浏览器控件的的可见性，参数为非零值则可见，为 0 则隐藏。

（6）CString GetLocationName( ) const；返回当前正显示在浏览器控件中的资源的名字，如果资源是一个 World Wide Web 的 HTML 页面，则名字是该页的标题；如果资源是网络或本地计算机的文件夹或文件，则名字是它们的全路径。

（7）BOOL GetOffline( ) const；了解浏览器的操作是离线的还是在线的，如果返回非零值，当前浏览器控件是离线的。

void SetOffline(BOOL bNewValue)；设置浏览器离线或在线操作方式，参数为非零，则离线。在离线方式下，浏览器从本地缓存而不是从网络读 HTML 页面。

（8）BOOL GetSilent( ) const；决定是否可以在浏览器控件中显示对话框，返回 0 则可以显示。

void SetSilent(BOOL bNewValue)；设置可否在浏览器控件中显示对话框，参数为 0，则可以显示。这是默认值。

（9）BOOL GetTopLevelContainer( )const；返回一个值，来指示当前的对象是否是 WebBrowser 控件的顶级容器，返回非零则为顶级。

CString GetLocationURL( ) const；返回当前正显示在浏览器中的资源的 URL 串，如果资源是网络上或本地计算机的文件夹或文件，则返回它们的路径。

BOOL GetBusy( ) const；返回一个值，来指示浏览器控件是否正忙于一个导航或下载操作。返回非零值，则这些活动正在处理中。

LPDISPATCH GetApplication( ) const；返回一个应用程序对象，它代表了包含 IE 应用程序的当前实例的应用程序，是一个指向 active 文档对象的 DISPATCH 接口指针。

LPDISPATCH GetParentBrowser( ) const；返回指向浏览器控件的父对象的 IDispatch 接口的指针。

LPDISPATCH GetContainer( ) const；返回 WebBrowser 控件的容器对象，是一个指向 active 文档对象的 IDispatch 接口的指针。

LPDISPATCH GetHtmlDocument( ) const；返回 active HTML 文档，是一个指向 active 文档对象的 IDispatch 接口的指针。

CString GetFullName( )const；返回当前 IE 显示的文件的全路径串，仅用于 IE，WebBrowser 控件忽略它。

（10）int GetToolBar( ) const；返回一个值，来指示浏览器控件的工具栏（Tool Bar）是否可见，返回非零值则可见。

void SetToolBar(int nNewValue)；设置一个值，来决定显示或隐藏 IE 工具栏，非零则显示，仅用于 IE，WebBrowser 控件忽略它。

（11）BOOL GetMenuBar( ) const；返回一个值，来指示浏览器控件的菜单栏（Menu Bar）是否可见，返回非零值则可见。

void SetMenuBar(BOOL bNewValue)；设置一个值，来决定显示或隐藏 IE 菜单栏，非零则显示，仅用于 IE，WebBrowser 控件忽略它。

（12）BOOL GetFullScreen( )const；返回一个值，来指示浏览器控件是正以全屏幕方式（Full-screen Mode）操作，还是以正常窗口方式（Normal Window Mode）操作。在全屏幕方式下，IE 主窗口最大化，并且状态栏、工具栏、菜单栏和标题栏都被隐藏。返回非零则在全屏幕方式下。

void SetFullScreen(BOOL bNewValue)；设置一个值，来决定控件以全屏幕方式或正常窗口方式来操作，参数为 0，为正常窗口方式，仅用于 IE，WebBrowser 控件忽略它。

（13）GetAddressBar 决定 IE 浏览器的地址栏是否可见，仅对 IE 有效。

SetAddressBar 显示或隐藏 IE 的地址栏，仅对 IE 有效。

（14）GetStatusBar 查看 IE 的状态栏是否可见，仅对 IE 有效。

SetStatusBar 显示或隐藏 IE 的状态栏，仅对 IE 有效。

2. 主要的操作（Operations）成员函数

这些成员函数非常有用，常常用在应用程序中。

void GoBack( )；　导航到历史列表的前一个条目（Previous Item）。

void GoForward( )；导航到历史列表的下一个条目。

void GoHome( )；　导航到主页，该主页在 IE 的属性中设置。

void GoSearch( )；　导航到当前搜索页，该页在 IE 的属性中设置。

void Refresh( )；　重新装入浏览器当前正在显示的 URL 或者文件，即刷新。

void Stop( )；　撤销任何未完成的导航或下载，并且停止任何动态的页面元素，如背景音乐和动画。

Navigate　导航到由 URL 指定的资源。

Navigate2　导航到由 URL 指定的资源或者由全路径指定的文件。

PutProperty　设置与所给定的对象相关的属性的当前值。

GetProperty　返回与所给定的对象相关的属性的当前值。

ExecWB　执行一个命令。

LoadFromResource　在 WebBrowser 控件中装入一个资源。

后面的 6 个函数的调用格式比较复杂，下面分别叙述。

（1）第一种格式的导航函数 Navigate。调用这个成员函数，导航到由 URL 指定的资源，或者由一个完全的路径指定的文件。

```
void Navigate(
    LPCTSTR URL,
    DWORD dwFlags = 0,
    LPCTSTR lpszTargetFrameName = NULL,
    LPCTSTR lpszHeaders = NULL,
    LPVOID lpvPostData = NULL,
    DWORD dwPostDataLen = 0 );
```

其中，

参数 URL：调用者给出的 URL，浏览器要导航到它，或者是要显示的文件的全路径。

参数 dwFlags：是一个可变的标志，说明是否要把资源添加到历史列表，是否读到缓冲区，是否要写到缓冲区，是否要在新的窗口中显示资源，这个量可以是一些枚举定义值的组合，由 BrowserNavConstants 定义。

参数 lpszTargetFrameName：指向用来显示资源的目标框架的名字的字符串指针。

参数 lpszHeaders：字符串指针，指定了要发送到服务器的 HTTP 标题，这些标题要添加到默认的 IE 标题上，这些标题可以说明许多事情，例如，服务器所要求的动作，将被发送到服务器的数据的类型，或状态码等，如果 URL 不是一个 HTTP URL，则忽略此参数。

参数 lpvPostData：一个指针，指向要在 HTTP POST transaction 中发送的数据，例如，发送由 HTML 表单所产生的数据，如果这个参数没有说明任何 POST 数据，Navigate issues an HTTP GET transaction。如果 URL 不是一个 HTTP URL，则忽略此参数。

参数 dwPostDataLen：数据长度。

调用这个成员函数导航到由 URL 所指定的资源。

（2）第二种格式的导航函数 Navigate2。调用这个成员函数，导航到由 URL 指定的资源，或者由一个完全的路径指定的文件。函数通过支持特定文件夹的浏览，如 Desktop 和 My Computer，扩展了 Navigate 成员函数的功能，它们由参数 pIDL 指定。函数有 3 种重载的形式，参数有所不同。

```
void Navigate2(
   LPITEMIDLIST  pIDL,
   DWORD  dwFlags = 0,
   LPCTSTR  lpszTargetFrameName = NULL );
void Navigate2(
   LPCTSTR  lpszURL,
   DWORD  dwFlags = 0,
   LPCTSTR  lpszTargetFrameName = NULL,
   LPCTSTR  lpszHeaders = NULL,
   LPVOID  lpvPostData = NULL,
   DWORD  dwPostDataLen = 0 );
void Navigate2(
   LPCTSTR  lpszURL,
   DWORD  dwFlags,
   CByteArray&  baPostedData,
   LPCTSTR  lpszTargetFrameName = NULL,
   LPCTSTR  lpszHeader = NULL );
```

其中，

参数 pIDL：一个指向 ITEMIDLIST 结构的指针。

参数 dwFlags：变量标志，指定是否要将资源添加到历史列表中，是否从缓存读，或写到缓存，是否在新的窗口中显示资源，此值可以是一些预定义值的组合。

参数 lpszTargetFrameName：字符串指针，包含了显示资源的框架的名字。

参数 lpszURL：字符串指针，该串包含了 URL。

参数 lpvPostData：要用 HTTP POST 会话方式发送的数据，POST 会话用来发送 HTML 的表单数据，如果这个参数没有指定任何 POST 数据，Navigate2 函数发出一个 HTTP GET 会话，如果 URL 不是一个 HTTP URL，忽略此参数。

参数 dwPostDataLen：由 lpvPostData 参数所指的数据的字节长度。

参数 lpszHeaders：字符串指针，包含要发送到服务器的 HTTP 标题，这些标题要添加到默认的 Internet Explorer 标题上面，该标题可以指定诸如服务器要求的动作，将要传送到服务器的数据的类型，或者状态码。如果 URL 参数不是一个 HTTP URL，忽略此参数。

参数 baPostedData：参考到 CByteArray 对象。

（3）设置属性的成员函数 PutProperty。调用该成员函数可设置一个给定对象相关的属性。有多种重载的形式，参数不同。

```
void PutProperty( LPCTSTR lpszProperty, const VARIANT& vtValue );
void PutProperty( LPCTSTR lpszPropertyName, double dValue );
void PutProperty( LPCTSTR lpszPropertyName, long lValue );
void PutProperty( LPCTSTR lpszPropertyName, LPCTSTR lpszValue );
void PutProperty( LPCTSTR lpszPropertyName, short nValue );
```

其中，

参数 lpszProperty：包含要设置的属性的串。

参数 vtValue：属性新的值。

参数 lpszPropertyName：包含要设置的属性名的字符串指针。

参数 dValue：属性的新值，双精度型。

参数 lValue：属性的新值，长整型。

参数 lpszValue：属性的新值，字符串指针。

参数 nValue：属性的新值，短整数。

（4）获得属性 GetProperty。调用该成员函数可得到与控件相关的属性值，有两种重载的形式。

```
BOOL GetProperty(
       LPCTSTR  lpszProperty,
       CString&  strValue );
COleVariant GetProperty( LPCTSTR lpsz );
```

前者返回非零，表示成功完成，否则返回 0；后者返回 COleVariant 对象。

参数 lpszProperty：包含要查询的属性的串的指针。

参数 strValue：用来接收属性当前值的串指针。

参数 lpsz：包含要查询的属性的串的指针。

（5）执行命令 ExecWB。调用这个成员函数可在浏览器控件中或 IE 中执行一个命令。

```
void ExecWB(
    OLECMDID  cmdID,
    OLECMDEXECOPT  cmdexecopt,
    VARIANT*  pvaIn,
    VARIANT*  pvaOut );
```

其中，

参数 cmdID：要执行的命令。

参数 cmdexecopt：执行该命令的选项集。

参数 pvaIn：　一个变量，用来说明命令的输入参数。

参数 pvaOut：一个变量，用来说明命令的输出参数。

（6）装入资源 Load From Resource。调用此成员函数可将指定的资源装入浏览器控件，有两种形式。

```
BOOL LoadFromResource( LPCTSTR lpszResource );
BOOL LoadFromResource( UINT nRes );
```

返回非零，则成功；否则返回 0。

参数 lpszResource：包含要装入的资源的名字。

参数 nRes：包含要装入的资源名字的缓冲区 ID。

3. 事件（Events）处理函数

为了利用 Windows 操作系统的消息驱动机制，CHtmlView 类定义了许多可重载的事件处理函数，当一定的事件发生时，MFC框架会自动调用相应的事件处理函数。用户可以重载这些函数，添加自己的代码，实现应用程序特定的功能。下面列举了一些，详细的资料可查阅MSDN文档。

```
OnNavigateComplete2
```

对于一个窗口或显示框架，完成打开一个超链接的导航后，调用此函数。

```
OnBeforeNavigate2
```

对于一个窗口或显示框架，在给定的Web浏览器中，一个导航出现之前，调用此函数。

```
virtual void OnStatusTextChange( LPCTSTR lpszText );
```

当与WebBrowser控件相关的状态栏的文本改变时，调用此函数，参数lpszText包含新的状态栏文本的字符串。

```
virtual void OnVisible( BOOL bVisible );
```

当WebBrowser的窗口应当被显示或隐藏时，框架调用此函数，bVisible表示了窗口的状态：如果为非0，对象可见；为0，对象不可见。

```
virtual void OnToolBar( BOOL bToolBar );
```

当ToolBar属性已经改变时，调用此函数，bToolBar为非零，IE的工具栏是可见的；否则相反。

```
virtual void OnMenuBar( BOOL bMenuBar );
```

当MenuBar属性已改变时，调用此函数。bMenuBar为非零，菜单栏可见；否则相反。

9.2.3 创建一个Web浏览器型的应用程序的一般步骤

1．利用MFC ApplicationWizard创建SDI或MDI应用程序

前几章创建的都是基于对话框的程序，Web浏览器型的应用程序一般是单文档或多文档的程序。利用MFC应用程序向导创建SDI或MDI应用程序需要经过6步，可以进到前一步或退到后一步来改变已经选择过的选项。在每一步，对每一个选项都可以得到帮助，用鼠标右键单击控件，可以得到关于每个选项控件的信息。

在Visual Studio集成开发环境中选择“File”（文件）/“New...”/“Project”（新建项目）命令，出现“New Project”（新工程）对话框，如图9.4所示。

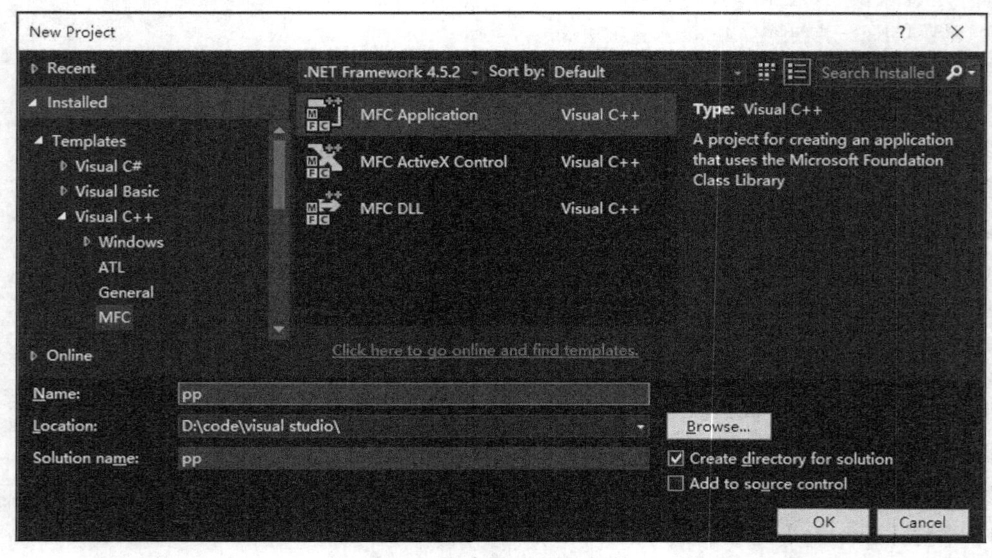

图9.4 创建新工程的对话框

选择 MFC Application 类型的工程，输入工程的名字，决定工程文件存放的位置，勾选“Create directory for solution”选项，然后单击“OK”按钮，出现配置对话框，单击“Next”按钮，出现图 9.5 所示的界面。

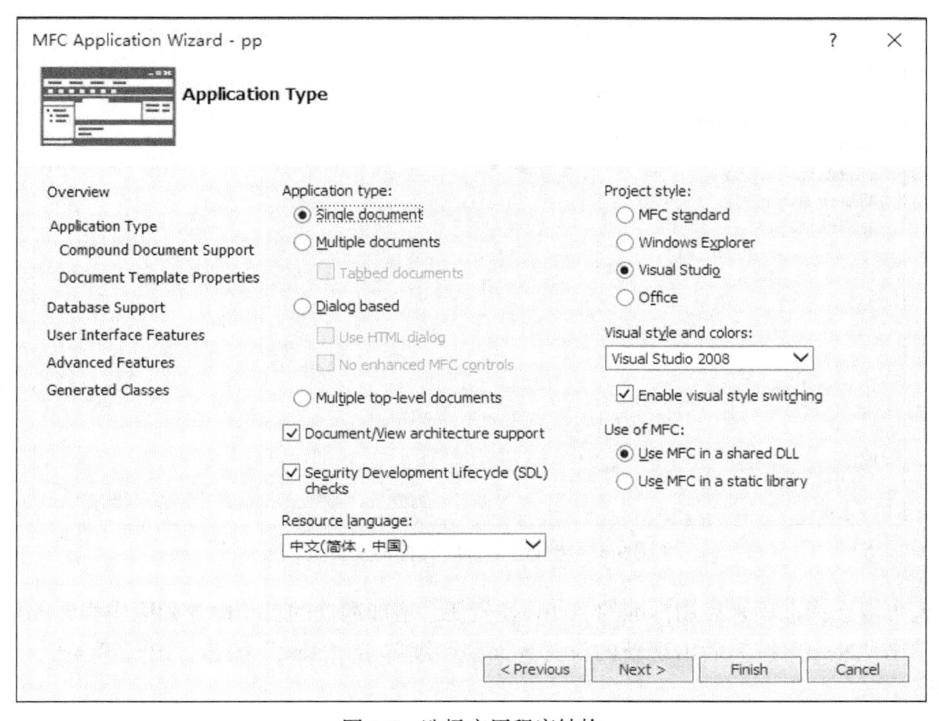

图 9.5　选择应用程序结构

（1）第 1 步：选择应用程序结构。

① 为应用程序选择 3 种结构之一：Single document（单文档）、Multiple documents（多文档）和 Dialog based（基于对话框）。Web 浏览器型的应用程序一般选择单文档类型。

② 决定应用程序是否要支持 MFC 的文档/视图结构（document/view architecture），实际上必须选择支持，因为不支持文档/视图结构的应用程序不能打开磁盘文件和从 CWnd 类继承的窗口区，并且后面的步骤都是无效的。

③ 选择资源中的文本所使用的语言，应选择“中文（简体，中国）”。

④ 在这里还要设置的有 Project Style 和 Visual style and colors，这两项主要设置生成的浏览器的样式。

完成后，单击“Next”按钮，出现第 2 步对话框，如图 9.6 所示。

（2）第 2 步：选择应用程序支持的复合文档。

① 选择应用程序支持的复合文档（Compound Document）类型。有 5 个选项。

- None：不支持复合文档。
- Container：容器，一个 OLE 2.0 风格的文档容器。
- Mini server：最小服务器，一个 OLE 服务器，但不能作为一个独立的程序来运行。
- Full server：完全服务器，一个 OLE 服务器，可以作为独立程序运行。
- Container / Full server：容器或完全服务器。

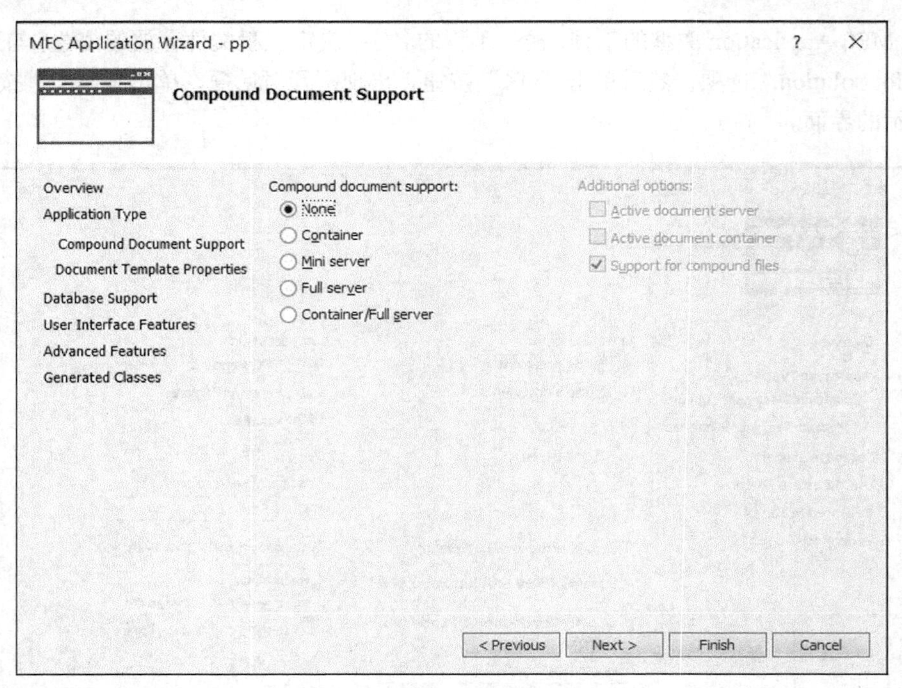

图 9.6　选择应用程序支持的复合文档

② 也可以选择选项来启用标准的 ActiveX 资源，增加额外的自动命令到应用程序的菜单条中。

③ 单击“Next”按钮后出现新的设置界面，继续单击“Next”按钮，出现第 4 步对话框，如图 9.7 所示。

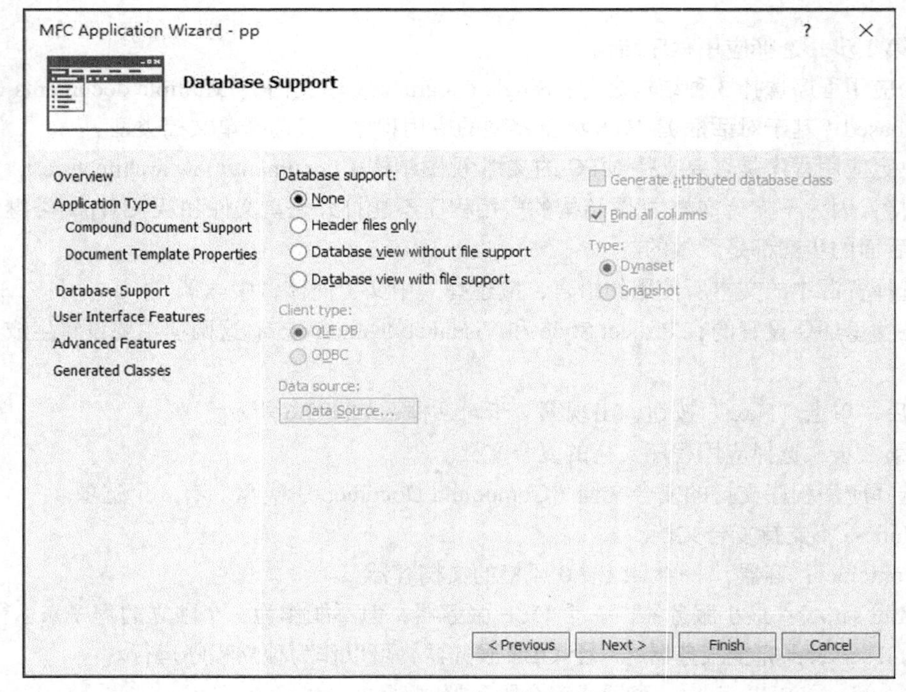

图 9.7　选择应用程序支持的复合文档

（3）第 3 步：选择应用程序支持的数据库。

① 为应用程序选择一种数据库支持，有 4 个选项：None（没有）、Header files only（头文件支持）、Database view without file support（没有文件支持的数据库视图）或 Database view with file support（带有文件支持的数据库视图）。

② 如果选择了数据库支持，单击“Data Source”（数据源）按钮，在外部 ODBC 数据库、DAO 数据库和 OLE DB 数据库中选择一个，然后选择相应的数据源和数据库表选项。

③ 单击“Next”按钮，出现图 9.8 所示的界面，再次单击“Next”按钮，出现图 9.9 所示的界面，这两个界面为第 3 步对话框。

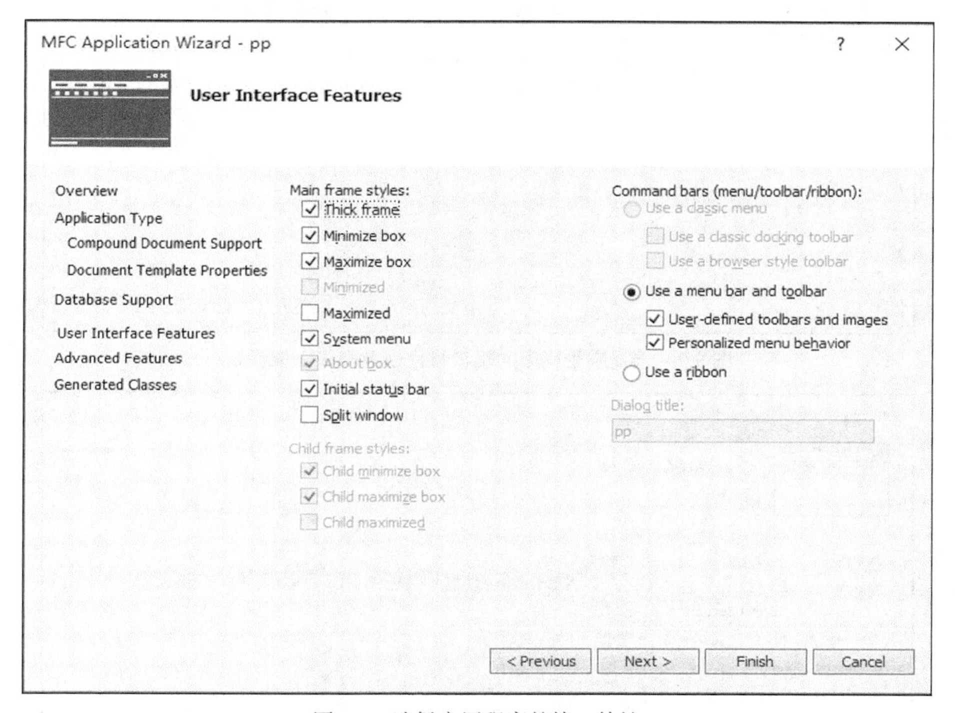

图 9.8　选择应用程序的接口特性

（4）第 4 步：选择应用程序的接口特性和高级功能。要设置的内容如下。

① 为应用程序选择基本的用户接口特性。例如，快捷的工具条、初始状态栏、打印和打印预览、内容敏感的帮助、Windows 套接字等，都是复选框。

② 要使用的工具条形式，IE 4.0 ReBars 或者 MFC 常规的工具条。

③ 最近打开的文件列表数目，默认值设为 4。

④ 图 9.8 所示的 Commands bars 选项是用来设置工具栏样式的，这一设置在第一步的 Project Style 设置为 MFC Standard 时才可进行操作。

⑤ 在图 9.9 中可以设置一些高级功能，在此不再赘述。

⑥ 单击“Next”按钮，出现第 5 步对话框，如图 9.10 所示。

（5）第 5 步：决定类名和基类。

① 如果想要改变默认的由应用程序向导提供的类名、基类、头文件，或者实现文件的名字，则输入新的名字；要改变基类，则选择应用程序的视图类。

② 单击“Finish”按钮，工程创建成功，进入 Visual Studio 集成的开发环境。

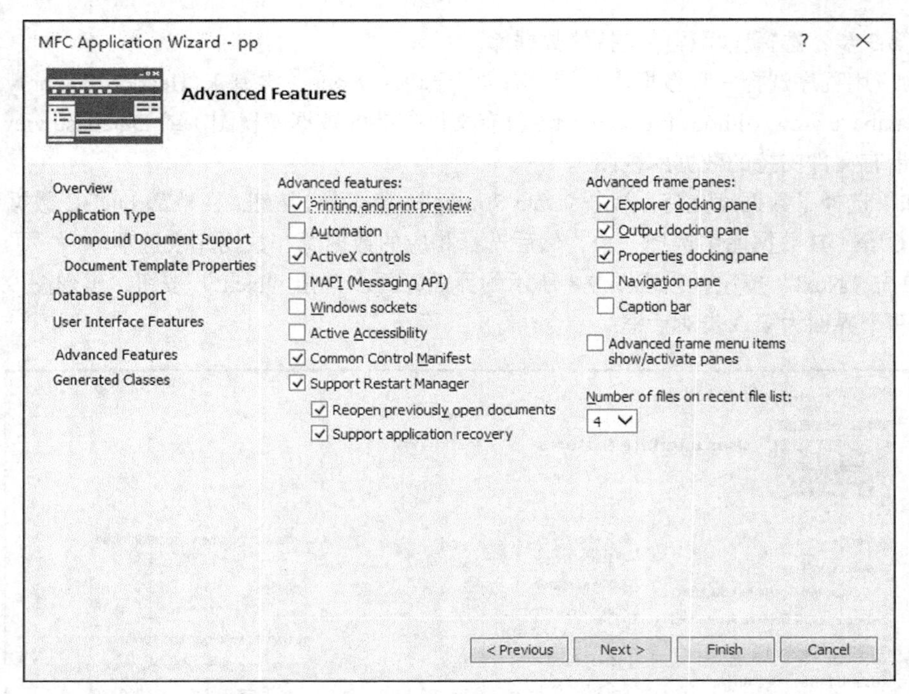

图 9.9　选择应用程序的接口特性以及高级功能设置

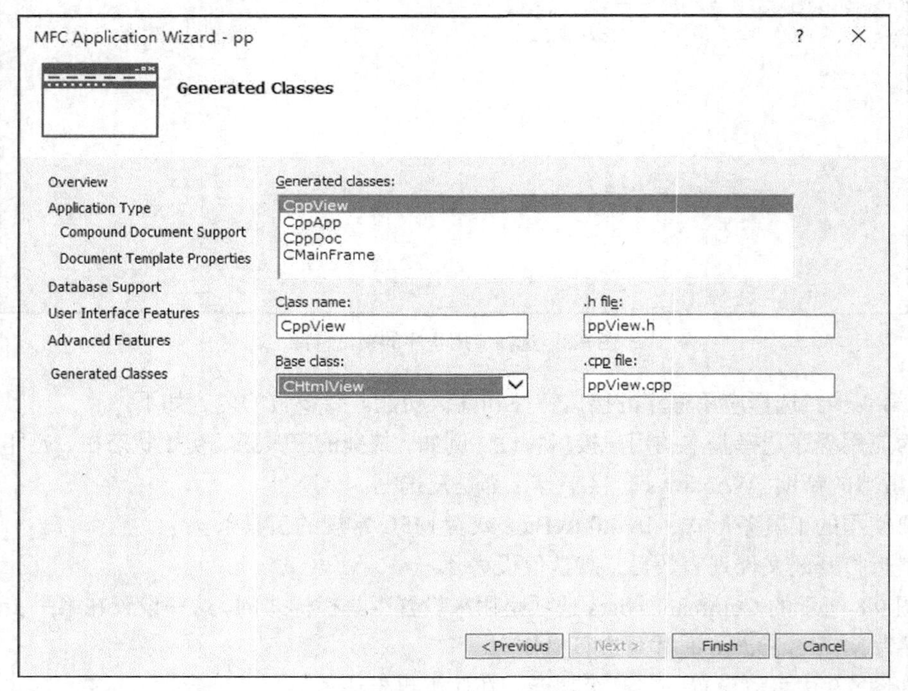

图 9.10　决定类名和基类

2. 创建一个 Web 浏览器型的应用程序

可以使用 MFC AppWizard 创建一个 Web 浏览器型的应用程序。遵照使用 MFC 应用程序向导创建 SDI 或 MDI 的.exe 程序的 5 个步骤。应用程序必须是基于 MFC 的文档/视图结构的，要注意的是，在第 5 步，使用 Base class 下拉列表框，必须选择 CHtmlView 类作为视图类的基类。其他步骤根据应用程序的需要来决定，大部分使用默认值就可以了。

CHtmlView 类扮演一个 Web 浏览器控件的封装器，给应用程序提供一个视图来显示 Web 或 HTML 页面。向导在该视图类中对 OnInitialUpdate 函数创建了一个重载。

```
providing a navigational link to the Microsoft Visual C++ Web site:
void CWebView::OnInitialUpdate()
{
    CHtmlView::OnInitialUpdate();

    // TODO: This code navigates to a popular spot on the web.
    // change the code to go where you'd like.
    Navigate2(_T("http://www.microsoft.com/visualc/"),NULL,NULL);
}
```

也可以用一个自己的站点代替 Navigate2 函数中的站点，或者可以使用 LoadFromResource 函数来打开一个 HTML 页面，它在工程的资源脚本内，作为默认的要观察的内容，例如：

```
void CWebView::OnInitialUpdate()
{
    CHtmlView::OnInitialUpdate();
    // TODO: This code navigates to a popular spot on the web.
    //  change the code to go where you'd like.
    LoadFromResource(IDR_HTML1);
}
```

9.3　Web 浏览器应用程序实例

9.3.1　程序实现的目标

使用 CHtmlView 类可以实现一个应用程序，使之具有 Web 浏览器的功能，包括浏览网页、前进、后退、返回主页和搜索功能。通过实例，重点掌握利用 CHtmlView 类开发 Web 客户机端程序的方法。实现的程序界面如图 9.11 所示。

图 9.11　myWeb 应用程序的界面

9.3.2 创建实例程序

1. 利用 MFC ApplicationWizard 生成应用程序框架

工程名为 myWeb。第一步，选择工程类型为单文档（SDI），中文语言支持，Project Style 选择为“MFC standard”，Visual Style and colors 选择为 Windows Native/Default，指定这两项后项目的主界面就和 IE 的风格差不多了。第二步和第三步使用默认值，不需要数据库，也不提供对于复合对象的支持；第四步 Commands bars 选择 Use a browser style toolbar，这样就有了用来输入网址的文本框；第五步应选择 CHtmlView 类作为视图类的基类。生成的工程框架包含 4 个类。

（1）应用程序类：CMyWebApp，对应 myWeb.h 和 myWeb.cpp 文件。

（2）框架类：CMainFrame，对应 MainFrm.h 和 MainFrm.cpp 文件。

（3）文档类：CMyWebDoc，对应 myWebDoc.h 和 myWebDoc.cpp 文件。

（4）HtmlView 类：CMyWebView，对应 myWebView.h 和 myWebView.cpp 文件。

此时编译运行，程序已经具有了基本的 Web 浏览功能，能自动链接到微软公司的网站。

2. 修改菜单

修改菜单，添加用户需要的功能条目。在工作区中选择“ResourceView”选项卡，选择“Menu”，双击菜单控件的名字（IDR_MAINFRAME），右边出现程序的菜单。选择菜单中的“视图”命令，已经有了“工具栏”和“状态栏”两个条目，单击下面的空框，便可以添加一个新的菜单，如图 9.12 所示，按照表 9.4 添加 6 个菜单条目（注意设置 ID 号）。

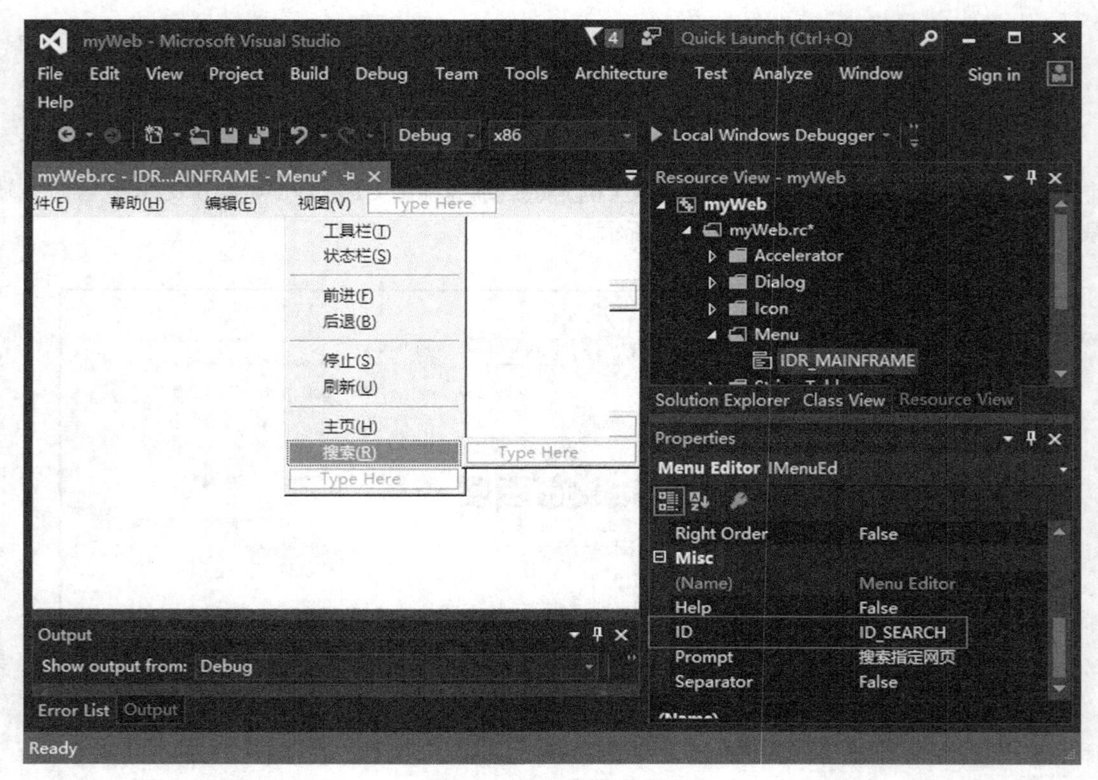

图 9.12 编辑菜单对话框

表 9.4　　要添加的菜单条目

菜单条目名称（Caption）	ID 号
前进	ID_FOWARD
后退	ID_BACK
停止	ID_STOP
刷新	ID_UPDATE
主页	ID_HOMEPAGE
搜索	ID_SEARCH

3. 为控件添加事件处理函数

当用户单击菜单条目，或者单击相应的快捷按钮时，应能引起程序的反映，这就需要给这些控件添加事件处理函数。进入类向导，选择“Message Maps”选项卡。在“Class Name”下拉列表框中选择 CMyWebView 类，然后按照表 9.5 为前述的 6 个控件添加事件处理函数。

表 9.5　　6 个控件对应的事件处理函数

对象 ID	Messages	Member Function
ID_FORWARD	COMMAND	OnFoward( )
ID_BACK	COMMAND	OnBack( )
ID_STOP	COMMAND	OnStop( )
ID_UPDATE	COMMAND	OnUpdate( )
ID_HOMEPAGE	COMMAND	OnHomepage( )
ID_SEARCH	COMMAND	OnSearch( )

4. 添加事件处理函数的代码

在 myWebView.cpp 实现文件中，添加上述 6 个事件处理函数的代码。

```
//前进到下一个网页
void CMyWebView::OnFoward()  { GoForward(); }
//退到前一个网页
void CMyWebView::OnBack()  { GoBack(); }
//停止网页的下载
void CMyWebView::OnStop()  { Stop(); }
//刷新当前的网页
void CMyWebView::OnUpdate()  { Refresh(); }
//回到主页
void CMyWebView::OnHomepage()  { GoHome(); }
//进行搜索
void CMyWebView::OnSearch()  { GoSearch(); }
```

此时可以再进行编译运行。

5. 为应用程序添加 URL 定位功能

至此，应用程序还无法浏览用户想要的网页，还没有 URL 定位功能。可通过以下步骤来添加这个功能。

（1）添加网址输入栏控件。在建立应用程序框架时，曾选择了 Use a browser style toolbar 的工具条风格，这就自动在程序的资源中添加了一个对话框条，可以将它变为一个网址的输入栏。

在工作区中选择“ResourceView”选项卡，选择 Dialog，双击对话框控件的名字（IDR_MAINFRAME），右边出现这个对话框条。在上面添加一个“地址:”的静态文本，再添加一个文本编辑框控件，ID 号是 IDC_ADDR，作为地址栏，提供给用户输入要浏览的网站地址。

（2）添加控制代码。设想当用户在地址栏中输入网址后，按回车键时，浏览器应用程序就下载并显示指定的新网页，为了实现这个功能，考虑到用户在文本编辑框中按下回车键后，会有一个 IDOK 的消息发送到主框架类，可以添加处理这个消息的控制函数，在该函数中，用指定的网址调用 Navigate( )或者 Navigate2( )函数，就可以实现对该网页的浏览。

① 在 MainFrm.h 文件中，添加消息处理函数的声明。

```
public:
    void  OnNew();
```

② 在 MainFrm.cpp 文件中，添加该函数的实现代码。

```
void  CMainFrame::OnNew()
{
    CString  pp;
    //获得用户在地址栏中输入的 URL
    m_wndDlgBar.GetDlgItem(IDC_ADDR)->GetWindowText(pp);
    //浏览指定的网页
    ((CMyWebView*)GetActiveView())->Navigate(pp);
}
```

其中 m_wndDlgBar 是代表地址栏文本框所在的对话框条控件的成员变量，是在生成应用程序框架的时候自动创建的，利用它的 GetDlgItem 方法取得地址栏控件的 ID，再利用地址栏控件的 GetWindowText 方法获得用户输入的网址。另外，由 GetActiveView( )函数返回的是一个 CView 类的指针，必须将它强制转换成本应用程序视图类的指针，才能调用 Navigate( )函数。

③ 建立事件处理函数与消息的映射。

在 MainFrm.cpp 文件中，在消息映射（MESSAGE_MAP）段中添加自己的消息映射的宏。用 ON_COMMAND 命令建立 IDOK 消息和处理函数 OnNew 的映射关系。

```
BEGIN_MESSAGE_MAP(CMainFrame, CFrameWnd)
    //{{AFX_MSG_MAP(CMainFrame)
    ON_WM_CREATE()
    //}}AFX_MSG_MAP
    ON_COMMAND(IDOK, OnNew)      //自己的消息映射宏
END_MESSAGE_MAP()
```

自己添加的消息映射宏要放在类向导自动生成的代码之外，一般放在 AFX_MSG_MAP 宏的后面。

④ 在 myWebView.h 文件的类定义前面添加包含语句。

```
#include "myWebDoc.h"
```

经过上述处理，应用程序就可以自由地浏览网页了。

6. 解决单击超链接时地址栏的同步问题

当用户单击网页中的超链接来浏览其他网页时，地址栏中应显示该链接的网址，以便用户能了解自己所在的位置，解决这个问题可以利用 CHtmlView 类的事件处理函数。当网页下载完成后，会触发 OnDocumentComplete( )函数，该函数的参数就是所下载网页的 URL，可以利用此函数对地址栏进行设置，添加以下代码。

① 在 MainFrm.h 文件中，添加处理函数的声明。

```
public:
    void SetPage(LPCTSTR lpszURL);
```

② 在 MainFrm.cpp 文件中，添加该函数的实现代码。

```
void CMainFrame::SetPage(LPCTSTR lpszURL)
{
  m_wndDlgBar.GetDlgItem(IDC_ADDR)->SetWindowText(lpszURL);
}
```

该函数页使用了地址栏所在的对话框条控件对应的成员变量，将指定的 URL 显示在地址栏中。

③ 使用类向导添加事件处理函数。用类向导为应用程序的 CMyWebView 类添加 OnDocument Complete( )事件处理函数，并在 myWebView.cpp 文件中添加它的实现代码。

```
void CMyWebView::OnDocumentComplete(LPCTSTR lpszURL)
{
    // TODO: Add your specialized code here and/or call the base class
     ((CMainFrame*)GetParentFrame())->SetPage(lpszURL);
    //CHtmlView::OnDocumentComplete(lpszURL);
}
```

④ 添加包含语句。在 MainFrm.cpp 文件前面添加包含语句。

```
#include "myWebView.h"
```

在 myWebView.cpp 文件前面添加包含语句。

```
#include "MainFrm.h"
```

至此，编译运行程序即可运行。

习　　题

1. 什么是 HTTP 会话？HTTP 的会话周期由哪些阶段组成？
2. 简述 CHtmlView 类的继承关系。
3. 利用 MFC ApplicationWizard 创建 SDI 或 MDI 应用程序的一般步骤是什么？
4. 创建一个 Web 浏览器型的应用程序的一般步骤是什么？

实　　验

利用 CHtmlView 类创建 Web 浏览器，程序界面自行设计，功能描述如下。

1. 浏览器设置工具栏。

2. 工具栏上设置地址框和“跳转”按钮，在地址框中输入网址后按回车健或“跳转”按钮，都可以连接网络地址。地址框可以保存10条历史地址。

3. 工具栏设置三个网页导航按钮，分别用以显示上一个网页、下一个网页、刷新当前网页。

4. 设置用户区，用以显示网页内容。

5. 设置收藏栏，用以收藏用户常用的网页地址。

第 10 章 电子邮件协议与编程

电子邮件是应用最广最成功的网络软件，通过详细剖析电子邮件的编程原理和技术，能使我们融会贯通本书的内容，举一反三；能使我们抓住网络编程的关键——应用层协议。通过本章的学习，读者应当充分认识应用层协议在网络编程中的重要性。可以说，网络编程就是应用层协议的实现。

本章首先介绍电子邮件系统的构成和工作原理，然后分析简单邮件传送协议（SMTP），叙述 RFC822 规定的纯文本电子邮件信件的格式，详细说明多媒体邮件格式扩展（MIME），分析接收电子邮件的邮局协议（POP3），最后给出两个编程实例。

10.1 电子邮件系统的工作原理

10.1.1 电子邮件的特点

电子邮件（Electronic Mail，E-mail）是 Internet 上使用最多的一种应用，它为用户在 Internet 上设立了存放邮件的电子邮箱，发信人可以随时将电子邮件发送到收信人的电子邮箱，收信人也可以随时上网读取，发信人与收信人以异步的方式通信。

10.1.2 电子邮件系统的构成

一个电子邮件系统包括 3 个主要的构件，即用户代理、邮件消息传输代理和电子邮件使用的协议，如图 10.1 所示。

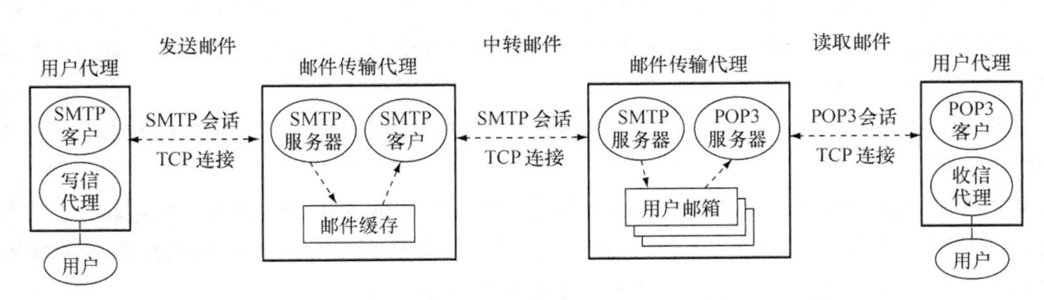

图 10.1　电子邮件系统的构成

用户代理（User Agent）是用户（发信人或收信人）与电子邮件系统的接口，往往是运行于 PC 上的一个程序，向用户提供友好的窗口界面，为用户发送或接收邮件。Outlook Express 和 Foxmail 等软件，都是大家喜欢使用的电子邮件用户代理软件。

邮件传输代理（Transfer Agent）提供电子邮件的传输服务，往往是运行于远端计算机上的服务器软件。如果考虑到发信与收信是异步发生的两个过程，又可将其细分为邮件发送传输代理和邮件接收传输代理。发信人发信时，由邮件发送传输代理完成电子邮件的发送传输。具体地说，它负责接收用户代理发送来的电子邮件，并通过 Internet，直接或以中继的方式将邮件发送到收信人的电子邮箱中。邮件接收传输代理完成电子邮件的接收传输，当收信人需要读取信件时，邮件接收传输代理负责将邮件从用户的电子邮箱中取出，传送至收信人的用户代理，收信人就看到了信。无论是发送还是接收，电子邮件的网络传输都通过 TCP 连接进行。

第三个构件是协议。电子邮件传输服务采用 C/S 模式，电子邮件传输的客户机和服务器进程之间进行通信的约定就是协议，主要有两个，一个用于发送邮件，即 SMTP，是 SMTP 客户机和 SMTP 服务器之间通信的约定；另一个用于接收邮件，即邮局协议第三版本（POP3），是 POP 客户机和 POP 服务器之间通信的约定。

10.1.3 电子邮件系统的实现

先看一个实现的例子。假设发信人为甲，电子信箱为 Jia@163.com；收信人为乙，电子信箱为 Yi@sina.com，如图 10.2 所示。

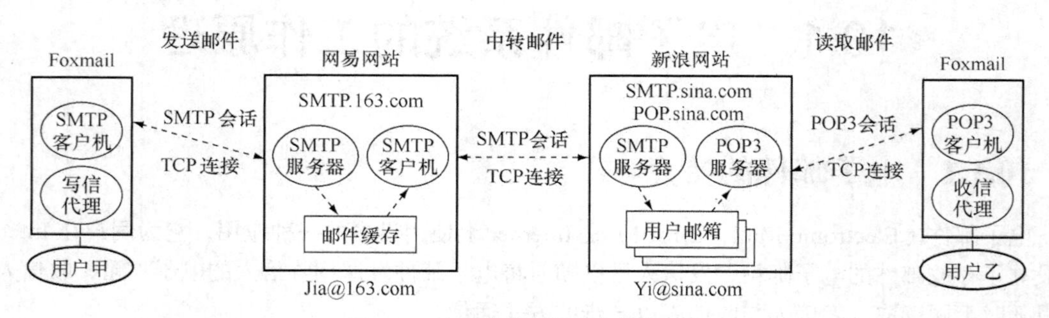

图 10.2 电子邮件的发送与接收过程

甲在自己的 PC 上运行 Foxmail 软件，写了一封信，填好乙的电子邮件地址和相关信息，然后单击“发送”按钮，连接到网易网站，借助 TCP/IP 将这封邮件从甲的 PC 送到了网易网站，网易的电子邮件服务器软件再通过 Internet，把邮件传送到位于新浪网站的乙的电子邮箱中存储起来，传输过程是在后台进行的，对于甲来说，是透明的。当乙需要读邮件的时候，也进入 Foxmail 软件，连接到新浪网站，新浪的电子邮件服务器软件把邮件从乙的邮箱中取出来，通过网络发送给乙，乙就看到了邮件。

这个实现涉及两个用户代理，和 3 对用来传送邮件的传输代理进程，即两对 SMTP 进程和一对 POP3 进程。

甲方用户代理软件可以从功能上分为两部分，发信代理软件和 SMTP 客户机端软件。发信代理软件直接面向用户，工作在前台，与用户交互，为用户提供编辑邮件的环境和发送邮件的界面；SMTP 客户机端软件运行在后台，负责向外发送电子邮件。

乙方用户代理软件也包括两部分，收信代理软件和 POP3 客户机端软件。收信代理软件也直接面向用户，直接为用户服务，提供接收信件的界面，提供对于邮件的显示和处理功能，如阅读后将邮件删除，或分类存盘、打印等；而 POP3 客户机端软件负责从乙的邮箱中取回邮件。

邮件在网上传输时，借助 TCP/IP 协议栈形成的进程之间的通信管道，采用 C/S 模式，分成 3 个阶段，由 3 对进程完成，第一对是 SMTP 客户机和 SMTP 服务器进程，负责将邮件从甲的 PC 上，送到网易网站，存到网易的 SMTP 邮件服务器的接收缓存中；第二对也是 SMTP 客户机和 SMTP 服务器进程，负责将邮件发送到收信人的电子邮箱，并在邮箱中存储起来；第三对是 POP3 客户机和服务器进程，负责完成乙从新浪取回邮件的过程。

下面结合图 10.2 来看一封电子邮件的发送和接收过程。

（1）甲运行 Foxmail 软件，进入它的窗口用户界面，利用其中发信代理的相关功能，编辑要发送的邮件的内容。然后，填好收信人的电子邮箱地址、邮件主题等信息，单击“发送”按钮。

（2）Foxmail 软件中的 SMTP 客户机进程向网易网站的 SMTP 服务器（网络地址：域名为 SMTP.163.com，用于监听的传输层端口是 25）发出连接请求，经过三次握手的过程建立了 TCP 连接。然后，进入 SMTP 客户机与 SMTP 服务器的会话过程，通过网络，SMTP 客户机发出请求命令，SMTP 服务器以响应作答。这样一来一往，把邮件从甲的 PC 传送到网易的 SMTP 服务器。SMTP 服务器把这封邮件存储在位置特定的电子邮件缓存队列中。

（3）网易站点的 SMTP 电子邮件服务软件，其实由两部分组成，除了上述的 SMTP 服务器软件以外，还有 SMTP 客户机端软件。它们可以是并发运行的两个进程。这个 SMTP 客户机端进程运行在后台，它定期地自动扫描上述的电子邮件缓存队列，一旦发现其中收到了邮件，就立即按照该邮件收信人的电子邮箱地址，这里是 Yi@sina.com，向新浪网站的 SMTP 服务器进程（网络地址：域名是 SMTP.sina.com，端口是 25）发起建立 TCP 连接的请求。同样要经过三次握手的过程，建立了 TCP 连接。也同样要经过 SMTP 客户机与服务器的会话过程，将邮件从网易站点传送到新浪站点，新浪的 SMTP 服务器则将此邮件存放到乙的电子邮箱中，等待乙在方便的时候来读取。至此，电子邮件发送的过程就告结束。

（4）在某个时间，乙想看看自己的电子邮箱中有没有新的邮件。它也运行 Foxmail 软件，进入窗口用户界面后，选择“收信箱”，就在窗口中看到了自己信箱中的邮件目录，再单击一封邮件，就看到了邮件的内容。在这个过程中发生了什么事情呢？Foxmail 软件中的 POP3 客户机进程立即向新浪网站的 POP3 服务器进程（网络地址：域名是 POP3.sina.com，端口是 23）发出连接请求，建立 TCP 连接，然后，按照 POP3，进入 POP3 会话过程，将邮件或邮件的副本从位于新浪的电子邮箱取出，发送到乙的 PC。

（5）乙方 Foxmail 中的收信代理向用户显示邮件，乙可以利用它的相关功能对此邮件做进一步的处理。

需要说明的是：为了简化叙述，在上面的例子中以甲向乙发邮件为例，但在实际中，因为一个用户既要发邮件，又要收邮件，往往把发信代理、收信代理、SMTP 客户机和 POP3 客户机 4 个部分，合在一个程序中实现。Foxmail 软件就是这样的一个集成。同样，Internet 上的一个 ISP，如网易或新浪，既要转发去往其他站点的邮件，又要将自己管理的邮箱中的邮件下载给合法的用户，所以，网上 ISP 的服务器中，既有接收邮件的缓存队列，又有电子邮箱，既有 SMTP 服务器及客户机进程，又要安装 POP3 服务器。常将它们合称为电子邮件服务器。

从以上的分析可以了解电子邮件系统的特点。

（1）是一种异步的通信系统，不像电话，通话的双方都必须在场。

（2）使用方便，传输迅速，费用低廉，不仅能传输文字信息，还能附上声音和图像。

（3）在电子邮件系统的实现中，ISP的服务器必须每天24小时不间断地运行，这样才能保证用户可以随时发送和接收信件，而发送或接收电子邮件的用户则随意。

10.2 简单邮件传送协议

10.2.1 概述

简单邮件传送协议（Simple Mail Transfer Protocol，SMTP）是Internet的正式标准，最初在1982年由RFC 821规定，目前它的最高版本是RFC 2821。

SMTP采用C/S模式，专用于电子邮件的发送，规定了发信人把邮件发送到收信人的电子邮箱的全过程中，SMTP客户机与SMTP服务器这两个相互通信的进程之间应如何交换信息。即规定了SMTP的会话过程。用户直接使用的是用于编写和发送的客户端软件，而通常的SMTP服务器运行在远程站点上。C/S之间的通信是通过TCP/IP进行的。

10.2.2 SMTP客户机与SMTP服务器之间的会话

1. SMTP会话

图10.3所示为SMTP客户机与SMTP服务器之间的会话示意图。

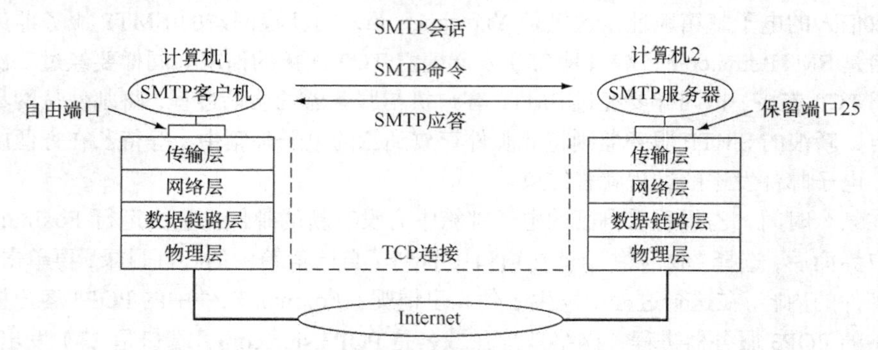

图10.3 SMTP客户机与SMTP服务器之间的会话示意图

SMTP客户机与SMTP服务器之间的通信借助TCP连接进行。在建立了TCP连接后，客户机与服务器之间交换信息的过程称为SMTP的会话过程。SMTP服务器并不是邮件的目的地，它只是邮件的中间传递机构，发送邮件的客户机端软件不需要了解如何把邮件发送到目的信箱的服务器上，只要告诉具有传递机制的SMTP服务器一些必要的信息，接下来怎么投递邮件就是SMTP服务器的事情了。

2. SMTP命令

一般是客户机首先主动发送SMTP命令。SMTP客户机发往SMTP服务器的信息称为SMTP命令。在RFC 821中，SMTP规定了14种命令。

SMTP命令的一般的格式是：

命令关键字　参数　<CRLF>

其中，命令关键字一般是4个字母，是一个英文动词的缩写。参数随命令而异，命令应当以回车换行符结束。

例如：HELO　WANG　<CRLF>

3. SMTP 应答

SMTP 服务器收到命令后，返回给 SMTP 客户机的信息，称为 SMTP 应答。客户机每次发送一条 SMTP 命令后，服务器给客户机返回一条响应。SMTP 规定了 23 种响应码。

SMTP 应答都是以一个响应码开头，后面接着响应的描述信息，如果 SMTP 服务器不一样，响应的描述信息可能不一样，SMTP 应答的一般格式是：

响应码　响应的文本描述信息

其中，响应码为 3 位数字，与描述信息文本之间有一个空格。

响应码的每一位都有特定的含义。

第一位：

2 是关于传输线路的肯定应答；

3 是中间肯定应答，服务器等待更多的信息；

4 是暂时否定完成应答，服务器没有接收客户机的命令，并且要求的操作没有发生，但是，此状态是暂时的；

5 是永久否定完成应答，表示绝对的失败。

第二位：

0 表示一个语法错误；

1 是关于消息内容的响应；

2 是关于传输线路连接的响应；

5 是关于邮件系统状态的消息。

第三位：指定某个特定类别中的消息的间隔等级。

其他的数字未用。

例如：250　ok message saved

10.2.3　常用的 SMTP 命令

在成功地连接到 SMTP 服务器之后，客户机接着要进行的是与它的会话，SMTP 规定了一整套的标准命令。以下就以会话时命令的使用顺序，介绍常用的 SMTP 命令。在所举的例子中，C：后面是客户机发送的命令，S：后面是服务器送回的响应。

1. SMTP 客户机问候 SMTP 服务器

命令格式：HELO　发送方的主机名　<CRLF>

例如：

```
C: HELO ZZZ
S: 250 ZZZ Hello smtp.163.com, pleased to meet you
```

SMTP 客户机发这条命令，问候并告知 SMTP 服务器，它想与 SMTP 服务器通信，向它发送电子邮件，看服务器是否有能力并准备好接收邮件。通常在连接到服务器之后，首先向服务器发送该命令。如果服务器接受命令，返回 250 的响应码。客户机和服务器就可以继续进行 SMTP 对话的其余部分。如果由于安全性要求或其他的原因，服务器想拒绝客户机的请求，则会发出 550 错误响应码。

2. 邮件来自何处，说明发信人的电子邮件地址

命令格式：MAIL　FROM：发信人的电子邮件地址 <CRLF>

例如：

```
C: MAIL  FROM: YY@163.COM
S: 250 OK
```

SMTP 客户机发这条命令，向服务器告知发信人的电子邮件地址。当投递失败时，服务器会按照这个地址，将邮件退还给发送者。这条命令启动了一次邮件发送事务，如果服务器成功地响应了这条命令，它会复位服务器端的状态表和数据缓冲区，并开始一次新的邮件事务。如果服务器接受该命令，会返回 250 响应码，指示会话可以继续；如果命令失败，服务器返回失败的响应码。例如，550 表示服务器不想授予访问权，553 表示语法错误。

3. 说明收信人的电子邮件地址

命令格式：RCPT TO：收信人的电子邮箱地址 <CRLF>

例如：

```
C: RCPT  TO: ZHANG@263.COM
S: 250 < ZHANG@263.COM >, Recipient  ok
```

SMTP 客户机发这条命令，告知服务器收信人的电子邮件地址。服务器应当把客户机端随后发送来的邮件，转发到此命令指定的收信人的电子邮箱。服务器返回 250，表示成功接受该命令；返回 553 表示信箱地址不合法。

4. 请求发送邮件内容

命令格式：DATA <CRLF>

此命令很特殊，只有命令关键词，没有参数。它告知 SMTP 服务器，客户机端要开始发送邮件内容了。问服务器怎么样？在正常的情况下，服务器应向客户机返回如下响应信息：

```
354  Start mail input; end with <CRLF> . <CRLF>.
```

这表示服务器已经准备好让客户机端发送数据，客户机可以开始发送电子邮件内容了，并提醒客户机，当邮件内容发送完毕时，要用两个回车换行符中间夹着一个英文句点作为结束。

客户机端接到响应，就开始按照 RFC822 所规定的电子邮件格式发送信头和信体，最终以<CRLF> . <CRLF>结束。当服务器接到结束符后，会应答一个代码指示发送是否成功，例如：

```
250  ok, message saved
```

如果服务器在接到 DATA 命令后返回 503 响应码，表示命令顺序不对，因为指定发送邮件地址的 MAIL 或 SEND 命令和指定接收人地址的 RCPT 命令必须在 DATA 命令前执行。

如果发送的信体中的一行是以句点（.）作为开始的，服务器会误认为客户机端发送的信体数据已经完成。为解决这个问题，客户机端应该在以句点开始的行前面多加一个句点。服务器收到一行的开始处有两个句点，会删除一个句点，把数据恢复到原来的形式。

5. 空操作

命令格式：NOOP <CRLF>

服务器接到此命令不做什么，仅以 250 ok 作答，客户机与服务器的会话状态没有变化，可以用来测试客户机与服务器的连接。

6. 验证电子信箱是否合法

命令格式：VRFY 电子信箱地址 <CRLF>

例如：

```
C: VRFY  ZHANG@263.COM
S: 550 Unknown address: <ZHANG>
```

或者 S：252 Couldn' t verify < ZHANG@263.COM > but will attempt delivery anyway

这条命令用来验证某个电子信箱是否合法。如果返回 550 响应码，表示失败；如果返回 252，表示该信箱合法，还无法验证是否存在，但愿意尝试发送。

7. 复位 SMTP 服务器

命令格式：RSET　<CRLF>

此命令用来复位连接状态。服务器接到此命令后清除以前所接收到的命令请求及其内容，将会话状态复位到发出 HELO 命令之前的状态，并以 250 ok 回答。

8. 请求服务器发回帮助信息

命令格式：HELP <CRLF>　或者　HELP　命令关键字　<CRLF>

该命令用于请求服务器发送回各种类型的帮助信息。对于单纯的 HELP 命令，服务器返回可用命令的摘要列表，以及关于服务器软件的一般信息。对于带命令关键字参数的 HELP 命令，服务器会给出关于特定 SMTP 命令的详细帮助信息。

9. 退出会话

命令格式：QUIT　<CRLF>

例如：

```
C: QUIT
S: smtp.163.com ESMTP server closing connection
```

该命令用来终止客户机与 SMTP 服务器的会话，服务器一般以 221 响应来确认终止，并关闭 TCP 连接。

10.2.4　常用的 SMTP 响应码

- 211　系统状态或系统帮助应答。
- 214　帮助信息。
- 220　服务就绪。
- 221　服务器关闭传输通道。
- 250　请求的邮件操作已经完成。
- 251　用户不是本地的，将按照前向路径（forwaed-path）转发。
- 354　启动邮件输入，要求邮件文本要用<CRLF><CRLF>结束。
- 421　服务不可使用，关闭传输通道。
- 450　没有执行请求的邮箱操作，因为信箱不可用。
- 451　请求的操作已经终止，因为在处理的过程中出现了错误。
- 452　请求的操作没有发生，因为系统的存储空间不够。
- 500　语法错误，命令不可识别。
- 501　参数或变元中存在着语法错误。
- 502　命令不能实现。
- 503　错误的命令序列。
- 504　命令的参数不能实现。
- 550　请求的操作不能发生，信箱不可用。
- 551　用户不在本地，请尝试发送到前向路径（forwaed-path）。
- 552　请求的邮件操作终止，超出存储分配。

- 553　请求的操作不能执行，因为信箱语法错误。
- 554　事务失败。

10.2.5 SMTP 的会话过程

SMTP 客户机与 SMTP 服务器的会话过程分为 3 个阶段，先举例说明。以下每行前面的 C 代表 SMTP 客户机发送的命令，S 代表服务器发回的响应。每行//后面的内容是注释。

```
C: HELO  YE                                              //你好！我是 YE。
S: 250  YE  HELLO  smtp.163.com, pleased to meet you      //你好！YE，很高兴见到你，有事吗
C: MAIL  FROM: YE@163.COM                                //我想发邮件，我的地址是 YE@163.COM
S: 250  <From: YE@163.COM>, Sender, accepted             //行！有邮件你就发吧
C: RCPT ZHANG@263.net                                    //我的邮件要发给 ZHANG@263.net
S: 250  < ZHANG@263.net >, Recipient  ok                 //行！已经准备好
C: DATA                                                  //我要发邮件的内容了
S: 354 Enter mail,  end with <CRLF>.<CRLF>    //发吧！结尾标志是两个回车换行符夹个英文句点
C:（客户机端按照电子邮件的格式发送邮件内容）
C:（邮件内容发送完毕，发送结束标志 crlf & . & crlf）        //我的邮件已经发完了
S: 250 ok, message saved                                 //好的，你的邮件已经存储了
C: QUIT                                                  //再见
S: 221 See  you  in  cyberspace                          //再见
```

在上面的对话过程中，可以明显看出 SMTP 会话具有以下特点。

（1）会话的过程采用交互式的请求应答模式，客户机发送命令，服务器回送应答。

（2）客户机发送的命令和服务器回送的应答都是纯文本形式，有一定格式。

（3）针对客户机的每个命令，服务器总要返回一定的响应码，表示服务器是否接受或执行了客户机端命令。

（4）会话过程有一定的顺序。

10.2.6 使用 WinSock 来实现电子邮件客户机与服务器的会话

电子邮件的通信过程是基于 TCP/IP 的，所以在 Windows 环境中，客户机端软件采用 WinSock 接口来编程，就可以达到和服务器进行通信的目的。要实现 SMTP 会话，通常要执行以下步骤。

（1）启动 SMTP 服务器，在指定的传输层端口监听客户机端的连接请求，为 SMTP 服务器保留的端口是 25。

（2）客户机端设置 WinSock 连接的 IP 地址或域名，指定端口号，主动发出连接请求，连接到 SMTP 服务器。例如，网易的 SMTP 服务器的域名是 smtp.163.com，监听端口是 25。

（3）服务器接收客户机端的连接请求，并发回响应。客户机端应收到类似 220 BigFox ESMTP service ready 这样的信息，这就说明客户机端已经与服务器建立 TCP/IP 连接，成功地实现了第一步。

（4）客户机端和服务器分别向对方发送数据。

（5）客户机端或服务器分别读取自己缓冲区中的数据。

（6）以上两步是 SMTP 会话的主要部分，要遵照 SMTP 的规定，按一定顺序，客户机向服务器发送命令，服务器向客户机发送应答，以上两步要多次重复。

（7）会话完毕，关闭客户机端和服务器之间的连接。

10.3　电子邮件信件结构详述

在上一节，通过 SMTP 的学习，已经了解了发送电子邮件时，SMTP 客户机与 SMTP 服务器的会话过程和命令，知道了在何时可以发送电子邮件的内容。但是如果不了解电子邮件的格式，还是无法发送的。这一节就来详细介绍电子邮件的结构。

10.3.1　Internet 文本信件的格式标准——RFC 822

在普通邮政系统中，一封信包括信封和信件内容两部分。同样，在 E-mail 系统中，一个电子邮件也可以视为包括信封（Envelope）和内容（Contents）两部分。邮件信封包括那些为了完成电子邮件的传送和分发所需要的信息，而邮件内容包括了发信人要递送给收信人的信息。在 RFC 821 和 RFC 2821 中对于 SMTP 的讨论，实际就规定了电子邮件信封的格式。信件内容的格式是由 RFC 822 和 RFC 2822 规定的。

在电子邮件系统的环境中，电子邮件信件是它传递的对象。最早规定电子邮件信件内容结构的标准是在 1982 年发表的，称作 RFC 822，至今它仍然是 Internet 上电子邮件信件的当前标准。RFC 822 定义了信件从主机传递到主机时需要的格式化方式。它的主要用途是为信件提供规范化的格式，使不同类型的网络可以相互传递电子邮件。该标准的最新文本是 RFC 2822。

RFC 822 的全称是“ARPA 因特网文本信件格式的标准”（Standard for the Format of ARPA Internet Text Messages）。深入了解邮件内容文本构成的格式和规范，对于电子邮件系统的软件开发者来说是非常重要的。发送方客户机软件必须将用户输入的相关信息，组织成合乎标准的电子邮件文本，然后才能使用 SMTP 将邮件发送出去。接收方客户机软件使用 POP3 将邮件接收回来以后，也必须对信件中的内容进行分类整理，把信件中的各种信息，如发信人、主题、时间和内容等，分别显示到窗口界面的不同位置，这就要求接收方软件能够按照标准识别信件所包含的信息。中间的传输代理软件也必须能够识别信件的格式。所以，无论是发送还是接收 E-mail 的软件，根据统一的信件格式标准来编写，彼此在进行邮件交流时就不会存在障碍。RFC 822 标准仅仅提供了电子邮件信件内容的格式和相关语义，并不包括邮件信封的格式。然而，某些电子邮件系统可能使用信件内容的信息来创建信封。

RFC 822 规定，电子邮件信件的内容全部由 ASCII 字符组成，就是通常所说的文本文件，因而标准将电子邮件信件称为 Internet 文本信件（Internet Text Messages）。从直观上看，信件非常简单，就是一系列由 ASCII 字符组成的文本行，每一行以回车换行符结束。行结束符常表示为“CRLF”，就是 ASCII 的 13 和 10。

从组织上看，RFC 822 将信件内容结构分为两大部分，中间用一个空白行（只有 CRLF 符的行）来分隔。第一部分称为信件的头部（the header of the message），包括有关发送方、接收方和发送日期等信息。第二部分称为信件的体部（Body of the message），包括信件内容的正文文本。信头是必需的，信体是可选的，即信体可有可无。如果不存在信体，用作分隔的空白行也就不需要了。信件头具有比较复杂的结构，信件体就是一系列的向收信人表达信息的文本行，比较简单，可以包含任意文本，并没有附加的结构，在信体中间，也可以有用作分隔的空白行。这样设计的信件便于进行语法分析，便于提取信件的基本信息。

在 RFC 822 中，并没有规定每一行的长度和信体的长度，但是在关于 SMTP 的 RFC 中进行了相关的规定。这些限制决定了电子邮件程序在产生信件时的行长和信长。一般说来，信件头和信件体都要受到两条限制：第一条是，每个文本行末尾的回车符 CR 和换行符 LF 必须连在一起，在信件头和信件体中不得出现单独的回车符或换行符；第二条是对于一行字符数的限制。

对于一行的字符数，有一个 1000/80 的限制规则。这是出于两种考虑。考虑到为了方便地实现电子邮件的发送、接收和存储，文本行的字符数必须符合 SMTP 等传输协议的限制，在 SMTP 中规定每一行最多能有 1000 个字符，因此一行的字符数必须不多于 1000。又考虑到大部分显示终端每行显示 80 个字符，为了增加可读性，建议每行限制在 80 个字符以内。这里的限额都包括行末的回车符和换行符在内。

对于信件的行数，RFC 822 没有特别的限制，但一些软件包和一些传递机制有它们的限制。

下面是一个电子邮件信件内容文本的实例，可以大致说明头部行的形式，头部的行由关键字和冒号开始，头部和正文部分由空行分隔开。

```
From: John_Q_Public@foobar.com
To: 912743.253843@nonexist.com
Date:Fri,1 Jan 99 10:21:32 EST
Subject: lunch with me?

Bob
    Can we get together for lunch when you visit next week? I'm free
On Tuesday or Wednesday - just let me know which day would prefer.
john
```

在这个实例中，除了发信人和收信人以外，头部还包括两个附加的字段，说明信件发出的日期及信件的主题。头部的字段有些是必需的，有些是可选的。发送方的电子邮件软件可以选择包含哪些可选的字段。在邮件传递的过程中，相关的电子邮件软件如果看不懂一个头部字段，就跳过它们并使之保持不变。这样，使用电子邮件系统通信的应用程序就可以在信件头部增加附加行来进行过程控制。更重要的是，软件供应商可以创建自己使用的头部字段，来实现具有附加功能的电子邮件软件。例如，如果收到的电子邮件包含一个特殊的头部字段，软件就知道该信息是由某个公司的软件产品所生成的。并可以根据这个字段提供的信息，生成该公司的产品广告。

10.3.2 信件的头部

1. 信头的一般格式

电子邮件信件的信头结构比较复杂。信头由若干信头字段（Header Field）组成，这些字段为用户和程序提供了关于信件的信息。要了解信头的结构就要弄清楚各种信头字段。

所有的信头字段都具有相同的语法结构，从逻辑上说，包括 4 部分，字段名（Field Name），紧跟冒号“:”（Colon），后跟字段体（Field Body），最后以回车换行符（CRLF）终止。即

信头字段 = 字段名：字段体 <CRLF>

字段名必须由除了冒号和空格以外的可打印 US-ASCII 字符（其值为 33～126）组成，大多数字段的字段名称由一系列字母、数字组成，中间经常插入横线符。字段名告诉电子邮件软件如何翻译该行中剩下的内容。

字段体可以包括除了 CR 和 LF 之外的任何 ASCII 字符。但是其中的空格、加括号的注释，引号和多行字段都比较复杂，另外，字段体的语法和语义依赖于字段名，每个类型的字段有特定

的格式。

RFC822 为信件定义了一些标准字段，并提供了用户自行定义非标准字段的方法。

2. 结构化字段和非结构化字段

每个信头字段所包含的信息不同，形式也就不同，信头字段大体可以分为结构化字段和非结构化字段两种。

结构化字段有特定的格式，由语法分析程序检测。Sender 字段就是一个很好的例子，它的字段内容是信箱，有一个离散的结构。非结构化的字段含有任意的数据，没有固定格式。例如，Subject 字段可以含有任意的文字，并且没有固定格式。非结构化的字段数量较少，只有 Subject、Comments、扩展字段、非标准字段、IN-Reply 和 References 等。所有其他字段都是结构化的。

3. 信头字段的元素

尽管 E-mail 信件的总体结构非常简单，但一些信头字段的结构是很复杂的。下面介绍一些大多数字段共有的元素。

（1）空白符。像其他文本文件一样，空白符包括空格符（ASCII 为 32）和制表符 Tab（ASCII 为 19）。此外，行末的回车换行符（CRLF）也应算是空白符。使用空白符可以对字段进行格式化，增加它的可读性。例如，每个字段间用 CRLF 来分离，在字段内用空格来分隔字段名和字段内容。在 Subject 后面的冒号和内容之间插入空格字符，会使字段结构更加清晰。在电子邮件信件中，空白符的使用并没有固定的规则，但应当正确地使用，仅在需要时才使用空白符，以便接收软件进行语法分析。

（2）注解。注解是由括号括起来的一系列字符，例如，（这份礼物）。注解一般用在非结构化的信头字段中，没有语法语义，仅提供了一些附加的信息。如果在加引号的字符串中有包括在括号中的字符，那是字符串的一部分，不是注解。在解释信件的时候，会将注解忽略掉，往往用一个空格字符代替它们，这样就什么也不会破坏。

（3）字段折叠。每个信头字段从逻辑上说应当是一个由字段名、冒号、字段体和 CRLF 组成的单一的行，但为了书写与显示的方便，增加可读性，也为了符合 1000/80 的行字符数的限制，可以将超过 80 个字符的信头字段分为多行。即对于比较长的字段，可以分割成几行，形成折叠。在结构化和非结构化字段中都允许折叠。通过在字段中某些点插入 CRLF 和至少一个或多个空白字符来实现字段的折叠，第一行后面的行称为信头字段的续行。续行都以一个空白符开始，这种方法称为折叠（folding），例如，标题字段 Subject: This is a test 可以表示为

```
Subject: This
is a test
```

反之，将一个被折叠成多行的信头字段恢复到它的单行表示的过程叫作去折叠（Unfolding）。只要简单地移除后面跟着空格的 CRLF，将折叠空白符 CRLF 转换成空格字符，就可以完成去除折叠。在分析被折叠的字段的语法时，必须把一个多行的折叠字段展开为一行，根据它的非折叠的形式来分析它的语法与语义。

（4）字段大小写。字段名称是不区分大小写的，所以 Subject、subject 或 SUBJECT 都是一样的。不过字段名称大小写有习惯的常用形式，如主题字段的大小写形式通常为 Subject。字段体的大小写稍微复杂点，要视情况而定。例如，Subject 后面的字段体，其中的大写可能就是缩写的专用名词，不能改动。

4. 标准的信头字段

下面分类介绍 RFC 822 中定义的常用的标准信头字段。

（1）与发信方有关的信头字段

① 写信人字段：说明信件的原始创建者，给出他的电子信箱地址。创建者对信件的原始内容负责。

格式：From：mailbox　<CRLF>

举例：From：wang@163.com　<CRLF>

② 发送者字段：说明实际提交发送这个信件的人，给出他的电子信箱地址。当发信人与写信人不一样时使用。例如，秘书替经理发信。发送者对发送负责。

格式：Sender：mailbox　<CRLF>

举例：From：wang@163.com　<CRLF>

　　　Sender：li@sina.com　<CRLF>

③ 回复字段：指定应当把回信发到哪里。如果有此字段，回信将会发给它指定的邮箱，而不会发给 From 字段指定的邮箱。例如，发送的是经理的信，但回信应交办公室处理。

格式：Reply-TO：mailbox　<CRLF>

举例：From：wang@163.com　<CRLF>

　　　Reply-TO：zhao@soho.com　<CRLF>

（2）与收信方有关的信头字段

① 收信人字段：指定主要收信人的邮箱地址，可以是多个邮箱地址的列表，地址中间用逗号隔开。

格式：TO：mailbox list　<CRLF>

举例：TO：zhang@263.com　<CRLF>

② 抄送字段：指定此信件要同时发给哪些人，也称为抄送。也可以使用邮箱地址列表，抄送给多个人。

格式：Cc：mailbox list　<CRLF>

举例：Cc：zhang@863.com　<CRLF>

③ 密抄字段：指定此信件要同时秘密发给哪些人，也称为密件抄送。也可以使用邮箱地址列表，密抄给多个人。

格式：Bcc：mailbox list　<CRLF>

（3）其他的信头字段

① 日期字段：Date 字段含有电子邮件创建的日期和时间。

格式：Date：date-time　<CRLF>

举例：Date：Tue,04 Dec 2004　16:18:08 +800　<CRLF>

② 信件主题字段：描述信件的主题。当回复信件时，通常在主题前面增加“Re:”前缀，标记为该信件为回复信件：当信件被转发时，通常在主题文字前面加上“Fw:”“Fwd:”这样的前缀。

格式：Subject：*text　<CRLF>

举例：Subject：Hello!　<CRLF>

　　　Subject：Re:Hello!　<CRLF>

③ 接收字段：是投递信件的特定邮件服务器所做的记录。处理邮件投递的每个服务器必须给它处理的每个信头的前面加一个 Received 字段，用以描述信件到达目的地所经过的路径以及相关信息。当跟踪各个电子邮件问题时，这个信息很有帮助。

格式：Received：

["from" domain]　　　　　　　//发送主机

["by" domain]　　　　　　　//接收主机

["via" atom]　　　　　　　//物理路径

["id" msg-id]　<CRLF>　　　　//接收者 msg id

举例：Received:from wang[195.0.0.1] by li[129.5.0.4]

Tue dec 2003 12:18:02 +800　　　<CRLF>

④ 注释字段：用于把一个注解添加到信件中。

格式：Comments：*text　　<CRLF>

⑤ 重发字段：当需要把收到的信件重发给另一组收信人的时候，可以保持整个原始信件不变，并简单地产生重发信件所要求的新信头字段。为避免与以前的字段相混。新添加的信头字段都加上 Resent-前缀字符串，它们的语法与未加前缀的同名字段相同。

格式：Resent-*　　　　　<CRLF>

举例：Resent-From　　　　<CRLF>

Resent-Sender　　　　<CRLF>

Resent-date　　　　　<CRLF>

Resent-Reply-To　　　<CRLF>

⑥ 信件标识字段：用于表示一个信件的唯一标识。该字段通常由 SMTP 服务器生成，这个值通常是唯一的。形式根据使用的软件而定。通常左边是标识符，右边指定计算机名。

格式：Message-ID：msg-id　　<CRLF>

信头字段的关键字表明电子邮件借用了办公室备忘录中的概念和术语。电子邮件使用与传统的办公室备忘录相同的格式和术语：头部包括与消息有关的信息，正文包括消息文本。电子邮件头部的行说明发送方、接收方、日期、主题和应当收到副本的人的列表。

像传统的办公室备忘录一样，电子邮件使用关键字 Cc 指明一个复写副本（Carbon copy），电子邮件软件必须向 Cc:后面的电子邮件地址表中的每个地址发送一份消息的副本。

传统的办公室过程要求备忘录的发送方通知接收方副本是否传给其他人。有时发送方希望将备忘录的一个副本发给别人，而不显示出有一个副本被发送出去。一些电子邮件系统提供这样的选项，遵循传统的办公室术语，用盲复写副本 Bcc（Blind carbon copy）来表示。创建消息的用户在关键字 Bcc 后给出一个电子邮件地址列表，指定一个或多个 Bcc。虽然 Bcc 在发送方出现，但当信息发送时，邮件系统将它从消息中除去。每个接收方必须检查头部的 To、Cc 和 Bcc 行以决定信息是直接发送还是作为 Bcc 发送的（有些邮件系统在正文部分附加信息来告诉接收者它是一个 Bcc）。其他接收者不知道有哪些用户接收到 Bcc。

5. 扩展的信头字段

如果想在信头中加入 RFC 822 中没有规定的字段，就需要创建非标准字段。方法非常简单，只要在自定义的信头字段名的前面使用 X-前缀。RFC 822 将这种方法称为扩展字段。事实上已经有许多扩展字段被广泛应用，但没有标准定义，如以下两种。

① X-LOOP 字段。X-LOOP 字段用来防止邮件的循环传送。过滤或邮件列表处理程序，可以给它处理的每个信件增加一个 X-LOOP 字段，以后就可以根据这个字段中含有的特别值，判断一个信件是否被循环传送。如果确认邮件发生了循环传送，过滤或邮件列表处理程序就可以用不同的方式处理该信件。

② X-Mailer 字段。X-Mailer 字段用于指示什么样的程序产生了这个信件，它是使用最广泛的扩展字段。产生邮件的软件可以为所有发送的信件增加合适的 X-Mailer 字段，该字段不仅含有软件的名称，还包含软件的版本号。例如，软件名为 Littlefox Mailer，版本为 V1.0， 可以将"X-Mailer:Littlefox Mailer V1.0"加到邮件信头中去。

其他的扩展字段还有很多，例如，

X-Charset：使用的字符集（通常为 ASCII）。

X-Sender：发送方地址的副本。

X-Face：经编码的发送方面孔的图像。

6. 信头中必须要有的字段

在 RFC 822 中定义了 20 多个信头字段，大体分为两类，一类是由写信人在创建信件时加的；另一类是由电子邮件软件在传送信件的不同阶段添加的。但只有少数几个信头字段是实际要求所必需的，另一些则是可选的。在创建信件时，必须使用 Date 或 Resent-Date 字段指定创建信件的日期，必须使用 From 字段指定创建该信件的人或程序的信箱，必须至少使用 To、Cc 或 Bcc 中的一个，或者与它们等效的 Resent-TO、Resent-CC 和 Resent-Bcc 中的一个，来指定接收信件的人。

除了这些创建信件时要求的信头以外，每个处理信件的邮件传输代理（MTA）必须在它处理的信件头部开始处加一个 Received 字段，就好像打了一个中转邮戳，这就是我们通常在许多信件的开始看到许多个 Received 字段的原因。

7. 建议的使用在信头中的字段顺序

一般来说，信头中的字段不要求任何特定的顺序，但 Received、Return-Path 和 Resent-*字段例外。Received 字段是在信件传送过程中，由经过的一系列的 MTA 增加的，必定放在信件的开始。Return-Path 字段只是在最后一个 MTA 投递前增加的，也放在信件的开始。因为这两类字段是为诊断问题提供跟踪信息的，所以它们的位置必须保持不变。另外，给信件增加的任何重发字段，即以 Resent-前缀开头的字段也必须放在信件的开始。

RFC 2822 给出了一个邮件信头字段的一般排列顺序：

```
the header of the message =
*(trace
*(resent-date /resent-from /resent-sender /resent-to /resent-cc /
      resent-bcc /resent-msg-id))
*(orig-date /from /sender /reply-to /to /cc /bcc /message-id /in-reply-to /
references /subject /comments /keywords /optional-field)
```

第一部分的所有以 Resent-为前缀的重发字段括在圆括号内，形成一个块（Block），是某个 TMA 转发信件时添加的，块前的星号表示这样的块可以有多个。前面的 trace 表示服务器添加的用于跟踪信件传递的 Received 和 Return-Path 字段，会放在重发块的前面，它们又与重发块形成一个结构，有可能多次重复。第二部分是由创建者写信时添加的字段，它们的顺序随意。

8. 在信头中同一字段的出现次数

RFC 2822 规定了各种字段在信头中出现的最少次数和最大次数。除了 Received、Return-Path 和 Resent-*字段以外，其他字段多次出现是没有必要的，一般来说，如果同一字段出现多次，有两种处理方法，可以使用第一个出现的字段内容，也可以使用最后一次遇到的字段的内容，由具体的电子邮件软件决定。

10.3.3　构造和分析符合 RFC 822 标准的电子信件

1．信件的构造

发送电子邮件的程序不仅要与 SMTP 服务器进行邮件会话，而且在发送之前还要进行电子信件的构造。通过以上介绍，我们已经了解了信件的基本构成，信件主要分为两大部分：信头和信体，在两部分之间用空白行隔开。

先构造信头，信头的必需字段有：一个 Date 字段、一个 From 字段，最少一个收信人字段。也可以根据需要加入其他的字段。信体部分比较简单，按照文本文件的方法编写就行。对于较长的信头字段或信体行，可以使用折叠的方法，把它们变为 80 个字符以内的行。

2．信件的语法分析

发送 E-mail 时，发送邮件程序要按照规范，构造要发送的信件；同样在接收邮件之后，接收邮件的程序要对信件进行结构和语法分析。信件的语法分析是构造信件的逆过程，通过分析，从中提取必要的信息，使用户最终看到的不是软件接收下来的原始信件，而是经过处理的有条理的信件内容。

一般首先将存在折叠的字段展开，将跨多行的字段去掉折叠字符合成一个完整的字段，并在信头中与其他字段分隔开来。去掉折叠的方法是将续行上面一行末尾的 CFLF 替换成空格符。其次对字段进行处理，将字段头和字段体分离开。然后显示相关字段的内容，并不需要显示所有的字段，一般需要显示发信人、收信人、主题和日期，不需要显示的字段内容可以不去理会。最后提取信件的正文内容。信件体和信头之间以空白行分开，根据这个特点可以很容易地将信头和信体区分开来。

10.4　MIME 编码解码与发送附件

10.4.1　MIME 概述

1982 年产生的 RFC 822，作为电子邮件的文本格式标准，在 Internet 上得到了广泛的应用。但随着 Internet 技术的发展和电子邮件的日趋广泛应用，RFC 822 的局限性越来越明显，这种局限性也来自于电子邮件的发送和接收协议的限制。

首先，RFC 822 规定电子邮件仅限于传送 7 位 US-ASCII 的文本，对于非英语的文字，如中文、俄文、带重音符号的法文或德文，都无法传送。对于可执行文件、音频或图像等二进制对象，当然也无法传输。其次，RFC 822 要求一行的长度不能超过 1000 字符，实际这是 SMTP 的限制，但对于可执行文件、音频或图像等二进制对象，是不能受此限制的。

为了能利用电子邮件传送各种信息，在 RFC 1341 中提出了一种方法，并在 RFC 2045 至 RFC 2049 中做了进一步的完善，这就是多用途 Internet 邮件扩展（Multipurpose Internet Mail Extensions，MIME）。这是一个成功的解决方案，正是由于 MIME 的出现，才使得现在电子邮件的应用如此广泛，成为飞速发展的 Internet 中最重要的应用之一。MIME 得到各种网络软件的广泛支持，已经成为电子邮件的标准。按照 MIME 标准构造的邮件称为 MIME 邮件，或 MIME 信件，有时也称为 MIME 实体（MIME entity）。

MIME 的基本思想是：第一，不改动 SMTP 和 POP3 等电子邮件传输协议；第二，仍然要继续使用 RFC 822 的格式来传输邮件。通过在邮件中添加新定义的信头字段，来增加邮件主体的结构；通过为非 ASCII 的消息定义编码规则，解决利用电子邮件传送非 ASCII 消息的问题。即在发送端将非 ASCII 消息编码为符合 RFC 822 的文本格式，仍然像以前一样，通过 SMTP、POP3 等协议传送，在接收端由邮件接收代理将其解码为原来的非 ASCII 消息，从而实现了 MIME 邮件在现有电子邮件程序和协议下的传送。MIME 通过扩展 RFC 822 规范，弥补了它的缺陷。图 10.4 所示为 MIME 和电子邮件协议的关系。

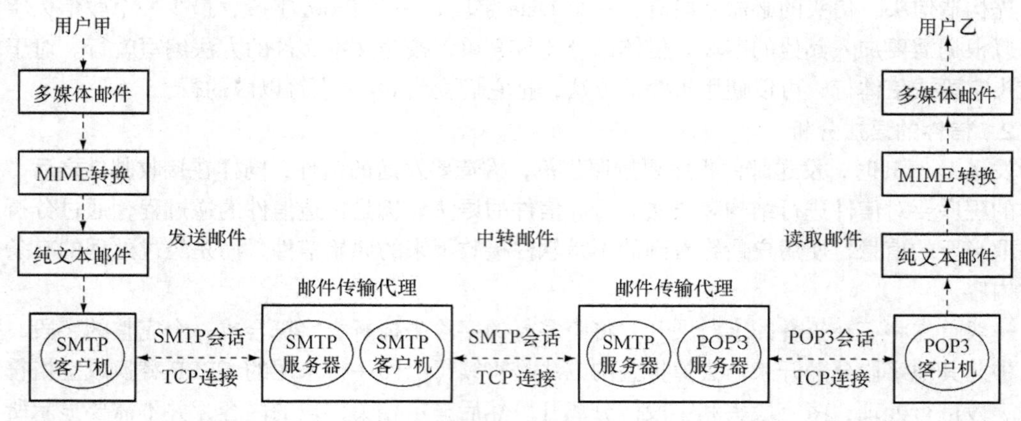

图 10.4　MIME 与电子邮件协议之间的关系

MIME 主要包括三部分内容。

（1）扩展了可以在邮件中使用的信头字段。这些新定义的信头字段说明了 MIME 的版本、邮件内容的类型、编码方式，以及邮件的标识和描述等信息。

（2）定义了邮件信体的格式，给出了多媒体电子邮件的标准化表示方法，为信体增加了结构。而在 RFC 822 中，对邮件信体没有做任何结构方面的规定。

（3）定义了传送编码方法，可以将任何格式的内容转换为符合 RFC 822 的 ASCII 文本格式。

按照 MIME 规范，可以构造复杂的邮件，发送附件就是利用 MIME 实现的。

10.4.2　MIME 定义的新的信头字段

MIME 定义了 5 个新的信头字段，可以与原有信头字段一样，用在 RFC 822 邮件的首部中。

1. MIME 版本信头字段

格式：MIME-Version:1.0　<CRLF>

此字段用于标识使用的 MIME 版本号，目前 MIME 只有 1.0 版。如果是 MIME 邮件，就必须有 MIME 版本信头字段；如无此行，则说明邮件是原来那种 RFC 822 的英文文本。设置这个字段是为了将来出现更高的 MIME 版本号时，解决发送、接收软件双方的兼容性问题。

2. 邮件唯一标识信头字段

格式：Content-ID：唯一标识信件的字符串　<CRLF>

此字段提供一种唯一标识 MIME 实体的方法，与 Message-ID 信头字段类似。借助这个唯一标识，可以实现在一个 MIME 实体中引用其他的 MIME 实体。如果邮件的内容类型是 Message/External-body，就需要使用此字段；对于其他类型，这个字段是可选的。

3. 邮件内容描述信头字段

格式：Content-Description: 描述文本　<CRLF>

描述文本是可读的字符串，简要说明 MIME 邮件的内容或主题，收信人可以据此决定是否值得解码和阅读该邮件。

4. MIME 邮件的内容类型信头字段

格式：Content-Type:主类别标识符/子类别标识符 [；参数列表] <CRLF>

例如：Content-Type: Text/Plain; Charset ="gb2312"<CRLF>

此字段说明特定的 MIME 实体中所包含数据的类型，类型不同，邮件体的内部结构也随之不同。它也说明了邮件的性质，是 MIME 中的主要字段，在 10.4.3 小节中详述。

5. 内容传送编码方式信头字段

格式：Content-Transfer-Encoding: 编码方式标识符 <CRLF>

此字段指定在传送邮件时，如何对邮件的主体进行编码，在 10.4.4 小节中详述。

10.4.3　MIME 邮件的内容类型

1. 概述

Content-Type 是 MIME 对 RFC 822 扩展的最主要的信头字段，用于指定 MIME 邮件内容的类型，包含丰富的信息。Content-Type 信头字段的目的是充分地描述包含在信体中的数据，使得接收用户代理能够选择适当的代理或机制来将这些数据呈现给用户，或者，用正确的方法处理这些数据。这个字段的值叫作媒体类型（Media Type）。本小节对这个字段进行详细的说明。它的一般格式是：

Content-Type：邮件内容媒体主类型名/子类型名[；参数列表] <CRLF>

这个字段由 3 部分组成。

第一部分是关键字。

第二部分是邮件内容媒体主类型名（Media Type Identifiers）和子类型名（Subtype Identifiers），说明邮件内容的媒体类型。如果邮件使用了 Content-Type 字段，这两个标识符就必须明确给出，并且不区分大小写，它们中间要用斜杠分开。一般来说，媒体主类型名用来宣布数据的一般类型，而子类型说明该数据类型的特定格式，因此，一个媒体类型“image/xyz”是要告诉用户代理，数据是一个图像，即使该用户代理全然没有关于特定的图像格式“xyz”的知识，也可以使用这样的信息，来决定是否向用户显示来自未识别的子类型的原始数据。对于 text 的未识别的子类型，这样的行为可能是有理由的，但是对于 image 或 audio 的未识别的子类型，则是没有理由的，因此，text、image、audio 和 video 的注册的子类型，不应包括嵌套的具有不同类型的信息。这样的复合格式应当使用“multipart”或“application”类型来表示。

第三部分是一个以分号隔开的参数列表，参数的顺序无关紧要。将它们括在中括号内，表示参数列表是可选的。参数用于控制内容类型的解释，大多数内容类型都有相应的参数。参数列表的格式是：

```
; 参数名=参数值; 参数名=参数值; ……
```

参数值最好放在引号中间，在参数值中不允许直接出现以下字符：( )<>@,;:\"/[]?=。如果有，应该使用引号。下面的写法是比较好的编写习惯。

```
Content-Type:text/HTML;charset ="GB2312"
```

参数是媒体子类型的修正器，但并不影响内容的性质，有意义的参数的集合依赖于媒体主类型和子类型，大多数参数与一个单一的特定的子类型相关，然而，一个给定的媒体主类型可以定义一些参数，可以把它们应用到该主类型的任何子类型上，参数可能是它们的内容类型或子类型所要求的，也可能是可选的，MIME 实现必须忽略哪些不能识别其名字的任何参数。

例如，“charset”参数可以应用到“text”的任何子类型。而“boundary”参数是媒体主类型“multipart”的任何子类型所要求的。

没有可以应用到所有媒体类型上的全局意义的参数。

在 RFC 2046 中定义了 7 个基本的内容主类型（Top-level Media Types），每一种都有一个或多个子类型，共计 15 个子类型，表 10.1 列出了它们的标识符，并做了简单说明。此后随着需求的增长，又不断加入了许多新的类型和子类型。以下将详细说明各种内容类型和它们的子类型。

表 10.1　　RFC 2046 中定义的邮件内容类型和子类型

内容主类型标识符	子类型标识符	说明
Text（正文）	plain	不包含格式化信息的无格式文本
	enrich	包含简单格式化标记的文本
Image（图像）	gif	GIF 格式的静止图像
	jpeg	JPEG 格式的静止图像
Audio（音频）	basic	用 PCM（脉码调制）获得的音频数据
Video（视频）	mpeg	MPEG 格式的影片
Application（应用）	octet-stream	不加解释的不间断的字节序列
	postscript	PostScript 格式的可打印文档
Message（报文）	rfc822	MIME RFC 822 邮件
	partial	为了传输而将一个邮件分成几个
	external-body	必须从其他地方获取邮件的内容
multipart 多部分	mixed	按照特定顺序的几个独立部分
	alternative	不同格式的同一邮件
	parallel	必须同时读取的几个部分
	digest	每一个部分是一个完整的 RFC 822 邮件

在将来，还可以定义更多的顶级类型，如果其他的顶级类型需要使用，它的名字必须用“X-”开始，来表示它的非标准状态，以避免与一个将来的官方名字的潜在的冲突。

2. Text 媒体类型

Text 媒体类型用于直接的 ASCII 文本的内容，常用的子类型有 plain、enrich 和 HTML 等。

（1）Content-type:text/plain [; charset="us-ascii"]。text/plain 媒体类型用于不包含任何格式化信息的普通邮件，信件由普通可打印字符组成，可以是 US-ASCII，也可以是汉字，这些数据没有经过格式化，即不包括任何格式化命令、字型字体说明或文本标记，看上去就是字符的线性序列，可能分行分页，直接浏览阅读就可以。例如，用记事本（Notepad）创建的文档，接收后无须解释任何格式规定，就可以直接显示出来。可选参数是 charset，用于指定 Text 所使用的字符集，缺省时取默认值 US-ASCII。对于包含汉字的文本，常使用 GB 2312 字符集。例如：

```
Content-type: text/plain; charset="GB2312"
```

如果邮件信头中没有 Content-type 字段，那就相当于使用了如下形式：

```
Content-type: text/plain; charset="us-ascii"
```

就是说，这就是邮件内容类型的默认值，实际就是指由最初的 RFC 822 定义的邮件信体类型。

（2）Content-type:text/enrich。text/enrich 子类型允许在文本中包含一种简单的标记语言，来表示文本的颜色、字体和对齐的格式，类似于现在使用的 HTML，但功能少得多。例如下面的文本：

本书的<BOLD>主要内容</BOLD>为：介绍<ITALIC>网络编程</ITALIC>知识。

这种格式与 HTML 控制显示格式的方式非常相似，如表 10.2 所示，相信读者不难理解。

表 10.2　text/enrich 子类型的文本中可用的标签

标签	描述	标签	描述
<BOLD>	文字加粗	<CENTER>	文字居中
<ITALIC>	文字倾斜	<FLUSHLEFT>	文字左对齐
<UNDERLINE>	文字加下划线	<FLUSHRIGHT>	文字右对齐
<PARAM>	提供属性参数	<FLUSHBOTH>	文字两端对齐
<SMALLER>	缩小文字	<NOFILL>	不带段落填充地显示文字
<BIGGER>	增大文字	<PARAINDENT>	控制页边界位置
<FIXED>	使用定宽文字	<EXCERPT>	作为节录材料显示文字
<FONTFAMILY>	指定字体	<LANG>	设置语言
<COLOR>	指定颜色		

随着 HTML 的出现，ENRICH 类型的使用很快被 HTML 所代替，无论是显示格式的种类或是标准上，HTML 都有 ENRICH 无法比拟的优越性。

（3）Content-type:text/html。text/html 子类型是在 RFC 2854 中增加的，为了适应 Web 的流行，可以在 RFC 822 的电子邮件中发送 Web 页面。相信大家都很熟悉 HTML，要是在自己实现的邮件程序中正确显示 HTML 内容，一般需要使用第三方提供的浏览器控件。随着可扩展标记语言（XML）在网上的流行，RFC 3023 又定义了一个子类型：text/xml。

3. Image 媒体类型

Image 媒体类型用于在电子邮件中传输静止的图片，有 gif 和 jpeg 两种子类型。

```
Content-type:image/gif
Content-type:image/jpeg
```

Image 媒体类型指示邮件的信体中包含了一幅静态图像，随后的子类型名说明了图像的格式。静态图像的存储和传输格式有许多种，可以是压缩的，也可以是非压缩的，在所有的浏览器中，都内置了对 GIF 和 JPEG 格式的支持。所以最初的 Image 类型定义了这两个子类型，但后来又加入了许多其他图像格式。图像数据是二进制的，一般采用 Base64 编码。

4. Audio 媒体类型

Audio 媒体类型有两种子类型。

```
Content-type:autio/basic
Content-type:autio/mpeg
```

Audio 媒体类型指示邮件的信体中包含了音频数据，随后的子类型名说明了音频信息的格式。用于在邮件中传输声音，basic 子类型是最初定义的，当时人们对于在计算机上使用的音频数据格式还没有统一的意见。autio/basic 媒体类型的内容，是单声道的音频，用 8bit 的 PCM 编码，采样速率是 8000Hz，形成的就是基本的波形文件。人们一直在寻找质量更高、占用带宽更少的音频格式，后来在 RFC 3003 中又增加了新的音频子类型：audio/mpeg，从而使人们可以通过电子邮件来发送 MP3 音频文件。音频数据是二进制的，一般采用 Base64 编码。

5. Video 媒体类型

```
Content-type:video/mpeg
```

Video 媒体类型指示邮件的信体中包含了动态的视频图像，随后的子类型名说明了图像的格式，用来在电子邮件中传输运动的图像，MPEG 是由运动图像专家组（Moving Picture Experts Group）定义的视频格式，在网络中广泛使用。但是要注意，video/mpeg 子类型只包含可视信息而不包含声道，如果要传输一部有声电影，要分开传输视频和音频部分。

6. Application 媒体类型

Application 媒体类型用于那些不能归入上述类别的数据，尤其是那些需要由某种类型的应用程序处理的数据。只有经过特定的应用程序处理，这些信息才能为人们浏览或使用。此类型可以用于文件传输、账单、基于邮件的调度系统的数据，甚至动态的语言，例如，一个会议的调度者可能定义了一种关于开会日期信息的标准的表示方法，一个智能的用户代理可能会使用这个信息产生一个对话框，与用户交互，也可以基于这个对话框，向用户发送其他的信息。该媒体类型主要有 octet-stream 和 postscript 两种子类型。

（1）Content-type: Application/octet-stream。octet-stream 子类型用于在电子邮件中传输一个含有任意数据的实体。内容是一个未解释的字节序列。当内容类型未知或者对数据没有具体定义媒体类别时，通常使用它描述。当用户代理接收到这个字节流时，一般提示用户输入用户名，将它复制到一个文件中。接下来的操作由用户自己决定。

（2）Content-type: Application/postscript。postscript 子类型用于标识一个实体的内容是 postscript 代码。postscript 是由 Adobe 公司定义的用来描述打印页面的命令语言，因为含有可执行代码，它的内容必须毫无损失地到达目的地，通常使用 Quoted-Printable 编码，以避免因为长度限制或在通过 Internet 网关时被破坏。

7. Message 媒体类型

此类型用于消息的封装，主要有 rfc822、partial 和 external-body 子类型。

（1）Content-type: Message/ rfc822。Message/rfc822 媒体类型提供在一个信件中打包另外一个信件的简单方法。这种情况通常发生在转发邮件时，将原来的邮件原封不动地打包，再转发给另一个收信人。对于这种情况，CONTENT-TRANSFER-ENCODING 信头字段的值一般设置为 7bit，不再进行编码，因为被转发的原信件已经做了编码处理，可能使用了 Quoted-Printable 编码，也可能使用了 Base64 编码，是符合 RFC 822 规范的文本，再次编码是多余的。

例如：

```
Date: Tue, 08 Dec 2004 16:30:18 +0800      // 转发的日期
From:_Ye@sina.com                          // 转发人
Subject: How are you                       // 主题未变
To: zhang@163.com                          // 转发的收信人
MIME-Version: 1.0                          // MIME 版本
Content-type: message/RFC822               // 说明以下的部分是一封 RFC822 的信件
From: Li@sohu.com                          // 原信的写作者
To: Ye@sina.com                            // 原信的收信人
Date: Tue, 06 Dec 2004 16:30:00 +0800      // 原信的发送日期
                                           // 分隔信头和信体的空行
How are you!                               // 原信的内容
```

（2）Content-type: Message/partial。Message/partial 媒体类型为大尺寸信件的传送，指定了一种分批传送的方法，可以把大的实体分成多个部件，并分开传输每个部件；在接收端，通过该类型的参数，可以将所有的部件按照正确的顺序重新组装起来。在发送和传递邮件的服务器间有信

件尺寸限制的情况下，使用这种方法可以发送较大的信件。

这个类型有 3 个参数：ID 参数是信件标识，与 MESSAGE-ID 类似，用于标识哪些部件是属于同一组的，同属于一组的所有部件的该参数值必须是一样的。TOTAL 参数标识一共将大信件分成了多少部件。NUMBER 参数指出本部件是分割后的第几个实体，为接收端排序提供了信息。在收到信件后，就根据这几个参数组装信件。下面的例子来自 RFC 2046，将一封长信分成两封信件。

分隔后的第一封信（第一部分）如下：

```
X-Weird-Header-1: Foo
From: Bill@host.com
To: joe@otherhost.com
Date: Fri, 26 Mar 1993 12:59:38 -0500 (EST)
Subject: Audio mail (part 1 of 2)
Message-ID: <id1@host.com>
MIME-Version: 1.0
Content-type: message/partial; id="ABC@host.com";
              number=1; total=2
X-Weird-Header-1: Bar
X-Weird-Header-2: Hello
Message-ID: <anotherid@foo.com>
Subject: Audio mail
MIME-Version: 1.0
Content-type: audio/basic
Content-transfer-encoding: base64
```

（这里是编码的音频数据的第一部分）

分隔后的第二封信（第二部分）如下：

```
From: Bill@host.com
To: joe@otherhost.com
Date: Fri, 26 Mar 1993 12:59:38 -0500 (EST)
Subject: Audio mail (part 2 of 2)
MIME-Version: 1.0
Message-ID: <id2@host.com>
Content-type: message/partial;
     id="ABC@host.com"; number=2; total=2
```

（这里是编码的音频数据的第二部分）

当分片的信件到达接收端，并被重新组装后，得到的信件如下：

```
TX-Weird-Header-1: Foo
From: Bill@host.com
To: joe@otherhost.com
Date: Fri, 26 Mar 1993 12:59:38 -0500 (EST)
Subject: Audio mail
Message-ID: <anotherid@foo.com>
MIME-Version: 1.0
Content-type: audio/basic
Content-transfer-encoding: base64
```

（编码的音频数据的第一部分）

（编码的音频数据的第二部分）

值得注意的是，描述分隔前的信件的信头信息放在第一封信件中，两封信都加上了分隔相关的信头，在重新组装时，把分隔相关的信头去掉。因此，第一封信件的结构比第二封信件的结构要稍微复杂一些。

（3）Content-type: Message/external-body。Message/external-body 媒体类型用于非常长的邮件，例如，使用电子邮件传送一部视频电影。它不是将 MPEG 文件包含在邮件中，而是给出一个 FTP 地址，接收方的用户代理在需要时，才通过网络下载该文件，如果不需要，就不再下载。通常，如果信件采用了 Message/external-body 媒体类型，就说明邮件中并不包含真正的信体内容，而仅仅是给出了获取信体内容的机制或方法。信体内容在另外一个地方，接收方的用户代理可以根据此邮件的指示，用相应的机制或方法获取真正的信体内容。此类邮件的典型格式是：

```
Content-type:  message/external-body;      // 第一部分信头
               access-type=local-file;
               name="/u/nsb/Me.jpeg"
                                           // 空行，分隔两部分信头
Content-type: image/jpeg                   // 第二部分信头
Content-ID: <id42@guppylake.bellcore.com>
Content-Transfer-Encoding: binary
                                           // 空行，表示第二部分信头的结束
THIS IS NOT REALLY THE BODY!               // 这里可以添加一些辅助信息，但不是真正的信体。
```

从上面的例子中可以看出，Message/external-body 媒体类型的邮件有两部分信头，中间用空行分开。第一部分信头只有一个 Content-type 字段，说明媒体类型是外部的，真正的信体在外部，它的参数交待了获取真正信体的机制或方法，在这一部分，只能使用 US-ASCII。第二部分信头用来说明信体的性质，它的媒体类型、标识和编码类型等。第二部分信头中必须要有 Content-ID 字段，来唯一标识外部被封装的实体。这个标识可能用于缓存机制，当参数 access-type 是“mail-server”时，也可能用来识别数据的接收者，第二部分信头的后面跟着一个空行，空行后面的部分称为幽灵信体（“phantom body”），一般会被忽略，但有时也可以给出一些辅助信息，当参数 access-type 是“mail- server”时，就需要使用它。

8. Message/external–body 媒体类型的参数及使用

（1）Message/external-body 媒体类型使用的基本参数：

① 参数 Access-type：访问类型，是最基本的，对于每一个 Message/external-body 媒体类型一定要有此参数，它的值是一个词，不区分大小写，指定所支持的获得文件或数据的访问机制。例如，Access-type = FTP，表 10.3 所示为此参数的取值范围。

表 10.3　　Access-type 参数的取值

参数值	描述
FTP	访问方法是 FTP
ANON-FTP	访问方法是匿名的 FTP
TFTP	访问方法是 TFTP
LOCAL-FILE	引用的是本地机器的一个文件
MAIL-SERVER	通过邮件服务器取得
URL	指明文件的 URL 地址，通常是通过 HTTP 取得

② 参数 Expiration：过期日期，它的值是一个日期，超过该日期后，不能保证所指定的外部数据还存在。例如：Expiration：TUE，06 DEC 200116：29：02+0800。

③ 参数 Size：数据的尺寸，指明外部数据在编码之前或解码之后的大小，接收者可以据此来准备必要的资源，例如接收缓冲区，以便接收外部数据。

④ 参数 Permission：准许，它的值可以是“read”，也可以是“read-write”，不区分大小写，如果此参数的值是“read”，客户机端不能试图重写数据，这也是默认值；如果取“read-write”，则可以。

访问类型（Access-type）参数是一定要有的，而对于其他 3 个参数，无论选择的访问类型是什么，都可以使用，但它们总是可选参数。另外一方面，对于不同的访问类型，可能还需要一些其他的参数。下面说明各种访问类型。

（2）FTP 访问类型：指明信体数据包含在一个文件中，使用 FTP 可以访问它。还必须要有如下两个参数。

① NAME：包含实际信体数据的文件名。

② SITE：站点的完整域名，使用相应的协议可以从该站点获得指定的文件。

当然，要使用 FTP 来获得数据文件，首先要登录到该站点，这就需要账户名和口令，但为了安全，访问 FTP 站点的账号和密码不在该字段的参数中，必须从用户处获得。

另外，还有几个参数是可选的。

① Directory：用于指定文件所在的目录。

② Mode：用于指定 FTP 传输模式，如果取值是“IMAGE”，就以二进制方式传输；如果取值是“ASCII”，就以文本方式传输。例如：

```
Content-type: message/external-body;
      Access-type = FTP;
      Site = ftp.cc.com;
      Name ="my.mpeg";
      Directory ="/pub/video";
      Size = 1234567
```

（3）ANON-FTP 访问类型：与 Access-type=FTP 一样，唯一不同的地方是通过匿名 FTP 登录获得文件。匿名 FTP 的账号为 Anonymous，密码为登录者的电子邮件信箱名。

（4）TFTP 访问类型：指明数据文件是通过 TFTP（普通文件传输协议）的方法取得的，与 FTP 类似。

（5）LOCAL-FILE 访问类型：用于引用本地机器上的一个文件夹。这种类型有两个常用的参数，NAME 参数用于指明文件名，一定要有。SITE 参数是指定一个或一组计算机的域名，在这些计算机上可以访问到指定的文件。例如：

```
Content-type: message/external-body;
      Access-type =LOCAL-FILE;
      Name ="/pub/video/my.mpeg";
      Site ="10.12.123.* "
```

在上面的例子中，SITE 参数使用了星号通配符，指定了一批机器，表示在 10.12.123.1～10.12.123.254 范围内的机器都可以访问。

（6）MAIL-SERVER 访问类型：指明可以通过邮件服务器访问到数据文件。必需的参数是 SERVER，用于指定邮件服务器的地址说明，参数 SUBJECT 是可选的，指定发送到该服务器的附加信息。

（7）URL 访问类型：根据 URL 的意义，访问指定的文件，通常是通过 HTTP 取得，例如：

```
Content-type: message/external-body;
        Access-type =URL;
        URL ="http://www.163.com/index.html"
```

9. Multipart 媒体类型

利用 Multipart 媒体类型可以将多个不同的数据集合组合成一个单一的信体，称为多部件信体。以下是一个包含了两个部件的多部件信体的结构：

```
......
（这里省略了一些多部件邮件的信头部分的字段）
Content-type: multipart/mixed; Boundary = 5566
（这里是其他信头字段）

--5566                                // 边界行
（部件一的信头部分，或者是空白行）
（部件一的信体部分）
--5566                                // 边界行
（部件二的信头部分，或者是空白行）
（部件二的信体部分）
--5566--                              // 结尾边界行
```

可以看到，一个多部件电子邮件有一个前导的信头部分，其中的 Content-type 字段指示该邮件的内容类型是 Multipart 媒体类型，该字段的 Boundary 参数指定了划分部件边界的特定字符串，实际的边界行由两个横线后跟这个边界字符串组成。邮件体包含多个部分，在每个部分的开始和结束处明确地划分出界线。每个部件有它自己的信头和信体，其结构与一个非复合的信件相同，其中部件的信头部分可以没有，但需要提供一个空白行，便于其他处理电子邮件的软件来识别。

许多电子邮件程序允许用户在一个文本消息中，提供一个或多个附件，这些附件可以通过 Multipart 媒体类型来发送，往往邮件正文是它的第一个部件，附件是其他的部件。

Multipart 媒体类型的子类型很多，包括 mixed、alternative、digest、parallel 和 report 等，其中 mixed 和 alternative 最常用。下面做简单介绍。

（1）mixed 子类型允许单个报文含有多个子报文，每一个子报文是一个部件，有自己的类型和编码，每个部件都不相同，各个部件（实体）间没有特定的关系，通常是各自意义分离的。这个子类型使用户能够在单个邮件中附上文本、图像和声音，或者发送一个备忘录。发送电子邮件附件时，多半采用 mixed 子类型，将附件作为邮件的一个部件来发送。

（2）alternative 子类型允许将同一个消息包含多次，但被表示成多种不同的媒体形式。就是说，各部件的原始数据都是相同的，只是格式不一样。一般来说，首选的部件在最后。这种类型是为了使拥有不同硬件和软件系统的收信人都能以恰当的方式处理信件。例如，用户可以同时用普通的 ASCII 文本格式和格式化的 HTML 格式发送同一文本，拥有图形处理功能的计算机用户在查看信件时，就可以使用后一种格式，用浏览器查看。

（3）parallel 子类型允许单个邮件中含有可以同时显示的多个子部分，例如，一部电影的图像和声音就必须同时播放。

（4）digest 子类型允许单个邮件含有一组其他报文。

下面是一个多部件信件的例子，每行后面给出了说明。

```
From: "=?GB2312?B?XXXXXXXXXX=?="                  // 发信人，进行了编码
```

```
To: Li@163.com                                         // 收信人
Subject: =?GB2312?B?XXXXXX=?=                          // 主题，进行了编码
Date: Wed, 8 Apr 2004 16:16:16 +0800                   // 发信的日期时间
MIME-Version: 1.0                                      // MIME 版本
Content-type: multipart/mixed;                         // 内容类型是多部分/混合型
   boundary ="NextPart_000_00A"                        // 指定一级边界特征字符串
X_Priority: 3                                          // 这里可以添加一些自定义的信头
...

--NextPart_000_00A                                     // 第一部分的边界
Content-type: multipart/alternative;                   // 部件 1 中又嵌套了一个多部分实体
   boundary ="NextPart_001_00B"                        // 指定二级边界特征字符串

--NextPart_001_00B                                     // 二级边界
Content-type: Text/plain; charset ="GB2312"            // 部件 1.1 是简单文本
Content-Transfer-Encoding: quoted-printable            // 采用可打印的引用编码方式

=A9=ED=BF=C0=BA=CF=BE=D6=D3                            // 部件 1.1 的体部

--NextPart_001_00B                                     // 二级边界
Content-type: Text/HTML; charset ="GB2312"             // 部件 1.2 是 HTML 文本
Content-Transfer-Encoding: quoted-printable            // 采用可打印的引用编码方式

<HTML>                                                 // 部分 1.2 的体部
<HEAD>
<META……>
</HEAD>
<BODY bgColor=3D#ffffff><DIV><FONT color=3D#000000  size=3>
=A9=ED=BF=C0=BA=CF=BE=D6=D3              // 仅这一行需要编码，内容与部件 1.1 的体部相同
</FONT></DIV></BODY></HTML>
--NextPart_001_00B                                     // 二级边界结尾
--NextPart_000_00A                                     // 一级边界
Content-type: Text/plain; charset ="GB2312"            // 部件 2 是简单文本
Content-Transfer-Encoding:Base64                       // 采用 Base64 编码方式
Content-Disposition: attachment; file ="Index.txt"

MTK512……
（这里是文件内容的 Base64 编码）

--NextPart_000_00A                                     // 一级边界结尾
```

注意到，部件 1 嵌套着另一个多部件实体，媒体类型是 MULTIPART/ALTERNATIVE，表明其他的每个子实体的原始数据都一样，只是数据的格式不一样。很明显，部件 1.1 与部件 1.2 的原始数据都是经过 quoted-printable 编码后的字符串：=A9=ED=BF=C0= BA=CF=BE= D6=D3，但格式不一样。一个是 Text/plain，为直接可读文本，另一个是 Text/HTML，必须经过浏览器解释后才显现效果。部件 2 的数据是一个采用 Base64 编码的附件文件，名称为 Index.txt。

对 Multpart 媒体类型子类型的详细介绍，可参看 RFC 2046。

10.4.4 MIME 邮件的编码方式

MIME 新增加的 Content-Transfer-Encoding 信头字段，用来指定邮件内容的编码方式。编码的最终目的，是要将非 ASCII 信息转换为符合 RFC 822 格式的 ASCII 文本，并且要解决超过允许长度的数据行的问题。该字段有 5 种取值，提供了 5 种编码方式：7bit、8bit、Binary、Base64 和 Quoted-printable。每个值都不区分大小写。符合 MIME 规范的邮件处理程序必须能对这些编码正确处理。

1. MIME 编码概述

（1）7bit 编码方式

```
Content-Transfer-Encoding: 7bit
```

7bit 编码就是 RFC 822 规定的 ASCII 文本，行中可以包括小于 128 的任何 ASCII 值，不包括 0、CR 和 LF。一行的长度，包括行的结束符 CRLF 在内，不应超过 1000 字节，这是默认的编码方式，如果不提供 Content-Transfer-Encoding 字段，就使用 7bit 编码。

（2）8bit 编码方式

```
Content-Transfer-Encoding: 8bit
```

8bit 编码也要遵守行的长度规定，即包括行的结束符 CRLF 在内，行长不应超过 1000 字节。与 7bit 编码不同的是，除了 CR 和 LF 字符，8bit 编码也可以使用 0～255 的字节值。这种编码较少使用。

（3）Binary 编码方式

```
Content-Transfer-Encoding: binary
```

Binary 编码用于任意二进制数据，对行的长度和允许的字符没有任何限制，可执行程序就属于这一类，在 MIME 信件实体里包含这种数据是不合法的，仅仅是有的人要尝试这样做。以这种方式显式地指出，接收的软件也好做适当的处理。

（4）Base64 编码方式

Base64 编码方式可以把任何二进制数据编码成符合 RFC 822 的文本格式，使它们能够通过电子邮件在 Internet 上传送，在处理二进制数据作为邮件实体内容发送时，这种编码方式应用最广泛。可以说，Base64 编码是 MIME 的基础和核心。后面会专门介绍 Base64 编码算法。

（5）Quoted-printable 编码方式

这种编码称为可打印的引用编码（Quoted-printable Encoding），如果要发送的内容大部分都是 ASCII 字符，仅有少量非 ASCII 字符，或者要求行长度不要超过 80 个字符时，使用这种编码要比 Base64 编码的效率高，并且易于实现。后面会专门介绍 Quoted-printable 编码算法。

2. Base64 编码算法

在进行 Base64 的编码时，首先要将被编码的数据看成一个字节序列，不分行。然后按照以下 3 个步骤反复进行编码。

第一步：顺次从要编码的字节序列数据中，取出 3 个字节，作为一组，该组包含 24 bit。

第二步：将一组的 24 个 bit，再顺次分为 4 个 6 bit 的小组，并在每小组的前面补两个零，形成 4 个字节。这 4 个字节的值都在 0～63 范围内。

第三步：根据小组的每个字节的数值，按照表 10.4 的对应关系，将它们分别转换为对应的可打印 ASCII 字符。

顺次对要编码的数据字节序列，重复进行以上处理，直到所有的数据编码完成为止。

表 10.4　　　　　　　　　　　　　　　　Base64 编码的对应关系

值	字符	值	字符	值	字符	值	字符	值	字符	值	字符	值	字符
0	A	10	K	20	U	30	e	40	o	50	y	60	8
1	B	11	L	21	V	31	f	41	p	51	z	61	9
2	C	12	M	22	W	32	g	42	q	52	0	62	+
3	D	13	N	23	X	33	h	43	r	53	1	63	/
4	E	14	O	24	Y	34	i	44	s	54	2		
5	F	15	P	25	Z	35	j	45	t	55	3		
6	G	16	Q	26	a	36	k	46	u	56	4		
7	H	17	R	27	b	37	l	47	v	57	5		
8	I	18	S	28	c	38	m	48	w	58	6		
9	J	19	T	29	d	39	n	49	x	59	7		

这个转换表很有规律，首先使用 26 个大写英文字母，用“A”代表 0，用“B”代表 1……然后是 26 个小写英文字母，接下来是 0～9 十个数字，最后用“+”代表 62，用“/”代表 63。这些字符都是可打印字符，选择这些字符是因为它们经过电子邮件网关传输时不会被破坏。

此外，编码过程中还需要注意两点。

（1）如何将编码后的文本行控制在 76 个字符以内。按照 RFC 822 的要求，应当将编码后的文本行控制在 76 个字符以内。这只需要在编码后的字符序列中，每 76 个字符插入一组 CRLF（回车换行），然后就可以发送，在接收端译码时，应首先将碰到的 CRLF 符删除，再按照 Base64 的方法译码。在原来要编码的数据中可能有 CR（0A）和 LF（0D）字符，但它们经过编码后，变成了“K”和“N”，不会与后来插入的 CRLF 字符相混。

（2）编码时最后一组不满 3 个字节怎么办。Base64 编码时，按照 3 个字节一组进行，最后一组就有可能剩下 1 个或两个字节。编码时，一方面对有效的数据要进行编码，另一方面要让接收端能判断出最后一组剩下的有效数据究竟有几个字节。方法是：首先补充全零的填充字节，将最后一组补够 3 个字节，然后按照上述方法进行编码，在第三步映射成字符后，要将编码后的末尾一个或两个字节替换为“=”字符。如果最后一组只剩一个数据字节，那么产生的 4 个编码数据中，只有前两个带有剩余数据字节的位，就应将 4 个编码数据的后两个字节都替换成等号。如果最后一组剩下两个字节，那么产生的 4 个编码数据中，前 3 个带有剩余数据字节的位，这时就将 4 个编码数据的最后一个字节替换成等号。注意到，等号并不包含在上面的转换表中，接收端根据等号的数目，就可以判知最后一组中有效的字节数，从而正确地译码。

3. Quoted-printable 编码算法

这种编码称为可打印的引用编码（Quoted-printable Encoding），被编码的数据以 8bit 的字节为单位。这种编码方法的要点就是对于所有可打印的 ASCII，除了特殊符号“=”以外，都不改变。编码算法的要点如下。

（1）如果被编码数据字节的值为 33～60（字符!至字符<），或为 62～126（字符>至字符～），这部分字符是可打印的，则该数据字节编码为 7bit 的对应 ASCII 字符，实际就是将最高位去掉。

（2）其他的数据，包括“=”字符、空格和 ASCII 在 0～32 的不可打印字符，以及非 ASCII 的数据，都必须进行编码。被编码的数据以 8bit 的字节为单位，先将每个字节的二进制代码用两个 16 进制数字表示，然后在前面加上一个等号“=”，就是该字节的编码。例如，字节值 12 被编码为“=0C”，字节值 61 被编码为“=3D”。再如，汉字“系统”的二进制代码是：11001111 10110101 11001101 10110011，其十六进制数字表示为 CFB5CDB3，相应的 Quoted-printable 编码表示为

=CF=B5=CD=B3。等号的二进制代码是 00111101，它的 Quoted-printable 编码是=3D。回车符被编码为=0D，换行符被编码为=0A。

十六进制数据的表示用字母表“0123456789ABCDEF”，即必须用大写字母。

（3）如果要将编码后的数据分割成 76 个字符的行，可以在分割处插入等号“=”和 CRLF。此等号也要计算在 76 个字符中。例如：

```
ABCDEFGHEJKLMNOPQRSTUVWXYZ <CRLF>
```

经过编码后将此行变成较短的形式：

```
ABCDEFG=<CRLF>
HEJKLMNOPQRSTUV=<CRLF>
WXYZ<>
```

容易看出，接收端只要将插入的分割字符删掉，就很容易将它们恢复成原来的样子。

10.5 POP3 与接收电子邮件

10.5.1 POP3

用来接收电子邮件的邮局协议（POP）最初是在 1984 年发表的 RFC 918 中定义的，1985 年的 RFC 937 发表了它的第二个版本。随着 POP 的广泛使用，1988 年的 RFC 1081 又发表了它的第三个版本，简称 POP3，这个版本又在 RFC 1225、RFC 1460、RFC 1725 和 RFC 1939 中几经修订，其中 RFC 1939 是当前的 POP3 标准。

10.5.2 POP3 的会话过程

POP3 的会话过程如图 10.5 所示。

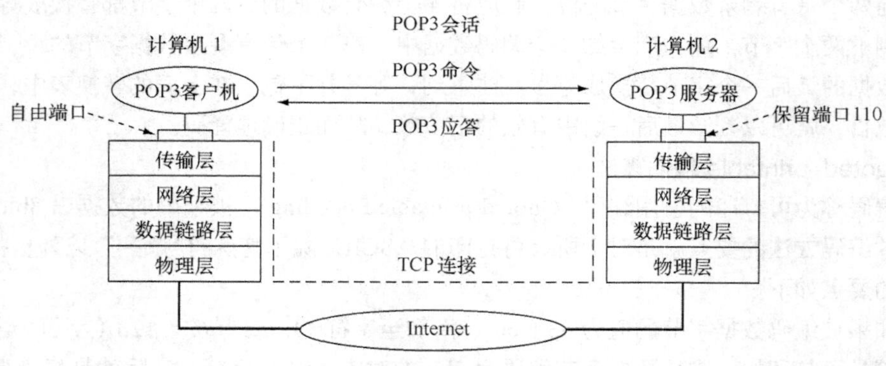

图 10.5 POP3 会话

POP3 也使用 C/S 工作模式，在接收邮件的用户的 PC 中，运行 POP3 客户机程序，在用户所连接的 ISP 的邮件服务器中，运行 POP3 服务器程序，二者之间按照 POP3 相互发送信息，POP3 客户机发送给 POP3 服务器的消息称为 POP3 命令，POP3 服务器返回的消息称为 POP3 响应。交互的过程称为 POP3 会话。例如：

```
(Connect to the POP3 Server ...)        //首先连接到 POP3 服务器
S: +OK POP3 server ready                //服务器已经准备好
C: USER Wang                            //用户名是 Wang
S: +OK                                  //好
C: PASS vegetables                      //口令是 vegetables
S: +OK login successful                 //客户机登录成功了
C: LIST                                 //请列出信箱中的信件清单
S: 1 AAAA                               //第一封信
S: 2 BBBB                               //第二封信
S: 3 CCCC                               //第三封信
C: RETR 1                               //取回第一封信
S: +OK (send message 1)                 //好，(发送第一封信)
C: DELE 1                               //删除第一封信
S: +OK                                  //好的
C: RETR 2
S: +OK (send message 2)
C: DELE 2
S: +OK
C: QUIT                                 //结束会话，再见
S: +OK POP3 server disconnecting        //好，POP3 服务器断开连接
```

在上面的对话过程中，C：后面是接收邮件的客户机端软件发送的命令，S：后面是 POP3 服务器的应答，//后面是注释。从这个例子中可以看出 POP3 会话的特点。

① 会话采用交互的请求应答模式，会话过程通过相互发送文本来完成。

② 客户机发送的文本命令也采用命令字参数的形式。

③ 服务器对于客户机的命令总是返回一定的响应码，表示客户机端的请求是否被正确处理。

④ 会话过程所发送的命令有一定的顺序。

与发送邮件的 SMTP 会话一样，接收邮件的 POP3 会话也建立在 TCP/IP 连接的基础上，POP3 客户机与服务器首先要通过三次握手建立 TCP/IP 连接，然后才能进行会话。连接 POP3 服务器可以通过 WinSock 来实现。与 POP3 服务器进行通信的客户机端程序，应设置 WinSock 连接的 IP 地址或域名，指定传输层端口号。POP3 的默认端口号为 110。

在 POP3 中，服务器的应答比 SMTP 应答简单得多。命令操作的应答状态码只有两个，“+OK”表示成功，“-ERR”表示失败。

10.5.3　POP3 会话的 3 个状态

POP3 会话一共有 3 个状态：验证状态、事务状态和更新状态。每个状态都是会话过程中的特定阶段。

当连接服务器后，POP3 会话首先进入验证状态，在这个阶段里，可以使用 USER、PASS 和 QUIT 这 3 个 POP3 命令，客户机端送交用户名和口令，服务器验证是否合法。

通过服务器验证后，服务器锁定该用户的信箱，从而防止多个 POP3 客户机端同时对此邮箱进行邮件操作，如删除、取信等；但是可以让新的邮件加入。这时会话过程转变为事务状态，在事务状态客户机端可用的 POP3 命令有：NOOP、STAT、QUIT、LIST、RETR、TOP、DELE、RSET 和 UIDL。使用这些命令进行各种邮件操作，POP3 会话的大部分时间都处在事务状态中。

当客户机发出 QUIT 命令后，结束事务状态，POP3 会话过程进入更新状态。在事务状态进行的一些操作，最终在更新状态中才得以体现。例如，在事务状态使用 DELE 命令删除邮件，实际服务器并没有将邮件删除，只是做了一个删除标志；到了会话过程的更新状态，邮件才被删除。更新状态只是会话中的一个过程，该状态没有可使用的命令，目的是用户在事务状态后用以确认已经进行的操作。在进入该状态后，紧接着就完成了 POP3 的会话过程，断开了与服务器的连接。

由于异常原因可能会导致与服务器终止会话而并没有进入更新状态。在事务状态删除的邮件没有被删除，下次进入信箱时，邮件还是存在的。

10.5.4 POP3 标准命令

本小节详细介绍客户机端可用的 POP3 标准命令，如表 10.5 所示。

表 10.5 常用的 POP3 命令

命令	说明
USER	给出登录验证的用户名
PASS	给出登录验证的口令
APOP	转换验证机制
NOOP	空操作
STAT	命令服务器提供信箱大小的信息
LIST	命令服务器提供邮件大小的信息
RETR	从服务器取回信件
TOP	取出信头和邮件的前 *N* 行
DELE	为邮件作删除标记
RSET	复位 POP3 会话
UIDL	取出邮件的唯一标识符

1．用户：USER

格式：USER 用户名 <CRLF>

在成功连接 POP3 服务器后，POP3 会话进入验证状态，也称 Login。客户机端提供用户名和口令，服务器验证完成后，POP3 会话进入事务状态。USER 命令只能在会话的验证状态时使用。USER 命令向服务器传递合法的用户名，让服务器验证用户信箱。如果成功则返回 + OK 的应答；如果失败，则返回-ERR 的应答，并有出错原因的信息。客户机端可以再次发出这个命令，以请求再次验证。例如：

```
C: USER
S: -ERR missing user name argument
C: USER ZHANG
S: +OK
```

2．密码：PASS

格式：PASS 口令 <CRLF>

该命令用来为 USER 命令指定的用户信箱提供密码。如果验证成功则返回+OK，会话进入事务状态；如果失败，则返回-ERR，服务器仍保持在验证状态中。

除了因为密码和用户信箱不匹配之外，如果服务器不能获得对信箱的独占访问锁，服务器也应答一个错误，并保持在验证状态中。这样的情况通常是在已经有其他用户登录信箱进行操作时产生。POP3 服务器是不允许同时有两进程访问同一个信箱的。

如果 PASS 命令失败，不允许客户机端简单地发送另一个 PASS 命令进行验证，而是在发送 PASS 命令之前再重新发送 USER 命令。

3. 退出：QUIT

该命令终止会话，断开与服务器的连接。成功响应为+ OK，失败响应为-ERR。

如果会话在验证状态，QUIT 命令导致服务器关闭连接；如果会话在事务状态，POP3 服务器进入更新状态，在关闭连接前删除做了删除标记的任何邮件。如果用户不是通过 QUIT 命令关闭连接，而是在客户机端进行强行关闭，则在事务状态做了删除标记的邮件并没有被删除。

如果在更新状态时删除邮件遇到错误，服务器应答一个错误信息。但不管 QUIT 命令成功与否，信箱锁被释放，连接被关闭。

4. 空操作：NOOP

该命令只能在事务状态中使用，只是检测与服务器的连接是否正常，不做其他事情。

5. 状态：STAT

该命令请求服务器返回信箱中邮件的数量和所占空间的大小，但是不包括做了删除标记的邮件。此命令仅在事务状态时可用。例如：

```
C: STAT
S: +OK 5 9086
```

6. 列表：LIST

此命令请求服务器返回信箱中特定邮件的大小信息，或者返回邮箱中所有邮件的大小信息的列表，但不包括做了删除标记的邮件。命令有两种格式：

格式一：LIST <CRLF>

成功的应答先是响应 + OK，接着顺序列出邮箱中各邮件的序号和大小（字节数），最后是以句点“.”作为结束行：

```
C: LIST
S: +OK
  1 2090
  2 4080
   ...
   .
```

格式二：LIST　邮件的序号 <CRLF>

LIST 后面如果指定邮件序号，则返回该邮件的大小信息；如果指定的邮件做了删除标记或不存在，则返回出错信息。

7. 取回邮件：RETR

格式：RETR　邮件的序号 <CRLF>

该命令用于取回指定邮件号的邮件。如果请求成功，服务器返回的是多行应答，先是“+ OK”，表示响应成功，接着返回邮件的所有内容，包括信头、信体，如果有附件，附件的内容也以文本的形式返回。最后以一个句点“.”表示结束。为了防止单个句点引起客户机提前结束邮件的读取，对 RETR 命令使用与前面介绍的 SMTP 标准命令 DATA 相同的点填补方法。例如：

```
C: RETR 1
S: +OK  13100 octets
  Received: ...
```

```
Date: ...
From: ...
...

 信体内容
...
.
```

8. 取回邮件前几行：TOP

格式：TOP　邮件序列号　　行数 <CRLF>

此命令仅在事务状态中可用，用来取回指定邮件的信头和指定的信体的行数。

例如，TOP 1 2 取出的是 1 号邮件的信头和信体前 2 行的内容。与 RETR 命令一样，使用 TOP 命令，服务器返回内容的结束标志也是句点“.”。在信头中，包括邮件的发送日期、主题和接收人等信息，通常使用 TOP 命令取回信件之后进行分析，可以知道 E-mail 除了内容之外的信息。

如果指定的行数为 0 或不指定行数，则服务器仅返回信头和空白行。

同样对于已经标志为删除的邮件和不存在的邮件，使用 TOP 命令，服务器将返回出错信息。在有些服务器上并没有实现 TOP 命令。只有在实现了 TOP 命令的服务器上，才可以使用该命令。

9. 删除邮件：DELE

格式：DELE　邮件序号　<CRLF>

该命令用于事务状态中，将指定的邮件做上删除标记。只有在 QUIT 命令之后进入更新状态时，才会真正删除那些做了删除标记的邮件。如果指定的邮件不存在或已经标志为删除，返回出错提示。

10. 复位：REST

该命令在事务状态中复位 POP3 会话。被标志为删除的邮件取消删除标记，这些邮件在发出 QUIT 命令后，不会被删除。

11. 唯一 ID 列表：UIDL

格式：UIDL　邮件序号　<CRLF>

该命令请求返回邮件的唯一标识符。其中邮件序号是可选的，如果不带参数，则返回多行应答，最后以句点“.”作为结束。如果是指定了邮件号，则返回指定邮件的唯一 ID，且应答是单行的。

在与 POP3 服务器的会话中，只是用简单的序号来标识邮件是不行的，邮件序号一般是按照信箱中邮件时间的先后从 1 开始。假如信箱中一共有 3 封信，序号按时间先后分别是 1、2、3。如果在一次 POP3 会话中删除了邮件 2，邮件 3 的序号在下次会话中变为 2。客户机根据序号标识邮件有很大困难。UIDL 命令可以返回该 POP3 服务器上的邮件的唯一编号，根据这个编号，客户机可以在不同的 POP3 会话中辨认邮件。

10.5.5 接收电子邮件的一般步骤

接收电子邮件时，首先利用 WinSock 连接上 POP3 服务器，然后进行以下操作。

（1）使用 USER 命令发送用户信箱名。

（2）使用 PASS 命令发送信箱密码，如果密码和信箱不匹配，必须从步骤（1）重新开始。

（3）对信箱邮件进行操作。此阶段称为事务状态，在这一阶段，有许多 POP3 命令可以使用，大体分为下面几类。

① 取得信箱及邮件状态的命令。

STAT：取得信箱大小信息。

LIST：取得邮件大小信息。

UIDL：取得邮件的唯一标识符。

② 取得邮件内容的命令。

RETR：从服务器取回邮件。

TOP：　取邮件信头和信体的前 *N* 行。

③ 对邮件进行操作的命令。

DELE：为邮件做删除标记。

RSET：复位 POP3 会话。

（4）接收邮件完毕，发送 QUIT 命令，结束 POP3 对话。

10.6　接收电子邮件的程序实例

10.6.1　实例程序的目的和实现的技术要点

通过这个实例，读者可以进一步了解 POP3 的有关原理和内容。程序的用户界面如图 10.6 所示。

图 10.6　POP3 电子邮件接收程序的用户界面

这个实例不太复杂，用户可以利用某个网站的 POP3 电子邮件接收服务器来接收在该网站的电子邮箱里的信件。首先填入 POP3 服务器地址、邮箱用户名和口令，并决定是否要删除邮箱里的邮件；然后单击“连接”按钮，程序会与服务器建立 TCP 连接，然后发送用户名和口令，经过验证，进入 POP3 会话。通过命令交互，将邮箱中的所有邮件取回。在此过程中，左下方的多文本列表框（RichTextBox）会显示全部的会话信息。信件全部下载完毕后，左上方的组合列表框中就有了所有信件的标题字段。用户可以从中选择一封信件，查看或者存储。然后可以断开连接。

实例只介绍了接收邮件，提取信头标题字段的有关内容，能正确显示符合 RFC 822 规范的邮件。由于目前邮件结构非常复杂，限于篇幅，程序没有对收到的信件做进一步的分析，也没有对编码的信息进行译码，读者看到的是收信的原始信息，有兴趣的读者可以进一步扩展程序的功能，例如，对信件进行 MIME 格式分析，将附件提取出来。

程序实现的技术要点如下。

1. 运用 Windows 的消息驱动机制

除了由 MFC 创建的应用程序类和对话框类以外，程序从 CAsyncSocket 类派生了自己的套接字类，并为它添加了 OnConnect( )、OnClose( )和 OnReceive( ) 3 个事件处理函数。程序的会话过程几乎完全是由 FD_READ 消息驱动的。建立连接后，服务器会返回信息，接到命令后，服务器也会返回信息。当信息到达客户机端套接字的接收缓冲区时，会触发 FD_READ 消息，并自动执行 OnReceive( )函数。该函数接收服务器发来的信息，进行分析处理，然后再发送相应的命令。这命令会引来服务器的响应，又会触发客户机端的 FD_READ 消息。如此周而复始，完成 POP3 会话的全过程。

2. 通过状态转换来控制会话命令的发布顺序

程序定义了一个枚举类型 STATE，并为套接字类定义了一个 STATE 类型的变量 state，用来表示 POP3 会话的实际状态。容易看出，枚举的成员符号是客户机端向 POP3 服务器发送的命令。

```
typedef enum
   {FIRST=0,USER,PASS,STAT,LIST,RETR,ENDRETR,DELE,GOON} STATE;
STATE  state;
```

当用户单击“连接”按钮与服务器建立 TCP 连接时，将 state 置为初值 FIRST；然后，每当收到服务器的信息，一方面根据会话的当前状态做响应的分析处理，决定应当继续发送哪条命令；另一方面发出下一个命令以后，改变 state 的值，将它置为该命令的状态对应的值，这就实现了会话过程中的状态转换，并保证会话按照既定的顺序进行。读者可仔细分析 mySock::AnalyzeMsg( ) 函数。

3. 用结构向量来缓存信件信息

首先程序定义了一个结构类型，用来缓存一封信件信息。

```
typedef struct
{
   CString  text;         //存储信件的文本
   int  msgSize;          //信件的大小
   int  retrSize;         //信件实际下载的大小，在下载过程中动态变化
} MESSAGEPROP;
```

然后为套接字类定义了一个向量型的成员变量，相当于一个数组，其成员是上述的结构。

```
vector<MESSAGEPROP> msgs;
```

在 POP3 会话中，一次性地将邮箱中所有邮件的信息转入这个向量，然后可以查阅，存储到文件中，或者进行其他处理。

10.6.2　创建应用程序的过程

1. 使用 MFC AppWizard 创建应用程序框架

工程名是 pop3，应用程序的类型是基于对话框的，对话框的标题是“接收电子邮件客户端程序”，需要 Windows Sockets 的支持，其他部分接受系统的默认设置就可以。向导自动为应用程序创建了两个类。

应用程序类：CPop3App，基类是 CWinApp，对应的文件是 pop3.h 和 pop3.cpp。

对话框类：CPop3Dlg，基类是 CDialog，对应的文件是 pop3Dlg.h 和 pop3Dlg.cpp。

2. 为对话框添加控件

在程序的主对话框界面中按照图 10.6 添加相应的可视控件对象,并按照表 10.6 修改控件的属性。

表 10.6　对话框中的控件属性

控件类型	控件 ID	Caption
静态文本　Static Text	IDC_STATIC	POP3 服务器地址
静态文本　Static Text	IDC_STATIC	用户名
静态文本　Static Text	IDC_STATIC	口令
编辑框　Edit Box	IDC_EDIT_SERVER	
编辑框　Edit Box	IDC_EDIT_USER	
编辑框　Edit Box	IDC_EDIT_PASS	
复选框　Check Box	IDC_CHECK_DEL	删除邮箱中的邮件
多文本框　RichEdit Box	IDC_RICH_INFO	
组合选择框 ComboBox	IDC_COMB_LIST	（Drop List 型）
命令按钮　Button	IDC_BTN_CONN	连接
命令按钮　Button	IDC_BTN_DISC	断开
命令按钮　Button	IDCANCAL	取消
命令按钮　Button	IDC_BTN_VIEW	查看邮件
命令按钮　Button	IDC_BTN_SAVE	存储

3. 定义控件的成员变量

按照表 10.7，用类向导（Class Wizard）为对话框中的控件对象定义相应的成员变量。

表 10.7　控件对象的成员变量

控件 ID（Control Ids）	变量名称（Member Variable Name）	变量类别（Category）	变量类型（Variable Type）
IDC_EDIT_SERVER	m_strServer	Value	CString
IDC_EDIT_USER	m_strUser	Value	CString

续表

控件 ID（Control Ids）	变量名称（Member Variable Name）	变量类别（Category）	变量类型（Variable Type）
IDC_EDIT_PASS	m_strPass	Value	CString
IDC_CHECK_DEL	m_bolDel	Value	BOOL
IDC_COMB_LIST	m_ctrList	Control	CComboBox
IDC_RICH_INFO	m_Info	Value	CString
	m_ctrlnfo	Control	CRichEditCtrl

4. 为对话框中的控件对象添加事件响应函数

按照表 10.8，用类向导（Class Wizard）为对话框中的控件对象添加事件响应函数。

表 10.8　　对话框控件的事件响应函数

控件类型	对象标识（ObjectID）	消息（Message）	成员函数(Member Functions）
命令按钮	IDC_BTN_CONN	BN_CLICKED	OnBtnConn
命令按钮	IDC_BTN_DISC	BN_CLICKED	OnBtnDisc
命令按钮	IDC_BTN_VIEW	BN_CLICKED	OnBtnView
命令按钮	IDC_BTN_SAVE	BN_CLICKED	OnBtnSave

5. 为 Cpop3Dlg 类添加其他成员

```
void Disp(LONG flag);            //在不同的会话阶段显示不同的信息
mySock pop3Socket;               //套接字类对象实例
```

6. 创建从 CAsyncSocket 类继承的派生类

为了能够捕获并响应 socket 事件，应创建用户自己的套接字类，可利用类向导添加。

Class Type 选择 MFC Class，类名为 mySock，基类是 CAsyncSocket 类，创建后对应的文件是 mysock.h 和 mysock.cpp。再利用类向导为 mysock 类添加 OnConnect、OnClose 和 OnReceive 3 个事件处理函数，并为它添加一般的成员函数和变量。

7. 添加代码

手工添加包含语句、事件函数和成员函数的代码。

8. 分阶段编译执行，进行测试

此例的源程序可从人民邮电出版社教学服务与资源网（www.ptpedu.com.cn）上下载，其中有详细的注释。

10.7　发送电子邮件的程序实例

10.7.1　实例程序的目的和实现的技术要点

通过这个实例，读者可以进一步了解 SMTP 的有关原理和内容。程序的用户界面如图 10.7 所示。

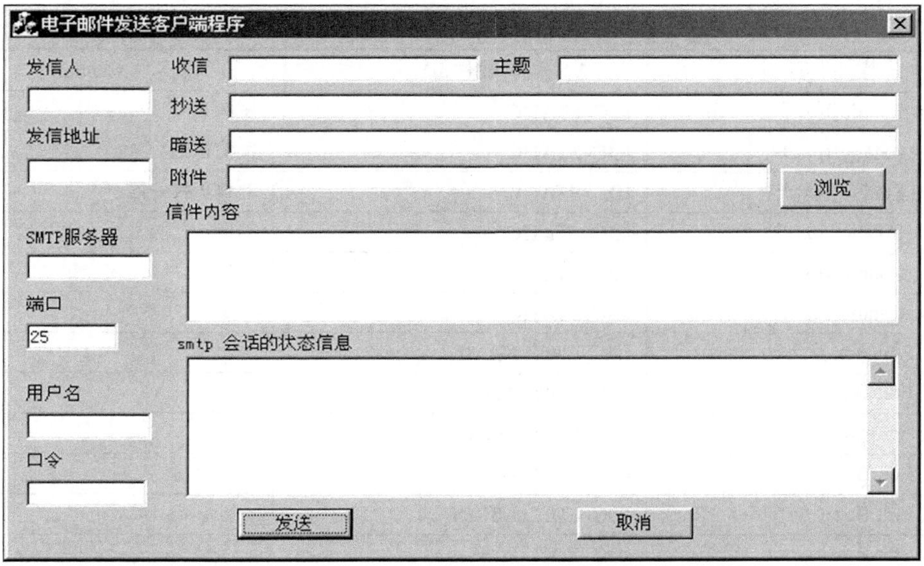

图 10.7 SMTP 电子邮件发送程序的用户界面

这个实例实现了 SMTP 电子邮件发送程序的一些功能，用户可以利用某个网站的 SMTP 电子邮件发送服务器来发送电子邮件。首先必须是该网站的注册用户，并在该网站申请了免费邮箱。然后填入 SMTP 服务器地址、邮箱用户名和口令，端口号是 25，并填入发信人，发信地址填入在该网站的免费邮箱地址。在对话框的右面填入发送电子邮件的相关信息，选择一个附件，然后单击“发送”按钮，程序会与服务器建立 TCP 连接，然后按照 ESMTP 发送 ELHO 命令，并发送用户名和口令，经过验证，进入 SMTP 会话。通过命令交互，将邮件和附件发送出去，然后断开连接。在此过程中，右下方的多文本列表框（RichTextBox）会显示全部的会话信息。

现在的 SMTP 服务器与以前不一样，一般都要经过验证身份后，才为用户提供传输邮件的服务，验证的方法有很多种，这里只实现了一种，仅仅为了说明问题。

程序实现的技术要点如下。

（1）运用 Windows 的消息驱动机制。与 10.6 节的实例基本相同。

（2）通过状态转换来控制会话命令的发布顺序。与 10.6 节的实例基本相同。

（3）实现了 Base64 编码和译码。

10.7.2 创建应用程序的过程

1. 使用 MFC AppWizard 创建应用程序框架

工程名是 smtp，应用程序的类型是基于对话框的，对话框的标题是“电子邮件发送客户端程序”，需要 Windows Sockets 的支持，其他部分接受系统的默认设置就可以。向导自动为应用程序创建了两个类。

应用程序类：CSmtpApp，基类是 CWinApp，对应的文件是 smtp.h 和 smtp.cpp。

对话框类：CSmtpDlg，基类是 CDialog，对应的文件是 smtpDlg.h 和 smtpDlg.cpp。

2. 为对话框添加控件

在程序的主对话框界面中按照图 10.7 添加相应的可视控件对象，并按照表 10.9 修改控件的属性。

表 10.9　对话框中的控件属性

控件类型	控件 ID	Caption
静态文本（Static Text）	IDC_STATIC	发信人
静态文本（Static Text）	IDC_STATIC	发信地址
静态文本（Static Text）	IDC_STATIC	SMTP 服务器
静态文本（Static Text）	IDC_STATIC	端口
静态文本（Static Text）	IDC_STATIC	用户名
静态文本（Static Text）	IDC_STATIC	口令
编辑框（Edit Box）	IDC_EDIT_NAME	
编辑框（Edit Box）	IDC_EDIT_ADDR	
编辑框（Edit Box）	IDC_EDIT_SERVER	
编辑框（Edit Box）	IDC_EDIT_PORT	
编辑框（Edit Box）	IDC_EDIT_USER	
编辑框（Edit Box）	IDC_EDIT_PASS	
静态文本（Static Text）	IDC_STATIC	收信
静态文本（Static Text）	IDC_STATIC	主题
静态文本（Static Text）	IDC_STATIC	抄送
静态文本（Static Text）	IDC_STATIC	暗送
静态文本（Static Text）	IDC_STATIC	附件
静态文本（Static Text）	IDC_STATIC	信件内容
编辑框（Edit Box）	IDC_EDIT_RECEIVER	
编辑框（Edit Box）	IDC_EDIT_TITLE	
编辑框（Edit Box）	IDC_EDIT_CC	
编辑框（Edit Box）	IDC_EDIT_BCC	
编辑框（Edit Box）	IDC_EDIT_ATTACH	
编辑框（Edit Box）	IDC_EDIT_LETTER	
命令按钮（Button）	IDC_BTN_VIEW	浏览
静态文本（Static Text）	IDC_STATIC	SMTP 会话的状态信息
多文本框（RichEdit Box）	IDC_RICH_LIST	
命令按钮（Button）	IDOK	发送
命令按钮（Button）	IDCANCEL	取消

3. 定义控件的成员变量

按照表 10.10，用类向导（Class Wizard）为对话框中的控件对象定义相应的成员变量。

表 10.10　控件对象的成员变量

控件 ID（Control IDs）	变量名称（Member Variable Name）	变量类别（Category）	变量类型（Variable Type）
IDC_EDIT_NAME	m_Name	Value	CString
IDC_EDIT_ADDR	m_Addr	Value	CString
IDC_EDIT_SERVER	m_Server	Value	CString

续表

控件 ID（Control IDs）	变量名称（Member Variable Name）	变量类别（Category）	变量类型（Variable Type）
IDC_EDIT_PORT	m_Port	Value	UINT
IDC_EDIT_USER	m_User	Value	CString
IDC_EDIT_PASS	m_Pass	Value	CString
IDC_EDIT_RECEIVER	m_Receiver	Value	CString
IDC_EDIT_TITLE	m_Title	Value	CString
IDC_EDIT_CC	m_CC	Value	CString
IDC_EDIT_BCC	m_BCC	Value	CString
IDC_EDIT_ATTACH	m_Attach	Value	CString
IDC_EDIT_LETTER	m_Letter	Value	CString
IDC_RICH_INFO	m_Info	Value	CString

4. 为对话框中的控件对象添加事件响应函数

按照表 10.11，用类向导（Class Wizard）为对话框中的控件对象添加事件响应函数。

表 10.11　对话框控件的事件响应函数

控件类型	对象标识（ObjectID）	消息（Message）	成员函数（Member functions）
命令按钮	IDC_BTN_VIEW	BN_CLICKED	OnBtnView
命令按钮	IDOK	BN_CLICKED	OnIDOK

5. 实现 Base64 编码和解码

创建一个普通的类 CBase64，用来实现 Base64 编码和解码。

6. 创建从 CAsyncSocket 类继承的派生类

为了能够捕获并响应 socket 事件，应创建用户自己的套接字类，可利用类向导添加。

Class Type 选择 MFC Class，类名为 mySock，基类是 CAsyncSocket 类，创建后对应的文件是 mysock.h 和 mysock.cpp。再利用类向导为 mysock 类添加 OnConnect、OnClose 和 OnReceive 3 个事件处理函数，并为它添加一般的成员函数和变量。

7. 添加代码

手工添加包含语句、事件函数和成员函数的代码。

8. 分阶段编译执行，进行测试

此例的源程序可从人民邮电出版社教学服务与资源网（www.ptpedu.com.cn）上下载，其中有详细的注释。

习　题

1. 简述电子邮件系统的构成。
2. 说明电子邮件的发送和接收的过程。

3. 电子邮件系统具有什么特点？
4. 简述 SMTP 客户机与 SMTP 服务器之间的会话的过程，以及 SMTP 会话具有的特点。
5. 使用 WinSock 来实现电子邮件客户机程序与服务器的会话的步骤是什么？
6. 说明电子邮件信件结构。
7. 建议的使用在信头中的字段顺序是什么？
8. 说明 MIME 的基本思想。
9. 说明 Base64 编码算法。
10. 说明 Quoted-printable 编码算法。
11. 简述 POP3 会话的 3 个状态。
12. 接收电子邮件编程的一般步骤是什么？

参考文献

[1] 谢希仁. 计算机网络. 6版[M]. 北京：电子工业出版社，2013.

[2] 徐恪，吴建平，徐明伟. 高等计算机网络——体系结构、协议机制、算法设计与路由器技术[M]. 北京：机械工业出版社，2009.

[3] 杨秋黎，金智. Windows网络编程. 2版[M]. 北京：人民邮电出版社，2015.

[4] 梁伟，等. Visual C++网络编程案例实战[M]. 北京：清华大学出版社，2013.

[5] 尹圣雨. TCP/IP网络编程[M]. 金国哲译. 北京：人民邮电出版社，2014.

[6] 汪翔，袁辉. Visual C++实践与提高（网络编程篇）[M]. 北京：人民铁道出版社，2001.